高等教育电子信息类系列教材（自动化

自动控制原理

主　编　蒋春蕾　黄　敏　郭秋滟　褚晓锐
副主编　杨　怡

中国水利水电出版社
www.waterpub.com.cn
·北京·

内 容 提 要

本书深入浅出地介绍了自动控制系统的基本理论、各种分析方法及工程应用，主要内容包括线性控制系统的数学模型、线性控制系统的分析方法、线性控制系统的稳定性分析、线性控制系统的稳态误差分析、线性控制系统的校正设计、离散控制系统的分析、非线性控制系统的分析等。全书内容取材新颖，阐述深入浅出。为了便于自学，各章均给出了自动控制原理 MATLAB 仿真的常用命令以及丰富的例题和习题。

本书内容精练，重点突出，把立足点放在工程技术应用上，可作为高等院校自动化类、信息类、机电类和能源动力类相关专业应用型、技能型人才培养用书，也可作为相关培训机构及工程技术人员的参考书。

图书在版编目（CIP）数据

自动控制原理 / 蒋春蕾等主编. -- 北京 : 中国水利水电出版社, 2024.7

高等教育电子信息类系列教材. 自动化专业

ISBN 978-7-5226-2388-7

Ⅰ. ①自… Ⅱ. ①蒋… Ⅲ. ①自动控制理论－高等学校－教材 Ⅳ. ①TP13

中国国家版本馆CIP数据核字(2024)第053788号

书　　名	高等教育电子信息类系列教材（自动化专业） **自动控制原理** ZIDONG KONGZHI YUANLI
作　　者	主　编　蒋春蕾　黄敏　郭秋滟　褚晓锐 副主编　杨　怡
出版发行	中国水利水电出版社 （北京市海淀区玉渊潭南路 1 号 D 座　100038） 网址：www.waterpub.com.cn E-mail：sales@mwr.gov.cn 电话：（010）68545888（营销中心）
经　　售	北京科水图书销售有限公司 电话：（010）68545874、63202643 全国各地新华书店和相关出版物销售网点
排　　版	中国水利水电出版社微机排版中心
印　　刷	清淞永业（天津）印刷有限公司
规　　格	184mm×260mm　16 开本　18.5 印张　450 千字
版　　次	2024 年 7 月第 1 版　2024 年 7 月第 1 次印刷
印　　数	0001—1500 册
定　　价	**59.00** 元

前言

自动控制作为现代科学技术的重要分支，在各个领域发挥着不可替代的作用。无论是工业生产、交通运输、航天航空还是家居设备、医疗仪器，自动控制技术都扮演着调节、优化和稳定系统运行的重要角色。自动控制原理是自动控制技术的基础，用于解决控制系统运行中的稳定性、快速性和准确性等问题，是控制工程研究的核心问题。编者根据我国社会、经济、科学技术发展对电气工程及其自动化、机械电子工程、电子信息等专业人才培养的新要求，总结教学经验，广泛听取任课老师意见，结合任课老师的需求，按照“新工科”建设理念，从注重培养学生解决复杂工程问题能力的目标出发，编写了本书。

本书各章都有引言和学习目标，有助于学习者把握每章重点内容，更有利于“新工科”教学范式的建设和多元化复合型人才的培养。围绕自动化技术的应用与发展，本书各章均增加了拓展阅读、代表人物及事件简介，融入“课程思政”理念，落实党的二十大精神进教材、进课堂、进头脑，让学生不仅仅学习科学知识，更是激发学生对社会责任的认知和关注，使学生更加了解科学家们热爱科学、献身科学的精神，培养学生的民族自豪感和爱国主义情怀。

本书由蒋春蕾、黄敏、郭秋滟、褚晓锐任主编，杨怡任副主编。其中，第 1 章、第 2 章由郭秋滟、褚晓锐编写；第 3 章、第 4 章由杨怡、黄敏、褚晓锐编写；第 5 章～第 7 章由蒋春蕾、黄敏编写；第 8 章由蒋春蕾、褚晓锐编写。本书在写作过程中，得到了西昌学院校审专家教授及西昌学院课程思政指导者的悉心指导和关心，他们提出了十分宝贵的建议，使编者受益匪浅。

由于编者水平有限，书中难免存在疏漏和不妥之处，恳请广大读者批评指正。

编者

2023 年 12 月

目录

前言

第1章　绪　　论

引言

自动控制理论是研究自动控制系统的组成、分析和设计的一般性理论，是研究自动控制共同规律的技术科学。其发展初期，是以反馈理论为基础的自动调节原理，主要用于工业控制。20世纪60年代初，随着一批现代应用数学研究成果的推出和电子计算机的推广应用，自动控制理论跨入了一个新的阶段——现代控制理论。它主要研究具有高性能、高精度的多变量、变参数的最优控制问题。目前，自动控制理论还在不断地发展和完善，并逐步进入以控制论、信息论、仿生学、人工智能为基础的智能控制领域。

学习目标

- 掌握自动控制的基本概念。
- 了解自动控制理论的发展历程。
- 掌握自动控制系统的组成及其性能要求。
- 熟悉自动控制系统的分类。
- 熟悉自动控制系统的实际应用和设计流程。

1.1　自动控制系统的基本概念

自动控制是指在没有人直接参与的情况下，利用控制器或控制装置来控制机器、设备或生产过程等，使其受控物理量（工作状态或参数）自动地按照预定的规律运行，以达到控制的目的。

当前，自动控制技术已在工农业生产、交通运输、国防建设和航空、航天事业等领域中获得广泛应用。例如：人造地球卫星的成功发射与安全返回；运载火箭的准确发射；导弹的准确击中目标；数控车床按照预定程序自动地切削工件；化学反应炉的温度或压力自动地维持恒定；冰箱、洗衣机、微波炉等家用电器自动完成制冷、洗涤和加热过程。随着生产和科学技术的发展，自动控制技术已渗透到各个学科领域，成为促进当代生产发展和科学技术进步的重要因素。

自动控制理论（automatic control theory）是研究自动控制共同规律的一门科学，目前已形成工程控制论（engineering cybernetics）、生物控制论（biocybernetics）、经济控制论和社会控制论等多个分支，其中工程控制论是控制论中的一个重要分支。本课程主要研究工程领域的自动控制。

自动控制理论的研究对象是系统。虽然系统的种类繁多，且又千差万别，但它们都有共同的特点，而且自身的各部分之间相互依赖、相互制约。例如，一条生产线是为了加工某个产品而设立的，所以生产线的各部分之间存在一定的结构关系和运动关系，因此可将整条生产线视为一个系统。

综上可知，系统是由若干相互制约、相互依赖的事物组合而成的具有一定功能的整体。或者说，系统是为实现规定的功能以达到某一给定目标而构成的相互关联的一组元件。自动控制系统则是通过自动控制装置对生产中某些关键参数进行自动控制的系统。

“自动控制原理”是自动控制的基础理论，也是一门理论性较强的工程科学。本课程的主要任务是研究与讨论控制系统的一般规律，进而设计出合理的自动控制系统，以满足工农业生产和各种工程上的需要。

1.2 自动控制理论的发展

自动控制理论是在人类征服自然的生产实践活动中孕育、产生的。早在北宋时期，我国天文学家苏颂和韩公廉建造了水运仪象台，它本质上就是一个按负反馈原理构成的自动控制系统。自动控制理论发展至今，大概经历了经典控制理论、现代控制理论和智能控制理论三个阶段。

1.2.1 经典控制理论

1681 年，法国物理学家、发明家巴本（D. Papin）发明了用作安全调节装置的锅炉压力调节器。1765 年，俄国人普尔佐诺夫（I. Polzunov）发明了蒸汽锅炉水位调节器。

1788 年，英国人瓦特（J. Watt）为了解决蒸汽机的速度控制问题，发明了飞球调节器，它对人类社会生产的发展起到了巨大的推动作用，因而被公认为是世界上第一个自动控制系统。但有时为了提高调速精度，反而会导致蒸汽机的运转速度出现大幅度振荡，其后相继出现的其他自动控制系统也会产生类似的现象。由于当时还没有自动控制理论，所以人们无法从理论上解释这一现象。有些人认为系统振荡是因为调节器的制造精度不够，从而努力改进调节器的制造工艺，而这种盲目的探索持续了大约一个世纪之久。

直至 1868 年，英国物理学家麦克斯韦（J. C. Maxwell）发表了“论调速器”论文，通过建立控制系统的数学模型，解释了调速机构存在的不稳定现象。麦克斯韦的这篇著名论文被公认为是自动控制理论的开端。

此后，英国数学家劳斯（E. J. Routh）和德国数学家胡尔维茨（A. Hurwitz）分别于 1877 年和 1895 年独立建立了直接根据代数方程的系数判别系统稳定性的数学判据。这些方法奠定了时域分析法的理论基础。

1932 年，美国物理学家奈奎斯特（H. Nyquist）研究了长距离电话线信号传输中出现的失真问题，并运用复变函数理论建立了以频率特性为基础的稳定性判据，奠定了频域响应法的理论基础。随后，伯德（H. W. Bode）和尼柯尔斯（N. B. Nichols）分别于 20 世纪 30 年代末和 40 年代初进一步发展了分析控制系统的一种图解方法即频域响应法，形成了经典控制理论中的频域分析法，为工程技术人员提供了一个设计反馈控制系统的有效工具。

第二次世界大战期间，反馈控制方法被广泛用于设计和研制飞机自动驾驶仪、火炮定

位系统、雷达天线控制系统以及其他军用系统。这些系统的复杂性和对快速跟踪、精确控制的高性能追求，对拓展已有的控制技术提出了迫切要求，从而促成了许多新的见解和方法的产生；同时，还促进了对非线性系统、采样系统以及随机控制系统的研究。

1948 年，美国科学家伊万斯（W. R. Evans）创立了另一种图解法即著名的根轨迹法，为分析系统性能随系统参数变化的规律提供了有力工具，此方法被广泛应用于反馈控制系统的分析、设计中。

20 世纪 50 年代中期，经典控制理论又增加了非线性控制理论和离散控制理论，至此形成了相对完整的经典控制理论体系。它以系统的传递函数作为数学模型，以时域分析法、根轨迹法和频域分析法为主要设计工具，为指导当时的控制工程实践发挥了极大的作用。

1.2.2 现代控制理论

由于空间技术的发展，各种高速、高性能的飞行器相继出现，要求高精度地处理多变量、非线性、时变和自适应等控制问题，因此 20 世纪 60 年代初又形成了现代控制理论。

俄国数学家李雅普诺夫于 1892 年创立了稳定性理论，后被应用到现代控制理论研究中。1956 年，苏联科学家庞特里亚金提出极大值原理；同年，美国数学家贝尔曼（R. Bellman）创立了动态规划理论。极大值原理和动态规划理论为解决最优控制问题提供了理论工具。美国数学家卡尔曼（R. Kalman）于 1959 年提出了著名的卡尔曼滤波器（最优滤波理论），又于 1960 年提出系统的能控性和能观性概念，发展出状态空间法（state - space method）。

人们通常把形成于 1960 年前后的，以状态方程为系统模型，以最优控制理论和卡尔曼滤波器为主要设计工具的控制理论称为现代控制理论。现代控制理论研究所使用的数学工具主要是状态空间法，研究对象则更为广泛，包括线性系统与非线性系统、定常系统与时变系统、多输入多输出系统、强变量耦合系统等。

现代控制理论和经典控制理论并不是截然对立的，而是相辅相成、互为补充的，两者都有各自的长处和不足。在进行系统分析与设计时，要根据具体的要求、目标和环境条件，选择适宜的控制理论和方法，也可将经典控制理论和现代控制理论结合起来综合考虑。

从 20 世纪 60 年代至今，现代控制理论又有巨大的发展，并形成了若干学科分，如线性控制理论（liner control theory）、最优控制（optimal control）理论、动态系统辨识（system identification）、自适应控制（adaptive control）、大系统（large scale system）理论等。

1.2.3 智能控制理论

智能控制理论的研究是建立在现代控制理论的发展和其他相关学科的发展基础之上的，是基于人脑的思维、推理决策功能而言的，它早已超出了传统工程技术的范畴，是当前控制理论学科研究的前沿领域。

智能控制理论以人工智能为研究方向，引导人们去探讨自然界更为深刻的运动机理。当前主要的研究方向有自适应控制理论、模糊控制理论、人工神经元网络以及混沌理论等，并且产生了许多研究成果和应用范例。智能控制理论的研究与发展，给自动控制学科与工程学科的研究注入了蓬勃的生命力，启发与促进了人们的思维方式，标志着该学科永无止境的发展趋势。

自动控制技术不仅广泛应用于工业控制中，在军事、农业、航空、航海、核能利用、导弹制导等领域也发挥着重要作用。例如，在工业控制中，对压力、温度、流量、湿度、配料比等的控制，都广泛采用了自动控制技术；对于高温、高压、剧毒等对人体健康危害很大的场合，自动控制技术的应用更是必不可少的；而在军事和空间技术方面，如控制宇宙飞船能够准确地飞行和返回地面、人造卫星能够按预定轨道飞行、导弹能够准确地击中目标等，自动控制技术同样具有十分重要的意义。

1.3　自动控制系统概述

1.3.1　自动控制系统的基本概念

1.3.1.1　控制

在生产和科学实践中，往往要求一台机器或一套设备按人们所希望的状态工作，但是实际上，由于种种原因，它们的实际工作状态一般不会自动地和人们所希望的工作状态相一致。例如，要想使烘烤炉提供合格的产品，就必须严格地控制炉温；要想使数控机床加工出高精度零件，就必须控制其工作台或刀架的位置。把烘烤炉、机床称作被控对象；炉温、刀架位置是表征被控对象工作状态的物理量，称作被控量；而规定的炉温、进刀量就是在运行过程中的被控量的希望值，或是被控对象的希望工作状态。要使被控量等于希望值，就必须对被控对象进行控制。

这个任务，如果是由人直接参与来完成时，称为人工控制。但是，随着科学技术的发展，可以无须人的直接参与，而采用一些设备（控制装置）来代替人的功能，使被控制的对象（如机器、设备或生产过程等）自动地按照预定的规律运行（或变化），即是自动控制。

下面以简单的发电机为例加以说明。

【例 1 - 1】 试分析如图 1 - 1 所示一台发电机的控制过程。

发电机的激磁电压 u_j 由直流电源供电，通过电位器进行调节，在原动机的带动下，它就可以发出电压，供负载使用。为了使用设备的安全，并且能正常工作，希望无论在什么情况下，发电机发出的电压能保持恒定不变。但事实上，若不采取任何措施想使它的电压 u 保持恒定几乎是不可能的。因为发电机在实际工作中，要受到很多因素的影响。例如激磁电压 u_j 的变化、原动机转速 ω 的变化，以及负载的变化等，这些因素都将使输出电压 u 发生变化，而且所有这些变化，事先是很难准确估计或根本无法估计的。

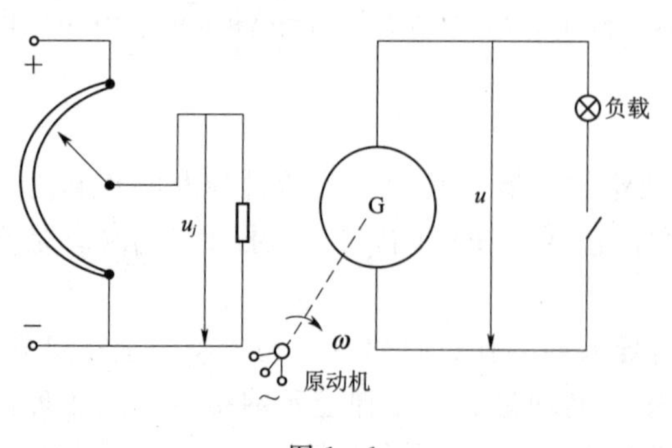

图 1 - 1

假如，由于负载发生变化（增加或减小），使发电机发出电压 u 也变化（下降或

上升），那么人应如何来控制，才能使发电机的电压回到原来值（即希望值），此外，人在控制过程中又起哪些作用，下面来分析这些问题。

1.3.1.2 人工控制

首先明确以下几个问题，在这个系统中：

（1）被控对象为发电机。

（2）被控量为发电机发出的电压 u。

（3）希望工作状态即希望值为发电机的额定工作电压 u_r。

人工控制过程：先测量发电机的实际电压 u，人再与希望的电压值 u_r 进行比较，看它们是否相等，若不相等，是高了还是低了，差多少。所谓比较，就是人在脑子里进行一个简单的减法运算，即把眼睛观测到的（通过电压表）实际电压值 u 与脑子里记忆的希望值 u_r 相减，其偏差为 u_ε。然后，根据偏差 u_ε 的大小和正负来设法改变发电机的输出电压，使实际值 u 接近或等于希望值 u_r。如何改变发电机的输出电压 u，从电机学已知，改变发电机的激磁电压 u_j 可以比较方便地控制其输出电压 u。因此，人就可根据比较的结果进行控制，即若电压 u 下降了（即 $u<u_r$，$u_\varepsilon>0$），就可动手去转动电位器，使激磁电压 u_j 加大，从而使发电机输出电压接近或等于希望值；反之，亦然。上述这种操作过程称为执行。

由此可见，人在控制过程中主要完成测量、比较和执行这三种作用。

显然，在负载变化较慢的情况下，采用人工控制是可以完成任务的。但若负载变化较快，人就会跟不上变化而达不到控制的目的。也就不能准确（准）和迅速（快）地进行控制了。

随着科学技术和国防工业的发展，对“准”和“快”的要求越来越高；而且一些特殊场合，例如需要在高温、真空、原子反应堆中，人就不能直接去进行控制。这样，人工控制就不能满足生产实际的需要，要求用一些设备来代替人的功能，进行自动控制。另外，在某些场合，即使人工控制可以满足要求，但工作十分繁重、单调、工作条件差，为了提高生产率，提高产品质量，改善劳动条件，亦要求将人从这些单调、繁重的劳动中解放出来，去从事更高级的创造性的劳动。

1.3.1.3 自动控制

所谓自动控制就是用一些设备代替人自动地进行控制。显然，这些设备至少应完成人所起的三种作用：测量、比较和执行。

下面仍用发电机这个简单的例子来说明如何用一些设备来代替人所起的三种作用，而完成自动控制的任务，如图 1－2 所示。

（1）测量。由于要测量的是发电机的输出电压，所以只要用两根导线把发电机输出电压 u 直接引出即可。

（2）比较。电压 u_r 为给定的基准电压（这里用一个电位器给定），其设置值与发电机的输出希望值相对应。因此，为了得到 u_r 和 u 的差值，只要把电压 u 与 u_r 反向串联连接即可，如图 1－2 所示。

通常情况，对系统准确度的要求比较高，即要求 u 与 u_r 的差值（偏差）u_ε 很小，因此，必须将偏差信号放大后才能加以利用。

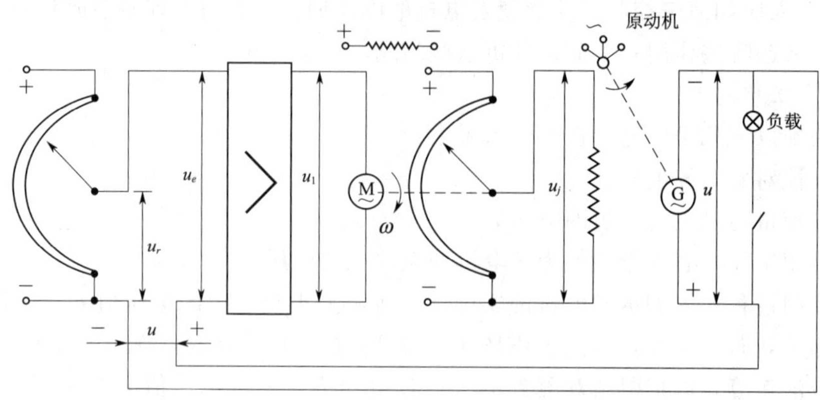

图1-2

（3）放大。选用电子放大器。

（4）执行。u_ε 放大后的电压 u_1 驱动电动机，并带动与电机轴相连的电位器滑臂移动，从而调节激磁电压 u_j，保证发电机的输出电压 u 接近输出希望值 u_r，减小以致消除偏差 u_ε。

$$u_\varepsilon = u_r - u$$

由此可见，利用这些装置可以代替人的作用自动地控制发电机的输出电压，完成自动控制的任务。把能自动地完成控制任务的系统，称为自动控制系统。

在如图1-2所示的控制系统中，u_r 为控制系统的输入量（控制量），u 为系统的输出量（被控量）。

下面粗略地分析图示系统的控制过程：若系统处于平衡工作状态，即输出为某一个希望值 u（这时 $u=u_r$），偏差 $u_\varepsilon=0$，电动机不转。当负载加大（可认为是系统受扰动作用），破坏了系统的平衡工作状态，输出偏离希望值，u 值减小。因此，系统产生偏差 $u_\varepsilon = u_r - u > 0$，经放大后的偏差 u_1，使电动机转动，增加发电机的激磁电压 u_j，最终使发电机输出电压回到希望值 $u=u_r$，偏差 $u_\varepsilon=0$，系统回到平衡工作状态。从整个控制过程来看，可以既准而又快地自动完成控制任务。因此，自动控制系统在现代工业和国防上得到了广泛的应用。

1.3.1.4 自动控制系统的工作原理方框图

为方便分析自动控制系统的工作原理，同时也为了便于以后表示和分析计算自动控制系统，可将系统原理图简化成系统方框图。

系统方框图，是由许多对信号进行单向传递的元件方框和一些连线组成，它包含三种基本组成单元。

（1）引出点，如图1-3（a）所示。表示信号的引出或信号的分支，箭头表示信号传递方向，线上标记信号为传递信号的时间函数。为书写方便省去变量 t，如 $u(t)$ 一般简写成 u。

（2）比较点，如图1-3（b）所示。表示两个或两个以上信号进行加或减的运算。“＋”号表示信号相加（“＋”号可省去不写）；“－”号表示信号相减。

(3) 元件方框，如图 1-3 (c) 所示。方框中写入元、部件名称，进入箭头表示其输入信号；引出箭头表示其输出信号。

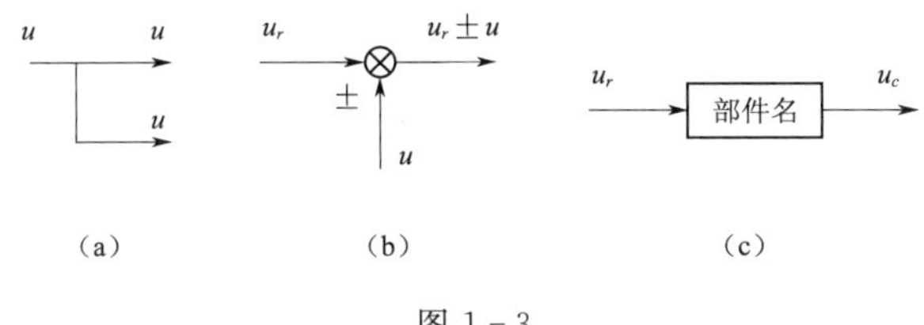

图 1-3

由图 1-2 的分析过程可知，为使发电机发出电压 u 保持恒定，首先应对被控量（如发电机输出电压）进行测量，然后与系统输入量（如发电机输出的希望值）进行比较，获得偏差量，最后利用放大后的偏差信号使执行元件（如电动机）的输出（转角 α）改变，从而使被控量接近或等于系统输出希望值，以减小或消除偏差，使系统输出保持某个恒值。

以代表发电机的输出希望值的基准电压 u_r 为输入信号，发电机输出电压 u 为输出信号，中间各元、部件的输入、输出信号之间均用一个单向性的方框来表示。按照系统中信号传递顺序，用信号线依次将各个方框连接，就得到了整个自动控制系统的方框图。图 1-4 就是如图 1-2 所示电压自动控制系统的原理方框图。

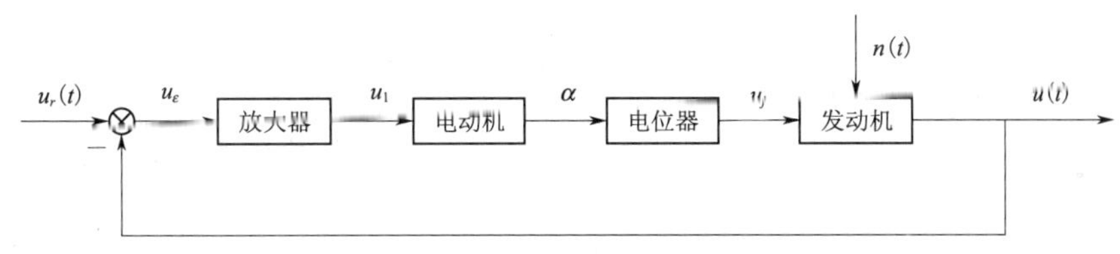

图 1-4

从图 1-4 可将自动控制系统的工作原理归结为：测量偏差（测量输出实际值，为了获得偏差），利用偏差，最后达到减小或消除偏差，让系统实际输出达到期望值。

任何复杂的自动控制系统，都是由元、部件组成的，都可根据控制目标确定控制系统的输入、输出，然后将中间各元、部件的输入、输出信号之间用一个单向性的方框来表示，之后按照系统中信号传递顺序，用信号线依次将各个方框连接而成的就可得到了整个自动控制系统的方框图，为今后表示和分析计算自动控制系统奠定基础。但要注意，系统方框图中的方框并非一定是与实际系统中元、部件一一对应的，它也可以是一个功能模块。

典型反馈控制的方框图如图 1-5 所示。

1.3.2 自动控制系统的常用术语

典型自动控制系统的基本结构如图 1-6 所示。

在实际应用中，自动控制系统的常用术语如下。

(1) 受控对象：受控制的装置或设备（如电动机、车床等），但在进行系统分析时通常是指具体的受控物理量，一般用符号 G_0 表示。受控物理量的变化过程称为受控过程，

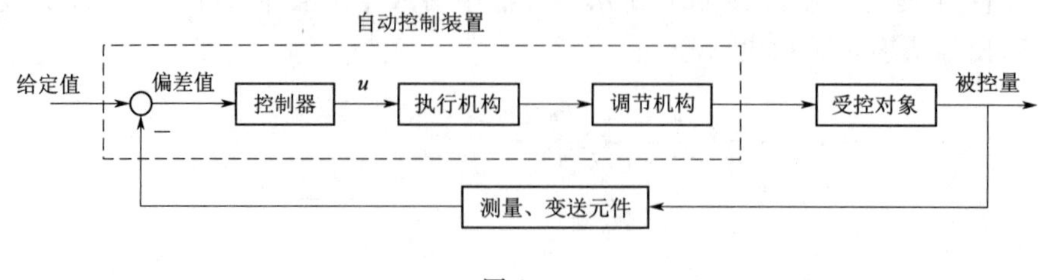

图 1-5

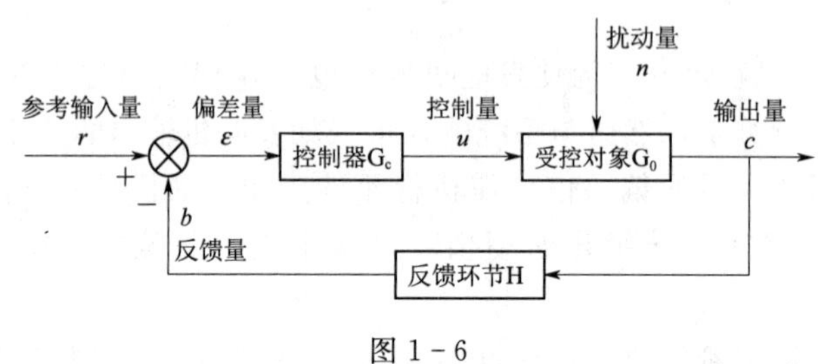

图 1-6

如化学反应过程、水泥窑炉的温度变化过程等。

(2) 参考输入量：系统的给定输入信号，又称设定值，一般用符号 r 表示。

(3) 控制量：施加给受控对象的外部信号，其作用是使受控对象按照一定的规律运行，一般用符号 u 表示。

(4) 输出量：控制系统的输出，即受控对象的变量，一般用符号 c 表示。

(5) 偏差量：系统的参考输入量与反馈量之差，它是自动控制系统中的一个重要参数，一般用符号 ε 表示。

(6) 扰动量：外界或系统内部影响系统输出的干扰信号，一般用符号 n 表示。外界扰动称为外扰，是人们不希望出现的输入信号；系统内部扰动称为内扰，也可等价为系统的一个输入信号。设计控制系统时应采取一定的方法来减少或者消除扰动量的影响。

(7) 前向通道：从输入端沿信号传递方向到输出端的通道。

(8) 反馈通道：从输出端沿信号传递方向到输入端的通道。

1.3.3 自动控制系统的组成

虽然实际自动控制系统复杂多样，但它们都是以典型的控制系统为基础的。一个典型的控制系统通常由以下几部分组成。

(1) 受控对象：如前所述，用于接收控制量并输出被控制量的装置或设备。

(2) 定值元件：用于产生参考输入量的元器件。参考输入量既可以由手动操作设定，也可以由自动装置给定。参考输入量的值应根据实际情况而定，参考输入量的类型由变送器的类型决定。在当前的计算机控制中，参考输入量一般可以由计算机给出，因此不需要专用的定值元件。

(3) 控制器：用于接收偏差信号或输入信号的元器件，它通过一定的控制规律给出控制量，并将其送至执行元件。例如，专用运算电路、常规控制仪表（如电动仪表、气动仪表）、可编程逻辑控制器（PLC）、工业控制计算机等都属于控制器。

(4) 执行元件：控制器和受控对象之间实现功率级别转换或者物理量纲转换的装置，又常称为执行机构或执行器。常见的执行元件有步进电动机、电磁阀、气动阀、各种驱动装置等。在如图 1-1 所示的系统中，执行元件是被并入控制器中来考虑的，因此未在图中画出。

(5) 测量变送元件：用于检测受控对象的输出量，如温度、压力、流量、转速等非电量，并变换成标准信号（一般是电信号）后作为反馈量送至控制器，如各种压力传感器、流量传感器、差压变送器、测速发电机等。

(6) 比较元件：用以产生偏差信号来形成控制，有的系统以标准装置的方式配以专用的比较器，而大部分系统（如计算机控制系统等）的比较元件则以隐藏的方式合并在其他控制装置中。

1.3.4 自动控制系统的性能要求

对于任何控制系统而言，最基本的要求是系统能够正常稳定地运行；否则，可能会毁坏设备，造成重大损失。例如，直流电动机的失磁、导弹发射的失控、运动机械的增幅振荡等都属于系统不稳定。在系统稳定的前提之下，还要求系统具有良好的动态性能和稳态性能。因此，对系统性能的基本要求主要体现在稳定性、动态性能和稳态性能三个方面。

1.3.4.1 稳定性

稳定性是指控制系统偏离平衡状态后，自动恢复到平衡状态的能力。当系统受到干扰，其运行状态偏离了平衡状态，如果系统的输出响应在经历一个过渡过程后，最终能够回到原先的平衡状态，则系统是稳定的；反之，如果系统的输出响应逐渐增加而趋于无穷，或者进入发散振荡状态，则系统是不稳定的。

判别系统是否稳定的过程，称为绝对稳定性分析。事实上，除判别系统是否稳定外，还需要进一步分析系统稳定的程度，这一过程则称为相对稳定性分析。

1.3.4.2 动态性能

为了顺利完成控制任务，控制系统仅满足稳定性的要求是不够的，还需对其过渡过程的时间（即快速性）和最大振荡幅度（即平稳性）提出具体要求，这就是系统的动态性能。

1.3.4.3 稳态性能

当动态过程结束、系统达到新的稳态时，系统的输出应是系统的给定值，但实际上两者之间可能存在误差。在控制理论中，系统给定值与系统稳态输出之间的误差称为稳态误差。系统的稳态误差衡量了系统的稳态性能。由于系统一般工作在稳态，稳态精度直接影响到产品的质量，所以稳态性能是控制系统最重要的性能指标之一。

系统的动态性能和稳态性能常常是相互矛盾的。由于控制系统的功能要求不同，所以对系统动态性能和稳态性能的要求往往有所侧重。例如，对于恒温控制、调速控制等恒值控制系统，主要侧重于系统的稳态性能；而对于火炮自动跟踪、轮舵位置控制等随动控制系统，则侧重于动态性能，要求系统能够快速调节，跟上输入量的变化。

因此，控制系统的性能要求主要包括响应快速性、动态平稳性、跟踪准确性三点，具体如图 1-7 所示。

图 1-7 (a) 显示了给定恒值信号时，系统达到稳态值的快速性；图 1-7 (b) 显示

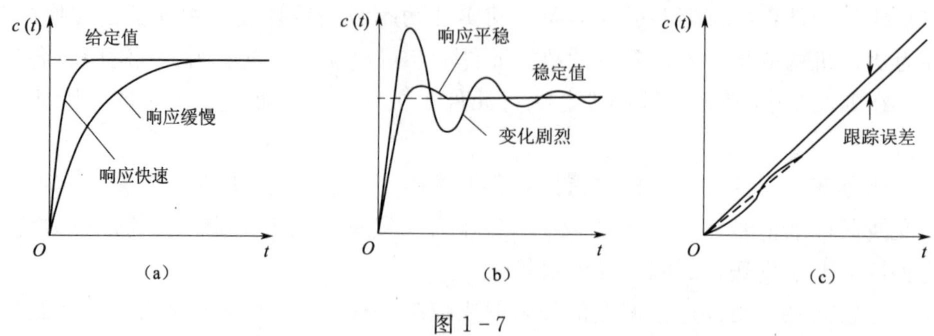

图 1-7

了给定恒值信号时，系统的响应能够很快稳定在稳态值附近和在稳态值附近上下波动的两种比较情况；图 1-7（c）显示了跟踪等速率变化信号的系统，能够准确地跟踪的系统。

对于实际的控制系统，除了上述要求以外，还有其他方面的要求，如系统的鲁棒性等。

1.4　自动控制系统的分类

自动控制系统多种多样，按照不同的标准可以分成不同的类型。

1.4.1　按照控制原理分类

自动控制系统按照控制原理不同，可分为开环控制系统与闭环控制系统两种基本形式，如图 1-8 所示。

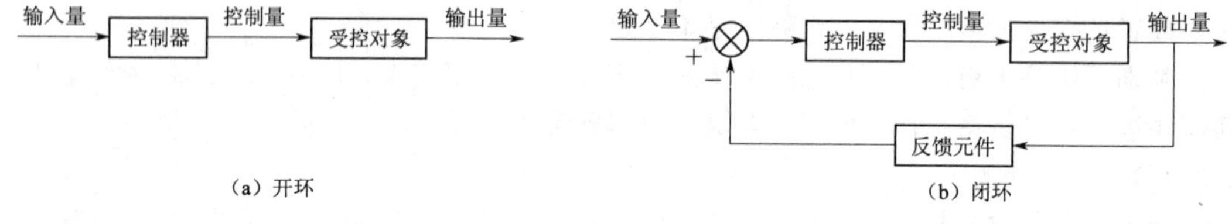

图 1-8

开环控制是指在控制器与受控对象之间只有正向控制作用而没有反馈控制作用，即系统的输出量对控制量没有影响的自动控制形式。相应的控制系统称为开环控制系统。

开环控制系统结构简单，维护容易，成本低，不存在稳定性问题，因此广泛应用于许多控制设备中。但它也存在一些缺点，例如，由于控制精度取决于组成系统的元器件精度，因此对元器件的要求比较高；由于输出量不能反馈回来影响控制量，所以输出量受干扰信号的影响比较大，系统抗干扰能力差等。根据上述特点，开环控制方式仅适用于输入量已知、控制精度要求不高、干扰作用不大的情况。

※**提示**：开环控制系统一般是根据经验来设计的。例如，普通的洗衣机对输出量即衣服的洁净度不做监测（现在能监测衣服洁净度的“洗净即停”洗衣机为闭环控制系统）；普通电烤箱不考虑开门时的干扰对烤箱温度的影响等，所以其控制系统只有一条从输入到输出的前向通道。

闭环控制是指在控制器与受控对象之间，不仅存在着正向作用，还存在着反馈作用，

即系统的输出量对控制量有直接影响的自动控制形式。相应的控制系统称为闭环控制系统。将检测出来的输出量送到系统的输入端，并和系统的输入量做比较的过程称为反馈。

与开环控制系统相比，闭环控制系统不仅有一条从输入端到输出端的前向通道，还有一条从输出端到输入端的反馈通道。输出信号的物理量通过一个反馈元件（测量变送元件）被反馈到输入端，与输入信号比较后得到偏差信号，以此作为控制器的输入信号。

由于反馈的作用是减小偏差，以达到满意的控制效果，故闭环控制又称为反馈控制。若反馈信号与输入信号方向相反，则称为负反馈；反之，若两者方向相同，则称为正反馈。

控制系统中一般采用负反馈方式。偏差信号作用于控制器上，使系统的输出量趋向于给定的数值。

※提示

在闭环控制系统中，由于输出信号的反馈量与给定信号做比较产生偏差信号，利用偏差信号实现对输出信号的控制或调节，所以系统的输出信号能够自动地跟踪给定信号，减小跟踪误差，提高控制精度，抑制扰动信号的影响。

除此之外，负反馈构成的闭环控制系统还有其他的优点，例如，引进反馈通道后，使得系统对前向通道中元件参数的变化不灵敏，从而降低了对前向通道中元件的精度要求；反馈作用还使得整个系统对于某些非线性影响不灵敏等。

闭环控制系统的自动控制或自动调节作用是基于输出信号的负反馈作用而产生的，所以经典控制理论的主要研究对象是负反馈的闭环控制系统，研究目的是得到它的一般规律，从而可以设计出符合设计要求的、满足实际需要的、性能优良的控制系统。

本书所讲的自动控制系统主要是指闭环控制系统。

另外，将开环控制和闭环控制结合起来构成的复合控制也是工程应用较多的一种控制方式。

复合控制是在开环或闭环控制的基础上，附加给定补偿或干扰补偿就组成了复合控制。常见的见图 1-9。

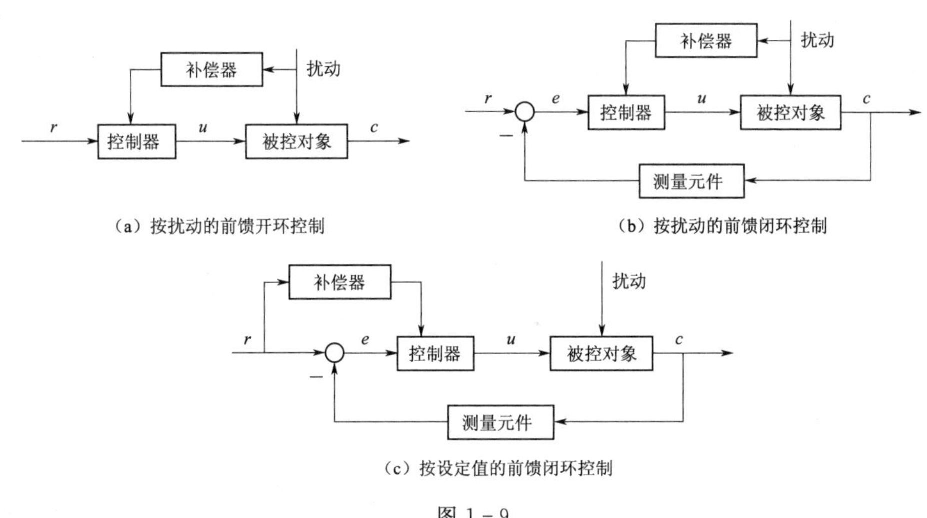

(a) 按扰动的前馈开环控制

(b) 按扰动的前馈闭环控制

(c) 按设定值的前馈闭环控制

图 1-9

1.4.2 按照输入信号特征分类

根据给定输入信号特征的不同，自动控制系统可分为恒值控制系统、随动控制系统和程序控制系统等。

若系统的参考输入信号为恒值或者波动范围很小，系统的输出量也要求保持恒定，则这类控制系统称为恒值控制系统，如恒温控制系统、转速控制系统等。

随动控制系统又称伺服控制系统，其参考输入量不断变化，且变化规律未知。控制的目的是使得系统的输出量能够准确地跟随输入量而变化。随动控制系统常用于军事上对于机动目标的跟踪，如雷达跟踪系统、坦克炮塔自稳系统等。

程序控制系统是以预先设定的函数曲线为参考输入信号进行控制的系统，如控制热处理炉温度的升温、保温和降温过程的自动温控系统等。

1.4.3 根据系统动态方程的数学性质分类

根据系统动态方程的数学性质不同，自动控制系统可分为线性控制系统（简称线性系统）、非线性控制系统（简称非线性系统）、定常系统、时变系统等。

若系统满足叠加原理，即当输入信号分别为 $r_1(t)$、$r_2(t)$ 时，系统的输出分别为 $c_1(t)$、$c_2(t)$；如果输入信号满足 $ar_1(t)+br_2(t)$，则系统的输出为 $ac_1(t)+bc_2(t)$，则将该系统称为线性控制系统，否则称为非线性控制系统。其中，若系数 a、b 是常数，则将该系统称为定常系统，也称时不变系统；若系数是随时间变化的时变参数 $a(t)$、$b(t)$，则将该系统称为时变系统。

由于线性系统的理论已比较成熟，特别是线性定常系统，可以方便地用于系统的分析与设计，因此本书所研究和讨论的对象主要是线性定常系统。

1.4.4 根据信号传递方式分类

根据信号传递方式的不同，自动控制系统可分为连续系统和离散系统。

输入信号与输出信号均是由连续时间函数 $r(t)$、$c(t)$ 来表示的系统称为连续系统。而输入信号与输出信号均是由离散时间函数 $r(kT)$、$c(kT)$ 来表示的系统则称为离散系统。两种时间信号如图 1-10 所示。

1.4.5 根据端口关系分类

根据端口关系的不同，自动控制系统可分为单输入单输出系统和多输入多输出系统等，如图 1-11 所示。

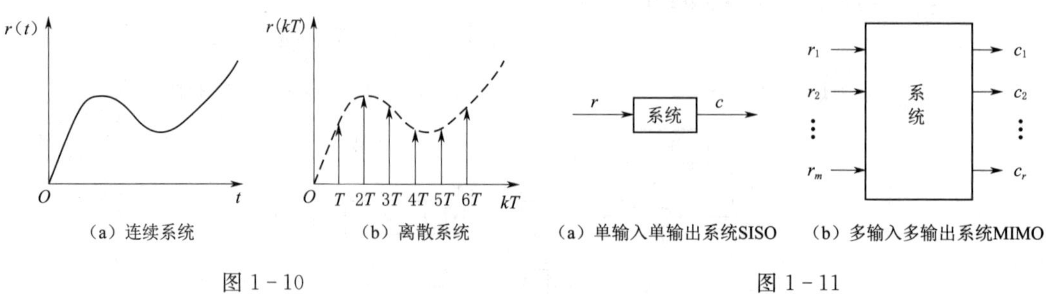

(a) 连续系统 (b) 离散系统

图 1-10

(a) 单输入单输出系统SISO (b) 多输入多输出系统MIMO

图 1-11

单输入单输出系统只有一个输入量和一个输出量。由于这种分类方法是从端口关系上来分类的，故不考虑端口内部通道与结构。单输入单输出系统是经典控制理论的主要研究

对象。

多输入多输出系统有多个输入量和多个输出量，且输出与输入之间呈现多路耦合。与单输入单输出系统相比，多输入多输出系统的结构要复杂得多，本书不做过多介绍。

除了以上提到的分类方法外，自动控制系统还有其他的分类方法，如集中参数系统与分布参数系统、确定性系统与随机控制系统等。

1.5 自动控制系统的应用

1.5.1 飞机自动驾驶仪

飞机自动驾驶仪是一种可保持或改变飞机飞行状态的自动装置，主要用于稳定飞机的飞行姿态、高度和航迹，可操纵飞机爬高、下滑和转弯等。

飞机自动驾驶仪通过控制飞机的三个操纵面（升降舵、方向舵和副翼）的偏转，改变多面的空气动力特性，从而形成围绕飞机质心的旋转转矩，从而改变飞机的飞行姿态、高度和轨迹，如图 1-12 所示。

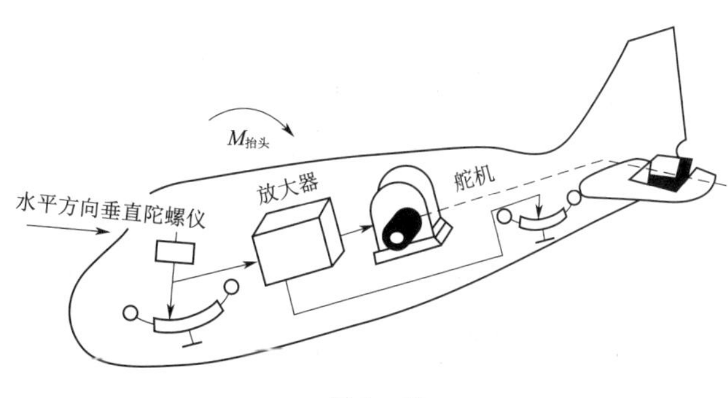

图 1-12

图中的垂直陀螺仪作为测量元件，用来测量飞机的俯仰角，当飞机以给定俯仰角水平飞行时，陀螺仪电位器没有电压输出；如果飞机受到扰动，使其向下偏移，陀螺仪电位器将输出与俯仰角偏差成正比的信号，经放大器放大后驱动升降舵向上偏转，形成使飞机抬头的转矩，以减小俯仰角偏差；同时还带动反馈电位器滑臂，使其输出与舵偏角成正比的电压并反馈至输入端。

随着俯仰角偏差的减小，陀螺仪电位器输出信号越来越小，舵偏角也随之减小，直至俯仰角回到期望值，此时舵面也恢复至初始状态。

1.5.2 加热炉温度控制系统

加热炉温度控制系统用于将加热炉内的温度保持在期望值，其原理如图 1-13 所示。

假设加热炉内温度均匀分布，则该系统的被控量为炉内温度 T，被控对象为加热炉。电位器设定对应于期望温度的给定电压气。当炉内温度变化时，热电偶输出（反馈）电压轮也随之变化，与气比较后产生偏差电压。偏差电压经电压放大器、功率放大器两级放大后产生电枢电压，并驱动电动机转动，以通过减速器改变变压器的输出电压，从而使加热电阻丝减少或增加供热，维持炉内温度稳定。

1.5.3 恒压供水控制系统

恒压供水控制系统是利用由 PID 调节器、单片机、PLC 等器件组合而成的供水专用变频器，通过调节水泵电动机的运转速度来控制水泵的输出流量，以此来实现恒压供水的自动控制系统，其原理如图 1-14 所示。

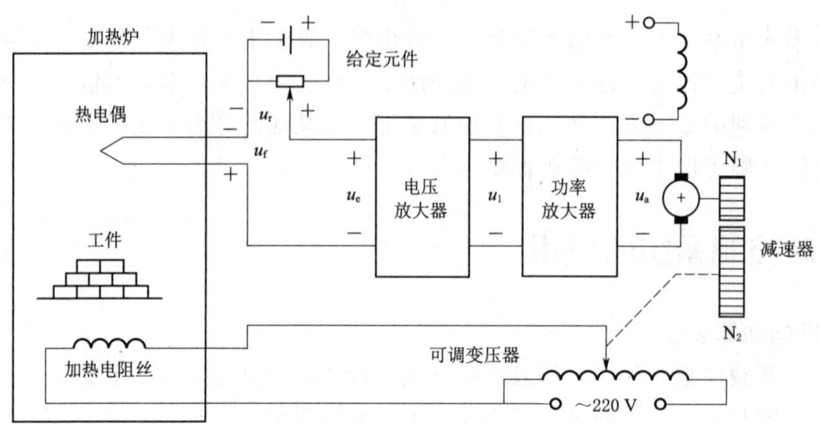

图 1-13

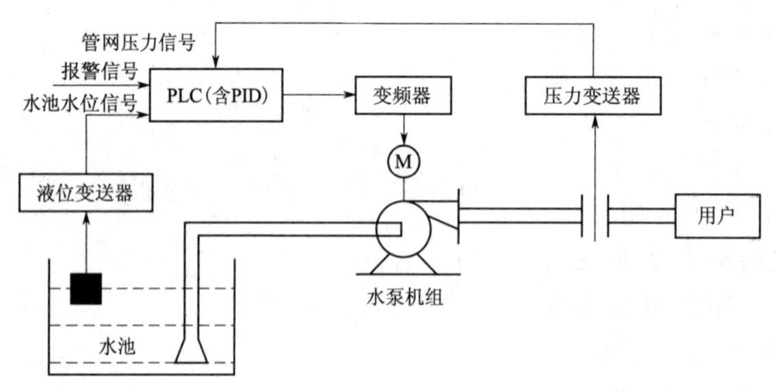

图 1-14

从图中可以看出，恒压供水系统是一个闭环控制系统，通过安装在供水管网上的压力变送器，将管网中的水压转换为管网压力信号并传送至 PID 调节器作为反馈信号。PID 调节器将反馈的压力信号和给定压力信号进行 PID 运算处理后得出控制信号，并将其传送至变频器作为变频器的调速给定信号。变频器则根据此信号调节水泵机组的转速，从而调节管网中的供水压力。

1.6 自动控制系统的设计流程

若要设计出一个令人满意的控制系统，往往需要经过多次理论设计和实际测试，反复地论证与改良，如此才能得到比较合理的结构形式和良好的系统性能。设计自动控制系统的一般流程如下。

1.6.1 拟定性能指标

性能指标是设计控制系统的依据，因此必须合理地拟定性能指标，使性能指标切合实际需求，既要使系统能够完成给定的任务，也要考虑实现条件和经济效果。一般来讲，性能指标不应当比完成给定任务所需要的指标更高。如果在设计过程中，发现给定的性能指

标很难实现，或者设计出的控制系统造价太高，则需要对给定的性能指标做必要的修改。

1.6.2 初步设计

初步设计是控制系统设计中最重要的一环，主要包括以下内容。

(1) 根据设计任务和设计指标，初步确定比较合理的设计方案，选择系统的主要元部件，拟出控制系统的原理图。

(2) 建立所选元部件的数学模型，并进行初步的稳定性分析和动态性能分析。一般来讲，这时的系统虽然在原理上能够完成给定的任务，但系统的性能一般不能满足要求的性能指标。

(3) 对于不满足性能指标的系统，可以在其中再加一些元件，使系统达到给定的性能指标，这就是系统校正。

(4) 分析各种方案，选择最合适的方案。对于给定的同一个设计要求，一般可以设计出许多方案，即系统设计不是唯一的。因此，要对得到的各种方案进行比较和论证，不断改进，最后确定一个相对较好的方案，这样就完成了初步设计工作。

初步设计工作主要是理论分析与计算，在其中必须进行很多的近似化，例如，模型简化和线性化等。因此，所得到的方案可能没有理论分析的结果理想。为了检验初步设计结果的正确性，并改进设计，就需要进行原理试验。

1.6.3 原理试验

根据初步设计确定的系统工作原理，建立试验模型，进行原理试验。根据原理试验的结果，对原定方案进行局部甚至全部的修改，调整系统的结构和参数，以求进一步完善设计方案。

1.6.4 样机生产

在原理试验的基础上，考虑到实际的安装、使用、维修等条件，在设计方案定型之前还应进行样机生产。通过对样机的试验调整，在确认其已满足性能指标和使用要求的前提下，进行实际的运行和环境条件考验试验。根据运行和试验结果，进一步改进设计。在完全达到设计要求后，即可将设计定型并交付生产。

本 章 小 结

1. 内容归纳

(1) 自动控制是在没有人直接参与的情况下，利用控制装置使被控对象自动地按要求的运动规律变化。自动控制系统是由被控对象和控制器按定方式连接起来的、完成一定自动控制任务的有机整体。

(2) 自动控制系统可以是开环控制、闭环控制或复合控制。最基本的控制方式是闭环控制，也称反馈控制。

(3) 自动控制系统的分类方法很多，其中最常见的是按给定信号的特点进行分类，可分为恒值系统、随动系统和程控系统。

(4) 在分析系统的工作原理时，应注意系统各组成部分具有的职能，并能用原理框图进行分析。原理框图是分析控制系统的基础。

（5）对自动控制系统性能的基本要求可归结为稳、快、准三个字。

（6）自动控制理论是研究自动控制技术的基础理论，其研究内容主要分为系统分析和系统设计两个方面。

2. 知识结构

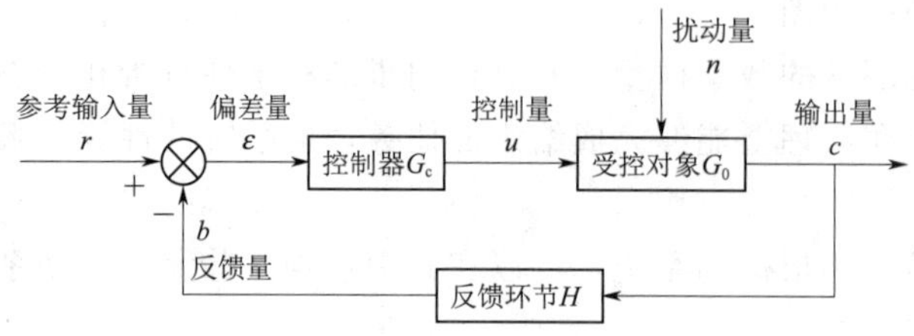

拓 展 阅 读

古代自动化

古代反馈控制最有代表性的装置是计时器“水钟”（在中国叫作“刻漏”“漏壶”）。据古代楔形文字记载和从埃及古墓出土的实物可以看到，巴比伦和古埃及在公元前1500年前就有很长的水钟使用历史了。据《周礼》记载，约在公元前500年，中国军队就用漏壶计时了。约在公元120年，东汉张衡（78—139）发明的“漏水转浑天仪”中，不仅有浮子、漏箭，还有虹吸管和至少一个补偿壶，用于解决水头降低计时不准的问题。最有名的中国水钟“铜壶滴漏”由铜匠杜子盛建造于1316年，一直连续使用到1900年。现保存在广州市博物馆中，仍能使用。

北宋苏颂于1086—1090年在开封建成“水运仪象台”，窥管的视场能够自动跟踪天体的运行。这种仪象台的动力装置中就利用了从定水位漏壶中流出的水，并由擒纵器（天关、天锁）加以控制。苏颂把时钟机械和观测用浑仪结合起来，这比西方的罗伯特·胡克早6个世纪。公元235年，汉朝著名的机械发明家马钧研制出用齿轮传动的指南车，类似按扰动补偿的自控系统。

18世纪，随着人们对动力的需求，各种动力装置成为人们研究的重点。1750年，安得鲁·米克尔（1719—1811）为风车引入了“扇尾”传动装置，使风车自动地面向风。随后，威廉·丘比特对自动开合的百叶窗式翼板进行改进，使其能自动调整风车的传动速度。这种调节器在1807年取得专利权。18世纪的风车中成功地使用了离心调速器，托马斯·米德（1787年）和斯蒂芬·胡泊（1789年）获得这种装置的专利权。

和风车技术并行，18世纪也是蒸汽机取得突破发展的时期，推动了社会生产的大发展。托马斯·纽可门和约翰·卡利是史学界公认的蒸汽机之父。到18世纪中叶，已有好几百台纽可门式蒸汽机在英格兰北部和中部地区、康沃尔和其他国家服务，但由于其工作效率太低，难以推广。1765年，俄国波尔祖诺夫（II. K. nonayHOB）发明了蒸汽机锅炉的水位自动调节器，俄国认为这是世界上第一个自动调节器。

1788年，英国格拉斯哥大学的仪器修理工瓦特想到在纽可门蒸汽机汽缸外增加冷凝

器。1769 年，瓦特的“在火力机中减少蒸汽和燃料消耗的一种新方法”专利获得批准。1774 年，瓦特制成新型单向蒸汽机，1781 年，瓦特将往返运动改成旋转运动，1782 年改进为双向作用蒸汽机。瓦特给蒸汽机添加了一个“节流”控制器，即节流阀，由一个飞球调节器操纵，确保引擎工作时速度大致均匀。这是当时反馈调节器最成功的应用，被公认为世界上第一个自动控制系统。

代表人物及事件简介

1. 诺伯特·维纳（Norbert Wiener，1894—1964），美国数学家，控制论的创始人。维纳在其 50 年的科学生涯中，先后涉足哲学、数学、物理学、工程学和生物学，在各个领域中都取得了丰硕成果，称得上是恩格斯颂扬过的“20 世纪多才多艺和学识渊博的科学巨人”。维纳一生发表论文 240 多篇，著作 14 部，主要著作有《控制论》《维纳选集》和《维纳数学论文集》，还有两本自传《昔日神盘》和《我是一个数学家》。

1945 年，维纳把反馈的概念推广到生物等一切控制系统，1948 年出版的名著《控制论》为控制论奠定 r 基础。维纳的深刻思想引起了人们的极大重视，它揭示了机器中的通信和控制机能与人的神经、感觉机能的共同规律，为现代科学技术研究提供了较新的科学方法，从多方面突破了传统思想的束缚，有力地促进了现代科学思想方式和当代哲学观念的一系列变革。

2. 钱学森（1911—2009），籍贯浙江省杭州市，出生于上海。1934 年毕业于上海交通大学机械工程系，1935 年赴美国研究航空工程和空气动力学，1938 年获加利福尼亚理工学院博士学位，后留在美国任讲师、教授，曾任美国麻省理工学院教授、加州理工学院教授。1950 年开始争取回归祖国，历经 5 年于 1955 年回到祖国，自 1958 年起长期担任火箭导弹和航天器研制的技术领导职务。1959 年加入中国共产党。

钱学森是人类航天科技的重要开创者和主要奠基人之一，空气动力学家和系统科学家，工程控制论的创始人，中国科学院学部委员、中国工程院院士，中国“两弹一星”功勋奖章获得者。

他曾担任中国人民政治协商会议第六、第七、第八届全国委员会副主席，中国科学技术协会名誉主席。他是航空领域、空气动力学领域、应用数学和应用力学领域的世界级权威。他在 20 世纪 40 年代就已经成为与其恩师冯·卡门并驾齐驱的航空航天领域最为杰出的代表人物，并以《工程控制论》的出版为标志在学术成就上实质性地超越了科学巨匠冯·卡门成为 20 世纪众多学科领域的科学巨星，被誉为“中国航天之父”“中国导弹之父”“火箭之王”和“中国自动化控制之父”。

习 题

1-1 什么是反馈？反馈控制的原理是什么？

1-2 试列举开环控制和闭环控制的例子，说明其工作原理并比较开环控制系统和闭环控制系统的优缺点。

1-3 直流电动机转速控制系统如题1-3图所示，试分析系统自动稳速的控制原理，并画出原理方框图。

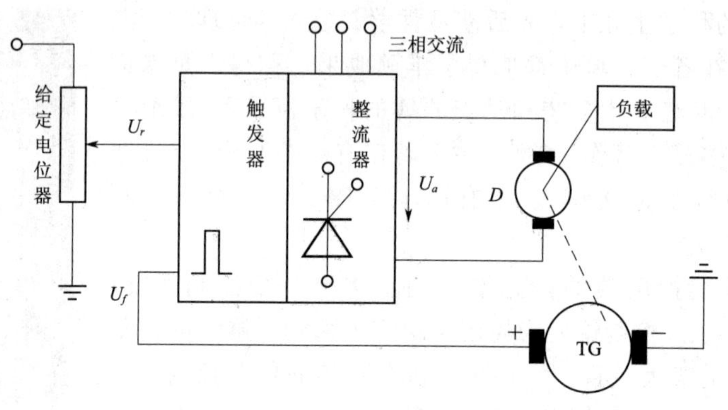

题1-3图

1-4 根据题1-4图所示的电动机速度控制系统工作原理图：

(1) 将 a，b 与 c，d 用线连接成负反馈系统；

(2) 画出系统方框图。

1-5 题1-5图是水位控制系统的示意图，图中 Q_1，Q_2 分别为进水流量和出水流量。控制的目的是保持水位为一定的高度。试说明该系统的工作原理并画出其方框图。

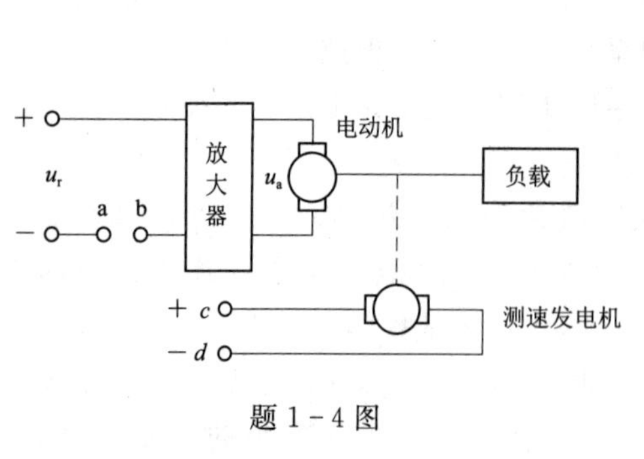

题1-4图

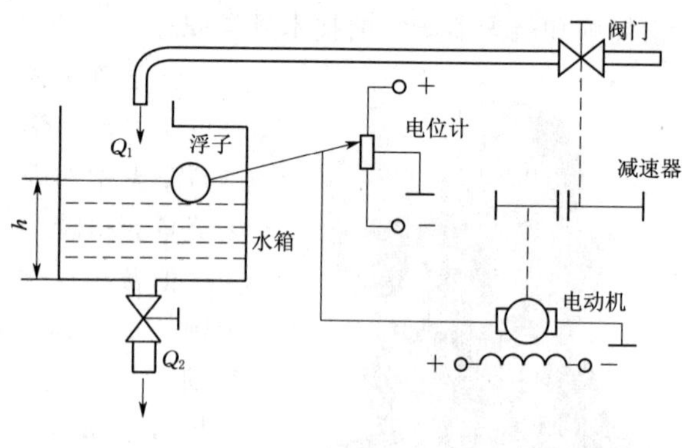

题1-5图

第 2 章　线性控制系统的数学模型

引言

在分析和设计控制系统之前，必须建立系统的数学模型。数学模型是根据系统运动所遵循的物理、化学等规律建立的，用来描述系统运动规律、特性和各变量之间关系的数学表达式及各种数学图形。通过系统的数学模型，可以采用数学分析的方法来研究系统的运动规律。

时域中常用的数学模型有微分方程、差分方程和状态方程等；复域中则有传递函数、动态结构图和信号流图等；频域中则有频率特性等。本章只研究线性系统的微分方程、传递函数、动态结构图和信号流图这几种数学模型的建立和应用。

学习目标

- 掌握数学模型的基本概念及常见形式。
- 掌握建立微分方程的一般方法。
- 掌握传递函数的定义、性质、表现形式及求解方法。
- 熟悉闭环控制系统的开环、闭环、误差传递函数。
- 熟悉常见线性控制系统及典型环节的数学模型。
- 掌握动态结构图的概念及其各种化简方法。
- 熟悉信号流图的画法，能够根据信号流图求传递函数。
- 掌握用 MATLAB 建立和简化系统数学模型的方法。

2.1　控制系统的微分方程

2.1.1　微分方程的建立

微分方程是描述自动控制系统动态特性最基本的方法。由于控制系统的多样性，控制系统微分方程的表现形式也是多样的。一个完整的控制系统通常是由一个或多个元器件或环节以一定的方式连接而成。在建立系统的微分方程时，可对系统中每个（或某些）具体的元器件或环节按照其运动规律列出微分方程，然后将这些微分方程联立起来，以求取整个系统的微分方程。

建立系统的微分方程的一般步骤如下：

（1）定义系统的组成元件，先确定各元件的输入量和输出量，再确定系统的输入量、中间变量和输出量。

（2）确定必要的假设条件。实际的系统结构复杂，很难完全准确地描述出来，为了体现系统动态特性的本质和简化系统的描述，往往需要设定必要的假设条件。

(3) 从输入端开始，按照信号传递的顺序，依据各变量所遵循的物理、化学等定律，推导出各变量之间的动态方程，一般为微分方程组。

(4) 消去中间变量，得到描述系统的输入量和输出量之间关系的微分方程。

(5) 标准化。若得到的方程为线性微分方程，则将与输入量有关的各项置于等号右边，与输出量有关的各项置于等号左边，并分别按降幂排列，最后将系数归化为反映系统动态特性的参数（如时间常数等）；若方程为非线性微分方程，应先对其进行线性化处理，再转换为线性微分方程的标准形式。

【例 2-1】 列写如图 2-1 所示 *RLC* 网络的微分方程。

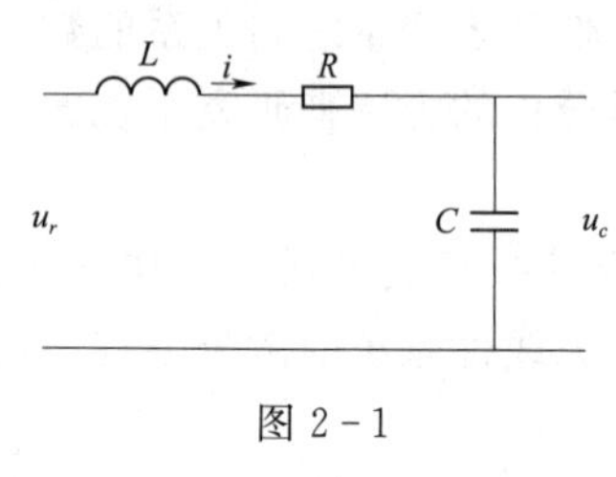

图 2-1

【解】

1）明确输入、输出量。

网络的输入量为电压 $u_r(t)$，输出量为电压 $u_c(t)$。

2）列出原始微分方程式。

根据由基尔霍夫电压定律

$$u_r = u_R + u_L + u_c = Ri + L\frac{\mathrm{d}i}{\mathrm{d}t} + \frac{1}{C}\int i\,\mathrm{d}t \tag{2-1}$$

3）消去中间变量。

流过电容的电流为

$$i = C\frac{\mathrm{d}u_c}{\mathrm{d}t} \tag{2-2}$$

将其代入式（2-1）整理可得

$$LC\frac{\mathrm{d}^2u_c(t)}{\mathrm{d}t^2} + RC\frac{\mathrm{d}u_c(t)}{\mathrm{d}t} + u_c(t) = u_r(t) \tag{2-3}$$

显然，这是一个二阶线性微分方程，即是如图 2-1 所示 *RLC* 无源网络的数学模型。

【例 2-2】 图 2-2 所示为一具有质量、弹簧、阻尼器的机械位移系统。试列写质量 m 在外力 $F(t)$ 作用下位移 $x(t)$ 的运动方程。

【解】 设质量 m 相对于初始状态的位移、速度、加速度分别为 $x(t)$，$\mathrm{d}x(t)/\mathrm{d}t$，$\mathrm{d}^2x(t)/\mathrm{d}t^2$。

由牛顿第二定律

$$F = ma \tag{2-4}$$

可得

$$m\frac{\mathrm{d}^2x(t)}{\mathrm{d}t^2} = F(t) + mg - F_1(t) - F_2(t) \tag{2-5}$$

式中，阻尼器的阻尼力为

$$F_1(t) = f\,\mathrm{d}x(t)/\mathrm{d}t \tag{2-6}$$

其方向与运动方向相反，其大小与运动速度成正比，f 为阻尼系数。

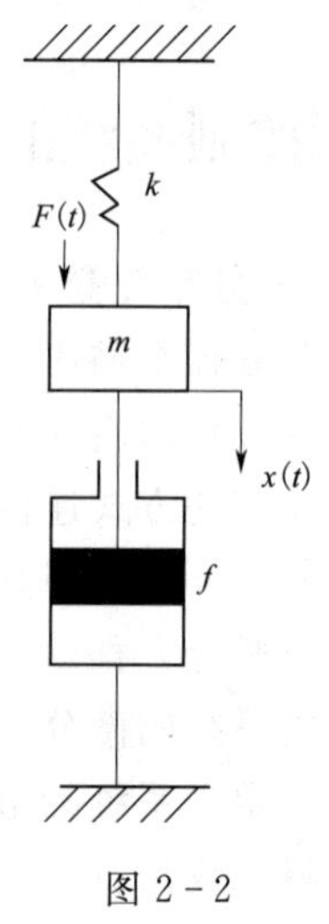

图 2-2

弹簧弹性力

$$F_2(t)=K[x(t)+x_0] \tag{2-7}$$

其中

$$Kx_0=mg$$

其方向亦与运动方向相反，其大小与位移成正比，K 为弹性系数。

将式（2-6）和式（2-7）代入式（2-5）中，经整理后即得该系统的微分方程式为

$$m\frac{\mathrm{d}^2x(t)}{\mathrm{d}t^2}+f\frac{\mathrm{d}x(t)}{\mathrm{d}t}+Kx(t)=F(t) \tag{2-8}$$

由此可见，描述该物体机械平移运动的微分方程是二阶微分方程。

【例 2-3】 试列写如图 2-3 所示速度控制系统的微分方程。

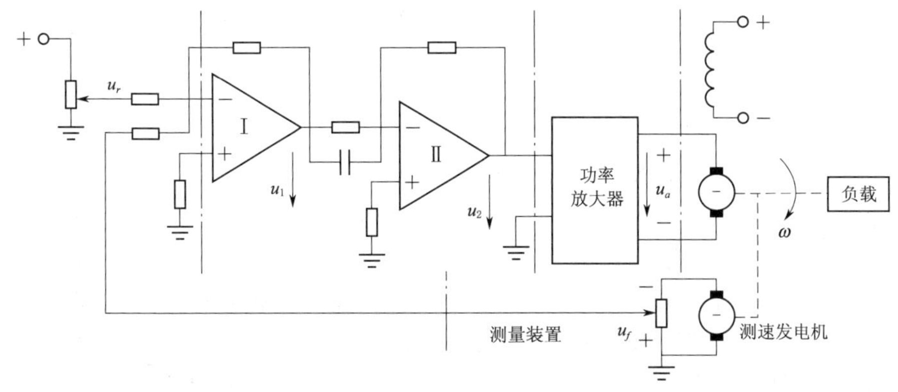

图 2-3

【解】 通过分析图 2-3 可知控制系统的被控对象是电动机（带负载），系统的输出量 ω 是转速，输入量是 u_r，控制系统由给定电位器、运算放大器Ⅰ（含比较作用）、运算放大器Ⅱ（含 RC 校正网络）、功率放大器、测速发电机、减速器等部分组成。现分别列写各元部件的微分方程。

1. 运算放大器Ⅰ

输入量（即给定电压）u_r 与速度反馈电压 u_f 在此合成产生偏差电压并经放大，即

$$u_1=K_1(u_g-u_f) \tag{2-9}$$

式中 K_1——运算放大器Ⅰ的比例系数。

2. 运算放大器Ⅱ

考虑 RC 校正网络，u_2 与 u_1 之间的微分方程为

$$u_2=K_2\left(\tau\frac{\mathrm{d}u_1}{\mathrm{d}t}+u_1\right) \tag{2-10}$$

式中 K_2——运算放大器Ⅱ的比例系数，$\tau=RC$ 是微分时间常数。

3. 功率放大器

功率放大器的输入量 u_2 和输出量 u_a 之间的关系为

$$u_a=K_3u_2 \tag{2-11}$$

式中 K_3 为比例系数。

4. 直流电动机

电动机的输入量 $u_a(t)$，$M_c(t)$ 和输出量 $\omega(t)$ 之间的关系为

$$T_m \frac{\mathrm{d}\omega(t)}{\mathrm{d}t} + \omega(t) = K_u u_a(t) - K_M M_c(t) \tag{2-12}$$

式中　K_u——电压传递系数；

　　K_M——转矩传递系数。

5. 测速发电机

测速发电机的输出电压 u_f 与其转速 ω 成正比，即有

$$u_f = K_f \omega \tag{2-13}$$

式中　K_f——测速发电机比例系数，V/(rad/s)。

按照控制系统的连接顺序，消去以上各式中的中间变量，经整理后便得到控制系统的微分方程

$$T'_m \frac{\mathrm{d}\omega(t)}{\mathrm{d}t} + \omega(t) = K_g \left[\tau \frac{\mathrm{d}u_r(t)}{\mathrm{d}t} + u_r(t)\right] - K'_c M_c(t) \tag{2-14}$$

式中　$T'_m = (T_m + K_1 K_2 K_3 K_u K_f \tau)/(1 + K_1 K_2 K_3 K_u K_f)$

　　$K_g = K_1 K_2 K_3 K_u/(1 + K_1 K_2 K_3 K_u K_f)$

　　$K'_c = K_M/(i + K_1 K_2 K_3 K_u K_f)$

比较式（2-3）、式（2-8）和式（2-14）后发现，虽然它们所代表的系统的类别、结构完全不同，但表征其运动特征的微分方程式却是相似的。从这里也可以看出，尽管环节（或系统）的物理性质不同，它们的数学模型却可以是相似的。这就是系统的相似性，利用这个性质，就可以用那些数学模型容易建立，参数调节方便的系统作为模型，代替实际系统从事实验研究。

2.1.2　非线性数学模型的线性化

在建立控制系统的数学模型时，实际系统往往是比较复杂的，一般都具有程度不同的非线性因素。因此，严格地说，任何一个物理系统都是非线性系统。例如在弹簧-质量-阻尼器三者组成的简单的机械振动系统例 2-2 中，弹簧系数 K 不是一个常数而是位移 x_c 的函数，也就是，弹簧的刚度与形变有关系。阻尼系数 f 亦不是纯线性的，总有非线性因素存在。在 RLC 网络中，电阻、电感和电容等参量也不是常数，其数值与周围环境（如温度、湿度等）以及流过它们的电流等都有关系。电动机的情况就更要复杂一些，可变的参数就更多了。但是，在一定条件下，“理想化”并不会改变原来系统的“基本面貌”。例如，在上述机械振动系统中，如果位移 x_c“不太大”时，那么弹簧系数 k 就“基本上”是一个常数而与 x_c 无关，即力与变形的关系符合虎克定律。阻尼器的粘阻系数也“基本上”是线性的，它与速度的一次方成比例。只要满足这些条件，理想化是允许的，在工程实践中也早就证明了这一点。因此，例 2-2 所示系统，经过理想化（这里主要是线性化）以后，可由一个二阶常系数线性微分方程来描述，这个方程的解与实际系统的运动是相当符合的，或者，“理想化系统”相当准确地“代表”了实际系统。

通过大量的实践，自动控制系统在通常情况下都有一个正常的工作状态（稳态）。例如电压调节系统的正常工作状态是输入、输出电压为常值，随动系统的正常工作状态是静止平衡状态等。其次，人们所感兴趣的问题往往是系统在正常工作状态附近的“行为”。即当系统的输入或输出相对于正常工作状态发生偏差时，即所谓“小偏差”。这是很有意

义的两个问题。这就说明，在今后分析系统运动的，可以把正常工作状态作为运动的起始点（参考坐标的原点）。仅仅研究所感兴趣的“小偏差”的运动情况，也就是研究相对于正常工作状态而言的输入、输出的变化（增量），而这种变化又是很小的。这种处理方法就称为“增量化”。显然，增量化给线性化创造了条件或提供了理论依据。因此，在这样一个小范围内，就有可能将非线性特性相当准确地用直线来代替，这就是所谓小偏差线性化。下面举例说明。

【例 2-4】 铁芯线圈如图 2-4 所示。试列写出以 u_r 为输入，电流 i 为输出的线圈微分方程。

【解】 根据克希荷夫定律：

$$u_r = u_1 + Ri \tag{2-15}$$

式中 u_1 为线圈的感应电势，它正比于线圈中磁通变化率，即

$$u_1 = K_1 \frac{\mathrm{d}\psi(i)}{\mathrm{d}t} \tag{2-16}$$

式中 K_1 为比例常数，为方便起见，假定在所采用量纲系统中，K_1 的数值为 1。铁芯线圈的磁通与流经线圈中的电流 i 是非线性函数，如图 2-5 所示。因此，将式（2-16）代入式（2-15）得

$$\frac{\mathrm{d}\psi(i)}{\mathrm{d}i}\frac{\mathrm{d}i}{\mathrm{d}t} + Ri = u_r \tag{2-17}$$

显然是一个非线性微分方程，因为方程式（2-17）中$\frac{\mathrm{d}\psi(i)}{\mathrm{d}i}$不是一个常数，它随着线圈中电流的变化而改变。

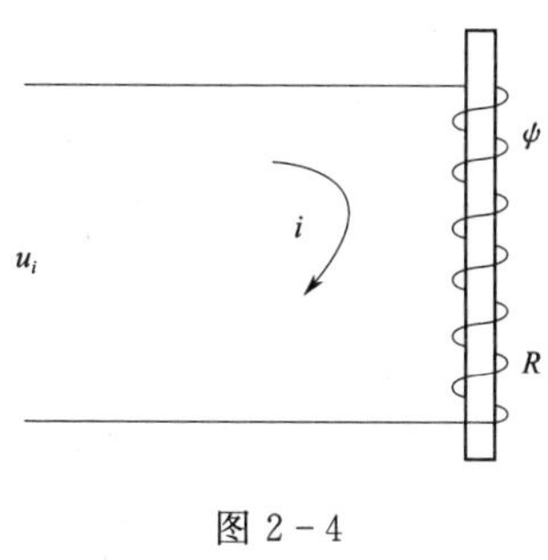

图 2-4

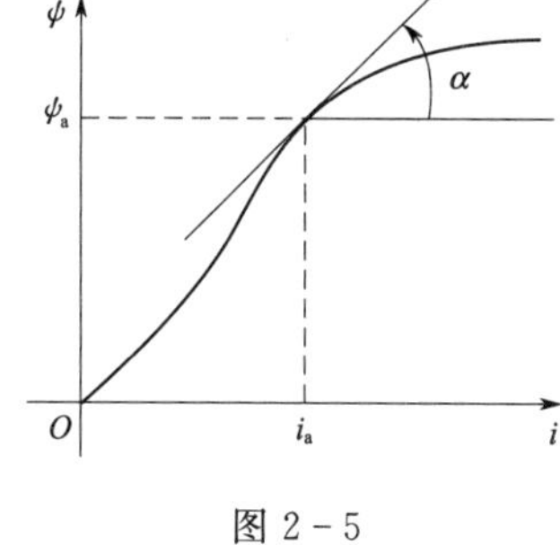

图 2-5

如果在工作过程中，线圈的电压、电流只在平衡工作点（u_0, i_0）附近作微小变化，设 u_r 相对于 u_0 的增量为 Δu_r；i 相对于 i_0 的增量为 Δi，这时相应地，线圈中的磁通 ψ 相对于 ψ_0 的增量为 $\Delta\psi_0$。如 $\psi(i)$ 在 i_0 的邻域内连续可导，则在平衡点 i_0 邻域内，磁通 ψ 可表示成台劳级数，即

$$\psi = \psi_0 + \left(\frac{\mathrm{d}\psi}{\mathrm{d}i}\right)_{i=i_0}\Delta i + \frac{1}{2!}\left(\frac{\mathrm{d}^2\psi}{\mathrm{d}t^2}\right)_{i=i_0}(\Delta i)^2 + \cdots + \frac{1}{n!}\left(\frac{\mathrm{d}^n\psi}{\mathrm{d}i^n}\right)_{i=i_0}(\Delta i)^n + \cdots$$

式中 $\Delta i=i-i_0$。当 Δi “足够小”时，略去高阶项，取其一次近似，有

$$\psi=\psi_0+\left(\frac{\mathrm{d}\psi}{\mathrm{d}i}\right)_{i=i_0}\Delta i$$

其中 $\left(\frac{\mathrm{d}\psi}{\mathrm{d}t}\right)_{i=i_0}$ 为平衡点 i_0 处 $\psi(i)$ 的导数值，或切线斜率（图 2-5），令它为 C_1，则有

$$\psi\approx\psi_0+C_1\Delta i$$

即

$$\psi-\psi_0=\Delta\psi\approx C_1\Delta i$$

上式表明，经线性化处理后，线圈中电流增量与磁通增量之间已经成为线性关系。

将方程式（2-17）中 u_r、ψ 和 i 均表示在平衡点附近的增量方程，即

$$u_r=u_0+\Delta u_r$$

$$i=i_0+\Delta i$$

$$\psi\approx\psi_0+C_1\Delta i$$

将上述三式代入方程式（2-17），消去中间变量并整理：

$$C_1\frac{\mathrm{d}\Delta i}{\mathrm{d}t}+R\Delta i=\Delta u_r \tag{2-18 (a)}$$

式（2-18）就是铁芯线圈的线性化增量的微分方程。在实际使用中，为简便起见，常常略去增量符号而写为

$$C_1\frac{\mathrm{d}i}{\mathrm{d}t}+Ri=u_r \tag{2-18 (b)}$$

但必须明确，u_r 和 i 均为相对于平衡工作点的增量（小变化量），而不是本身的真正价值。

如果系统中非线性元件不只是一个，则必须依据实际系统中各元件所对应的平衡工作点建立线性化增量方程，才能反映系统在同一个平衡工作状态下的小偏差运动特性，这是应当注意的。

以平衡点（或正常工作点）处的切线代替曲线，而得到变量对平衡点的增量方程，称为线性化增量方程。这种线性化的方法称为小偏差法。对照铁芯线圈微分方程式（2-17）和线性化之后的方程式（2-18），可见求线性增量方程的方法可以简化。只要将非线性方程中的非线性项代之以线性增量形式，而其他线性项的变量直接写成增量形式即可。

2.2 传递函数

建立系统数学模型的目的是为了对系统的性能进行分析。在给定外作用及初始条件下，求解微分方程就可以得到系统的输出响应。这种方法比较直观，特别是借助于电子计算机可以迅速而准确地求得结果。但是如果系统的结构改变或某个参数变化时，就要重新列写并求解微分方程，不便于对系统的分析和设计。

拉氏变换是求解线性微分方程的简捷方法。当采用这一方法时，微分方程的求解问题

化为代数方程和查表求解的问题，这样就使计算大为简便。更重要的是，由于采用了这一方法，能把以线性微分方程式描述系统的动态性能的数学模型，转换为在复数域的代数形式的数学模型——传递函数。传递函数不仅可以表征系统的动态性能，而且可以用来研究系统的结构或参数变化对系统性能的影响。经典控制理论中广泛应用的频率法和根轨迹法，就是以传递函数为基础建立起来的，传递函数是经典控制理论中最基本和最重要的概念。

2.2.1 传递函数的定义

传递函数的概念是在用拉氏变换求解线性微分方程的基础上提出的，它是经典控制理论中应用最广泛的一种动态数学模型。

设描述 n 阶线性定常系统的微分方程为

$$a_0\frac{\mathrm{d}^n}{\mathrm{d}t^n}c(t)+a_1\frac{\mathrm{d}^{n-1}}{\mathrm{d}t^{n-1}}c(t)+\cdots+a_{n-1}\frac{\mathrm{d}}{\mathrm{d}t}c(t)+a_nc(t)$$

$$=b_0\frac{\mathrm{d}^m}{\mathrm{d}t^m}r(t)+b_1\frac{\mathrm{d}^{m-1}}{\mathrm{d}t^{m-1}}r(t)+\cdots+b_{m-1}\frac{\mathrm{d}}{\mathrm{d}t}r(t)+b_mr(t) \qquad (2-19)$$

式中 $c(t)$——系统输出量；

$r(t)$——系统输入量；

$a_i(i=0,1,\cdots,n)$ 和 $b_j(j=0,1,\cdots,m)$——与系统结构和参数有关的常系数。

由于控制理论着重分析系统的结构、参数与系统的动态性能之间的关系，故通常为简化分析而假设系统的初始条件为零，即和及其各阶导数在时的值均为零。在零初始条件下，对微分方程两边作拉氏变换得

$$(a_0s^n+a_1s^{n-1}+\cdots+a_{n-1}s+a_n)C(s)=(b_0s^m+b_1s^{m-1}+\cdots+b_{m-1}s+b_m)R(s)$$

方程变形得

$$\frac{C(s)}{R(S)}=\frac{b_0s^m+b_1s^{m-1}+\cdots+b_{m-1}s+b_m}{a_0s^n+a_1s^{n-1}+\cdots+a_{n-1}s+a_n}$$

记作

$$G(s)=\frac{C(s)}{R(S)}=\frac{b_0s^m+b_1s^{m-1}+\cdots+b_{m-1}s+b_m}{a_0s^n+a_1s^{n-1}+\cdots+a_{n-1}s+a_n} \qquad (2-20)$$

$G(s)$ 反映了系统输出与输入之间的关系，描述了系统的特性，即为线性定常系统的传递函数。

定义 线性定常系统的传递函数，定义为零初始条件下，系统输出量的拉氏变换与输入量的拉氏变换之比。

2.2.2 传递函数的性质

控制系统的传递函数主要具有以下性质。

（1）对应性：传递函数与微分方程一一对应。只要把系统或元件微分方程中各阶导数用相应阶次的变量 s 代替，就很容易求得系统或元件的传递函数。

（2）固有性：传递函数表征了系统本身的动态特性。传递函数只取决于系统本身的结构参数，而与输入等外部因素无关，可见传递函数有效地描述了系统的固有特性。

（3）局限性：只反映零初始条件下输入信号引起的输出，不能反映非零初始条件引起

的输出。

(4) 唯一性。

(5) 传递函数 $G(s)$ 的拉氏反变换是系统的单位脉冲响应 $g(t)$；反之，系统单位脉冲响应的拉氏变换是系统的传递函数，两者有一一对应的关系。

$g(t)$ 是系统在单位脉冲 $\delta(t)$ 输入时的输出响应。此时 $R(s)=L[\delta(t)]=1$，故有 $g(t)=L^{-1}[C(s)]=L^{-1}[G(s)R(s)]=L^{-1}[G(s)]$。

(6) 同形性：$G(s)$ 虽描述了输出输入间的关系，但它不提供任何该系统的物理结构。物理性质截然不同的系统或元件，可以有相同的传递函数。

(7) 特殊性：传递函数仅适用于线性定常系统。

(8) 有理性：传递函数为有理真分式函数具有复变函数的所有性质。即 $m\leqslant n$ 且所有系数均为实数。

2.2.3　传递函数的表现形式

传递函数是经典控制理论中最重要的数学模型，通常为复变函数，可变换为多种形式，其中常用的表现形式如下。

2.2.3.1　有理分式形式

有理分式形式是传递函数最常用的形式，即

$$G(s)=\frac{b_0 s^m+b_1 s^{m-1}+\cdots+b_{m-1}s+b_m}{a_0 s^n+a_1 s^{n-1}+\cdots+a_{n-1}s+a_n}=\frac{N(s)}{D(S)}$$

传递函数的分母多项式 $D(s)$ 称为系统的特征多项式，$D(s)=0$ 称为系统的特征方程，特征方程的根称为系统的特征根或极点；分子多项式的根称为系统的零点。分母多项式的阶次 n 为系统的阶次，表示系统为 n 阶系统。

对于实际的物理系统，其传递函数中多项式 $D(s)$，$N(s)$ 的所有系数均为实数，且分母多项式 $D(s)$ 的阶次 n 高于或等于分子多项式 $N(s)$ 的阶次 m，即 $n\geqslant m$。

2.2.3.2　零点、极点形式（首 1 形式）

将传递函数的分子多项式和分母多项式经因式分解后可写为如下形式。即

$$G(s)=\frac{b_0(s-z_1)(s-z_2)\cdots(s-z_m)}{a_0(s-p_1)(s-p_2)\cdots(s-p_n)}=K^*\frac{\prod_{i=1}^{m}(s-z_i)}{\prod_{j=1}^{n}(s-p_j)}\tag{2-21}$$

式中　$z_i(i=1,2,\cdots,m)$——传递函数 $G(s)$ 的零点；

$p_j(j=1,2,\cdots,n)$——传递函数 $G(s)$ 的极点；

K^*——系统的根轨迹放大系数，$K^*=\dfrac{b_0}{a_0}$。

在复数平面上表示传递函数的零点和极点的图形，称为传递函数的零点、极点分布图。零点和极点的分布决定了系统的特性，因此可以画出传递函数的零、极点分布图，以便直接分析系统的特性。在零点、极点分布图上，一般用“°”表示零点，用“×”表示极点。

例如，某系统的传递函数为

$$G(s)=\frac{2s^2-2s-4}{s^3+5s^2+8s+6}=\frac{2(s+1)(s-2)}{(s+3)(s+1+j)(s+1-j)}$$

则系统的零点、极点分布如图 2-6 所示。

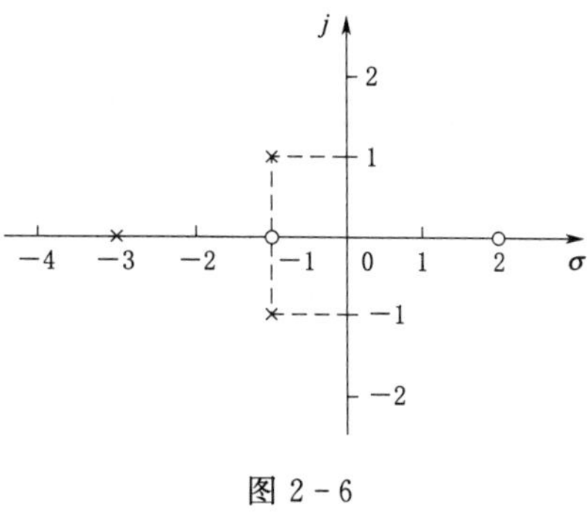

图 2-6

2.2.3.3 时间常数形式（尾 1 形式）

将传递函数的分子多项式和分母多项式均化为尾一多项式（最低次项即尾项系数为 1），然后在实数范围内进行因式分解得

$$G(s)=K\frac{\prod_{i=1}^{m_1}(\tau_i s+1)\prod_{k=1}^{m_2}(\tau_k^2 s^2+2\xi_2\tau_k s+1)}{s^v\prod_{j=1}^{n_1}(T_j s+1)\prod_{l=1}^{n_2}(T_l^2 s^2+2\xi_2 T_l s+1)} \tag{2-22}$$

或在复数范围内进行因式分解得

$$G(s)=K\frac{\prod_{i=1}^{m}(\tau_i s+1)}{s^v\prod_{j=1}^{n'}(T_j s+1)},\quad n'+v=n$$

式中 K——传递系数，通常也称为系统的放大系数；

τ_i，T_j——系统的时间常数。

传递函数的辅导系数与根轨迹放大系数 K^* 的关系为

$$K=\frac{b_m}{a_n}=K^*\frac{\prod_{i=1}^{m}(-z_i)}{\prod_{j=1}^{n}(-p_j)}$$

2.2.4 传递函数的求解方法

方法 1 对线性微分方程进行零初始条件下的拉氏变换，取输出与输入的拉氏变换之比。

【例 2-5】 求取如图 2-1 所示 RLC 网络的传递函数。

【解】 图 2-1 所示 RLC 网络的微分方程为

$$LC\frac{\mathrm{d}^2u_c(t)}{\mathrm{d}t^2}+RC\frac{\mathrm{d}u_c(t)}{\mathrm{d}t}+u_c(t)=u_r(t)$$

当初始条件为零时，拉氏变换为

$$(LCs^2+RCs+1)U_c(s)=U_r(s)$$

则传递函数为

$$G(s)=\frac{U_c(s)}{U_r(s)}=\frac{1}{LCs^2+RCs+1}$$

方法 2 电气网络的复数阻抗法。

对于由电阻、电容、电感等组成的无源网络系统，在求取其传递函数时可以不采用微分方程、拉氏变换的方法，而是直接采用复数阻抗法。线性元件的复数阻抗是依据线性元

件的 $V-I$ 关系来确立的。这种关系在时域上应遵循欧姆定律，在变换域中也有相同的形式，通常把复数阻抗所遵循的 $V-I$ 关系称为广义欧姆定律。基本线性元件有三种，即电阻 R、电容 C 和电感 L，它们的复数阻抗见表 2－1。

表 2－1

线性元件	典型电网络	时域方程	拉氏变换式	复数阻抗
电阻 R	$u(t)$　$i(t)$　R	$u(t)=Ri(t)$	$U(s)=RI(s)$	$Z_R(s)=\dfrac{U(s)}{I(s)}=R$
电容 C	$u(t)$　$i(t)$　C	$u(t)=\dfrac{1}{C}\int i(t)\mathrm{d}t$	$U(s)=\dfrac{1}{Cs}I(s)$	$Z_C(s)=\dfrac{U(s)}{I(s)}=\dfrac{1}{Cs}$
电感 L	$u(t)$　$i(t)$　L	$u(t)=L\dfrac{\mathrm{d}i(t)}{\mathrm{d}t}$	$U(s)=LsI(s)$	$Z_L(s)=\dfrac{U(s)}{I(s)}=Ls$

【例 2－6】 试采用复数阻抗法求取如图 2－1 所示 RLC 网络的传递函数。

【解】 由复数阻抗法得分压公式为

$$U_c(s)=\frac{Z_C(s)}{Z_R(s)+Z_L(s)+Z_C(s)}U_r(s)=\frac{\dfrac{1}{Cs}}{R+Ls+\dfrac{1}{Cs}}U_r(s)=\frac{1}{LCs^2+RCs+1}U_r(s)$$

则传递函数为

$$G(s)=\frac{U_c(s)}{U_r(s)}=\frac{1}{LCs^2+RCs+1}$$

2.3　线性控制系统的数学模型

2.3.1　典型环节的数学模型

一个物理系统是有许多元件组合而成的。虽然各种元件的具体结构和作用原理是多种多样的，但若抛开其具体结构和物理特点，研究其运动规律和数学模型的共性，就可以将物理系统划分成为数不多的几种典型环节。这些典型环节是：比例环节、微分环节、积分环节、比例微分环节、一阶惯性环节、二阶振荡环节和延迟环节。应该指出，由于典型环

节是按数学模型的共性划分的，它和具体元件不一定是一一对应的。典型环节只代表一种特定的运动规律，不一定是一种具体的元件。

2.3.1.1 比例环节

比例环节又称放大环节，其输出量与输入量之间的关系为一种固定的比例关系。也就是，它的输出量能够无失真、无迟后地按一定的比例复现输入量。

比例环节的表达式为

$$c(t)=Kr(t) \tag{2-23}$$

比例环节的传递函数为

$$G(s)=\frac{C(s)}{R(s)}=K \tag{2-24}$$

它的方框图如图 2-7 所示。

【例 2-7】 直流测速发电机如图 2-8 所示，试求取其传递函数。

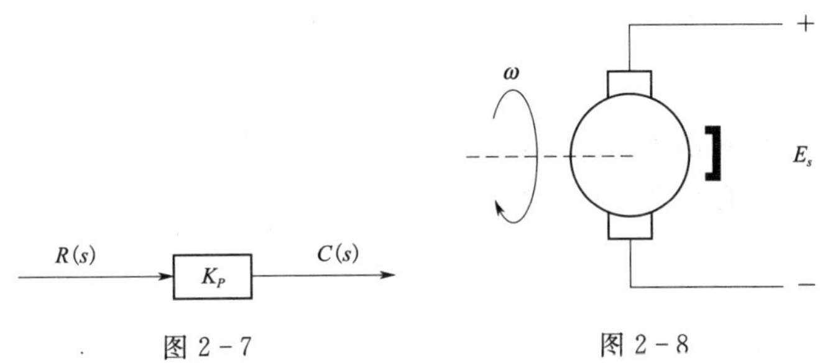

图 2-7　　图 2-8

【解】 直流测速发电机是一种转角检测装置，其输出端电压正比于转轴的旋转角速度，灵敏度为 K_e（单位：Vs）。

输出电压为 $$E_s=K_e\omega$$

这是一个比例环节，其传递函数为

$$G(s)=\frac{E_s(s)}{\omega(s)}=K_e$$

注意：在物理系统中无弹性变形的杠杆、非线性和时间常数可以忽略不计的电子放大器、传动链之速比以及测速发电机的电压和转速的关系，都可以认为是比例环节。但是也应指出，完全理想的比例环节在实际上是不存在的。杠杆和传动链中总存在弹性变形，输入信号的频率改变时电子放大器的放大系数也会发生变化，测速发电机电压与转速之间的关系也不完全是线性关系。因此把上述这些环节当作比例环节是一种理想化的方法。在很多情况下这样做既不影响问题的性质，又能使分析过程简化。但一定要注意理想化的条件和适用范围，以免导致错误的结论。

2.3.1.2 微分环节

微分环节在自动控制系统中被广泛用于改善系统的动态特性，它的输出量与输入量的一阶导数成正比。微分环节的微分方程为

$$c(t)=\tau\frac{\mathrm{d}r(t)}{\mathrm{d}t} \tag{2-25}$$

式中 τ——时间常数。

其传递函数为

$$G(s)=\frac{C(s)}{R(s)}=\tau s \tag{2-26}$$

对于例2-6中的直流测速发电机，其输出电压为

$$E_s=K_e\omega$$

由于

$$\omega=\frac{\mathrm{d}\theta}{\mathrm{d}t}$$

所以

$$\omega(s)=s\theta(s)$$

如果考虑电压与转角的关系，测速发电机就成为微分环节，其传递函数可表示为

$$G(s)=\frac{E_s(s)}{\theta(s)}=K_e s$$

2.3.1.3 积分环节

积分环节是指由输入量随时间的累加而得到输出量的典型环节，即环节的输出量等于输入量对时间的积分。它的动态方程为

$$c(t)=\frac{1}{T_I}\int_0^t r(t)\mathrm{d}t \tag{2-27}$$

式中 T_I——积分时间常数。

上式表明，积分环节的输出量与输入量的积分成正比。

对应的传递函数为

$$G(s)=\frac{C(s)}{R(s)}=\frac{1}{T_I s} \tag{2-28}$$

积分环节的方框图如图2-9所示。

由运算放大器组成的积分器如图2-10所示。

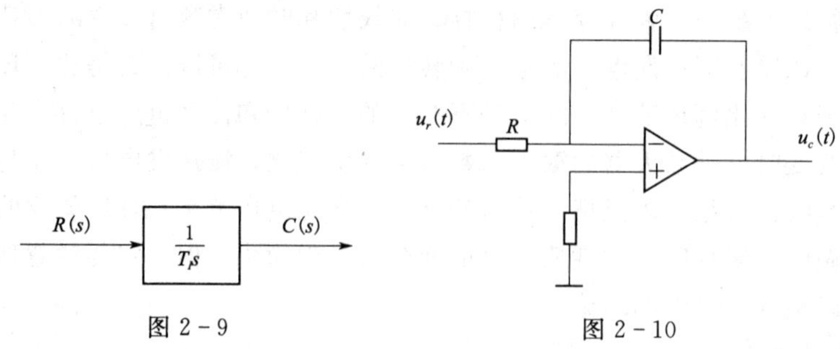

图2-9　　图2-10

其输入电压 $u_r(t)$ 和输出电压 $u_c(t)$ 之间的关系为

$$C\frac{\mathrm{d}u_c(t)}{\mathrm{d}t}=\frac{1}{R}u_r(t)$$

对上式进行拉氏变换，可以求出传递函数为

$$G(s)=\frac{U_c(s)}{U_r(s)}=\frac{1}{RC}\cdot\frac{1}{s}$$

2.3.1.4 一阶惯性环节

自动控制系统中经常包含有这种环节，这种环节具有一个储能元件。一阶惯性环节的微分方程为

$$T\frac{\mathrm{d}c(t)}{\mathrm{d}t}+c(t)=Kr(t) \tag{2-29}$$

式中 T——惯性环节的时间常数；

K——惯性环节的放大系数。

其传递函数可以写成如下表达式：

$$G(s)=\frac{C(s)}{R(s)}=\frac{K}{Ts+1} \tag{2-30}$$

式中 K——比例系数；

T——时间常数。

如图 2-11 所示的 RC 电路就是一阶惯性环节的例子。

对于如图 2-6 所示的 RC 电路，其输入电压 $u_r(t)$ 和输出电压 $u_c(t)$ 之间的关系为

$$RC\frac{\mathrm{d}u_c(t)}{\mathrm{d}t}+u_c(t)=u_r(t)$$

对上式进行拉氏变换，可以求出传递函数为

$$G(s)=\frac{U_c(s)}{U_r(s)}=\frac{1}{RCs+1}$$

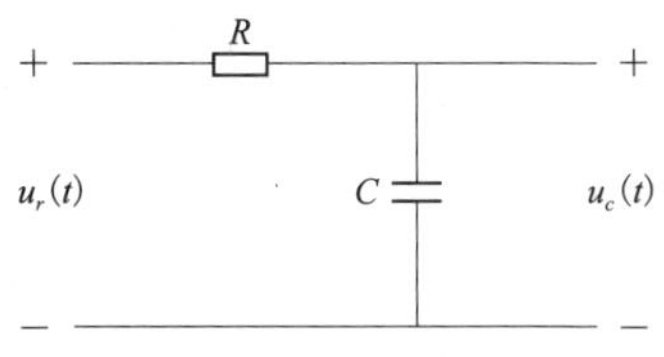

图 2-11

2.3.1.5 二阶振荡环节

二阶振荡环节的微分方程为

$$T^2\frac{\mathrm{d}^2}{\mathrm{d}t^2}C(t)+2\xi T\frac{\mathrm{d}}{\mathrm{d}t}C(t)+c(t)=Kr(t) \tag{2-31}$$

其传递函数为

$$G(s)=\frac{C(s)}{R(s)}=\frac{K}{T^2s^2+2\xi Ts+1}=\frac{\omega_n^2}{s^2+2\xi\omega_n s+\omega_n^2} \tag{2-32}$$

式中 T——时间常数；

ξ——阻尼系数（阻尼比）；

ω_n——无阻尼自然振荡频率。

对于振荡环节恒有 $0\leqslant\xi<1$。例 2-1～例 2-3 中的系统均为振荡环节。

2.3.1.6 延迟环节

延迟环节的特点是，其输出信号比输入信号迟后一定的时间。其数学表达式为

$$c(t)=r(t-\tau) \tag{2-33}$$

由拉氏变换的平移定理，可求得输出量在零初始条件下的拉氏变换为

$$C(s)=R(s)\mathrm{e}^{-\tau s}$$

所以，延迟环节的传递函数为

$$G(s)=\frac{C(s)}{R(s)}=e^{-\tau s} \tag{2-34}$$

在生产实际中，特别是在一些液压、气动或机械传动系统中，都可能遇到时间迟后现象。在计算机控制系统中，由于运算需要时间，也会出现时间延迟。

2.3.2　机械系统的数学模型

机械系统通常满足经典力学的基本运动规律，可根据牛顿第二定律，通过质量、弹簧、阻尼器和转动惯量等理想元件，分析机械系统的动态特性，以此建立其数学模型。在求取机械系统的微分方程时，应分析运动的平衡类型，如平移运动、旋转运动、动量平衡等。在进行系统分析时，应特别注意各物理单位之间的关系，找到平衡点，并列出系统的平衡方程式。

2.4　动态结构图

2.4.1　动态结构图的概念与绘制方法

用于描述系统各元部件之间信号传递关系的数学图形称为系统的动态结构图，又称为函数方块图，以下简称结构图。它是一种图形化的数学模型，是网络拓扑约束下的有向线图，主要由以下几部分组成。

2.4.1.1　信号线

信号线为带有箭头的直线。箭头表示信号传递的方向，在直线旁标注有传递信号的时间函数或象函数，如图 2-12 所示。

2.4.1.2　引出点

引出点也称分支点，表示信号引出或测量的位置。从同一信号线上引出的信号在数值和性质上完全相同，如图 2-13 所示。此处所引出的信号与测量信号相同，不影响原信号，所以引出点又称为测量点。

2.4.1.3　比较点

比较点也称相加点，表示对两个或两个以上的信号进行代数运算，如图 2-14 所示。其中“+”号表示各信号相加，“-”号表示各信号相减，通常“+”号可以省略不写。比较点可以有多个输入信号，但一般只画一个输出信号，若需要几个输出，则通常需要另加引出点。

2.4.1.4　方框

方框也称环节，表示对输入信号进行的数学变换。对于线性定常系统或元件，通常在方框中写入其传递函数或频率特性，如图 2-15 所示。方框输出的象函数等于输入的象函数乘以方框中的传递函数或频率特性。

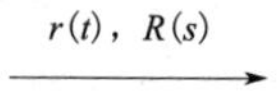

图 2-12 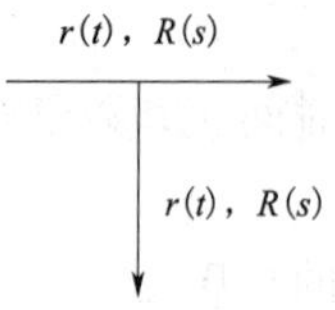　　图 2-13 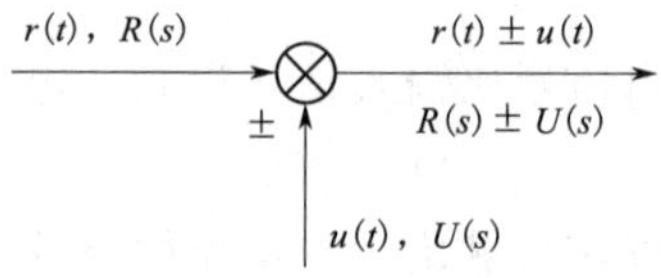　　图 2-14 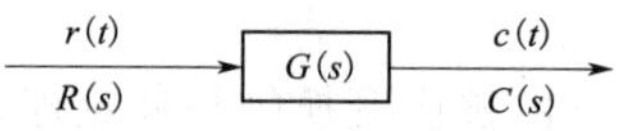　　图 2-15

绘制结构图的一般步骤如下。

(1) 建立控制系统各元部件的微分方程。

(2) 对各元部件的微分方程进行拉氏变换，并做出各元部件的结构图。

(3) 按系统中各信号的传递顺序，从输出到输入逆推依次将各元件结构图连接起来，便得到系统的结构图。

【例 2-8】 试绘制如图 2-16 所示的 RC 无源网络的结构图。

【解】 RC 网络的微分方程组如下：

$$\begin{cases} u_r = Ri + u_c \\ u_c = \dfrac{1}{C}\displaystyle\int i\,\mathrm{d}t \end{cases}$$

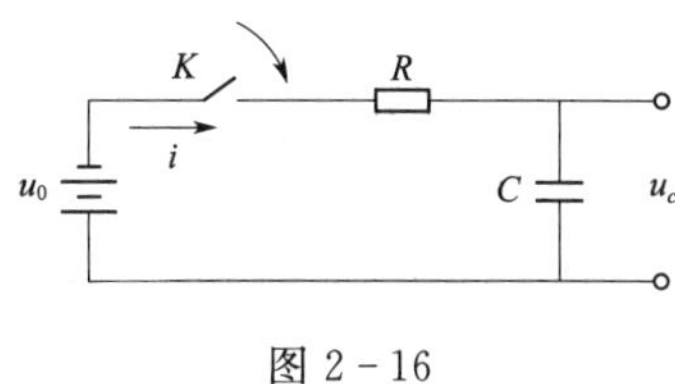

图 2-16

对上两式进行拉氏变换，得

$$U_r(s) = RI(s) + U_c(s) \tag{2-35}$$

$$U_c(s) = \frac{1}{Cs}I(s) \tag{2-36}$$

输出信号为 u_c，由方程式（2-36）可用图 2-17 表示，即

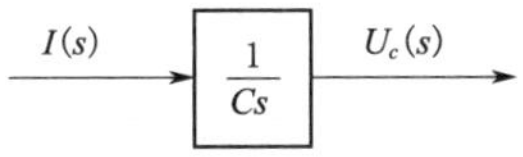

图 2-17

由方程式（2-35）可知

$$\frac{1}{R}[U_r(s) - U_c(s)] = I(s)$$

可用图 2-18 表示。

将两图按信号传递方向结合起来，网络的输入量置于图示的左端，输出量置于最右端，并将同一变量的信号连在一起，即得 RC 网络结构图，如图 2-19 所示。

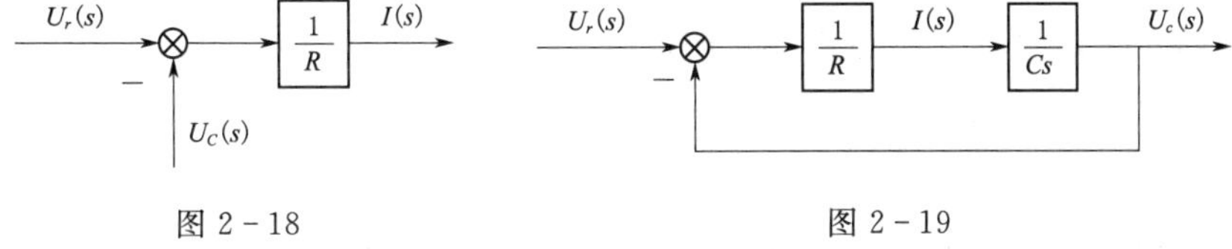

图 2-18　　图 2-19

2.4.2 动态结构图的等效变换与简化

对于复杂系统的结构图，其方框间的连接必然是错综复杂的，为了便于分析和计算，需要将结构图中的一些方框进行等效变换，然后进行重新排列和整理，从而使复杂的结构图得以简化。

由于方框间的基本连接方式只有串联、并联和反馈连接三种，因此，结构图的一般简化方法是移动引出点或比较点，将串联、并联和反馈连接的方框合并。在简化过程中应遵循变换前后变量关系保持不变的原则。

2.4.2.1　环节的串联

环节串联的特点是前一个环节的输出信号为后一个环节的输入信号，如图 2－20 所示。

由于

$$C(s)=G_1(s)G_2(s)R(s)$$

则串联环节的等效传递函数为

$$G(s)=\frac{C(s)}{R(s)}=G_1(s)G_2(s)$$

因此，简化后环节的结构图如图 2－21 所示。

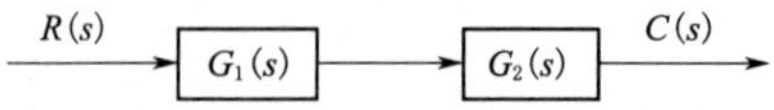

图 2－20 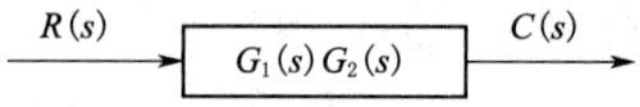　　　　图 2－21

由此可知，两个串联连接的环节，可以用一个等效环节来代替，等效环节的传递函数为两个串联环节传递函数的乘积。这个结论可推广到 n 个环节串联的情况。

2.4.2.2　环节的并联

环节并联的特点是各环节的输入信号相同，输出信号相加（或相减），如图 2－22（a）所示。

由于

$$\begin{aligned}C(s)&=G_1(s)R(s)\pm G_2(s)R(s)\\&=[G_1(s)\pm G_2(s)]R(s)\end{aligned}$$

因此，并联环节的等效传递函数为

$$G(s)=\frac{C(s)}{R(s)}=G_1(s)\pm G_2(s)$$

简化后的并联环节如图 2－22（b）所示。

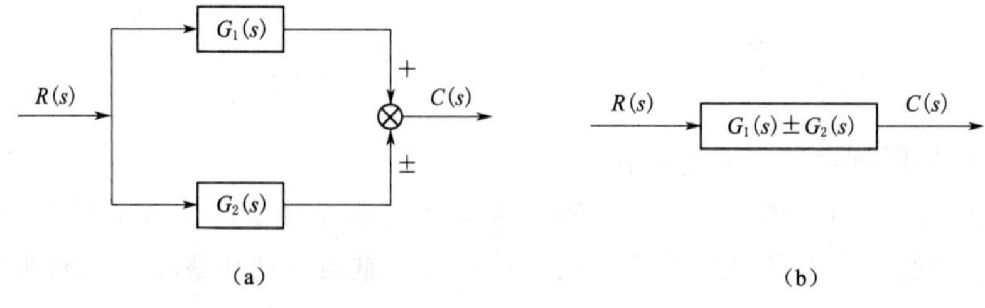

图 2－22

由此可知，两个并联连接的环节，可以用一个等效环节来代替，等效环节的传递函数为两个并联环节传递函数的代数和。这个结论同样可以推广到 n 个环节并联的情况。

2.4.2.3 环节的反馈连接

若传递函数分别为 $G(s)$ 和 $H(s)$ 的两个环节以如图 2－23 所示的形式连接，这种连接方式称为反馈连接。其中，“+”号表示正反馈，“－”号表示负反馈。

构成反馈连接后，信号的传递就形成了封闭的路线，即形成了闭环控制。按照控制信号的传递方向，闭环回路可分成两个通道，即前向通道和反馈通道。前向通道传递正向控制信号，其传递函数称为前向通道传递函数，如图 2－23 所示的 $G(s)$。反馈通道则把输出信号反馈到输入端，其传递函数称为反馈通道传递函数，如图 2－23 所示的 $H(s)$。$H(s)=1$ 时的反馈称为单位反馈。

由图 2－23（a）可写出：

$$C(s)=G(s)E(s)$$

$$E(s)=R(s)\pm B(s)$$

$$B(s)=H(s)C(s)$$

消去中间变量 $E(s)$、$B(s)$，得

$$C(s)=\frac{G(s)}{1\mp G(s)H(s)}R(s)$$

因此，并联环节的等效传递函数为

$$G(s)=\frac{C(s)}{R(s)}=\frac{G(s)}{1\mp G(s)H(s)}$$

其中，“+”表示正反馈连接；“－”表示负反馈连接。

简化后环节的结构图如图 2－24 所示。

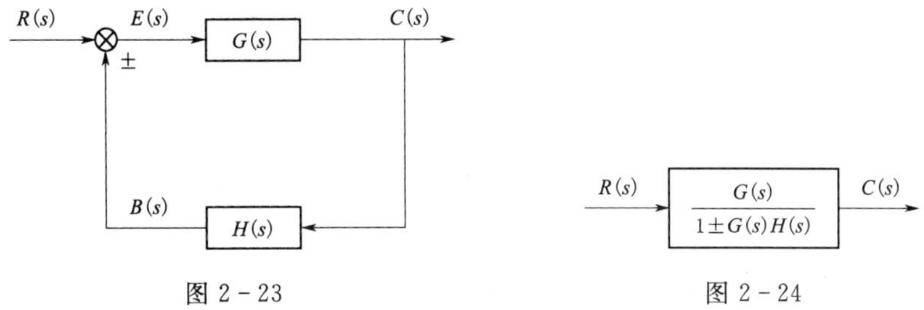

图 2－23　　图 2－24

对于一般简单系统的结构图，利用上述等效变换法则就可方便地求得系统的总传递函数。

【例 2－9】 求例 2－8 中 RC 网络的传递函数。

例 2－8 的网络结构图见图 2－19，经串联环节等效变换后得如图 2－25 所示网络图。此为反馈环节，经简化后可得图 2－26。

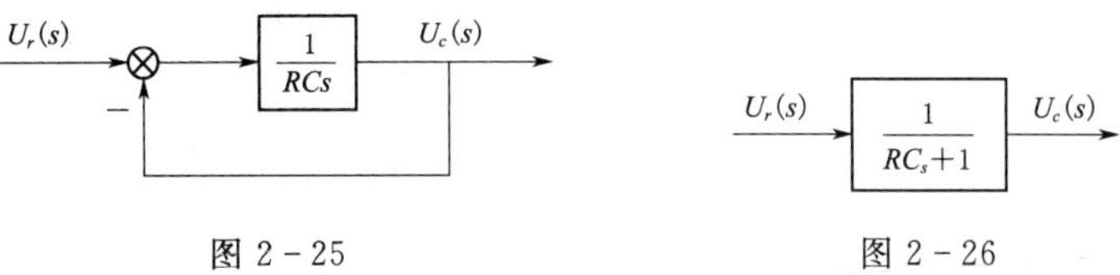

图 2－25　　图 2－26

故该网络的传递函数为

$$G(s)=\frac{U_c(s)}{U_r(s)}=\frac{1}{RCs+1}$$

由于实际系统往往比较复杂，信号传递互相交叉，不能直接利用上述法则来简化系统。对这种复杂结构，首先要设法解决相互交叉的问题，即必须把比较点、引出点作等效移动，然后才能应用上述法则。

2.4.2.4 比较点的移动

在结构图的简化过程中，有时为了出现串联环节、并联环节或反馈环节，需要移动比较点的位置。这时应注意在移动前后必须保持信号的等效性。

(1) 比较点相对于方框的移动。比较点相对于方框的移动是指将位于方框输入端（或输出端）的比较点移动到方框的输出端（或输入端）。根据等效变换的原则，变换之后，应在被移动支路中串入适当的传递函数。

比较点相对于方框前移的变换规则如图 2－27 所示。

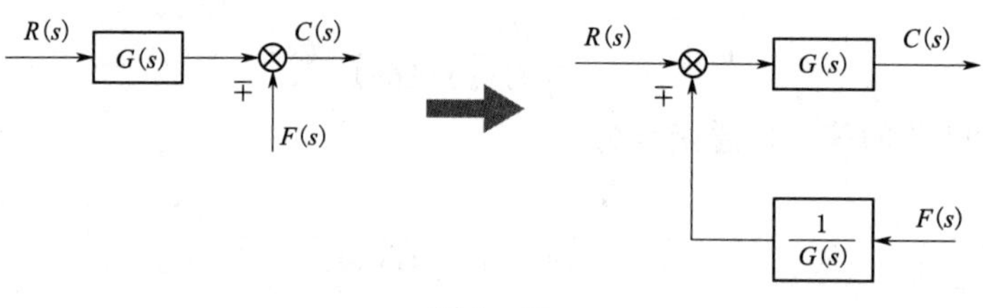

图 2－27

左侧结构图的信号关系为

$$C(s)=G(s)R(s)\pm F(s)$$

等效变换后的信号关系为

$$C(s)=G(s)[R(s)\pm\frac{1}{G(s)}F(s)]=G(s)R(s)\pm F(s)$$

两者完全等效。

比较点相对于方框后移的变换规则如图 2－28 所示。

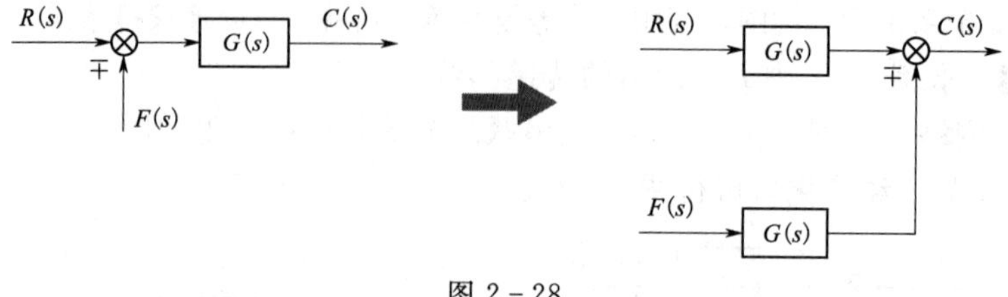

图 2－28

$$C(s)=[R(s)\pm F(s)]G(s)=R(s)G(s)\pm F(s)G(s)$$

(2) 比较点之间位置交换或合并的变换规则如图 2－29 所示。

相邻比较点可以随意变换位置或合并。

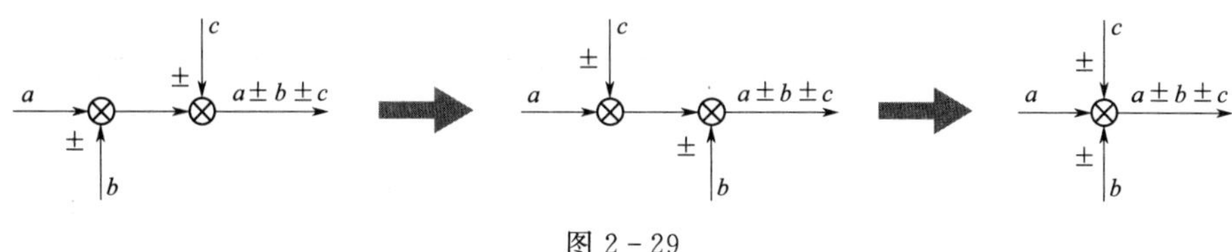

图 2-29

2.4.2.5 引出点的移动

(1) 引出点相对于方框的移动。引出点相对于方框的移动是指将位于方框输入端（或输出端）的引出点移动到方框的输出端（或输入端）。根据等效变换的原则，移动引出点后，应在被移动支路中串入适当的传递函数。引出点相对于方框前移的变换规则如图 2-30 所示。

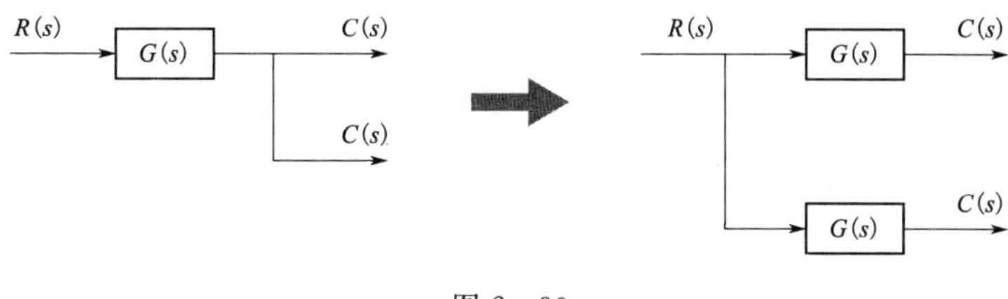

图 2-30

引出点相对于方框后移的变换规则如图 2-31 所示。

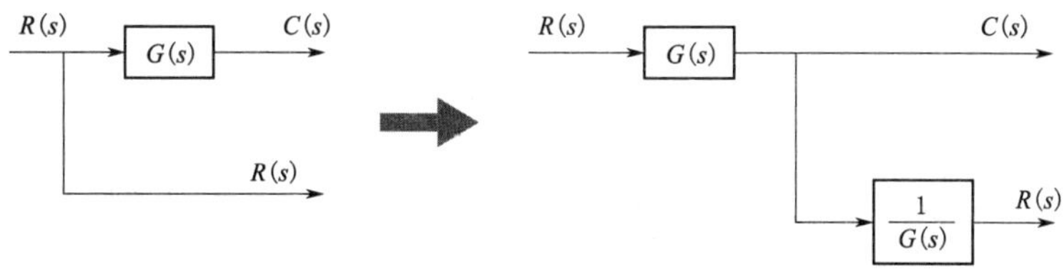

图 2-31

(2) 引出点之间位置交换或合并的变换规则如图 2-32 所示。

图 2-32

若干个相邻引出点，表明同一个信号输出到不同的地方去。因此，引出点之间相互交换位置，不会改变引出信号的性质。

表 2-2 给出了一些常用的基本变换关系。

表 2-2　　结构图等效变换法则

原方框图	等效方框图	备注
$R(s)$ → $G_1(s)$ → $G_2(s)$ → $C(s)$	$R(s)$ → $G_1(s)G_2(s)$ → $C(s)$	串接等效 $C(s)=G_1(s)G_2(s)R(s)$

续表

原方框图	等效方框图	备　注
$R(s)$, $G_1(s)$, $G_2(s)$, $\pm$, $C(s)$	$R(s)$, $G_1(s)\pm G_2(s)$, $C(s)$	并接等效 $C(s)=G_1(s)R(s)\pm G_2(s)R(s)$ $=[G_1(s)\pm G_2(s)]R(s)$
$R(s)$, $\pm$, $G_1(s)$, $G_2(s)$, $C(s)$	$R(s)$, $\dfrac{G_1(s)}{1\mp G_1(s)G_2(s)}$, $C(s)$	反馈等效 $C(s)=\dfrac{G_1(s)R(s)}{1\mp G_1(s)G_2(s)R(s)}$
$R(s)$, $-$, $G_1(s)$, $G_2(s)$, $C(s)$	$R(s)$, $\dfrac{1}{G_2(s)}$, $-$, $G_2(s)$, $G_1(s)$, $C(s)$	等效单位反馈 $\dfrac{C(s)}{R(s)}=\dfrac{G_1(s)}{1+G_1(s)G_2(s)}$ $=\dfrac{1}{G_2(s)}\dfrac{G_1(s)G_2(s)}{1+G_1(s)G_2(s)}$
$R(s)$, $G(s)$, $\pm$, $Q(s)$, $C(s)$	$R(s)$, $\pm$, $G_1(s)$, $\dfrac{1}{G(s)}$, $Q(s)$, $C(s)$	比较点前移 $C(s)=G(s)R(s)\pm Q(s)$ $=G(s)\left[R(s)\pm\dfrac{Q(s)}{G(s)}\right]$
$R(s)$, $\pm$, $Q(s)$, $G(s)$, $C(s)$	$R(s)$, $G(s)$, $Q(s)$, $G(s)$, $\pm$, $C(s)$	比较点后移 $C(s)=G(s)[R(s)\pm Q(s)]$ $=G(s)R(s)\pm G(s)Q(s)$
$R(s)$, $G(s)$, $C(s)$, $C(s)$	$R(s)$, $G(s)$, $C(s)$, $G(s)$, $C(s)$	引出点前移 $C(s)=G(s)R(s)$
$R(s)$, $G(s)$, $C(s)$, $R(s)$	$R(s)$, $G(s)$, $C(s)$, $\dfrac{1}{G(s)}$, $R(s)$	引出点后移 $C(s)=G(s)R(s)$ $R(s)=\dfrac{1}{G(s)}G(s)R(s)$
$R_1(s)$, $E_1(s)$, $R_3(s)$, $\pm$, $\pm$, $R_2(s)$, $C(s)$	$R_3(s)$, $R_1(s)$, $\pm$, $C(s)$, $R_2(s)$, $\pm$；$R_3(s)$, $R_1(s)$, $\pm$, $C(s)$, $R_2(s)$, $\pm$	交换或合并比较点 $C(s)=E_1(s)\pm R_3(s)$ $=R_1(s)\pm R_2(s)\pm R_3(s)$ $=R_1(s)\pm R_3(s)\pm R_2(s)$

续表

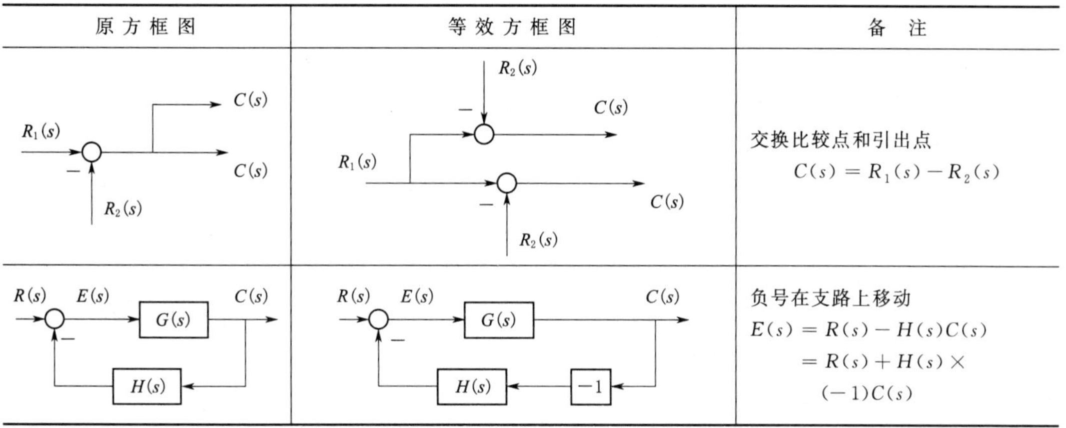

原方框图	等效方框图	备注
$R_1(s)$, $C(s)$, $C(s)$, $-$, $R_2(s)$	$R_2(s)$, $-$, $C(s)$, $R_1(s)$, $C(s)$, $-$, $R_2(s)$	交换比较点和引出点 $C(s)=R_1(s)-R_2(s)$
$R(s)$, $E(s)$, $G(s)$, $C(s)$, $-$, $H(s)$	$R(s)$, $E(s)$, $G(s)$, $C(s)$, $-$, $H(s)$, -1	负号在支路上移动 $E(s)=R(s)-H(s)C(s)$ $=R(s)+H(s)\times(-1)C(s)$

【例 2-10】 化简如图 2-33 所示两级 RC 滤波网络的结构图，并求其传递函数。

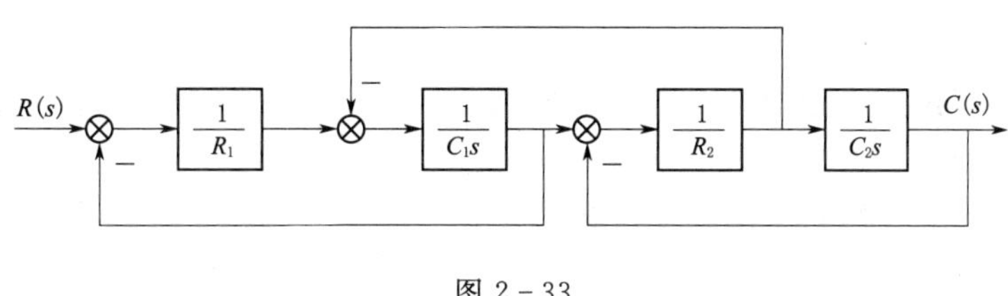

图 2-33

【解】 此结构图中只有一条前向通路、三条反馈支路，即有三个闭合的回路，但回路中信号并不独立，回路内部有信号的比较点或引出点。因此，在化简结构图时，首先应将回路内部的比较点和引出点移出环外，然后按串联、并联、反馈连接的等效变换规则进一步简化。具体步骤如下。

第一步：将比较点前移，引出点后移，如图 2-34 所示。

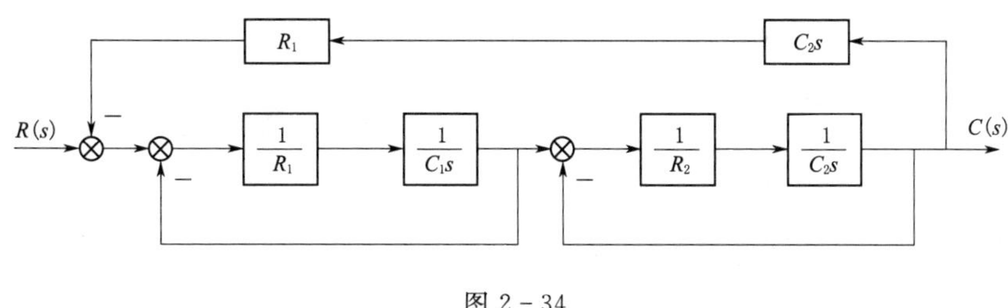

图 2-34

第二步：化简两个内部回路，并合并反馈支路的方框，如图 2-35 所示。

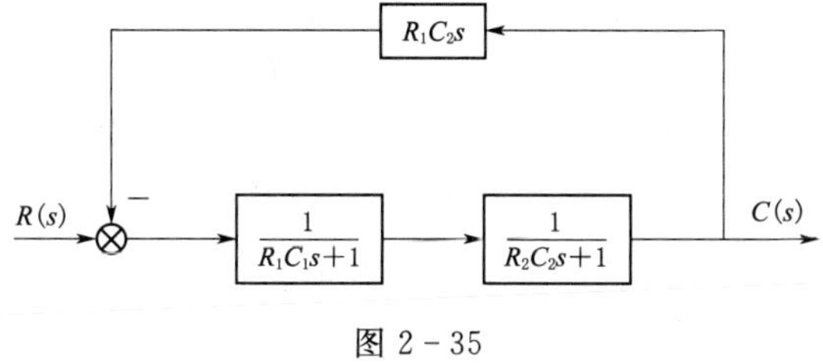

图 2-35

第三步：利用反馈回路化简公式，可求得该网络的传递系数为

$$G(s)=\frac{C(s)}{R(s)}=\frac{1}{(R_1C_1s+1)(R_2C_2s+1)+R_1C_2s}$$

2.4.3　利用结构图求取闭环控制系统的传递函数

在工作过程中，自动控制系统经常会受到两类输入信号的作用，一类是给定的有用输入信号 $R(s)$；另一类则是阻碍系统正常工作的扰动信号 $N(s)$。在研究系统输出量 $C(s)$ 的变化规律时，不能只考虑 $R(s)$ 的作用，往往还需要考虑 $N(s)$ 的影响。

在闭环控制系统中，当主反馈通道断开时，反馈信号对于参考输入信号的传递函数称为开环传递函数；系统的输出信号对于参考输入信号的传递函数称为闭环传递函数。参考输入信号与测量反馈信号之间的偏差，称为误差信号；误差信号对于参考输入信号的传递函数称为误差传递函数。

闭环控制系统的典型结构如图 2－36 所示，其前向通道的传递函数为 $G_1(s)G_2(s)$，反馈通道的传递函数为 $H(s)$。下面据此分析闭环控制系统的传递函数。

2.4.3.1　开环传递函数

所谓开环传递函数，是指在上图所示典型的结构图中，将 $H(s)$ 的输出断开，亦即断开系统主反馈回路，这时从 $E(s)$ 到 $B(s)$ 之间的传递函数。

由图可知，闭环控制系统的开环传递函数为

$$G_k(s)=\frac{E(s)}{B(s)}=G_1(s)G_2(s)H(s)$$

可见，开环传递函数为前向通道传递函数 $G_1(s)G_2(s)$ 与反馈通道传递函数 $H(s)$ 的乘积。

2.4.3.2　闭环传递函数

（1）求取在参考输入信号作用下系统的闭环传递函数。令 $N(s)=0$，此时系统的动态结构如图 2－37 所示。

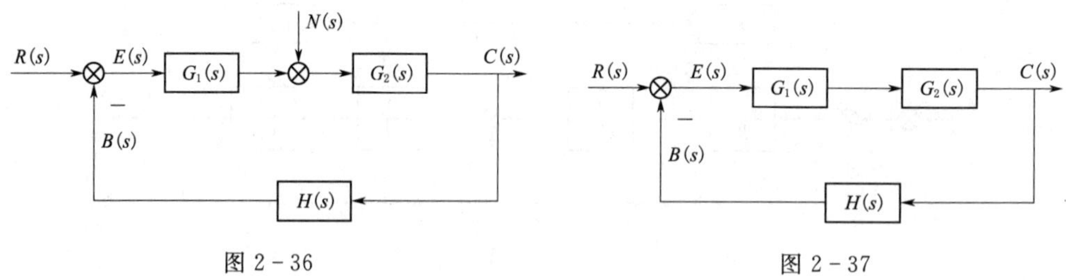

图 2－36　　　　图 2－37

根据结构图简化规则，系统的闭环传递函数为

$$\Phi(s)=\frac{C(s)}{R(s)}=\frac{G_1(s)G_2(s)}{1+G_1(s)G_2(s)H(s)}$$

可见，系统闭环传递函数的分子是前向通道传递函数，分母是开环传递函数与 1 的和。方程 $1+G_1(s)G_2(s)H(s)=0$ 即为系统的闭环特征方程。

（2）求取系统在扰动信号作用下的闭环传递函数。令 $R(s)=0$，此时系统的动态结构如图 2－38 所示。

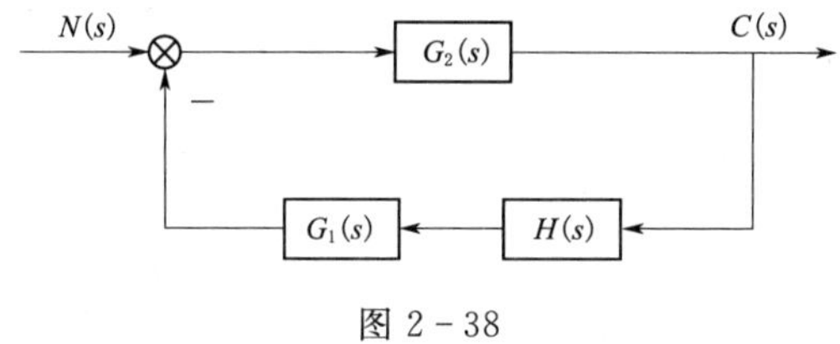

图 2-38

由结构图简化规则知，系统在扰动作用下的闭环传递函数为

$$\Phi_n(s)=\frac{C(s)}{N(s)}=\frac{G_2(s)}{1+G_1(s)G_2(s)H(s)}$$

(3) 求取系统的输出信号。根据传递函数的定义，在零初始条件下，系统在输入信号或扰动信号单独作用下的输出信号分别为

$$C_r(s)=\Phi(s)R(s)=\frac{G_1(s)G_2(s)}{1+G_1(s)G_2(s)H(s)}R(s)$$

$$C_n(s)=\Phi_n(s)N(s)=\frac{G_2(s)}{1+G_1(s)G_2(s)H(s)}N(s)$$

因为系统为线性系统，满足叠加原理，所以在输入信号和扰动信号共同作用下，系统的输出信号为

$$C(s)=C_r(s)+C_n(s)$$

$$\frac{G_1(s)G_2(s)}{1+G_1(s)G_2(s)H(s)}R(s)+\frac{G_2(s)}{1+G_1(s)G_2(s)H(s)}N(s)$$

2.4.3.3 误差传递函数

(1) 求取系统在参考输入信号作用下的误差传递函数。令 $N(s)=0$，系统的动态结构如图 2-39 所示。由图 2-39 可以得到参考输入信号作用下的误差传递函数为

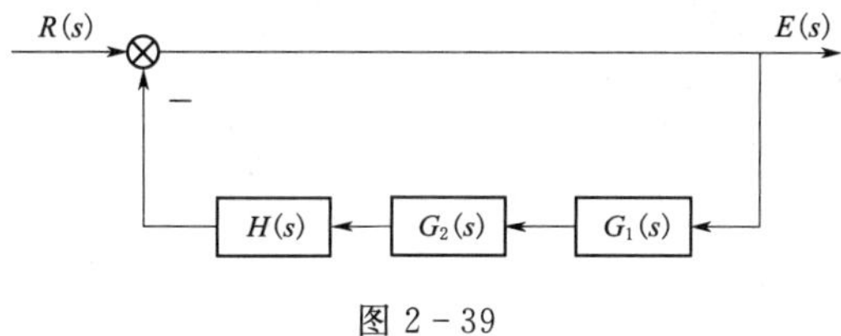

图 2-39

$$\Phi_{er}(s)=\frac{E(s)}{R(s)}=\frac{1}{1+G_1(s)G_2(s)H(s)}$$

(2) 求取系统在扰动信号作用下的误差传递函数。令 $R(s)=0$，系统的动态结构如图 2-40 所示。由图 2-40 可以得到系统在扰动信号作用下的误差传递函数为

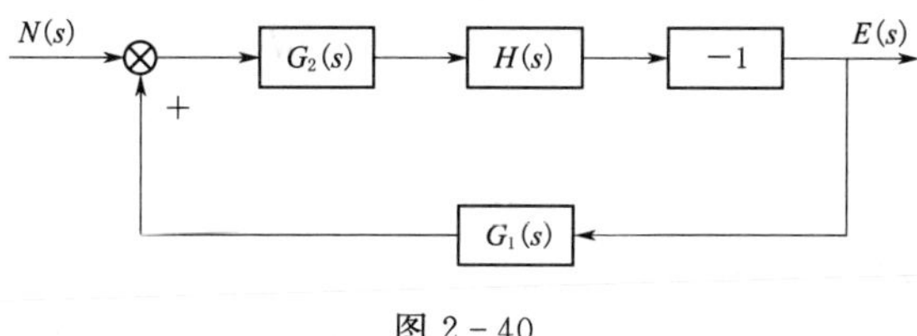

图 2-40

$$\Phi_{en}(s)=\frac{E(s)}{N(s)}=\frac{-G_2(s)H(s)}{1+G_1(s)G_2(s)H(s)}$$

（3）系统在参考输入信号和扰动信号共同作用下的误差传递函数为

$$\begin{aligned}e(s)&=\Phi_{er}(s)R(s)+\Phi_{en}N(s)\\&=\frac{1}{1+G_1(s)G_2(s)H(s)}R(s)+\frac{-G_2(s)H(s)}{1+G_1(s)G_2(s)H(s)}N(s)\end{aligned}$$

小结：

将上式推导的四种传递函数表达式进行比较，可以看出两个特点：

（1）它们的分母完全相同，均为 $[1+G_1(s)G_2(s)H(s)]$，即 $1+G_k(s)$，$G_k(s)$ 称为开环传递函数。开环传递函数在今后各章讨论中是十分重要的。

（2）它们的分子各不相同，且与其前向通路的传递函数有关。因此，闭环传递函数的分子随着外作用的作用点和输出量的引出点不同而不同。显然，同一个外作用加在系统不同的位置上，对系统运动的影响是不同的。

2.5　信号流图与梅逊增益公式

对于结构比较复杂的系统，结构图的变换和化简过程往往显得烦琐而费时。与结构图相比，信号流图符号简单，更便于绘制和应用；而且无须经过图形简化，就可以利用梅逊增益公式直接求出任意两个变量之间的传递函数。因此，信号流图特别适合复杂结构系统的分析。

2.5.1　信号流图

信号流图是由节点和支路组成的一种信号传递网络，其中节点代表系统传递的信号或参数，以小圆圈表示；支路是连接两个节点的定向线段，用支路增益表示两个变量的因果关系，因此支路又相当于乘法器。

例如，一描述简单系统的方程为

$$x_2=ax_1$$

式中　x_1——输入信号；

x_2——输出信号；

a——两个变量之间的增益。

则此方程式的信号流图如图 2-41 所示。

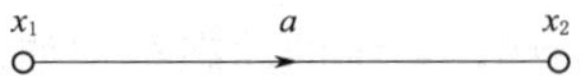

图 2-41

又如，一描述系统的方程组为

$$\begin{cases}x_2=ax_1+bx_3+gx_5\\x_3=cx_2\\x_4=dx_1+ex_3+fx_4\\x_5=hx_4\end{cases}$$

则此方程组的信号流图如图 2-42 所示。

信号流图中常用的名词术语如下。

（1）源点：也称输入节点，指只有输出支路的节点。如图中的 x_1，它一般表示系统

的输入量。

（2）汇点：也称输出节点，指只有输入支路的节点。如图中的 x_6，它一般表示系统的输出量。

（3）混合节点：既有输入支路又有输出支路的节点称为混合节点，如图中的 x_2、x_3、x_4、x_5。它一般表示系统的中间变量。

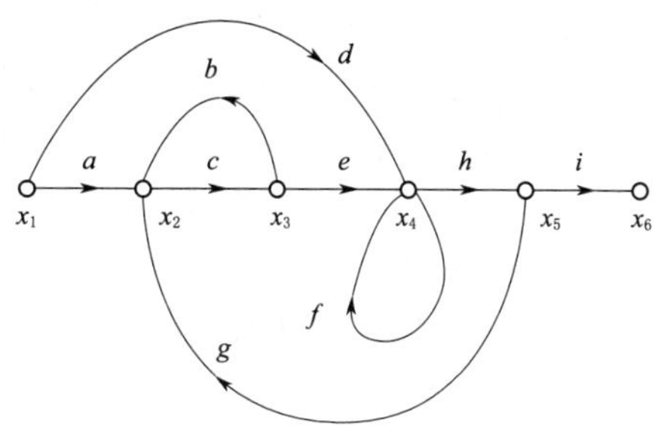

图 2-42

（4）前向通路：信号从源点向汇点传递时，若每个节点只通过一次的通路，则将该通路称为前向通路。前向通路上各支路增益的乘积，称为前向通路总增益，一般用 p_k 表示。在图中，从源点到汇点共有两条前向通路：一条是 $x_1 \longrightarrow x_2 \longrightarrow x_3 \longrightarrow x_4 \longrightarrow x_5 \longrightarrow x_6$，其前向通路总增益为 $p_1=acehi$；另一条是 $x_1 \longrightarrow x_4 \longrightarrow x_5 \longrightarrow x_6$，其前向通路总增益为 $p_2=dhi$。

（5）回路：单独回路的简称，即起点和终点在同一节点且信号通过每一个节点不多于一次的闭合通路。从一个节点开始，只经过一条支路又回到该节点的回路，称为自回路。回路中所有支路增益的乘积称为回路增益，用 L_a 表示。在图中共有三条回路，第一条是起始于节点 x_2，经过节点 x_3 最后回到节点 x_2 的回路，其回路增益为 $L_1=bc$；第二条是起始于节点 x_2，经过节点 x_3、x_4、x_5，最后又回到节点 x_2 的回路，其回路增益为 $L_2=cegh$；第三条是起始于节点 x_4 并回到节点 x_4 的自回路，其回路增益为 $L_3=f$。

（6）不接触回路：如果信号流图中包含多个回路，且回路之间没有公共节点，则将这种回路称为不接触回路。信号流图中可以有两个或两个以上的不接触回路。在图中，回路 $x_2 \longrightarrow x_3 \longrightarrow x_2$ 和回路 $x_4 \longrightarrow x_4$ 是一对不接触回路。

2.5.2 梅逊增益公式

当系统的信号流图已知时，可以用梅逊增益公式直接求出系统的传递函数。由于信号流图和结构图之间存在相应的联系，因此梅逊增益公式同样也适用于结构图。

梅逊增益公式给出了系统信号流图中任意输入节点与输出节点之间的增益（即传递函数），其公式为

$$P=\frac{1}{\Delta}\sum_{k=1}^{n}p_k\Delta_k$$

式中 n——从输入节点到输出节点的前向通路的总条数；

p_k——从输入节点到输出节点的第 k 条前向通路总增益；

Δ——特征式，由系统信号流图中各回路增益确定；

Δ_k——第 k 条前向通路特征式的余因子式，即在流图特征式中除去与第 k 条前向通路接触的回路增益后的 Δ 值的剩余部分，故称为余因子式。

特征式：

$$\Delta=1-\sum L_a+\sum L_bL_c-\sum L_dL_eL_f+\cdots$$

式中 $\sum L_a$——所有不同回路的回路传递函数之和；

$\sum L_b L_c$——所有两两不接触回路，其回路传递函数乘积之和；

$\sum L_d L_e L_f$——所有三个互不接触回路，其回路传递函数乘积之和。

接触回路是指具有共同部分的回路，反之称为不接触回路。与第 k 条前向通路具有共同节点的回路称为第 k 条前向通路的接触回路。

根据梅逊增益公式计算系统传递函数的首要问题是正确识别所有的回路并区分它们是否相互接触，正确识别所有输入与输出节点之间的前向通路及与其相接触的回路。

【例 2－11】 已知某系统的信号流图如图 2－43 所示，试求其传递函数。

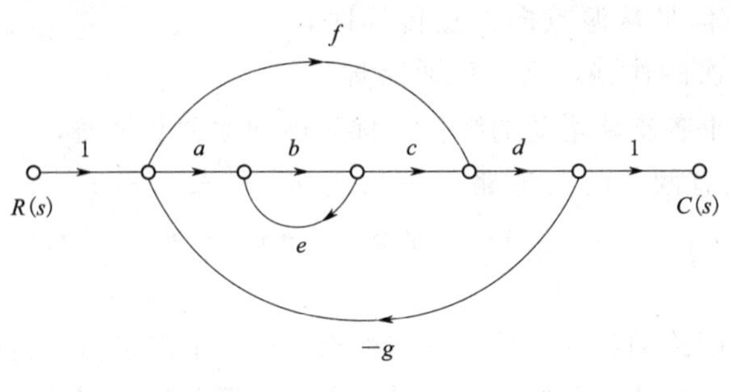

图 2－43

【解】 由图 2－43 可知，此系统有两条前向通路，即 $n=2$，其增益各为 $p_1=abcd$ 和 $p_2=fd$；有三个回路，即 $L_1=be$，$L_2=-abcdg$，$L_3=-fdg$，因此 $\sum L_a=L_1+L_2+L_3$。上述三个回路中只有 L_1 与 L_3 互不接触，L_2 与 L_1 及 L_3 都接触，因此 $\sum L_b L_c=L_1 L_3$。由此得系统的特征式为

$$\begin{aligned}\Delta &=1-\sum L_a+\sum L_b L_c\\ &=1-(L_1+L_2+L_3)+L_1 L_3\\ &=1-be+abcdg+fdg-befdg\\ &=1-be+(f+abc-bef)dg\end{aligned}$$

由于与 p_1 前向通路相接触的回路为 L_1，L_2，L_3，因此在 Δ 中除去 L_1，L_2，L_3，得 p_1 的特征余因子式 $\Delta_1=1$。同理，与 p_2 前向通道相接触的回路为 L_2 和 L_3，因此在 Δ 中除去 L_2 和 L_3，得 p_2 的特征余因子式 $\Delta_2=1-L_1=1-be$。由此得系统的传递函数为

$$P=\frac{1}{\Delta}\sum_{k=1}^{n}p_k\Delta_k=\frac{p_1\Delta_1+p_2\Delta_2}{\Delta}=\frac{abcd+fd(1-be)}{1-be+(f+abc-bef)dg}$$

注意：由于信号流图和结构图本质上都是用图线来描述系统各变量之间的关系即信号的传递过程，因此可以在结构图上直接使用梅逊增益公式，从而避免烦琐的结构图变换和简化过程，但是在使用时需要正确识别结构图中相对应的前向通路、接触与不接触回路、增益等，不要发生遗漏。

【例 2－12】 试求图 2－44 所示系统的传递函数。

【解】 （1）求 Δ。

该系统有五个回路，各回路增益分别为 $L_1=-G_1G_2H_1$，$L_2=-G_2G_3H_2$，$L_3=-G_1G_2G_3$，$L_4=-G_1G_4$，$L_5=-G_4H_2$，且各回路相互接触，故

$$\Delta=1-\sum L_a=1+G_1G_2H_1+G_2G_3H_2+G_1G_2G_3+G_1G_4+G_4H_2$$

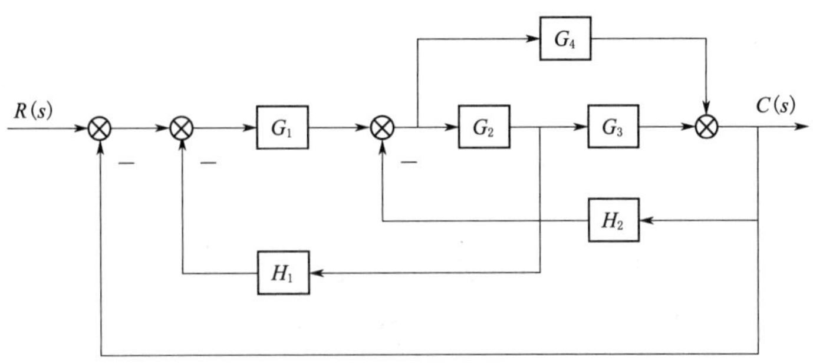

图 2-44

(2) 求 p_k，Δ_k。

此系统有两条前向通路，即 $n=2$，其增益各为 $p_1=G_1G_2G_3$ 和 $p_2=G_1G_4$，而且这两条前向通路与 5 个回路均相互接触，故 $\Delta_1=\Delta_2=1$。

(3) 求系统传递函数，根据梅逊增益公式可得系统的传递函数为

$$P=\frac{1}{\Delta}\sum_{k=1}^{n}p_k\Delta_k=\frac{p_1\Delta_1+p_2\Delta_2}{\Delta}=\frac{G_1G_2G_3+G_1G_4}{1+G_1G_2H_1+G_2G_3H_2+G_1G_2G_3+G_1G_4+G_4H_2}$$

2.6 用 MATLAB 处理系统数学模型

2.6.1 建立模型

2.6.1.1 传递函数模型

设连续系统的传递函数为

$$G(s)=\frac{num(s)}{den(s)}=\frac{b_0s^m+b_1s^{m-1}+\cdots+b_{m-1}s+b_m}{a_0s^n+a_1s^{n-1}+\cdots+a_{n-1}s+a_n}$$

则在 MATLAB 中，都可直接用分子/分母多项式系数构成的两个向量 **num** 与 **den** 构成的矢量组［**num**，**den**］表示系统，即

$$\boldsymbol{num}=[b_0,\ b_1,\ \cdots,\ b_m]$$

$$\boldsymbol{den}=[a_0,\ a_1,\ \cdots,\ a_n]$$

在 MATLAB 控制系统工具箱中，定义了 tf() 函数，它可由传递函数分子分母给出的变量构造出单个的传递函数对象。从而使得系统模型的输入和处理更加方便。

该函数的调用格式为

G=tf(num,den)

【例 2-13】 一个简单的传递函数模型：

$$G(s)=\frac{s+5}{s^4+2s^3+3s^2+4s+5}$$

可以由下面的命令输入到 MATLAB 工作空间中去。

```
≫ num=[1,5];
   den=[1,2,3,4,5];
   G=tf(num,den)
```

运行结果：

```
Transfer function:
              s+5
------------------------------
s^4+2s^3+3s^2+4s+5
```

这时对象 G 可以用来描述给定的传递函数模型，作为其他函数调用的变量。

【例 2－14】 一个稍微复杂一些的传递函数模型：

$$G(s)=\frac{6(s+5)}{(s^2+3s+1)^2(s+6)}$$

该传递函数模型可以通过下面的语句输入到 MATLAB 工作空间。

```
>> num=6*[1,5];
   den=conv(conv([1,3,1],[1,3,1]),[1,6]);
     tf(num,den)
```

运行结果

```
Transfer function:
                         6s+30
----------------------------------------
s^5+12 s^4+47 s^3+72 s^2+37 s+6
```

其中，conv() 函数（标准的 MATLAB 函数）用来计算两个向量的卷积，多项式乘法当然也可以用这个函数来计算。该函数允许任意地多层嵌套，从而表示复杂的计算。

2.6.1.2 零极点增益模型

设连续系统的零极点增益模型传递函数为

$$G(s)=k\frac{(s-z_1)(s-z_2)\cdots(s-z_m)}{(s-p_1)(s-p_2)\cdots(s-p_n)}$$

则在 MATLAB 中，都可直接用向量 $\boldsymbol{z},\boldsymbol{p},\boldsymbol{k}$ 构成的矢量组 $[\boldsymbol{z},\boldsymbol{p},\boldsymbol{k}]$ 表示系统，即

$$\boldsymbol{z}=[z_0,\ z_1,\ \cdots z_m]$$

$$\boldsymbol{p}=[p_0,\ p_1,\ \cdots p_n]$$

$$\boldsymbol{k}=[k]$$

在 MATLAB 中，用函数 zpk() 来建立控制系统的零极点增益模型，调用格式为 G=zpk($\boldsymbol{z},\boldsymbol{p},\boldsymbol{k}$)；返回的变量 sys 为连续系统的零极点增益模型。

【例 2－15】 某系统的零极点模型为

$$G(s)=6\frac{(s+1.9294)(s+0.0353\pm0.9287j)}{(s+0.9567\pm1.2272j)(s-0.0433\pm0.6412j)}$$

该模型可以由下面的语句输入到 MATLAB 工作空间中。

```
>>  KGain=6;
    z=[-1.9294;-0.0353+0.9287j;-0.0353-0.9287j];
    p=[-0.9567+1.2272j;-0.9567-1.2272j;0.0433+0.6412j;0.0433-0.6412j];
    G=zpk(Z,P,KGain)
```

运行结果：

```
Zero/pole/gain:
      6(s+1.929)(s^2+0.0706s+0.8637)
---------------------------------------
(s^2-0.0866s+0.413)(s^2+1.913s+2.421)
```

注意：对于单变量系统，其零极点均是用列向量来表示的，故 Z、P 向量中各项均用分号（;）隔开。

2.6.1.3 传递函数的部分分式展开式

考虑下列传递函数：

$$\frac{M(s)}{N(s)}=\frac{num}{den}=\frac{b_0s^n+b_1s^{n-1}+\cdots+b_n}{a_0s^n+a_1s^{n-1}+\cdots+a_n}$$

式中 $a_0\neq 0$，但是 a_i 和 b_j 中某些量可能为 0。

MATLAB 函数可将 $\frac{M(s)}{N(s)}$ 展开成部分分式，直接求出展开式中的留数、极点和余项。该函数的调用格式为

$$[r,p,k]=residue(num,den)$$

则 $\frac{M(s)}{N(s)}$ 的部分分式展开由下式给出：

$$\frac{M(s)}{N(s)}=\frac{r(1)}{s-p(1)}+\frac{r(2)}{s-p(2)}+\cdots+\frac{r(n)}{s-p(n)}+k(s)$$

式中 $p(1)=-p_1$，$p(2)=-p_2$，…，$p(n)=-p_n$，为极点，$r(1)=-r_1$，$r(2)=-r_2$，…，$r(n)=-r_n$ 为各极点的留数，$k(s)$ 为余项。

【例 2-16】 设传递函数为

$$G(s)=\frac{2s^3+5s^2+3s+6}{s^3+6s^2+11s+6}$$

该传递函数的部分分式展开由以下命令获得：

```
>> num=[2,5,3,6];
   den=[1,6,11,6];
   [r,p,k]=residue(num,den)
```

命令窗口中显示如下结果

```
r=                    p=                 k=
  -6.0000               -3.0000            2
  -4.0000               -2.0000
  3.0000                -1.0000
```

中留数为列向量 r，极点为列向量 p，余项为行向量 k。

由此可得出部分分式展开式：

$$G(s)=\frac{-6}{s+3}+\frac{-4}{s+2}+\frac{3}{s+1}+2$$

该函数也可以逆向调用，把部分分式展开转变回多项式 $\frac{M(s)}{N(s)}$ 之比的形式，命令格式为

[num,den]=residue(r,p,k)

对例 2-15 有：

```
>>[num,den]=residue(r,p,k)
```

结果显示

```
num=
      2.0000   5.0000   3.0000   6.0000
den=
      1.0000   6.0000   11.0000   6.0000
```

应当指出，如果 $p(j)=p(j+1)=\cdots=p(j+m-1)$，则极点 $p(j)$ 是一个 m 重极点。在这种情况下，部分分式展开式将包括下列诸项：

$$\frac{r(j)}{s-p(j)}+\frac{r(j+1)}{[s-p(j)]^2}+\cdots+\frac{r(j+m-1)}{[s-p(j)]^m}$$

【例 2-17】 设传递函数为

$$G(s)=\frac{s^2+2s+3}{(s+1)^3}=\frac{s^2+2s+3}{s^3+3s^2+3s+1}$$

则部分分式展开由以下命令获得：

```
>>v=[-1,-1,-1]
    num=[0,1,2,3];
    den=poly(v);
    [r,p,k]=residue(num,den)
```

结果显示

```
r=
    1.0000
    0.0000
    2.0000
p=
    -1.0000
    -1.0000
    -1.0000
k=
    []
```

其中由 poly() 命令将分母化为标准降幂排列多项式系数向量 den，k=[] 为空矩阵。由上可得展开式为

$$G(s)=\frac{1}{s+1}+\frac{0}{(s+1)^2}+\frac{2}{(s+1)^3}+0$$

2.6.1.4 三种系统数学模型之间的转换

有了传递函数的有理分式模型之后，求取零极点模型就不是一件困难的事情了。在控制系统工具箱中，可以由 zpk() 函数立即将给定的 LTI 对象 G 转换成等效的零极点对象 G1。该函数的调用格式为

G1=zpk(G)

【例 2-18】 给定系统传递函数为

$$G(s)=\frac{6.8s^2+61.2s+95.2}{s^4+7.5s^3+22s^2+19.5s}$$

对应的零极点格式可由下面的命令得出

```
>> num=[6.8, 61.2, 95.2];
   den=[1, 7.5, 22, 19.5, 0];
   G=tf(num,den);
   G1=zpk(G)
```

显示结果：

```
Zero/pole/gain:
        6.8(s+7)(s+2)
-----------------------
s(s+1.5)(s^2+6s+13)
```

可见，在系统的零极点模型中若出现复数值，则在显示时将以二阶因子的形式表示相应的共轭复数对。

同样，对于给定的零极点模型，也可以直接由 MATLAB 语句立即得出等效传递函数模型。调用格式为

G1=tf(G)

【例 2-19】 给定零极点模型：

$$G(s)=6.8\,\frac{(s+2)(s+7)}{s(s+3\pm j2)(s+1.5)}$$

可以用下面的 MATLAB 命令立即得出其等效的传递函数模型。输入程序的过程中要注意大小写。

```
>> Z=[-2,-7];
   P=[0,-3-2j,-3+2j,-1.5];
   K=6.8;
   G=zpk(Z,P,K);
   G1=tf(G)
```

结果显示：

```
Transfer function:
        6.8 s^2+61.2 s+95.2
------------------------------
s^4+7.5 s^3+22 s^2+19.5 s
```

2.6.2　方框图的化简

方框图常见的连接方式有系统的并联、串联、反馈等连接。采用这些连接方式的系统，利用 MATLAB 求解其传递函数的方法如下。

2.6.2.1　系统的并联

将两个系统 $G_1(s)$ 和 $G_2(s)$ 按并联方式连接，在 MATLAB 中可用 parallel 函数实现，其调用格式为

[num,den]=parallel(num1,den1,num2,den2)

其中，$G_1(s)=\dfrac{num1}{den1}$，$G_2(s)=\dfrac{num2}{den2}$，$G_1(s)+G_2(s)=\dfrac{num}{den}$。

【例 2-20】 已知两个子系统为 $G_1(s)=\dfrac{3}{s+4}$，$G_2(s)=\dfrac{2s+4}{s^2+2s+3}$，两个子系统采用并联方式连接，请用 MATLAB 求解连接后系统的传递函数。

【解】

```
num1=3;
den1=[1,4];
num2=[2,4];
den2=[1,2,3];
[num,den]=parallel(num1,den1,num2,den2);
printsys(num,den)
```

执行结果如下。

```
num/den =
       5s^2+18s+25
   ---------------------------------
   s^3+6s^2+11s+12
```

因此，连接后系统的传递函数为

$$G_1(s)+G_2(s)=\frac{5s^2+18s+25}{s^3+6s^2+11s+12}$$

2.6.2.2　系统的串联

将两个系统 $G_1(s)$ 和 $G_2(s)$ 按并联方式连接，在 MATLAB 中可用 series 函数实现，其调用格式为

[num,den]=series(num1,den1,num2,den2)

其中，$G_1(s)=\dfrac{num1(s)}{den1(s)}$，$G_2(s)=\dfrac{num2(s)}{den2(s)}$，$G_1(s)G_2(s)=\dfrac{num(s)}{den(s)}$

2.6.2.3　系统的反馈连接

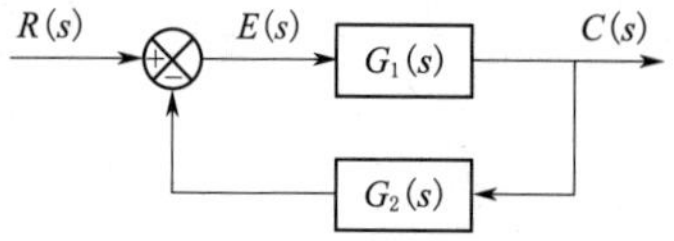

设反馈系统结构图如图 2-45 所示。

R(s)　E(s)　$G_1(s)$　C(s)　$G_2(s)$

图 2-45

控制系统工具箱中提供了 feedback() 函数，用来求取反馈连接下总的系统模型，该函数调用格式如下：

G=feedback(G1,G2,sign);

其中变量 sign 用来表示正反馈或负反馈结构，若 sign＝－1 表示负反馈系统的模型，若省略 sign 变量，则仍将表示负反馈结构。G_1 和 G_2 分别表示前向模型和反馈模型的 LTI（线性时不变）对象。

【例 2－21】 若反馈系统图 2－45 中的两个传递函数分别为

$$G_1(s)=\frac{1}{(s+1)^2},\qquad G_2(s)=\frac{1}{s+1}$$

则反馈系统的传递函数可由下列的 MATLAB 命令得出

```
>> G1=tf(1,[1,2,1]);
   G2=tf(1,[1,1]);
   G=feedback(G1,G2)
```

运行结果：

```
Transfer function:
            s+1
--------------------
s^3+3 s^2+3 s+2
```

若采用正反馈连接结构输入命令

```
>> G=feedback(G1,G2,1)
```

则得出如下结果：

```
Transfer function:
      s+1
---------------
s^3+3 s^2+3 s
```

若将系统按闭环方式连接成单位反馈系统，即 $G_2(s)=1$，$\dfrac{C(s)}{R(s)}=\dfrac{G(s)}{1\mp G(s)}$（式中“＋”号对应负反馈，“－”号对应正反馈），在 MATLAB 中可用 cloop 函数实现，其调用格式为

```
[num,den]=cloop(numg,deng,sign)
```

其中，$G(s)=\dfrac{\text{numg}}{\text{deng}}$；$\dfrac{G(s)}{1\mp G(s)}=\dfrac{num}{den}$；sign 表示反馈形式，为可选参数，sign＝1 表示正反馈，sign＝－1 表示负反馈，当 sign 缺省时系统自动默认为负反馈。

2.6.2.4 模型的简化

使用 MATLAB 中的 minreal 函数可以从传递函数 $G(s)$ 的分子多项式和分母多项式中除去它们共同的因子，即实现零、极点对消，从而消除模型中过多的或不必要的状态。

minreal 函数的调用格式为[num,den]＝minreal(numg,deng)
其中，numg 和 deng 分别为 $G(s)$ 的分子多项式和分母多项式。简化后的传递函数为 $G(s)=\dfrac{num}{den}$。

将两个系统 $G_1(s)$ 和 $G_2(s)$ 按并联方式连接，在 MATLAB 中可用 series 函数实现，其调用格式为

```
[num,den]=series(num1,den1,num2,den2)
```

其中，$G_1(s)=\dfrac{num1(s)}{den1(s)}$，$G_2(s)=\dfrac{num2(s)}{den2(s)}$，$G_1(s)G_2(s)=\dfrac{num(s)}{den(s)}$

2.7　数学模型的工程应用

在多关节机械手控制系统中，机械手需要按照预定的轨迹运动，并需保持末端位姿的准确性，因此需要控制好运动的坐标、速度和加速度。在设计多关节机械手控制系统时，应先建立控制系统的数学模型，以便在建立系统之前对其动态性能进行预测和分析，并提出改进措施。

2.7.1　多关节机械手控制的特点

在工业机器人控制系统中，多关节机械手是一个多轴协调运动的控制系统，是由连杆通过关节串联的空间开链结构，需要通过各关节的协调运作来实现末端的运动和动力控制。其中常见的多关节机械手的结构如图 2-46 所示。

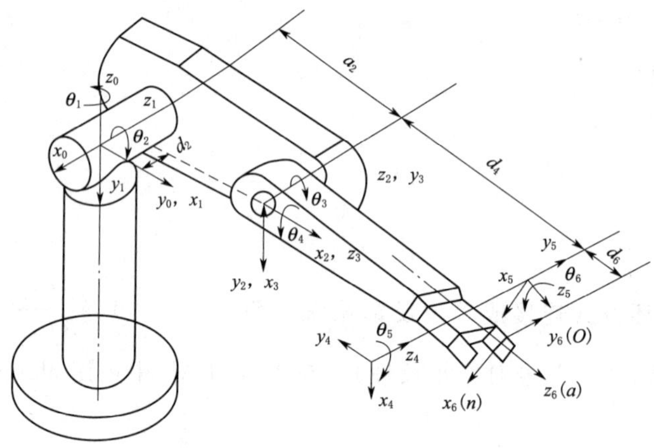

图 2-46　多关节机械手结构图

多关节机械手控制系统是与运动学、动力学相关的，有耦合性、非线性、多变量的多输入多输出控制系统。因其是多关节耦合的非线性系统，很难实现严格的控制，控制系统的设计也比较复杂，所以在实际设计中系统的各部分通常按照独立的环节来处理。为了简化设计，通常把机械手多关节串联组成的各关节按独立的线性控制系统处理。多关节机械手的控制涉及到末端器的位置控制以及手抓的力度控制。例如，有的机械手，如完成喷涂作业的机械手和完成点焊作业的机械手等，只对机械手完成位置控制即可；而如完成抛光作业的机械手和完成装配作业的机械手等，则要求手抓与工件保持一定大小的夹持力，即除了完成作业自由度方向的位置控制外，还要完成接触力的控制。机械手常见的控制系统有基于直流伺服电动机驱动的关节机械手控制，基于交流伺服电动机驱动的关节机械手控

制，质量-弹簧系统的力控制，以及力-位混合控制等形式。

2.7.2 多关节机械手的数学模型

简单的多关节机械手一般由机械传动系统和电路系统两部分组成。

2.7.2.1 机械传动系统的数学模型

机械传动系统的组成元件主要包括转动惯量、阻尼器和弹簧三部分。其中转动惯量的简化模型如图 2-47 所示，它由一个转动惯量的转动体构成，其转动角为 θ，转动惯量为 J，作用在转动体上的外力矩为 M_I。

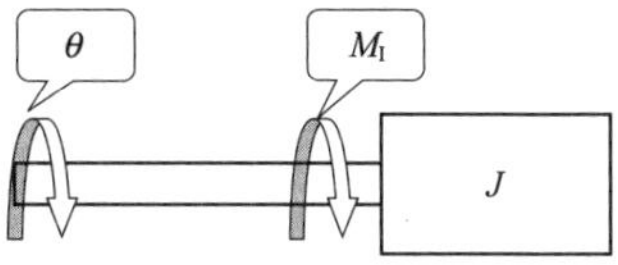

图 2-47

（1）转动惯量的数学模型为

$$M_I(t)=J\ \frac{\mathrm{d}^2\theta(t)}{\mathrm{d}t^2}$$

（2）阻尼器的简化模型。如图 2-48 所示，它由一个阻尼系数为 f 的阻尼器构成，其转动角为 θ_1 和 θ_2，作用的外力矩为 M_D。则阻尼器的数学模型为

$$M_D(t)=f\left[\frac{\mathrm{d}\theta_1(t)}{\mathrm{d}t}-\frac{\mathrm{d}\theta_2(t)}{\mathrm{d}t}\right]$$

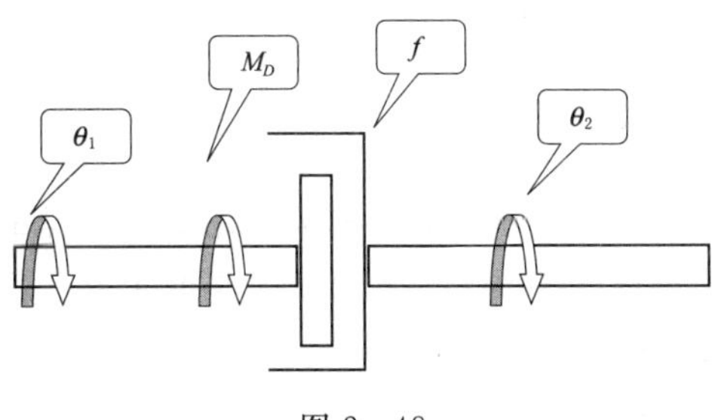

图 2-48

（3）弹簧的简化模型。如图 2-49 所示，它由一个弹簧刚度为 K 的扭转弹簧构成，其转动角为 θ_1 和 θ_2，作用的外力矩为 M_S。则弹簧的数学模型为

$$M_S(t)=K[\theta_1(t)-\theta_2(t)]$$

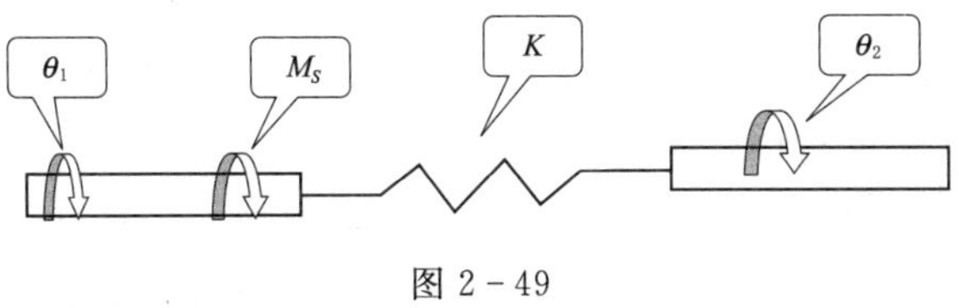

图 2-49

一个完整的机械转动系统应是一个由转动惯量 J、阻尼系数为 f 的阻尼器和刚度为 K 的扭转弹簧串联构成的综合机械转动系统，其数学模型为

$$J\ \frac{\mathrm{d}^2\theta(t)}{\mathrm{d}t^2}+f\ \frac{\mathrm{d}\theta(t)}{\mathrm{d}t}+K\theta(t)=M(t)$$

经拉氏变换，整理得该系统的传递函数为

$$G(s)=\frac{\theta(s)}{M(s)}=\frac{1}{Js^2+fs+K}$$

由此可看出，该机械转动系统为一个二阶系统。

2.7.2.2 电路系统的数学模型

换刀机械手某一关节的控制电路系统包括电路网络和伺服控制电机。其 RC 控制网络如图 2－50 所示，它由电容和电阻构成，输入电压为 $u_i(t)$，输出电压为 $u_o(t)$。

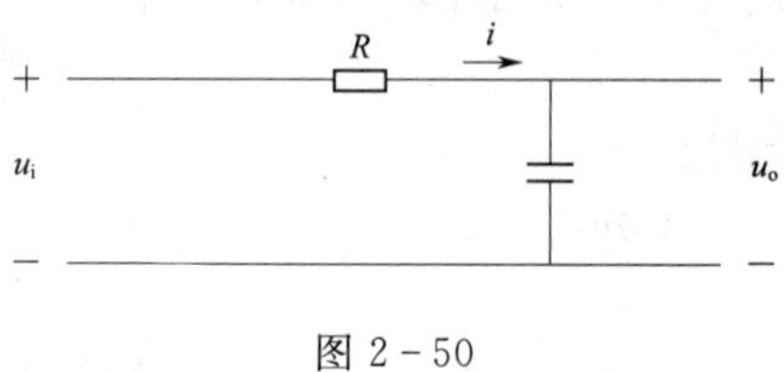

图 2－50

用消元方法求得该 RC 控制网络的传递函数为

$$G(s)=\frac{U_o(s)}{U_i(s)}=\frac{1}{RCs+1}$$

本　章　小　结

1. 内容归纳

(1) 控制系统的数学模型是描述系统因果关系的数学表达式，是对系统进行理论分析研究的主要依据。通常是先分析系统中各元器件的工作原理，然后利用有关定理，舍去次要因素并进行适当的线性化处理，最后获得既简单又能反映系统动态本质的数学模型。

(2) 微分方程是系统的时域数学模型，正确理解和掌握系统的工作过程、各元器件的工作原理是建立微分方程的前提。

(3) 传递函数是在零初始条件下系统输出的拉普拉斯变换和输入的拉普拉斯变换之比，是经典控制理论中重要的数学模型，熟练掌握和运用传递函数的概念，有助于分析和研究复杂系统。

(4) 脉冲响应函数 $g(t)$ 也是一种数学模型，是衡量系统性能的一种重要手段，由 $g(t)$ 进行拉普拉斯变换可直接求得系统传递函数。

(5) 结构图和信号流图是两种用图形表示的数学模型，具有直观、形象的特点。引入这两种数学模型的目的就是为了求系统的传递函数。利用结构图求系统的传递函数，首先需要将结构图进行等效变换，但必须遵循等效变换的原则。利用信号流图求系统的传递函数，不必简化信号流图就可以方便地应用梅森公式求复杂系统的传递函数，而且梅森公式也可以直接用于系统结构图。为求取系统的传递函数提供了不同的方法及互相检验结果的有效手段。

(6) 闭环控制系统的传递函数是分析系统动态性能的主要数学模型，它们在系统分析和设计中的地位十分重要。

2. 知识结构

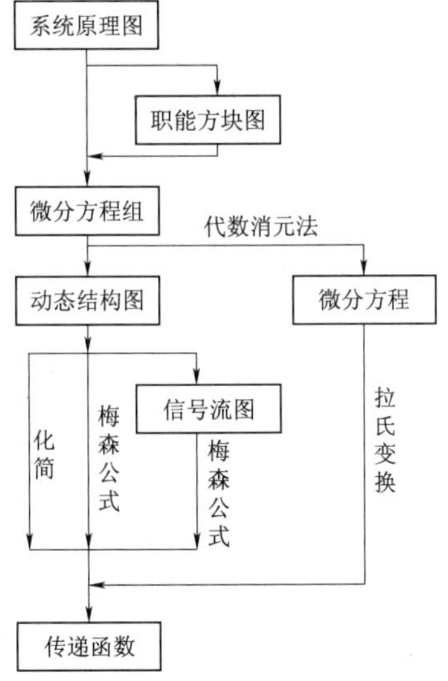

拓 展 阅 读

代表人物及事件简介

1. 麦克斯韦（1831—1879），英国物理与数学家，在许多方面都有极高的造诣。麦克斯韦十四岁时就在爱丁堡皇家学会发表了他第一篇数学论文讨论卵形线与多焦点曲线，展现了他惊人的数学天赋。他是物理学中电磁理论的创立人。他是19世纪最伟大的物理学家，在物理学史上足以与牛顿、爱因斯坦齐名。

麦克斯韦在1863年9月已基本完成稳定性方面的研究工作。1868年针对调速器有时会导致蒸汽机速度出现振荡问题，发表论文《论调节器》（J. C. Maxwell On Governors. Proc. Royal Society of London，vol. 16：270－283，1868），导出了调节器的微分方程，并在平衡点附近进行线性化处理，指出稳定性取决于特征方程的根是否都具有负实部。麦克斯韦是第一个对反馈控制系统的稳定性进行系统分析的人，开创了控制理论研究的先河。由于五次以上的多项式没有直接的求根公式，这给判断高阶系统的稳定性带来了困难。他在论文中催促数学家们尽快解决多项式的系数同多项式的根的关系问题。1948年，维纳出版《控制论》，形成完整的经典控制理论，标志控制学科的诞生。维纳成为控制论的创始人。

2. 1872年K. A. 维什聂格拉斯基（1831—1895）也对蒸汽机的稳定性问题进行了研究，1876年在法国科学院院报上发表论文《论调整器的一般原理》。该论文同样利用线性化方法简化问题，用线性微分方程描述由被控对象和调节器组成的系统，使问题大大简化。1878年他还对非线性继电器型调节器进行了研究。维什聂格拉斯基在苏联被视为自动调节理论的奠基人。

3. 皮埃尔·西蒙·拉普拉斯（1749—1827），法国著名数学家和天文学家，法国科学院院士。他是分析概率论的创始人以及天体力学的主要奠基人，因此他是应用数学的先驱。

皮埃尔·西蒙·拉普拉斯出生于法国西北部卡尔瓦多斯的博蒙昂诺日，曾任巴黎军事学院数学教授。1795 年任巴黎综合工科学校教授，1799 年他还担任过法国经度局局长，并在拿破仑政府中担任过内政部长。1816 年被选为法兰西学院院士，1817 年任该院院长。

拉普拉斯青年时期就显示出卓越的数学才能，18 岁时离家赴巴黎，决定从事数学工作。他给当时法国著名学者达朗贝尔寄去一篇出色至极的力学论文，达朗贝尔非常欣赏他的数学才能，推荐他到军事学院教书。此后，他同拉瓦锡在一起工作，测定了许多物质的比热。1780 年，他们两人证明了将一种化合物分解为其组成元素所需的热量就等于这些元素形成该化合物时所放出的热量，这可以看作是热化学的开端。而且，也是继布拉克关于潜热的研究工作之后向能量守恒定律迈进的又一个里程碑，60 年后能量守恒定律诞生。

拉普拉斯在数学和物理方面也有重要贡献，他是拉普拉斯变换和拉普拉斯方程的提出者，这些数学工具在科学技术的各个领域得到了广泛的应用。拉普拉斯用数学方法证明了行星平均运动的不变性，这就是著名的拉普拉斯定理。

拉普拉斯的著名杰作《天体力学》，是经典天体力学的代表著作，书中首次提出了“天体力学”的学科名称。他的另一部著作是《宇宙系统论》，书中提出了对后来有重大影响的关于行星起源的星云假说。康德的星云说是从哲学角度提出的，而拉普拉斯则从数学、力学角度充实了星云说。因此，人们常常把他们两人的星云说称为“康德—拉普拉斯星云说”。由于他在《宇宙系统论》中对太阳系稳定性的动力学问题的贡献，被誉为“法国的牛顿”和“天体力学之父”。

习　　题

2-1　试建立题 2-1 图所示各系统的微分方程并说明这些微分方程之间有什么特点，其中电压 $u_r(t)$ 和位移 $x_r(t)$ 为输入量；电压 $u_c(t)$ 和位移 $x_c(t)$ 为输出量；k，k_1 和 k_2 为弹簧弹性系数；f 为阻尼系数。

2-2　试求题 2-2 图所示各电路的传递函数。

2-3　工业上常用孔板和差压变送器测量流体的流量。通过孔板的流量 Q 与孔板前后的差压 P 的平方根成正比，即 $Q=k\sqrt{P}$，式中 k 为常数，设系统在流量值 Q_0 附近做微小变化，试将流量方程线性化。

2-4　系统的微分方程组为

$$x_1(t)=r(t)-c(t)$$

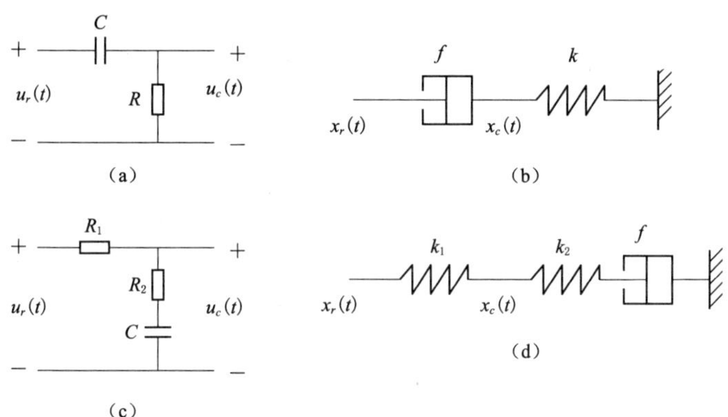

题 2 - 1 图

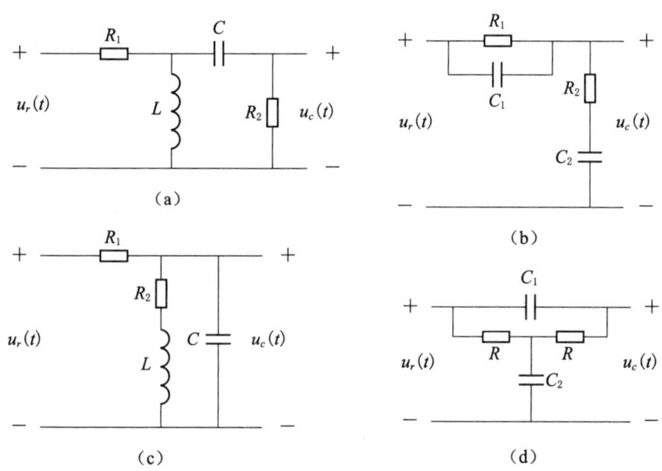

题 2 - 2 图

$$T_1 \frac{\mathrm{d}x_2(t)}{\mathrm{d}t}=k_1x_1(t)-x_2(t)$$

$$x_3(t)=x_2(t)-k_3c(t)$$

$$T_2 \frac{\mathrm{d}c(t)}{\mathrm{d}t}+c(t)=k_2x_3(t)$$

式中 T_1，T_2，k_1，k_2，k_3 均为正的常数，系统的输入为 $r(t)$，输出为 $c(t)$。试画出动态结构图，并求出传递函数 $G(s)=\frac{C(s)}{R(s)}$。

2 - 5　用运算放大器组成的有源电网络如题 2 - 5 图所示，试采用复阻抗法写出它们的传递函数。

2 - 6　系统方框图如题 2 - 6 图所示，试简化方框图，并求出它们的传递函数 $\frac{C(s)}{R(s)}$。

2 - 7　系统方框图如题 2 - 7 图所示，试用梅逊公式求出它们的传递函数 $\frac{C(s)}{R(s)}$。

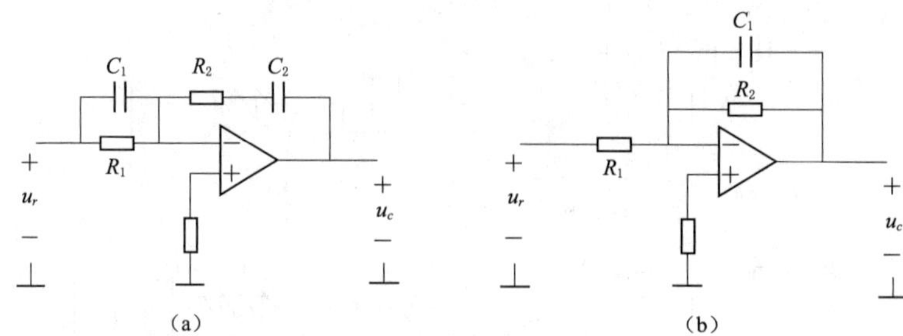

题 2－5 图

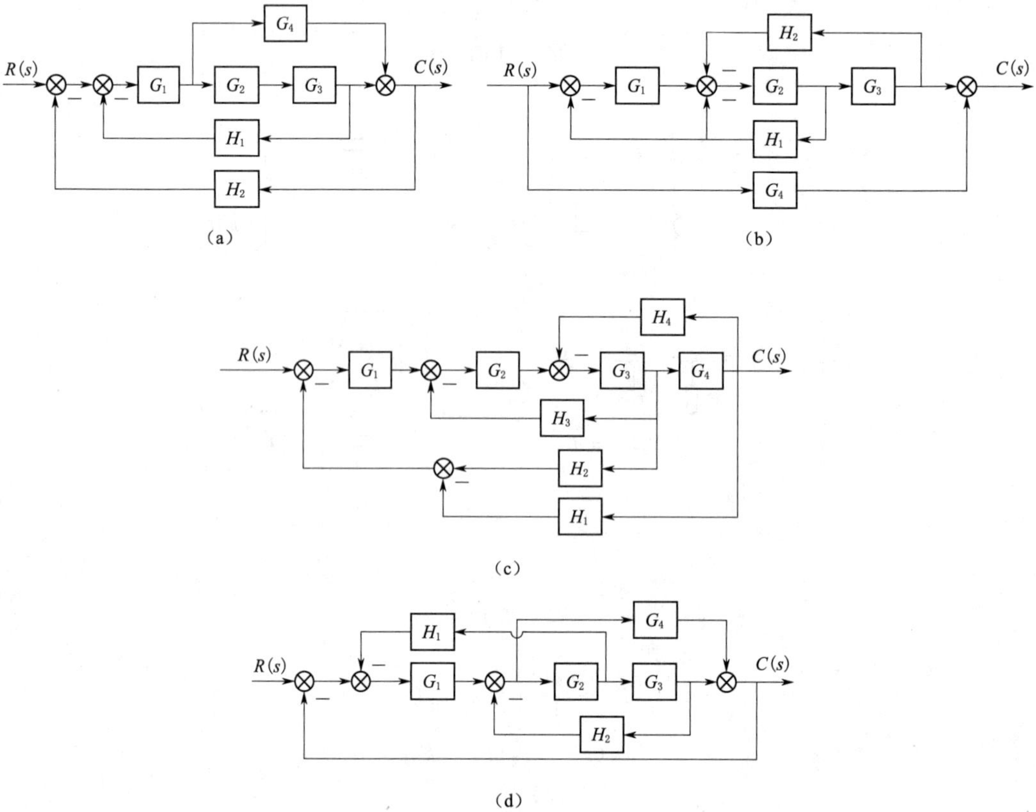

(a)

(b)

(c)

(d)

题 2－6 图

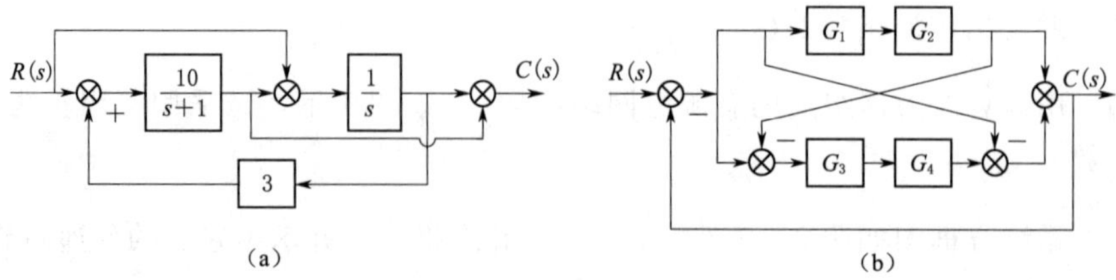

题 2－7 图

2-8　设线性系统结构图如题 2-8 图所示，试求：

（1）画出系统的信号流图。

（2）求传递函数$\dfrac{C(s)}{R_1(s)}$及$\dfrac{C(s)}{R_2(s)}$。

2-9　系统的动态结构图如题 2-9 图所示，试求

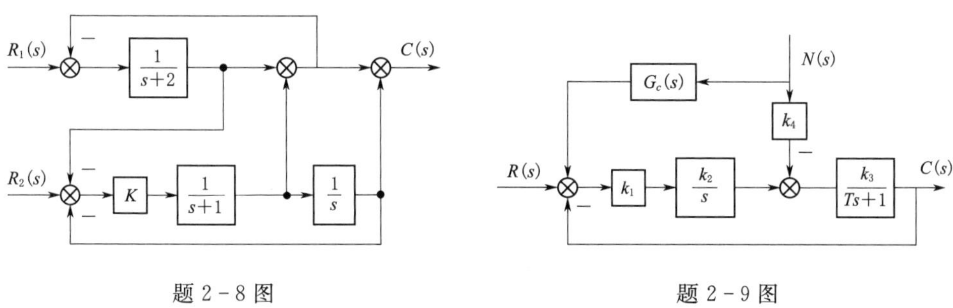

题 2-8 图　　　　题 2-9 图

（1）求传递函数$\dfrac{C(s)}{R(s)}$和$\dfrac{C(s)}{N(s)}$。

（2）若要求消除干扰对输出的影响，求 $G_c(s)=$？

2-10　某复合控制系统的结构图如题 2-10 图所示，试求系统的传递函数$\dfrac{C(s)}{R(s)}$。

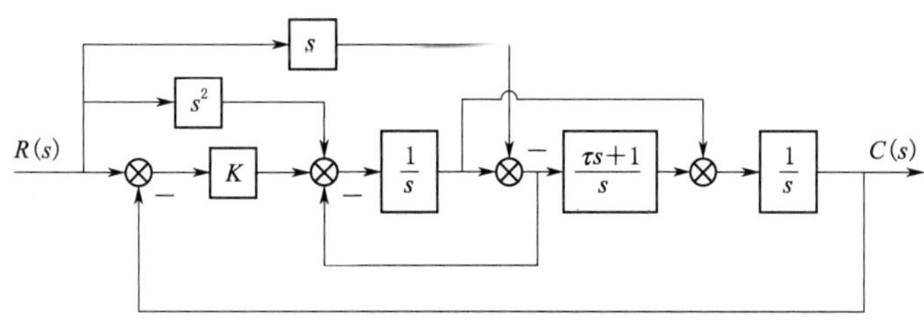

题 2-10 图

2-11　系统微分方程如下：

$$x_1(t)=r(t)-\tau\dot{c}(t)+K_1n(t)$$

$$x_2(t)=K_0x_1(t)$$

$$x_3(t)=x_2(t)-n(t)-x_5(t)$$

$$T\dot{x}_4(t)=x_3(t)$$

$$x_5(t)=x_4(t)-c(t)$$

$$\dot{c}(t)=x_5(t)-c(t)$$

试求系统的传递函数$\dfrac{C(s)}{R(s)}$及$\dfrac{C(s)}{N(s)}$。其中 r，n 为输入，c 为输出。K_0，K_1，T 均为常数。

2-12　已知系统方框图如题 2-12 图所示，试求各典型传递函数$\dfrac{C(s)}{R(s)}$，$\dfrac{E(s)}{R(s)}$，$\dfrac{C(s)}{N(s)}$，$\dfrac{E(s)}{N(s)}$，$\dfrac{C(s)}{F(s)}$，$\dfrac{E(s)}{F(s)}$。

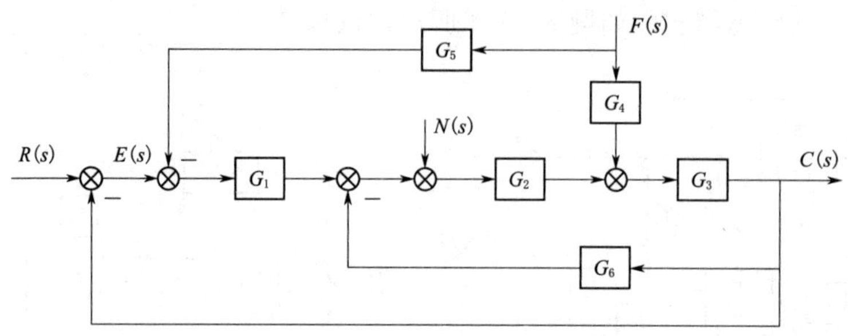

题 2-12 图

第 3 章　线性控制系统的分析方法

引言

分析和设计控制系统的第一步是确定系统的数学模型。在确立数学模型之后，就需要对控制系统的动态性能和稳态性能进行分析，以便在此基础上对系统进行校正。在经典控制理论中，线性控制系统常用的分析方法有时域分析法、根轨迹法和频域分析法。

不同的方法有不同的特点和适用范围及对象，但是比较而言，时域分析法是一种直接在时间域中对系统进行分析的方法，具有更加直观、准确的优势，并且可以提供系统时间响应的全部信息。对于低阶系统来讲是一种比较准确的分析方法。

对于高阶系统，特别是在研究系统中某个参数变化对系统动态性能的影响时，所需的计算往往比较复杂。根轨迹法是一种求解系统特征方程根的简便图解法，它简化了计算过程，在自动控制系统特别是过程控制系统的分析中得到了广泛应用。

频域分析法是以系统的频率特性或频率响应为基础对系统进行分析研究的方法，它具有明确的物理意义，可大大简化高阶系统的分析和设计工作。频域分析法不仅适用于线性单输入单输出系统，还适用于多输入多输出系统，通过施加一些限制条件还可以应用于某些非线性控制系统的分析。

学习目标

- 掌握自动控制系统的动态和稳态性能指标。
- 掌握一阶、二阶和高阶系统的时域分析方法。
- 掌握根轨迹的基本概念。
- 掌握根轨迹图的绘制规则及分析方法。
- 掌握控制系统及其典型环节的频率特性。
- 掌握利用系统开环频率特性作图的基本方法。
- 掌握用 MATLAB 进行系统分析的基本方法。

3.1　时域分析法

时域分析法是通过传递函数、拉氏变换及其反变换等工具，求出线性控制系统典型输入信号的时间响应，从而在时域范围内对系统的性能进行分析的一种系统分析方法。时域分析法是一种直接分析法，特别适用于一阶、二阶系统的性能分析和计算。

3.1.1　典型输入信号

一般来讲，我们是针对某一类输入信号来设计控制系统的。但是在大多数情况下，控制系统的输入信号以无法预测的方式变化。例如，在防空火炮系统中，敌机的位置和速度无法预料，使火炮控制系统的输入信号具有了随机性，从而给规定系统的性能要求以及分析和设计工作带来了困难。为了便于进行分析和设计，同时也为了便于对各种控制系统的性能进行比较，需要假定一些基本的输入函数形式，称为典型输入信号。

所谓典型输入信号，是指根据系统常遇到的输入信号形式，在数学描述上加以理想化的一些基本输入函数。控制系统中常用的典型输入信号有：单位阶跃函数、单位斜坡函数、单位加速度函数、单位脉冲函数和正弦函数，见表 3－1。这些函数都是简单的时间函数，便于数学分析和实验研究。

表 3－1　　典 型 输 入 信 号

名　　称	时域表达式	复域表达式
单位阶跃函数（Step function）	$1(t)$，$t\geqslant 0$	$\frac{1}{s}$
单位斜坡函数（Ramp function）	t，$t\geqslant 0$	$\frac{1}{s^2}$
单位加速度函数（Acceleration function）	$\frac{1}{2}t^2$，$t\geqslant 0$	$\frac{1}{s^3}$
单位脉冲函数（Impulse function）	$\delta(t)$，$t=0$	1
正弦函数（Simusoidal function）	$A\sin\omega t$	$\frac{A\omega}{s^2+\omega^2}$

实际应用时究竟采用哪一种典型输入信号，取决于系统常见的工作状态；同时，在所有可能的输入信号中，往往选取最不利的信号作为系统的典型输入信号。同一系统中，不同形式的输入信号所对应的输出响应是不同的，但对于线性控制系统来讲，它们所表征的系统性能是一致的。通常以单位阶跃函数作为典型输入作用，则可在一个统一的基础上对各种控制系统的特性进行比较和研究。

应当指出，有些控制系统的实际输入信号是变化无常的随机信号，例如定位雷达天线控制系统，其输入信号中既有运动目标的不规则信号，又包含有许多随机噪声分量，此时就不能用上述确定性的典型输入信号去代替实际输入信号，而必须采用随机过程理论进行处理。

3.1.2　系统的性能指标

为了评价线性系统时间响应的性能指标，需要研究控制系统在典型输入信号作用下的时间响应过程。

3.1.2.1　动态过程与稳态过程

在典型输入信号作用下，任何一个控制系统的时间响应都由动态过程和稳态过程两部分组成。

（1）动态过程。动态过程又称过渡过程或瞬态过程，指系统在典型输入信号作用下，系统输出量从初始状态到最终状态的响应过程。由于实际控制系统具有惯性、摩擦以及其他一些原因，系统输出量不可能完全复现输入量的变化。根据系统结构和参数选择情况，动态过程表现为衰减、发散或等幅振荡形式。显然，一个可以实际运行的控制系统，其动

态过程必须是衰减的，换种角度，系统必须是稳定的。动态过程除提供系统稳定性的信息外，还可以提供响应速度及阻尼情况等信息。这些信息用动态性能描述。

（2）稳态过程。稳态过程指系统在典型输入信号作用下，当时间 t 趋于无穷时，系统输出量的表现方式。稳态过程又称稳态响应，表征系统输出量最终复现输入量的程度，提供系统有关稳态误差的信息，用稳态性能描述。

由此可见，控制系统在典型输入信号作用下的性能指标，通常由动态性能和稳态性能两部分组成。

3.1.2.2 动态性能与稳态性能

稳定是控制系统能够运行的首要条件，因此只有当动态过程收敛时，研究系统的动态性能才有意义。

（1）动态性能。通常在阶跃函数作用下，测定或计算系统的动态性能。一般认为，阶跃输入对系统来讲是最严峻的工作状态。如果系统在阶跃函数作用下的动态性能满足要求，那么系统在其他形式的函数作用下，其动态性能也是令人满意的。

描述稳定的系统在单位阶跃函数作用下，动态过程随时间 t 的变化状况的指标，称为动态性能指标。为了便于分析和比较，假定系统在单位阶跃输入信号作用前处于静止状态，而且输出量及其各阶导数均等于 0。对于大多数控制系统来讲，这种假设是符合实际情况的。对于图 3－1 所示单位阶跃响应 $c(t)$，其动态性能指标通常如下。

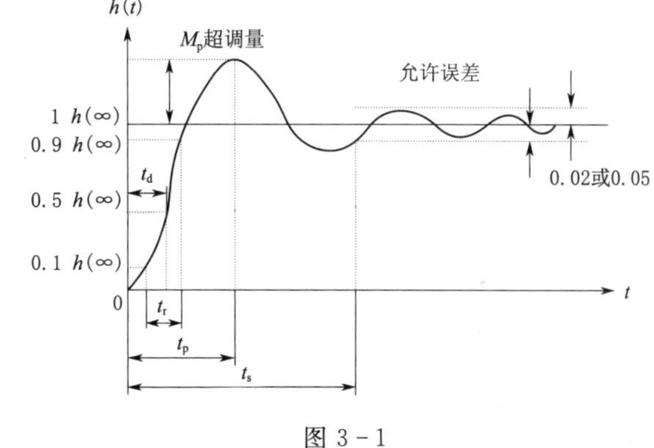

图 3－1

1）延迟时间（delay time）t_d：响应曲线第一次达到稳态值的一半所需的时间，叫延迟时间。

2）上升时间（rise time）t_r：响应曲线从稳态值的 10％上升到 90％所需的时间。5％上升到 95％或从 0 上升到 100％，对于欠阻尼二阶系统，通常采用 0～100％的上升时间；对于过阻尼系统，通常采用 10％～90％的上升时间。上升时间越短，响应速度越快。

3）峰值时间（peak time）t_p：响应曲线达到过调量的第一个峰值所需要的时间。

4）调节时间（settling time）t_s：在响应曲线的稳态线上，用稳态值的百分数（通常取 5％或 2％）作一个允许误差范围，响应曲线达到并永远保持在这一允许误差范围内，所需的时间。

5）最大超调量（maximum overshoot）M_p：指响应的最大偏离量 $h(t_p)$ 于终值 $h(\infty)$ 之差的百分比，即

$$\sigma\% = \frac{h(t_p) - h(\infty)}{h(\infty)} \times 100\% \tag{3-1}$$

t_r 或 t_p 评价系统的响应速度；t_s 同时反映响应速度和阻尼程度的综合性指标。$\sigma\%$评价系统的阻尼程度。

(2) 稳态性能。稳态误差是描述系统稳态性能的一种性能指标，通常在阶跃函数、斜坡函数或加速度函数作用下进行测定或计算。若时间趋于无穷时，系统的输出量不等于输入量或输入量的确定函数，则系统存在稳态误差。稳态误差是系统控制精度或抗扰动能力的一种度量。

3.1.3 一阶系统的时域分析

3.1.3.1 一阶系统的数学模型

在实际生产过程中，真正的一阶系统非常少见，但其数学模型是分析和设计高阶系统的基础。如图 3-2 (a) 所示的 RC 电路为一阶系统，其运动方程的一般形式为

$$RC\frac{du_c(t)}{dt}+u_c(t)=u_r(t) \tag{3-2}$$

式中 $u_c(t)$——电路输出电压；

$u_r(t)$——电路输入电压；

T——时间常数，$T=RC$。

当该系统的初始条件为 0 时，其传递函数为

$$G(s)=\frac{1}{TS+1} \tag{3-3}$$

结构图如图 3-2 (b) 所示。

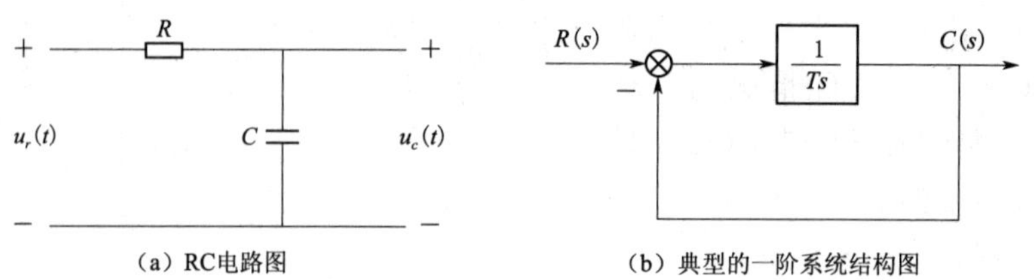

(a) RC电路图　　(b) 典型的一阶系统结构图

图 3-2

可以证明，室温调节系统、恒温箱以及水位调节系统的闭环传递函数形式与式 (3-3) 完全相同，仅时间常数含义有所区别。因此，式 (3-3) 称为一阶系统的数学模型。

3.1.3.2 一阶系统的时间响应及性能分析

对于具有同一运动方程或传递函数的所有线性系统，它们对同一输入信号的时间响应是相同的。而对于不同形式或不同功能的一阶系统，其响应特性的数学表达式则具有不同的物理意义。在不同典型输入信号的作用下，一阶系统的时间响应及性能分析如下。

(1) 单位阶跃响应 (unit-step response of first-order system)。当系统的输入信号为单位阶跃信号，即 $r(t)=1(t)$ 时，输入信号的拉氏变换为 $R(s)=\frac{1}{s}$，则系统输出信号的拉氏变换为

$$C(s)=G(s)R(s)=\frac{1}{TS+1}\times\frac{1}{S}=\frac{1}{S}-\frac{1}{TS+1}$$

对上式取拉氏反变换，求得单位阶跃响应为

$$c(t)=1-e^{-\frac{t}{T}} \quad t\geqslant 0 \tag{3-4}$$

一阶系统的单位阶跃响应曲线如图 3-3 所示，一阶系统的单位阶跃响应为非周期响应，是一条初始值为 0、按指数规律上升到稳态值 1 的曲线，并具备以下两个重要特点：

1）可用时间常数 T 去度量系统输出量的数值。例如，当 $t=T$ 时，$c(t)=63.2\%$，而当 t 等于 $2T$、$3T$、$4T$ 和 $5T$ 时，$c(t)$ 分别等于 86.5%、95%、98.2% 和 99.3%。由这一特点可以用实验的方式测定一阶系统的时间常数，或者判断系统是否属于一阶系统。

2）对于响应曲线的斜率，其初始值为 $1/T$，并随时间的推移而减小。

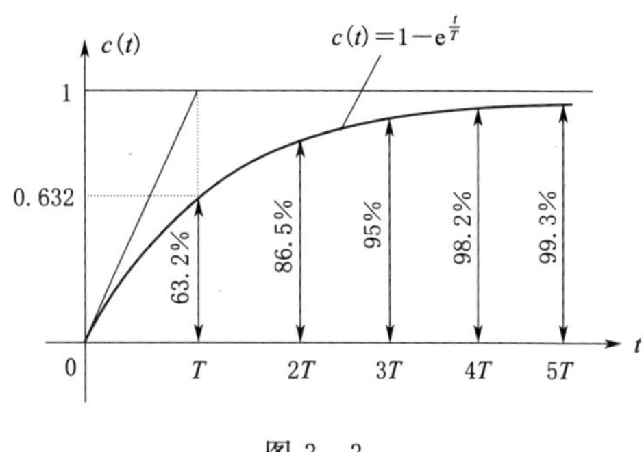

图 3-3

根据动态性能指标的定义，一阶系统的动态性能指标如下。

1）上升时间 t_r 为响应曲线从稳态值的 10% 上升到 90% 所需的时间。由式（3-4）可知

$$c(t_1)=1-e^{-\frac{t_1}{T}}=0.1$$

$$c(t_2)=1-e^{-\frac{t_2}{T}}=0.9$$

$$t_r=t_2-t_1=-T\ln 0.1-(-T\ln 0.9)=2.20T$$

2）调节时间 t_s 为响应值进入误差带 Δ 所对应的时间，即

$$c(t)=1-e^{-\frac{t}{T}}=1-\Delta,\ t_s=-T\ln\Delta$$

在实际工程运用中通常取 $\Delta=5\%$ 或 2%，因此

$$t_s=\begin{cases}3T & \Delta=5\%\\4T & \Delta=2\%\end{cases}$$

3）峰值时间 t_p 和超调量 $\sigma\%$ 都不存在。

一阶系统的时间常数 T 反映系统的惯性，惯性越小系统响应过程越快，惯性越大响应越慢。一阶系统的其他响应同样适用此结论。

（2）单位脉冲响应。当输入信号 $r(t)=\delta(t)$，系统的响应 $C(t)$ 称为单位脉冲响应。由于 $L[\delta(t)]=1$，系统输出响应的拉氏变换为

$$C(s)=\frac{1}{Ts+1}=\frac{\frac{1}{T}}{s+\frac{1}{T}}$$

系统的单位脉冲响应表达式为

$$c(t)=\frac{1}{T}e^{-t/T},\quad t\geqslant 0$$

如果令 t 分别等于 T、$2T$、$3T$ 和 $4T$，可绘出一阶系统的单位脉冲响应曲线，如图 3-4 所示。

对 $c(t)$ 求导，可得

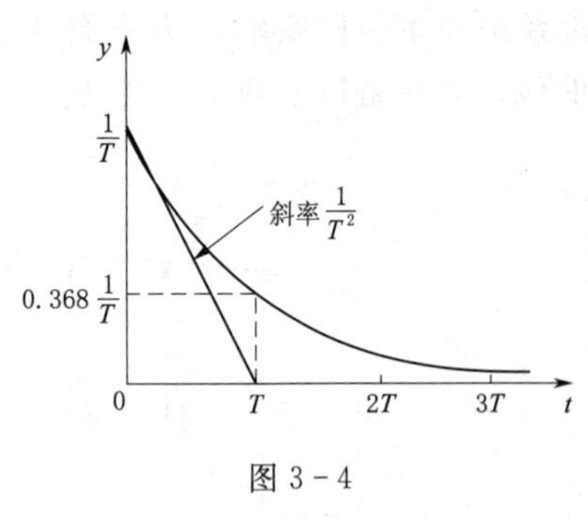

图 3 - 4

$$\frac{dc(t)}{dt}=-\frac{1}{T^2}e^{-\frac{t}{T}} \tag{3-5}$$

由式（3－5），可以算出响应曲线的各处斜率为

$$\left.\frac{dc(t)}{dt}\right|_{t=0}=-\frac{1}{T^2}$$

$$\left.\frac{dc(t)}{dt}\right|_{t=T}=-0.368\frac{1}{T^2}$$

$$\left.\frac{dc(t)}{dt}\right|_{t=\infty}=0$$

由图 3－5 可见，一阶系统的脉冲响应为一单调下降的指数曲线。若定义该指数曲线衰减到其初始值的 5％或 2％所需的时间为脉冲响应调节时间，则仍有 $t_s=3T$ 或 $t_s=4T$。故系统的惯性系数 T 越小，响应过程的快速性越好。

在初始条件为零的情况下，一阶系统的闭环传递函数与脉冲响应函数之间，包含着相同的动态过程信息。这一特点同样适用于其他各阶线性定常系统，因此常以单位脉冲输入信号作用于系统，根据被测定系统的单位脉冲响应，可以求得被测系统的闭环传递函数。

鉴于工程上无法得到理想单位脉冲函数，因此常用具有一定脉宽 b 和有限幅度的矩形脉动函数来代替。为了得到近似度较高的脉冲响应函数，要求实际脉动函数的宽度 b 远小于系统的时间常数 T，一般规定 $b<0.1T$。

（3）单位斜坡响应。当输入信号 $r(t)=t$ 时，系统的响应 $c(t)$ 称为单位斜坡响应，$R(s)=L[r(t)]=\frac{1}{S^2}$。

系统的输出经过拉氏变换为

$$C(s)=\varphi(s)R(s)=\frac{1}{TS+1}\times\frac{1}{S^2}=\frac{1}{S^2}-\frac{T}{S}+\frac{T^2}{1+TS}$$

对上式求拉氏反变换，得

$$c(t)=t-T(1-e^{-\frac{1}{T}t})=t-T+Te^{-\frac{1}{T}t} \tag{3-6}$$

因为
$$e(t)=r(t)-c(t)=T(1-e^{-\frac{1}{T}t}) \tag{3-7}$$

式（3－6）表明一阶系统的单位斜坡响应的稳态分量，是一个与输入斜坡函数斜率相同但时间滞后 T 的斜坡函数，因此在位置上存在稳态、跟踪误差，其值正好等于时间常数 T；一阶系统单位斜坡响应的瞬态分量为衰减非周期函数。

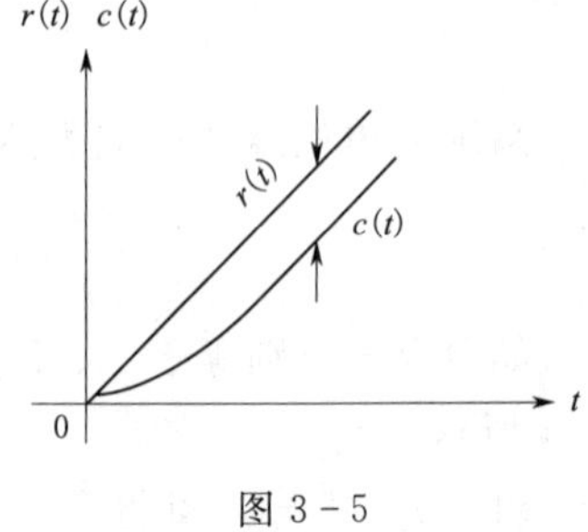

图 3 - 5

图 3－5 为一阶系统的单位斜坡响应曲线，比较图 3－3（一阶系统的单位阶跃响应曲线）和图 3－5 可以发现一个有趣现象：在阶跃响应曲线中，输出量输入量之间的位置误差随时间而减小，最后趋于零，而在初始状态下，位置误差最大，响应曲线的初始斜率也最大；在斜坡响应曲线中，输出量和输入量之间的位置误差随时间而增大，最后

趋于常值 T，惯性越小，跟踪的准确度越高，而在初始状态下，初始位置和初始斜率均为零，因为

$$\left.\frac{\mathrm{d}c(t)}{\mathrm{d}t}\right|_{t=0}=1-\mathrm{e}^{-t/T}\,|_{t=0}=0$$

显然，在初始状态下，输出速度和输入速度之间误差最大。

一阶系统跟踪单位斜坡信号的稳态误差为 $e_{ss}=\lim\limits_{t\to\infty}e(t)=T$。

上式表明：

1）一阶系统能跟踪斜坡输入信号。稳态时，输入和输出信号的变化率完全相同 $\dot{r(t)}=1$，$\dot{\underset{t\to\infty}{c(t)}}=1$。

2）由于系统存在惯性，$\dot{c(t)}$从 0 上升到 1 时，对应的输出信号在数值上要滞后于输入信号一个常量 T，这就是稳态误差产生的原因。

3）减少时间常数 T 不仅可以加快瞬态响应的速度，还可减少系统跟踪斜坡信号的稳态误差。

(4) 单位加速度响应。设系统的输入信号为单位加速度函数，即输入信号为 $r(t)=\frac{1}{2}t^2$ 时，系统的响应 $c(t)$ 称为单位加速度响应，$R(s)=L[r(t)]=\frac{1}{S^3}$。

系统的输出经过拉氏变换为

$$C(s)=\varphi(s)R(s)=\frac{1}{TS+1}\times\frac{1}{S^3}=\frac{1}{S^3}-\frac{T}{S^2}+\frac{T}{S}-\frac{T^2}{1+TS}$$

对上式求拉氏反变换，得

$$c(t)=\frac{1}{2}t^2-Tt+T^2(1-\mathrm{e}^{-\frac{1}{T}t})\quad(t\geqslant 0)\tag{3-8}$$

因此，系统的跟踪误差为

$$e(t)=r(t)-c(t)=Tt-T^2(1-\mathrm{e}^{-\frac{1}{T}t})\tag{3-9}$$

上式表明，跟踪误差随时间推移而增大，直至无限大。因此，一阶系统不能实现对加速度输入函数的跟踪。

一阶系统对上述典型输入信号的响应归纳于表 3-2 中。

表 3-2　一阶系统对典型输入信号的响应式

输入信号		输出响应
$\delta(t)$	1	$\frac{1}{T}\mathrm{e}^{-\frac{t}{T}}\quad t\geqslant 0$
$1(t)$	$\frac{1}{s}$	$1-\mathrm{e}^{-\frac{t}{T}}\quad t\geqslant 0$
t	$\frac{1}{s^2}$	$t-T+T\mathrm{e}^{-\frac{1}{T}t}\quad t\geqslant 0$
$\frac{1}{2}t^2$	$\frac{1}{s^3}$	$\frac{1}{2}t^2-Tt+T^2(1-\mathrm{e}^{-\frac{1}{T}t})\quad(t\geqslant 0)$

由表 3-2 可见，单位脉冲函数与单位阶跃函数的一阶导数及单位斜坡函数的二阶导数的等价关系，对应有单位脉冲响应与单位阶跃响应的一阶导数及单位斜坡响应的二阶导数的等价关系。这个等价对应关系表明：一个输入信号导数的时域响应等于该输入信号时域响应的导数；一个输入信号积分的时域响应等于该输入信号时域响应的积分；系统对输入信号积分的响应，就等于系统对该输入信号响应的积分，而积分常数由零输出初始条件确定。是线性定常系统的一个重要特性，适用于任何阶线性定常系统，但不适用于线性时变系统和非线性系统。因此，研究线性定常系统的时间响应，不必对每种输入信号形式进行测定和计算，往往只取其中一种典型形式进行研究。通常选取阶跃信号作为系统的典型输入信号。

3.1.4　二阶系统的时域分析

凡以二阶微分方程描述运动方程的控制系统，称为二阶系统。在控制工程中，二阶系统的典型特性被视为一种基准，且不少高阶系统的特性在一定条件下也可用二阶系统的特性来表征。因此，研究二阶系统的分析和计算方法，具有重要的实际意义。

3.1.4.1　二阶系统的数学模型

典型二阶系统微分方程的一般形式为

$$\frac{\mathrm{d}^2 c(t)}{\mathrm{d}t^2}+2\xi\omega_n\frac{\mathrm{d}c(t)}{\mathrm{d}t}+\omega_n^2 c(t)=\omega_n^2 r(t) \tag{3-10}$$

与该微分方程对应的闭环传递函数为

$$\Phi(s)=\frac{\omega_n^2}{s^2+2\xi\omega_n s+\omega_n^2} \tag{3-11}$$

相应的开环传递函数为

$$G_k(s)=\frac{\omega_n^2}{s(s+2\xi\omega_n)} \tag{3-12}$$

式中　ξ——二阶系统的阻尼比（或称相对阻尼比）；

ω_n——无阻尼振荡频率（或称自然振荡角频率）。

ξ 和 ω_n 是二阶系统的重要结构参数。式（2-3）、式（2-8）和式（2-14）所描述的系统都是二阶系统，对于结构和功用不同的二阶系统 ξ 和 ω_n 的物理含意是不同的，但只需要分析二阶系统的标准形式的动态性能与其参数 ξ、ω_n 之间的关系，可求得任何二阶系统的动态性能。

典型二阶系统的结构图如图 3-6 所示。

令闭环传递函数的分母多项式等于 0，求得典型二阶系统的特征方程为

$$s^2+2\xi\omega_n s+\omega_n^2=0 \tag{3-13}$$

其两个特征根为

$$S_{1,2}=-\xi\omega_n\pm\omega_n\sqrt{\xi^2-1} \tag{3-14}$$

特征根的类型主要取决于上式中根号下表达式的值，阻尼比 ξ 取不同的值，特征根 s_i 就会有不同类型的值，或者特征根 s_i 在 s 平面上会处于不同的位置，具体的分布情况如图 3-7 所示。

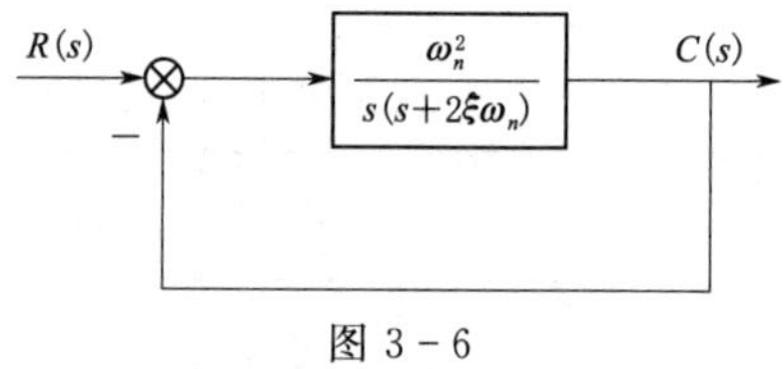

图 3-6

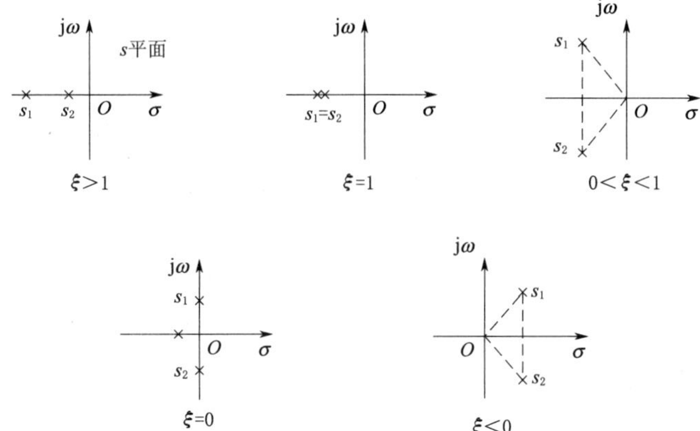

图 3-7 阻尼比 ξ 取不同值时特征根在 s 平面上的分布情况

3.1.4.2 二阶系统的单位阶跃响应

当二阶系统的输入信号为单位阶跃信号时，阻尼比 ξ 取不同的值，二阶系统的时间响应 $c(t)$ 也不同，具体如下。

(1) 过阻尼情况。$\xi>1$ 时的二阶系统称为过阻尼二阶系统。此时，系统具有两个不相等的负实根，即

$$s_{1,2}=-\xi\omega_n\pm\omega_n\sqrt{\xi^2-1} \tag{3-15}$$

当输入信号为单位阶跃信号时，系统输出量的拉氏变换为

$$C(s)=\frac{\omega_n^2}{(s-s_1)(s-s_2)}\times\frac{1}{s}=\frac{\omega_n^2}{s(s-s_1)(s-s_2)} \tag{3-16}$$

对上式取拉氏反变换，求得过阻尼二阶系统的单位阶跃响应为

$$c(t)=1-\frac{1}{2\sqrt{\xi^2-1}}\left[\frac{\mathrm{e}^{-(\xi-\sqrt{\xi^2-1})\omega_n t}}{\xi-\sqrt{\xi^2-1}}-\frac{\mathrm{e}^{-(\xi+\sqrt{\xi^2-1})\omega_n t}}{\xi+\sqrt{\xi^2-1}}\right]\quad(t\geqslant 0) \tag{3-17}$$

上式表明，系统响应含有两个单调衰减的指数项，它们的代数和不会超过稳态值 1。因此，过阻尼二阶系统的单位阶跃响应是一个非振荡的单调上升过程，其响应曲线如图 3-8 所示。

图 3-8 过阻尼二阶系统的单位阶跃响应曲线

(2) 临界阻尼情况。$\xi=1$ 时的二阶系统称为临界阻尼二阶系统。此时，系统有一对相等的负实根，即

$$s_{1,2}=-\omega_n \tag{3-18}$$

在单位阶跃信号作用下，系统输出量的拉氏变换为

$$C(s)=\frac{\omega_n^2}{(s+\omega_n)^2}\times\frac{1}{s}=\frac{1}{s}-\frac{\omega_n}{(s+\omega_n)^2}-\frac{1}{s+\omega_n} \tag{3-19}$$

对上式取拉氏反变换，求得临界阻尼二阶系统的单位阶跃响应为

$$c(t)=1-\mathrm{e}^{-\omega_n t}(1+\omega_n t)\quad(t\geqslant 0) \tag{3-20}$$

可见，这是一个无振荡的单调上升过程，其稳态值为 1，动态过程中的衰减指数 ω_n

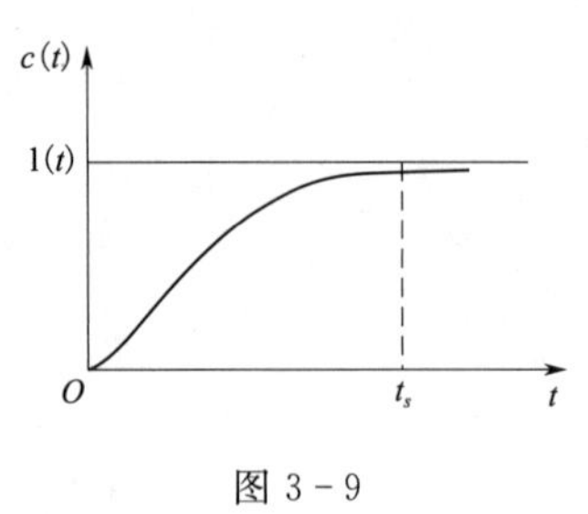

图 3-9

称为临界阻尼系数。临界阻尼二阶系统的单位阶跃响应曲线如图 3-9 所示。

(3) 欠阻尼情况。$0<\xi<1$ 时的二阶系统称为过阻尼二阶系统。此时系统的闭环特征根为一对共轭复根，且具有负实部，其表达式为

$$s_{1,2}=-\xi\omega_n \pm j\omega_n\sqrt{1-\xi^2} \tag{3-21}$$

当输入信号为单位阶跃信号时，系统输出量的拉氏变换为

$$\begin{aligned}C(s)&=\frac{\omega_n^2}{s^2+2\xi\omega_n s+\omega_n^2}\times\frac{1}{s}\\&=\frac{1}{s}-\frac{s+\xi\omega_n}{(s+\xi\omega_n)^2+\omega_d^2}-\frac{\xi\omega_n}{(s+\xi\omega_n)^2+\omega_d^2}\end{aligned} \tag{3-22}$$

式中 ω_d——阻尼振荡角频率，$\omega_d=\omega_n\sqrt{1-\xi^2}$。

对式（3-22）取拉氏反变换，求得欠阻尼二阶系统的单位阶跃响应为

$$\begin{aligned}c(t)&=1-\mathrm{e}^{-\xi\omega_n t}\left[\cos\sqrt{1-\xi^2}\,\omega_n t+\frac{\xi}{\sqrt{1-\xi^2}}\sin\sqrt{1-\xi^2}\,\omega_n t\right]\\&=1-\mathrm{e}^{-\xi\omega_n t}\left[\cos\omega_d t+\frac{\xi}{\sqrt{1-\xi^2}}\sin\omega_d t\right]\\&=1-\frac{\mathrm{e}^{-\xi\omega_n t}}{\sqrt{1-\xi^2}}\left[\sqrt{1-\xi^2}\cos\omega_d t+\xi\sin\omega_d t\right]\\&=1-\frac{\mathrm{e}^{-\xi\omega_n t}}{\sqrt{1-\xi^2}}\sin(\omega_d t+\beta)\quad (t\geqslant 0)\end{aligned} \tag{3-23}$$

式中 β——阻尼角，且 $\sin\beta=\sqrt{1-\xi^2}$，$\cos\beta=\xi$，$\beta=\arctan\frac{\sqrt{1-\xi^2}}{\xi}=\arccos\xi$。

由式（3-23）可知，欠阻尼二阶系统的单位阶跃响应由稳态分量和动态分量两部分组成。它是一个幅值按指数规律衰减的有阻尼的正弦振荡系统，其响应曲线如图 3-10 所示。

(4) 无阻尼情况。$\xi=0$ 时的二阶系统称为无阻尼二阶系统。此时系统的特征根为一对纯虚根，即

$$s_{1,2}=\pm \mathrm{j}\omega_n \tag{3-24}$$

在单位阶跃信号作用下，系统输出量的拉氏变换为

$$C(s)=\frac{\omega_n^2}{s^2+\omega_n^2}\times\frac{1}{s}=\frac{1}{s}-\frac{s}{s^2+\omega_n^2} \tag{3-25}$$

对式（3-25）取拉氏反变换，求得无阻尼二阶系统的单位阶跃响应为

$$c(t)=1-\cos\omega_n t\quad (t\geqslant 0) \tag{3-26}$$

显然，这时的二阶系统响应曲线为一条等幅余弦振荡曲线，振荡频率为 ω_n，系统为不稳定系统，其响应曲线如图 3-11 所示。

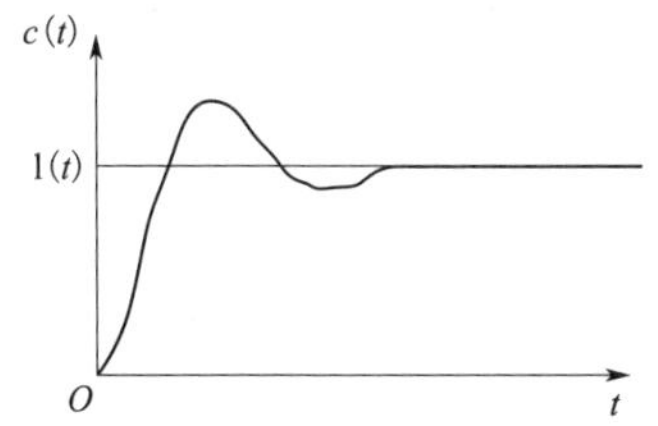

图 3-10 欠阻尼二阶系统的单位阶跃响应曲线

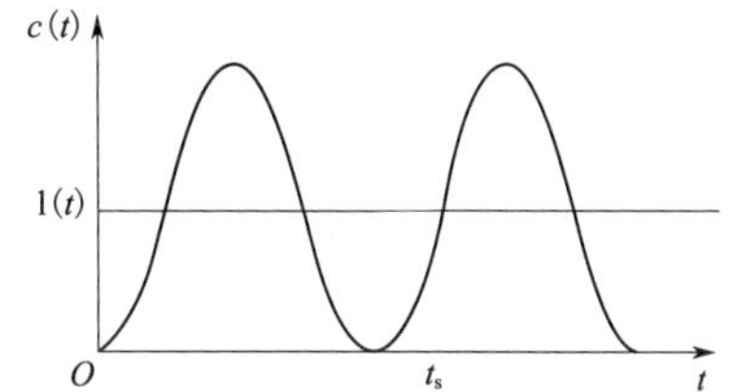

图 3-11 无阻尼二阶系统的单位阶跃响应曲线

上述四种情况分别称为二阶无阻尼、欠阻尼、临界阻尼和过阻尼系统。其阻尼系数、特征根、极点分布和单位阶跃响应见表 3-3。

表 3-3　二阶系统阻尼系数、特征根、极点分布和单位阶跃响应的关系

阻尼系数	特征根	极点位置	单位阶跃
$\xi>1$，过阻尼	$s_{1,2}=-\xi\omega_n\pm\sqrt{\xi^2-1}\,\omega_n$	两个互异负实根	单调上升
$\xi=1$，临界阻尼	$s_{1,2}=-\omega_n$（重根）	一对复实重根	单调上升
$0<\xi<1$，欠阻尼	$s_{1,2}=-\xi\omega_n\pm j\sqrt{\xi^2-1}\,\omega_n$	一对共轭复根	衰减振荡
$\xi=0$，无阻尼	$S_{1,2}=+j\omega_n$	一对共轭虚根	等幅周期振荡

从表 3-3 可知，二阶系统的阻尼比 ξ 决定了其振荡特性。

绘制不同阻尼比时二阶系统的单位阶跃响应曲线如图 3-12 所示。

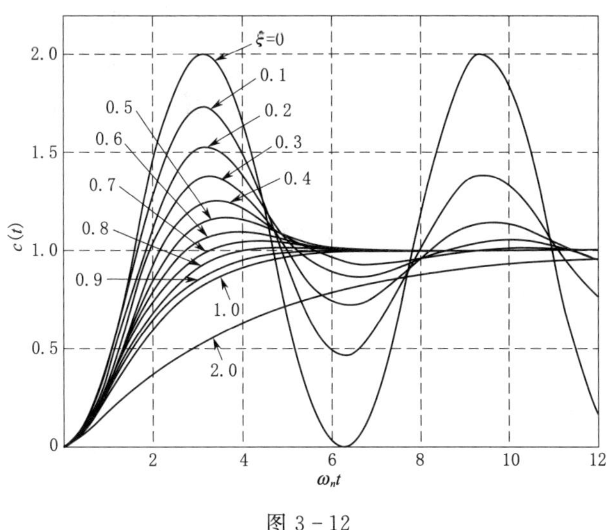

图 3-12

(1) 过阻尼（$\xi>1$）二阶系统的单位阶跃响应为单调上升的曲线，没有超调量，调节时间 t_s 最长，进入稳态很慢。

(2) 临界阻尼（$\xi=1$）二阶系统的单位阶跃响应为单调上升的曲线，没有超调量且响应速度比过阻尼二阶系统要快。

(3) 欠阻尼（$0<\xi<1$）二阶系统的单位阶跃响应为衰减振荡的曲线，上升时间比较短，调节时间也比较短，但有超调量，且 ξ 越小，振荡越严重，但响应越快。

(4) 无阻尼 ($\xi=0$) 二阶系统的单位阶跃响应为等幅振荡的曲线，上升时间最短。

此外，当 $\xi<0$ 时，二阶系统的两个极点均具有正实部，其单位阶跃响应是发散的，此时系统是不稳定的。

由图 3-12 为二阶系统时间响应曲线可以看出：随着 ξ 的增加，$c(t)$ 将从无衰减的周期运动变为有衰减的正弦运动，当 $\xi\geqslant1$ 时 $c(t)$ 呈现单调上升运动（无振荡）。可见 ξ 反映实际系统的阻尼情况，故称为阻尼系数。

ξ 一定时，ω_n 越大，瞬态响应分量衰减越迅速。系统能够更快达到稳态值，响应的快速性越好。

3.1.4.3　欠阻尼二阶系统单位阶跃响应的动态性能指标

在许多实际情况中，评价控制系统动态性能的好坏，是通过系统对单位阶跃输入信号的瞬态响应的特征量来表示的。

选择不同的阻尼比 ξ，二阶系统的闭环极点和动态响应都有很大区别，因此阻尼比 ξ 是二阶系统的重要特征参量。当 $\xi\leqslant0$ 时，系统不能正常工作；而在 $\xi\geqslant1$ 时，系统的动态响应又进行得太慢。因此，欠阻尼情况 $0<\xi<1$ 下的二阶系统最有实际意义。工程中除了一些不允许产生振荡的应用，如指示和记录仪表系统等，通常采用欠阻尼系统。

在设计二阶系统时，为使系统具有适度的阻尼比、较快的响应速度和较短的调节时间，一般取 $\xi=0.4\sim0.8$。在系统的各项动态性能指标中，峰值时间、超调量和上升时间可用 ξ 与 ω_n 准确表示；而延迟时间和调节时间则很难用 ξ 与 ω_n 准确描述，通常在计算和分析时采用工程上的近似计算方法。

如图 3-13 所示为欠阻尼二阶系统各特征参量之间的关系。

由图 3-13 可知，阻尼振荡频率 ω_d 是闭环极点到实轴之间的距离；自然频率 ω_n 是闭环极点到坐标原点之间的距离，ω_n 与负实轴夹角的余弦正好是阻尼比 ξ，即

$$\cos\beta=\xi$$

式中　β——阻尼角，$\xi\uparrow\rightarrow\beta\downarrow$。

二阶系统对单位阶跃信号的瞬态响应曲线如图 3-14 所示。

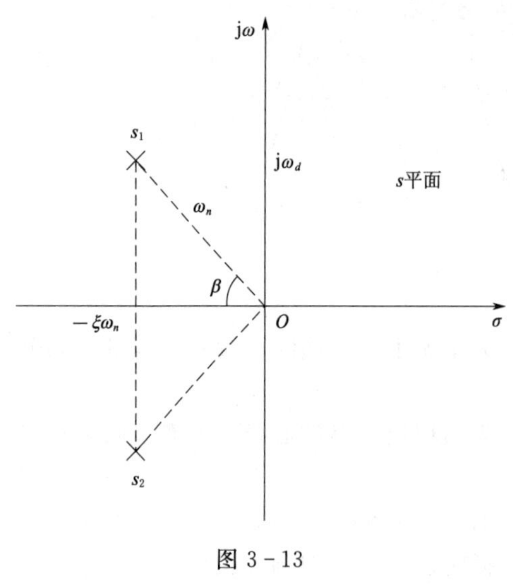

图 3-13

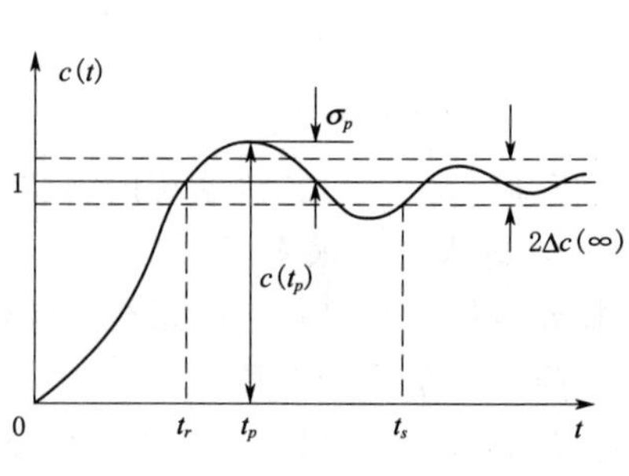

图 3-14

二阶欠阻尼系统的单位阶跃响应的瞬态指标分别如下。

(1) 上升时间 t_r。根据 t_r 的定义及欠阻尼二阶系统的单位阶跃响应可知，当 $t=t_r$ 时，$c(t_r)=1$，即

$$c(t)=1-\frac{e^{-\xi\omega_n t}}{\sqrt{1-\xi^2}}\sin(\omega_d t+\beta)=1$$

则

$$\frac{e^{-\xi\omega_n t}}{\sqrt{1-\xi^2}}\sin(\omega_d t+\beta)=0$$

由于 $\frac{1}{\sqrt{1-\xi^2}}\neq 0$ 且 $e^{-\xi\omega_n t}\neq 0$，所以 $\sin(\omega_d t+\beta)=0$，即 $\omega_d t+\beta=\pi$，所以有

$$t_r=\frac{\pi-\beta}{\omega_d}=\frac{\pi-\beta}{\omega_n\sqrt{1-\xi^2}} \tag{3-27}$$

由上式可知，当阻尼比 ξ 一定时，阻尼角 β 不变，系统的响应速度与 ω_n 成正比；而当阻尼振荡频率 ω_n 一定时，阻尼比 ξ 越小，上升时间 t_r 越短。

(2) 峰值时间 t_p。根据峰值时间的定义及欠阻尼二阶系统的单位阶跃响应式可知，$c(t)$ 在 $t=t_p$ 时的导数为 0，即

$$\left.\frac{dc(t)}{dt}\right|_{t=t_p}=\frac{-1}{\sqrt{1-\xi^2}}\left[-\xi\omega_n e^{-\xi\omega_n t_p}\sin(\omega_d t_p+\beta)+\omega_d e^{-\xi\omega_n t_p}\cos(\omega_d t_p+\beta)\right]=0$$

从而得

$$-\xi\sin(\omega_d t_p+\beta)+\sqrt{1-\xi^2}\cos(\omega_d t_p+\beta)=0$$

$$\tan(\omega_d t_p+\beta)=\frac{\sqrt{1-\xi^2}}{\xi}$$

由于 $\tan\beta=\frac{\sqrt{1-\xi^2}}{\xi}$，所以 $\omega_d t_p=0$，π，2π，$3\pi\cdots$。

根据峰值时间 t_p 的定义，应取 $\omega_d t_p=\pi$，于是峰值时间为

$$t_p=\frac{\pi}{\omega_d}=\frac{\pi}{\omega_n\sqrt{1-\xi^2}} \tag{3-28}$$

上式表明，峰值时间等于阻尼振荡周期的一半。或者峰值时间与闭环极点的虚部数值成反比。当阻尼比一定时，闭环极点离负实轴的距离越远，系统的峰值时间越短。

(3) 超调量 $\sigma\%$。因为超调量发生在峰值时间 t_p 上，所以将峰值时间表达式 (3-28) 代入欠阻尼二阶系统的单位阶跃响应式 (3-23)，得输出量的最大值为

$$c(t_p)=1-\frac{e^{-\xi\omega_n t_p}}{\sqrt{1-\xi^2}}\sin(\omega_d t_p+\beta)=1-\frac{e^{-\frac{\xi\pi}{\sqrt{1-\xi^2}}}}{\sqrt{1-\xi^2}}\sin(\omega_d t_p+\beta)$$

因为

$$\sin(\pi+\beta)=-\sin\beta=-\sqrt{1-\xi^2}$$

所以

$$c(t_p)=1+\mathrm{e}^{-\frac{\xi\pi}{\sqrt{1-\xi^2}}}$$

根据超调量的定义有

$$\sigma\%=\frac{c(t_p)-c(\infty)}{c(\infty)}\times 100\%$$

在单位阶跃信号作用下，系统的稳态值 $c(\infty)=1$，故超调量为

$$\sigma\%=\mathrm{e}^{-\frac{\xi\pi}{\sqrt{1-\xi^2}}}\times 100\% \tag{3-29}$$

上式表明，超调量 $\sigma\%$仅是阻尼比 ξ 的函数，与自然频率 ω_n 无关。超调量与阻尼比的关系曲线如图 3－15 所示。由图 3－15 可知，阻尼比越大，超调量越小；反之亦然。

(4) 调节时间 t_s。在计算调节时间 t_s 时，由于系统的时间响应曲线 $c(t)$ 是衰减振荡的，在只考虑正弦项的峰-峰值时，可以得到响应曲线的包络线 $c_b(t)$。包络线 $c_b(t)$ 趋于稳态值，因此在确定的误差带下，可以得到调节时间 t_s 的值。

由于系统的时间响应表达式为

$$c(t)=1-\frac{\mathrm{e}^{-\xi\omega_n t}}{\sqrt{1-\xi^2}}\sin(\omega_d t+\beta)$$

其中，正弦函数的峰-峰值为 1，即

$$|\sin(\omega_d t+\beta)|_{\max}=1$$

所以包络线为

$$c_b(t)=1\pm\frac{\mathrm{e}^{-\xi\omega_n t}}{\sqrt{1-\xi^2}}$$

两条包络线如图 3－16 所示。

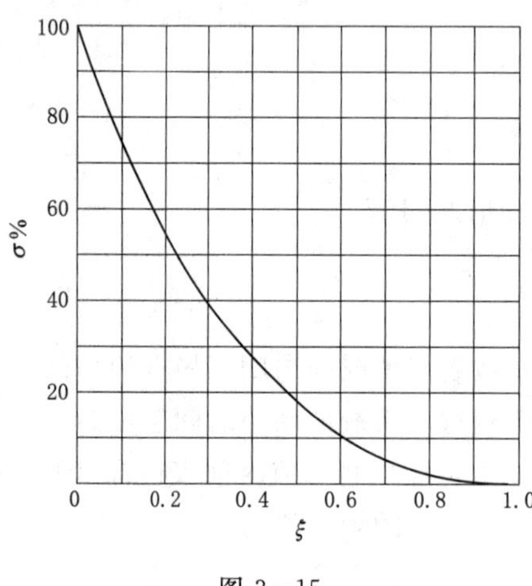

图 3－15

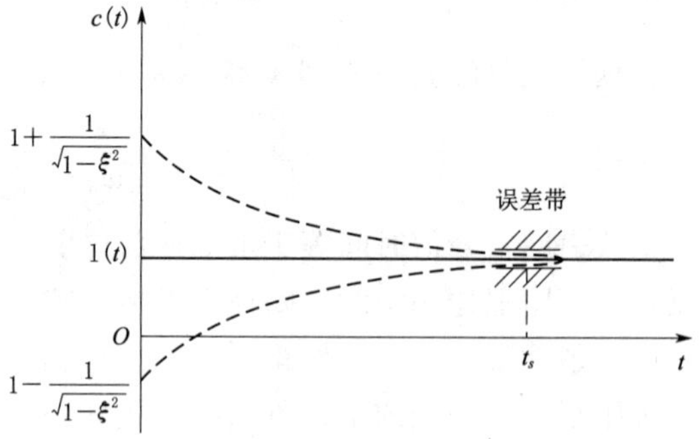

图 3－16

定义指数项的时间常数为 $T=\frac{1}{\xi\omega_n}$，则包络线变为

$$c_b(t)=1\pm\frac{\mathrm{e}^{-\frac{t}{T}}}{\sqrt{1-\xi^2}}$$

依照一阶系统调节时间的计算公式，可以近似估算欠阻尼二阶系统的调节时间为

$$\begin{aligned} t_s &= 3T = \frac{3}{\xi\omega_n} \quad (\pm 5\% \text{ 误差带}) \\ t_s &= 4T = \frac{4}{\xi\omega_n} \quad (\pm 2\% \text{ 误差带}) \end{aligned} \tag{3-30}$$

注意：在系统初步分析时，可用上述公式估算其性能。实际的调节时间 t_s 值需要通过进一步的系统仿真来得到，由于影响 t_s 的变量、因素比较多，实际 t_s 值的计算也复杂得多，故仅仅采用包络线的方法有时会带来较大的误差。

综上所述，可以得到如下结论：

(1) 阻尼比 ξ 是二阶系统的重要参数，根据 ξ 值的大小，可以间接判断一个二阶系统的动态品质。例如，在过阻尼（$\xi>1$）情况下，系统的动态特性为单调变化曲线，没有超调量和振荡，但调节时间较长，系统反应迟缓；当 $\xi\leqslant 0$ 时，系统的时间响应作等幅振荡或发散振荡，此时系统不能稳定工作。

(2) 系统一般工作在欠阻尼（$0<\xi<1$）情况下工作。但是若阻尼比 ξ 过小，则超调量大，振荡次数多，调节时间长，动态品质差。应注意到，超调量只和阻尼比 ξ 有关。因此，通常可以根据允许的超调量来选择合适的阻尼比 ξ。

(3) 调节时间 t_s 与系统阻尼比 ξ 和自然振荡角频率 ω_n 这两个特征参数的乘积成反比。当阻尼比 ξ 一定时，可以通过改变自然振荡角频率 ω_n 来改变动态响应的持续时间。ω_n 越大，系统的调节时间越短。

(4) 为了限制超调量，并使调节时间 t_s 较短，阻尼比 ξ 一般应在 0.4～0.8，这时阶跃响应的超调量将在 1.5%～25%。

3.1.5 高阶系统的时域分析

若描述系统的微分方程高于二阶，则该系统为高阶系统。在控制工程中，大多数控制系统都是高阶系统。从理论上讲，高阶系统也可以直接由传递函数求出它的时域响应，然后按上述二阶系统的分析方法来确定系统的瞬态性能指标。但是，高阶系统的分布计算比较困难，同时，在工程设计的许多问题中，过分讲究精确往往是不必要的，甚至是无意义的。因此，工程上通常把高阶系统适当地简化成低阶系统进行分析。下面简单地介绍高阶系统时域响应的确定方法及研究高阶系统性能的思路和途径。

设高阶系统闭环传递函数的一般形式为

$$\Phi(s) = \frac{b_0 s^m + b_1 s^{m-1} + \cdots + b_{m-1}s + b_m}{a_0 s^n + a_1 s^{n-1} + \cdots + a_{n-1}s + a_n} \quad (n \geqslant m) \tag{3-31}$$

闭环传递函数的零、极点形式为

$$\Phi(s) = \frac{b_0(s-z_1)(s-z_2)\cdots(s-z_m)}{a_0(s-p_1)(s-p_2)\cdots(s-p_n)} = \frac{K^* \prod_{i=1}^{m}(s-z_i)}{\prod_{j=1}^{n}(s-p_j)} \quad (n \geqslant m) \tag{3-32}$$

当输入信号为单位阶跃信号时，系统的输出响应为

$$C(s)=\frac{K^{*}\prod_{i=1}^{m}(s-z_i)}{\prod_{j=1}^{n}(s-p_j)}\times\frac{1}{s}=\frac{K^{*}\prod_{i=1}^{m}(s-z_i)}{s\prod_{j=1}^{q}(s-p_j)\prod_{k=1}^{r}(s^2+2\xi\omega_k s-\omega_k^2)} \tag{3-33}$$

式中　q——闭环实数极点的个数；

r——闭环共轭复数极点的对数；

n——系统的阶次，$n=q+2r$。

假设系统所有的闭环极点互不相等，用部分分式展开式（3-33）得

$$C(s)=\frac{A_0}{s}+\sum_{j=1}^{q}\frac{A_j}{s-p_j}+\sum_{k=1}^{r}\frac{B_k(s+\xi\omega_k)+C_k\omega_k\sqrt{1-\xi^2}}{s^2+2\xi\omega_k s-\omega_k^2}$$

式中　A_0——$C(s)$ 在输入信号极点 $s=0$ 处的留数；

A_j——$C(s)$ 在实数极点 $s=p_j$ 处的留数；

B_k，C_k——$C(s)$ 在共轭复数极点处留数的实部和虚部。

对式（3-33）取拉氏变换得

$$c(t)=A_0+\sum_{j=1}^{q}A_j\mathrm{e}^{p_j t}+\sum_{k=1}^{r}B_k\mathrm{e}^{-\xi\omega_k t}\cos\sqrt{1-\xi^2}\,\omega_k t+\sum_{k=1}^{r}C_k\mathrm{e}^{-\xi\omega_k t}\sin\sqrt{1-\xi^2}\,\omega_k t\quad(t\geqslant 0) \tag{3-34}$$

由上式可知，高阶系统的动态响应是一阶惯性环节和二阶振荡响应分量的合成。系统的响应 $c(t)$ 不仅与 ξ，ω_k 有关，还与闭环零点及系数 A_j，B_k，C_k 的大小有关。而这些系数的大小都与闭环系统的所有极点和零点有关，所以高阶系统的单位阶跃响应取决于其闭环零、极点的分布情况。由此可知，高阶系统的单位阶跃响应曲线是由多条指数曲线和阻尼正弦曲线叠加而成。

高阶系统的闭环零、极点对系统的性能主要有以下影响。

（1）动态分量中各分量的性质完全取决于相应极点在 s 平面上的位置。若极点位于 s 左半平面，则该极点对应的动态分量一定是衰减的；若极点位于 s 右半平面，则该极点对应的动态分量是渐增的；若极点位于实轴上，则该极点对应的动态分量为零，否则就是进行等幅震荡。

（2）如果所有闭环极点都位于 s 左半平面，则各留数的相对大小决定各分量的比重。若一个闭环极点附近有闭环零点存在，则该极点的留数就比较小。一对靠得很近或相等的零、极点，彼此将相互抵消，其结果使留数等于零，此类零、极点称为偶极子。还有一种极点的位置距离原点很远，那么该极点上的留数将很小。

提示：

通常将一对靠得很近的闭环零、极点称为闭环偶极子。在对控制系统进行综合设计时，可在系统中加入适当的零、极点。

（3）位于 s 左半平面且远离虚轴的极点，其不仅留数较小，衰减速度也较快，且续时间很短，故对系统动态性能的影响很小。在实际工程分析中，这样的极点可以忽略不计。

（4）如果所有闭环极点都位于 s 左半平面，则系统响应中所有指数项和阻尼振荡项都

随时间 t 的增大而趋近于零，于是稳态输出变成 $c(\infty)=A_0$。

在稳定的高阶系统中，对系统的时间响应起到主导作用的闭环极点称为闭环主导极点，它应满足以下两个条件：①在 s 平面上，距离虚轴比较近，且附近没有其他的零点和极点；②其他极点实部的绝对值比闭环主导极点实部的绝对值大 5 倍以上。

由于闭环主导极点离 s 平面的虚轴比较近，其对应的动态分量衰减缓慢；因其附近没有零点，不会构成偶极子，所以主导极点对应的动态分量具有较大的幅值；其他的极点都具有较大的负实部，对应的响应分量将比较快地衰减为零。因此，闭环主导极点主导着系统响应的变化过程。

应用闭环主导极点的概念，可把一些高阶系统近似为一阶或二阶系统，以实现对高阶系统动态性能的评估。在实际控制工程中，通常要求系统既具有较快的响应速度，又具有一定的阻尼程度，因此常调整高阶系统的增益，使其具有衰减振荡的动态特性。此时，闭环主导极点是一对共轭复数的形式，可用二阶系统的动态性能指标来估算高阶系统的动态性能。

3.2 根轨迹法

根轨迹法是分析和设计线性定常控制系统的图解方法，使用十分简便，特别在进行多回路系统的分析时，应用根轨迹法比用其他方法更为方便，因此在工程实践中获得了广泛应用。本节主要介绍根轨迹的基本概念，根轨迹与系统性能之间的关系，并从闭环零、极点与开环零、极点之间的关系推导出根轨迹方程，然后将向量形式的根轨迹方程转化为常用的相角条件和模值条件形式，最后应用这些条件绘制简单系统的根轨迹。

3.2.1 根轨迹法的基本概念

根轨迹是指当控制系统开环传递函数的某一参数（如开环增益）在规定范围内变化时，闭环特征方程的根（即闭环极点）在［s］平面上的位置也随之变化移动所形成的轨迹。

当闭环系统没有零点与极点相消时，闭环特征方程式的根就是闭环传递函数的极点，我们常简称之为闭环极点。根轨迹法是由开环系统的零点和极点，不通过解闭环特征方程找出闭环极点。

【例 3－1】 某随动系统的结构图如图 3－17 所示，绘制该系统的根轨迹图。

【解】 系统的开环传递函数为

$$G(s)=\frac{K}{s(s+1)}$$

闭环传递函数为

$$\Phi(s)=\frac{C(s)}{R(s)}=\frac{K}{s+2s+K}$$

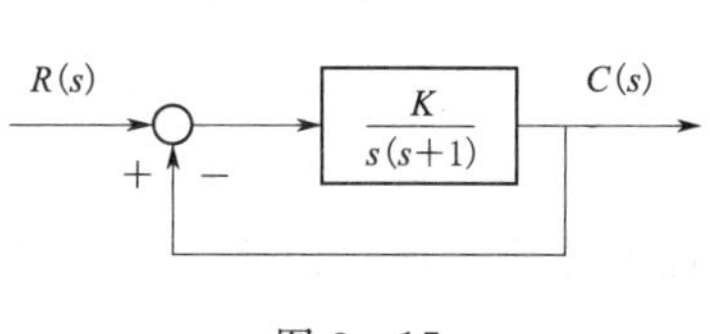

图 3－17

根轨迹是系统所有闭环极点的集合，为了使用图解法确定所有的闭环极点，令闭环传递函数的分母为零，得到闭环体统的特征方程为

$$D(s) = s^2 + 2s + K = 0$$

用解析法求得特征方程的两个根为

$$s_{1,2} = -\frac{1}{2} \pm \frac{1}{2}\sqrt{1-4K}$$

开环增益 K 从 0 开始增加，当取不同值时，求得相应的特征根 s_1、s_2，见表 3-4。

表 3-4　特征根变化表

K	0	0.1	0.25	0.5	…	∞
s_1	0	−0.113	−0.5	−0.5+j0.5	…	−0.5+j∞
s_2	−1	−0.887	−0.5	−0.5−j0.5	…	−0.5−j∞

由于系统的闭环极点是连续变化的，将它们表示在 s 平面上就是该系统的根轨迹，如图 3-18 所示。

图中箭头方向表示当开环增益 K 增大时闭环极点移动的方向，开环零点用“°”来表示，开环极点用“×”来表示（该系统没有开环零点），粗实线即为开环增益 K 变化时闭环极点移动的轨迹。

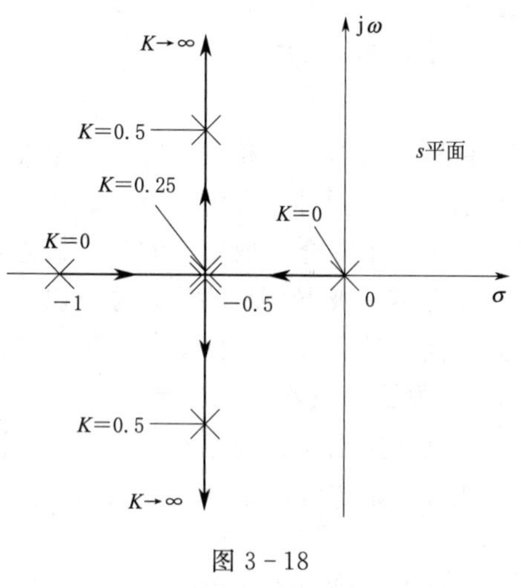

图 3-18

在图 3-18 中，开环增益 $K=0$ 时的闭环极点为根轨迹的起点，此时的闭环特征方程为 $s^2+2s=0$，所以根轨迹的起点也即为系统的开环极点。

当开环增益增加到 $K=0.25$ 时，对应的闭环特征方程为 $s^2+2s+0.25=0$，此时方程有两个重根 $s_{1,2}=-0.5$。当开环增益的取值范围为 $0 \leqslant K \leqslant 0.25$ 时，闭环极点均在实轴上。

当 $K>0.25$ 时，闭环极点为 $s_{1,2} = -\frac{1}{2} \pm \frac{1}{2}\sqrt{1-4K}$，共轭复根的实部为常数值 −0.5，虚部随着 K 的增大沿直线 $\sigma=-0.5$ 向其正负两侧延伸。

当 $K \to \infty$ 时，有 $s_{1,2} = -\frac{1}{2} \pm \frac{1}{2}\sqrt{1-4K} = -0.5 \pm \mathrm{j}\infty$，即闭环极点的终点落在直线 $\sigma=-0.5$ 的正负两侧无穷远处。

由图 3-18 可见，根轨迹图直观地表示了参数开环增益 K 变化时，闭环特征根的变化情况。因此，根轨迹图全面地描述了参数 K 对闭环特征根地分布影响。

根据根轨迹图，对系统进行系统性能分析如下：

(1) 稳定性：当开环增益从 0 变到无穷时，如图 3-18 所示，由于根轨迹全部在 [s] 平面的左半平面，因此，系统对所有的 K 值都是稳定的。

(2) 暂态性能。当 K 值确定之后，根据闭环极点的位置，该系统的阶跃响应指标便

可求出。其中：

当 $0<K<0.25$ 时，闭环特征根为实根，系统呈现过阻尼状态，阶跃响应为非振荡的单调收敛过程。

当 $K=0.25$ 时，系统为临界阻尼状态。

当 $K>0.25$ 时，闭环极点为一对共轭复数极点，系统呈现欠阻尼状态，阶跃响应为衰减振荡过程。

根轨迹与系统性能之间有密切的联系。利用根轨迹不仅能够分析闭环系统的动态性能以及参数变化对系统动态性能的影响，而且还可以根据对系统暂态特性的要求确定可变参数和调整开环零、极点位置以及改变它们的个数。这就是，根轨迹法可用来解决线性系统的分析和综合问题。

采用根轨迹法分析和设计系统，必须绘制出根轨迹图。上例作根轨迹图的过程时：直接求解闭环特征根，然后逐点描绘出根轨迹图。显然，这种方法对高阶系统是不现实的。用数学解析法去逐个求出闭环特征方程的根再绘制根轨迹图，十分困难且没有意义。重要的是找到一些规律，以便根据开环传递函数与闭环传递函数的关系以及开环传递函数零点和极点的分布，迅速绘出闭环系统的根轨迹。这种作图方法的基础就是根轨迹方程。

3.2.2 根轨迹方程

系统的根轨迹是闭环极点随开环传递函数的参数变化而形成的移动轨迹，描述闭环极点变化关系的闭环特征方程称为根轨迹方程。

控制系统的一般结构如图 3－19 所示。

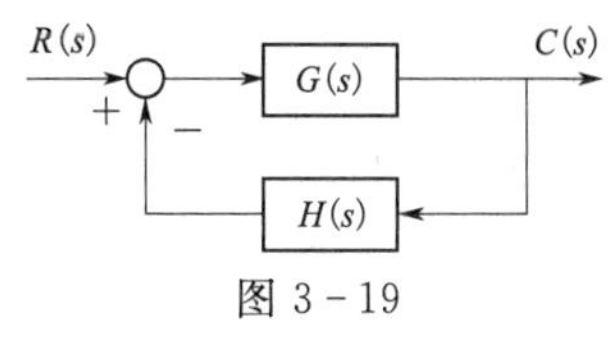

图 3－19

系统的开环传递函数为

$$G(s)H(s)=\frac{K^{*}\prod_{i=1}^{m}(s-z_i)}{\prod_{j=1}^{n}(s-p_j)} \tag{3-35}$$

式中 K^{*}——根轨迹增益；

z_i——系统开环传递函数零点；

p_j——系统开环传递函数极点。

而系统闭环传递函数为

$$\Phi(s)=\frac{G(s)}{1+G(s)H(s)}$$

则系统的根轨迹方程（及闭环特征方程）为

$$1+G(s)H(s)=0$$

所以 $G(s)H(s)=-1$，即根轨迹方程为

$$\frac{K^{*}\prod_{i=1}^{m}(s-z_i)}{\prod_{j=1}^{n}(s-p_j)}=-1 \tag{3-36}$$

显然，满足式（3－36）的复变量 s 为系统的闭环特征根，也就是根轨迹上的点。当 K^{*} 从 0 到∞变化时，n 个特征根将随之变化出 n 条轨迹。这 n 条轨迹就是系统的根轨迹。

该系统有 m 个零点，n 个极点，其中 $n \geqslant m$。

式（3-36）为矢量方程，可以用幅值方程和相角方程来表示幅值方程（条件）：

$$\frac{K^* \prod_{i=1}^{m} |s - z_i|}{\prod_{j=1}^{n} |s - p_j|} = 1 \tag{3-37}$$

相角方程（条件）：

$$\sum_{i=1}^{m} \angle(s - z_i) - \sum_{j=1}^{n} \angle(s - p_j) = (2k+1)\pi \tag{3-38}$$

方程式（3-37）和式（3-38）是根轨迹上每一个点都应同时满足的两个方程式，前者简称幅值条件，后者称相角条件。根据这两个条件，完全可以确定［s］平面上的根轨迹及根轨迹线上所对应的 K^*（或 K）值。

从这两个方程中还可以看出，幅值条件与 K^* 有关，而相角条件与 K^* 无关。因此，满足相角条件的点代入幅值条件中，总可以求得一个对应的 K^* 值。亦就是，如果满足相角条件的点，则必定也同时满足幅值条件，所以，相角条件是决定系统根轨迹的充分必要条件。显然，绘制根轨迹，只需要使用相角条件，而当需要确定根轨迹线上的各点的 K^* 值时才使用幅值条件。

下面举例说明其应用。

【例 3-2】 控制系统的开环传递函数为 $G(s)=\dfrac{K^*}{s(s+1)}$，判断点 $s_1(-1,\mathrm{j}1)$ 和点 $s_2(-0.5,-\mathrm{j}1)$ 是否在其根轨迹上。

【解】 将开环零、极点表示在图 3-20 上（无开环零点），其中，$p_1=0$，$p_2=-1$。作 p_1、p_2 引向 s_1 的矢量 $(s_1-p_2)(s_1-p_1)$。

$\angle(s_1 - p_1) = 135°$

$\angle(s_1 - p_2) = 90°$

$$\sum_{i=1}^{m} \angle(s_1 - z_i) - \sum_{j=1}^{n} \angle(s_1 - p_j) = 0 - [\angle(s_1 - p_1) + \angle(s_1 - p_2)] = -225°$$

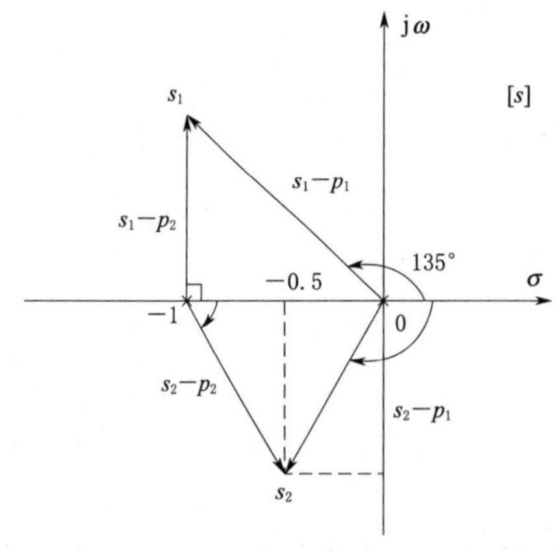

图 3-20

不满足相角条件，所以 s_1 不在根轨迹上，即 s_1 不是该系统的闭环极点。

同样作 p_1、p_2 引向 s_2 的矢量：

$\angle(s_2 - p_1) = -116.5°$

$\angle(s_2 - p_2) = -63°$

$$\sum_{i=1}^{m} \angle(s_2 - z_i) - \sum_{j=1}^{n} \angle(s_2 - p_j) = 0 - [\angle(s_2 - p_1) + \angle(s_2 - p_2)] = 180°$$

满足相角条件，所以 s_2 在根轨迹上，即 s_2 是该系统的闭环极点。

通过选择若干次试验点，检查这些点是否满足相角条件，由那些满足相角条件的点可连成根

轨迹，这就是绘制根轨迹的试探法。

此外根据幅值条件 $\dfrac{K^*\prod\limits_{i=1}^{m}|s-z_i|}{\prod\limits_{j=1}^{n}|s-p_j|}=1$ 可求得对应任一复数 s 的 K^* 值，即

$$K^*=\frac{\prod\limits_{j=1}^{n}|s-p_j|}{\prod\limits_{i=1}^{m}|s-z_i|}=\frac{|s-p_1||s-p_2|\cdots|s-p_n|}{|s-z_1||s-z_2|\cdots|s-z_m|}$$

【例 3-3】 求 $G(s)=\dfrac{K^*}{s(s+1)}$ 根轨迹上点 s_2（$-0.5,-\mathrm{j}1$）对应的 K^* 值。

【解】 根据幅值条件：

$$|G(s)|=\frac{K^*}{|s||s+1|}=1$$

可得

$$K^*=|s||s+1|$$

故

$$K_{s_2}^*=|s_2||s_2+1|=|-0.5-\mathrm{j}||-0.5-\mathrm{j}+1|=0.5^2+1^2=1.25$$

注意：

当 $s=-2$ 时，由 $\dfrac{K^*}{|s||s+1|}=1$ 求出 $K^*=2$ 时，但 $s=-2$ 不是根轨迹上的一点。

综上可以得出如下结论：

(1) 开环零点 z_i 和开环极点 p_j 是决定系统根轨迹的条件。

(2) 式（3-37）所定义的相角方程中不含 K^*，它表明满足式（3-38）幅值方程的任意 K^* 值均满足由相角方程定义的根轨迹，因此，相角方程是决定根轨迹的充分必要条件。也就是，s 平面上的某个点只要满足相角方程，则该点必在根轨迹上。

(3) 将满足相角方程的闭环极点 s 值代入幅值方程式（3-38），即可求出对应的 K^* 值，显然一个 K^* 值可对应 n 个 s 值，满足幅值方程的 s 值不一定满足相角方程。因此，由幅值方程（及其变化式）求出的 s 值不一定是根轨迹上的点。

(4) 任意闭环特征方程 $D(s)=0$ 均可变换成 $1+G(s)H(s)=0$ 的形式，其中，把 $G(s)H(s)$ 写成根轨迹方程描述的形式就可以得到 K^* 值，所以 K^* 可以是系统的任意参数。

例如，系统的特征方程为

$$(0.5s+1)(Ts+1)+10(1-s)=0$$

即

$$Ts(0.5s+1)+(11-9.5s)=0$$

方程的两边除以其中不含 T 的项，得

$$1+\frac{Ts(0.5s+1)}{11-9.5s}=0$$

该方程可进一步改写成

$$1+\frac{T^{*}s(s+2)}{s-\frac{11}{9.5}}=0$$

其中，$T^{*}=\frac{-T}{2\times 9.5}$，相当于根轨迹增益 K^{*}。

3.2.3　绘制根轨迹的一般原则

绘制控制系统根轨迹图的一般流程如下。

(1) 根据给定控制系统的特征方程，按照基本规则求系统的等效开环传递函数，并将其写成零、极点的规范形式，以此作为绘制根轨迹的依据。

(2) 找出 s 平面上所有满足相角方程的点，将它们连接起来即为系统的根轨迹。

(3) 根据需要，可用幅值方程式确定根轨迹上某些点的开环增益值。

绘制根轨迹图的具体方法一般有解析法、计算机绘制法以及试探法（或试凑法）等。其中解析法（例 3-1）的计算量较大，较为少用；计算机绘制法有“通用程序包”可供使用，较为常用；试探法则是手工绘图的常用方法。

通过分析研究根轨迹的相角条件和幅值条件，可以找出控制系统根轨迹的一些基本特性。将这些特性归纳为若干绘图规则，以此作为各种根轨迹图绘制方法的重要依据，应用这些绘图规则可快速且准确地绘制出系统的根轨迹图，特别是对于高阶系统，这些规则的作用更加明显。

规则 1　根轨迹的分支数。

根轨迹的分支数等于开环极点数 n（当 $n>m$ 时）或开环零点数 m（当 $m>n$ 时）。

由式（3-36）得出，对于同一个 K^{*}，闭环特征方程根的个数即根轨迹的分支数必然为 n 和 m 中的大者。

规则 2　根轨迹的连续性、对称性。

根迹连续且对称于实轴。

由式（3-36）得出，闭环特征方程的根是 K^{*} 的连续函数且只有实数根和复数根两种，其中实数根位于实轴，而复数根均为共轭复数，决定了根轨迹是连续的并且对称于实轴。

根据对称性，只需做出上半 s 平面的根轨迹部分，然后利用对称关系就可以画出下半 s 平面的根轨迹部分。

规则 3　根轨迹的起点和终点。

$n>m$ 时：

根轨迹起于开环极点 p_j，终止于开环零点 z_i（m 条）或无穷远点（$n-m$ 条）。

$n<m$ 时：

根轨迹起始于开环极点 p_j（n 条）或无穷远极点（$m-n$ 条），终止于开环零点 z_i。

由式（3-36）得出：

$$K^* = -\frac{\prod_{j=1}^{n}(s-p_j)}{\prod_{i=1}^{m}(s-z_i)}$$

$n>m$ 时，根轨迹有 n 条，起点对应于 $K^*\to 0$，显然只有当 $s=p_j$ 时满足；终点对应于 $K^*\to\infty$，除了 $s=z_i$ 外，有 $n-m$ 个 $s\to\infty$，即无穷远零点。

规则 4 实轴上的根轨迹。

如果实轴上某一区段右侧的实数开环零点、极点数目之和为奇数，则该区段实轴必是根轨迹。

通过相角方程式（3－38）分析，若实轴上 s_1 为根轨迹上的一点，则开环零极点指向 s_1 的相角示意图如图 3－21 所示。

如图 3－21 所示，“◦”表示开环零点，如 z_1，“×”表示开环极点，如：p_1、p_2、p_3。其中：p_1、p_2 是一对共轭极点，每对共轭复数极点所提供的幅角之和为 0°或 360°；s_1 左边所有位于实轴上的每一个极点或零点所提供的幅角为 0°；故均对相角方程无影响。s_1 右边所有位于实轴上的每一个极点或零点所提供的幅角为 180°，所以只有奇数个开环零极点，才能满足相角方程。

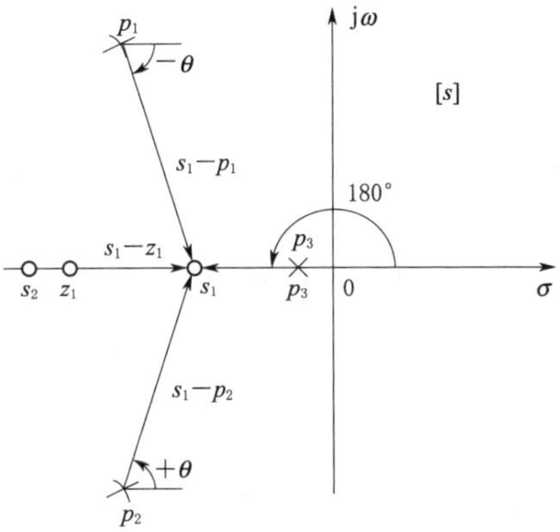

图 3－21

规则 5 根轨迹的渐近线。由于根轨迹的对称性，渐近线必对称于实轴，且交点在实轴上。

当 $n>m$ 时，有 $n-m$ 条根轨迹沿渐近线趋于无穷远处。

渐近线与实轴的交点坐标为

$$\sigma_a = \frac{\sum_{j=1}^{n} p_j - \sum_{i=1}^{m} z_i}{n-m} \tag{3-39}$$

渐近线与实轴正方向上的夹角为

$$\varphi_a = \frac{(2k+1)\pi}{n-m} \tag{3-40}$$

式中 k 依次取 $k=0$，± 1，$\pm 2\cdots$直到获得（$n-m$）个夹角为止。

证明如下。

根据根轨迹方程（3－36）有

$$\frac{\prod_{j=1}^{n}(s-p_j)}{\prod_{i=1}^{m}(s-z_i)} = -K^*$$

当 $n>m$ 时，有 $s^{n-m}+\left(\sum_{j=1}^{n} p_j - \sum_{i=1}^{m} z_i\right)s^{n-m-1}+\cdots=-K^*$

当 $s\to\infty$ 时，仅保留前两项，根轨迹方程表示为

$$s^{n-m}\left(1+\frac{\sum_{j=1}^{n}p_j-\sum_{i=1}^{m}z_i}{s}\right)\approx -K^*=K^*\mathrm{e}^{-(2k+1)\pi}$$

两边开（$n-m$）次方，即

$$s\left(1+\frac{\sum_{j=1}^{n}p_j-\sum_{i=1}^{m}z_i}{s}\right)^{\frac{1}{n-m}}=(K^*)^{\frac{1}{n-m}}\mathrm{e}^{-\frac{(2k+1)\pi}{n-m}}$$

由牛顿二项式定理为

$$\left(1+\frac{\sum_{j=1}^{n}p_j-\sum_{i=1}^{m}z_i}{s}\right)^{\frac{1}{n-m}}=1+\frac{\sum_{j=1}^{n}p_j-\sum_{i=1}^{m}z_i}{(n-m)s}+\frac{1}{2!}\,\frac{1}{n-m}\left(\frac{1}{n-m}-1\right)\left(\frac{\sum_{j=1}^{n}p_j-\sum_{i=1}^{m}z_i}{s}\right)^2+\cdots$$

由于 $s\to\infty$ 近似有

$$\left(1+\frac{\sum_{j=1}^{n}p_j-\sum_{i=1}^{m}z_i}{s}\right)^{\frac{1}{n-m}}=1+\frac{\sum_{j=1}^{n}p_j-\sum_{i=1}^{m}z_i}{(n-m)s}$$

故

$$s\left(1+\frac{\sum_{j=1}^{n}p_j-\sum_{i=1}^{m}z_i}{s}\right)^{\frac{1}{n-m}}=s\left(1+\frac{\sum_{j=1}^{n}p_j-\sum_{i=1}^{m}z_i}{(n-m)s}\right)=s+\frac{\sum_{j=1}^{n}p_j-\sum_{i=1}^{m}z_i}{(n-m)}=(K^*)^{\frac{1}{n-m}}\mathrm{e}^{-\frac{(2k+1)\pi}{n-m}}$$

整理得

$$s=\frac{\sum_{j=1}^{n}p_j-\sum_{i=1}^{m}z_i}{n-m}+(K^*)^{\frac{1}{n-m}}\mathrm{e}^{-\frac{(2k+1)\pi}{n-m}}$$

由此可以求出渐近线方程式（3-39）和方程式（3-40）。

常见 $n-m=1$，2，3，4 时的渐近线的图像如图 3-22 所示。

规则 6　根轨迹的分离点。两条或两条以上的根轨迹分支，在 s 平面上某处相遇后又分开的点，称为根轨迹的分离点（或会合点）。可见，分离点就是特征方程出现重根之处。重根的重数就是会合到（或离开）该分离点的根轨迹分支的数目。

一个系统的根轨迹可能没有分离点，也可能不止一个分离点。根据镜像对称性，分离点是实数或共轭复数。一般在实轴上两个相邻的开环极点或开环零点之间有根轨迹，则这两个极点或零点之间必定存在分离点。根据相角条件可以推证，如果有 l 条根轨迹分支到达（或离开）实轴上的分离点，则在该分离点处，根轨迹分支之间的夹角为 $\frac{\pm 180°}{l}$。

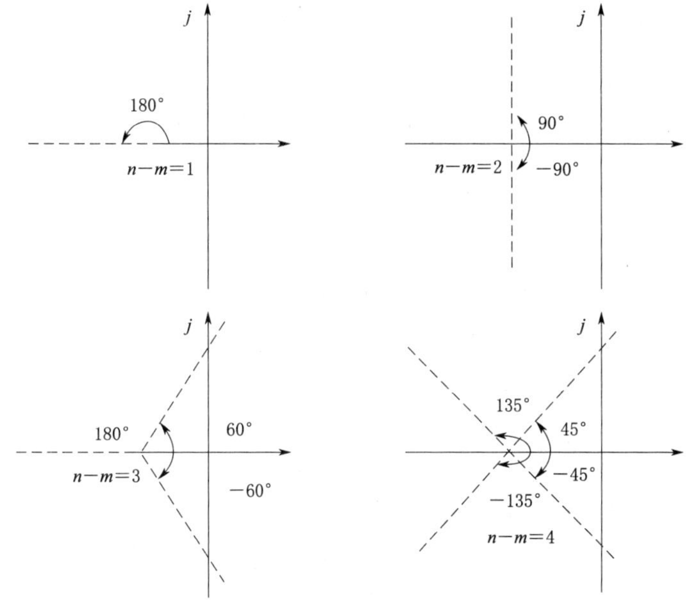

图 3-22

确定分离点的方法有图解法和解析法两种。当根据函数求极值的原理确定分离点时，它们所提供的只是分离点的可能之处（即必要条件）。因此，分离点是满足下列三组方程中任意一组方程的解。

在分离点处有

$$\frac{\mathrm{d}}{\mathrm{d}s}G_K(s)=0 \quad 或 \quad \frac{\mathrm{d}}{\mathrm{d}s}G'_K(s)=0 \tag{3-41}$$

其中 $G_K(s)=K^*G'_K(s)$。

由式（3-36）可得 K^* 的表达式为

$$K^*=-\frac{\prod_{j=1}^{n}(s-p_j)}{\prod_{i=1}^{m}(s-z_i)}$$

则在分离点处有

$$\frac{\mathrm{d}K^*}{\mathrm{d}s}=0 \tag{3-42}$$

分离点坐标 d 是以下方程的解。即

$$\sum_{i=1}^{m}\frac{1}{d-z_i}=\sum_{j=1}^{n}\frac{1}{d-p_j} \tag{3-43}$$

应当指出：

(1) 由式（3-43）解出的值，有的并不是根轨迹上的点，因此必须舍弃不在根轨迹上的值。

(2) 当开环无零点时，则分离点方程中应取 $\sum_{j=1}^{n}\frac{1}{d-p_j}=0$。

规则 7　根轨迹与虚轴的交点。

根轨迹与虚轴相交，意味着有一对共轭纯虚根，即 $s=\mathrm{j}\omega$。

将 $s=\mathrm{j}\omega$ 代入特征方程中得

$$1+G(\mathrm{j}\omega)=0$$

令实部和虚部分别等于零，即

$$\begin{cases}\mathrm{Re}[1+G(\mathrm{j}\omega)]=0\\ \mathrm{Im}[1+G(\mathrm{j}\omega)]=0\end{cases}\tag{3-44}$$

可求出交点的坐标及相应的 K^* 值。

根轨迹与虚轴相交，表明系统在相应 K^* 值下处于临界稳定状态。此处的根轨迹增益 K^* 称为临界根轨迹增益。

【例 3-4】　设系统的开环传递函数为

$$G(s)=\frac{K^*}{s(s+1)(s+2)}$$

试绘制系统根轨迹。

【解】　(1) 系统有三个开环极点，分别是 $p_1=0$，$p_2=-1$，$p_3=-2$，没有开环零点。

故系统有 3 条根轨迹。

(2) 根轨迹的起点和终点。

开环极点数 $n=3$，故有三个起点，分别是开环极点 (0,0)、(−1,0) 和 (−2,0)；开环零点数 $m=0$，故 3 条根轨迹全部终于无穷远处。

(3) 实轴上的根轨迹：负实轴的 $(-\infty,-4]$、$[-1,0]$ 区段为根轨迹段。

(4) 根轨迹的渐近线。

因 $n-m=3$，故有三条渐近线。

渐近线与实轴的交点：

$$\sigma_a=\frac{\sum_{j=1}^{n}p_j-\sum_{i=1}^{m}z_i}{n-m}=\frac{0-1-2}{3-0}=-1$$

渐近线与实轴正方向上的夹角为

$$\varphi_a=\frac{(2k+1)\pi}{n-m}=\frac{(2k+1)\pi}{3}=\pm 60°，180°$$

(5) 根轨迹的分离点。两条根轨迹从 $p_1=0$，$p_2=-1$ 出发，实轴上 $[-1,0]$ 为根轨迹，故在 $[-1,0]$ 之间有分离点。

分离角为 $\frac{\pm 180°}{2}=\pm 90°$。

因无开环零点，故 $\sum_{j=1}^{n}\frac{1}{d-p_j}=0$，即

$$\frac{1}{d}+\frac{1}{d+1}+\frac{1}{d+2}=0$$

解得

$$d_1=-0.422,\ d_2=-1.578(\text{舍去})$$

(6) 根轨迹与虚轴交点。

系统的闭环特征方程为

$$s(s+1)(s+2)+K^*=0$$

即

$$s^3+3s^2+2s+K^*=0$$

将 $s=\mathrm{j}\omega$ 代入特征方程，得

$$(\mathrm{j}\omega)^3+3(\mathrm{j}\omega)^2+2(\mathrm{j}\omega)+K^*=0$$

令实部和虚部分别等于零，得

$$\begin{cases}-\omega^3+2\omega=0\\-3\omega^2+K^*=0\end{cases}$$

解得

$$\begin{cases}\omega=0\\K^*=0\end{cases}\quad \text{或}\quad \begin{cases}\omega=\pm\sqrt{2}\\K^*=6\end{cases}$$

根据上述计算，可作出根轨迹，如图 3-23 所示。

规则 8 根轨迹的出射角和入射角。

当存在复平面上的共轭开环零、极点时，需求取根轨迹的出射角和入射角。

出射角（又称起始角）是指根轨迹在起点处的切线与实轴正方向的夹角。从开环极点 p_j 出发的根轨迹，其出射角为

$$\theta_{pj}=\pm(2k+1)\pi+\varphi_{pj} \tag{3-45}$$

其中，$\varphi_{pj}=\sum_{i=1}^{m}\angle(p_j-z_i)-\sum_{\substack{l=1\\(l\neq j)}}^{n}\angle(p_j-p_l)$，为开环零点和开环极点（除 p_j 外）往极点 p_j 引出向量的相角净值。

入射角（又称终止角）是指根轨迹进入开环零点处的切线与实轴正方向的夹角。根轨迹到达开环零点 z_i 的入射角为

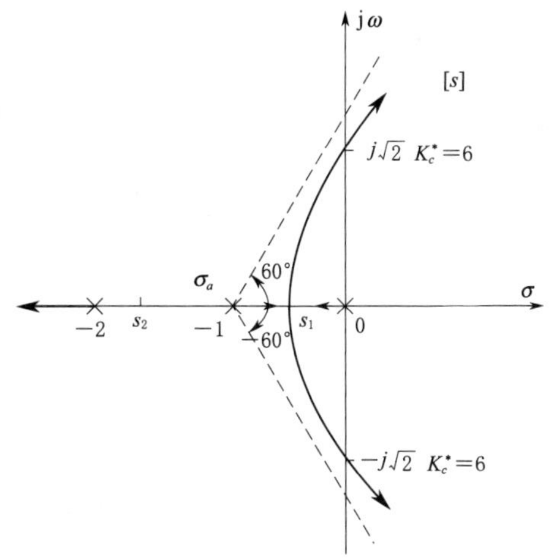

图 3-23 系统概略根轨迹

$$\theta_{zi}=\pm(2k+1)\pi-\varphi_{zi} \tag{3-46}$$

其中，$\varphi_{zi}=\sum_{\substack{i=1\\i\neq j}}^{m}\angle(z_j-z_i)-\sum_{l=1}^{n}\angle(z_j-p_l)$，为开环零点（除 z_i 外）和开环极点往零点 z_i 引出向量的相角净值。

【例 3-5】 设系统的开环传递函数为

$$G(s)=\frac{K^*}{s(s+20)(s^2+4s+20)}$$

试确定该系统的出射角。

【解】 系统有四个开环极点，分别是 $p_1=0$，$p_2=-20$，$p_3=-2+\mathrm{j}4$，$p_4=-2-\mathrm{j}4$，没有开环零点。

p_3，p_4 位于复平面，根据对称性，仅需计算 p_3 的出射角。

绘制各开环零极点到开环极点 p_3 的相角如图 3-24 所示。

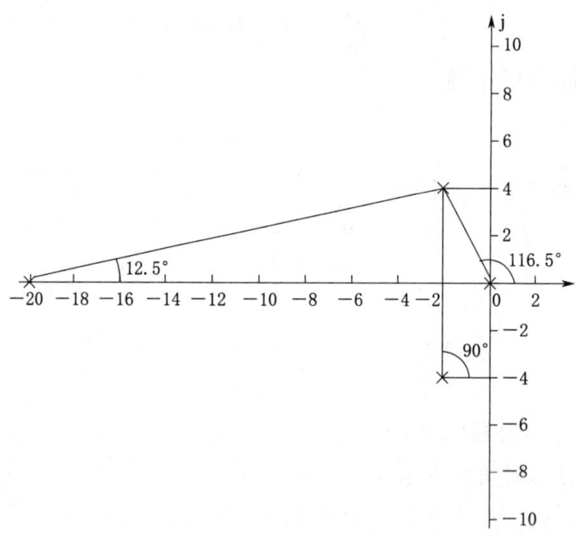

图 3-24

$$\begin{aligned}\theta_{p_3}&=\pm(2k+1)\pi+\varphi_{p_3}\\&=\pm(2k+1)\pi-\sum_{\substack{l=1\\(l\neq 3)}}^{4}\angle(p_3-p_l)\\&=180^\circ-[\angle(p_3-p_1)+\angle(p_3-p_2)+\angle(p_3-p_4)]\\&=180^\circ-(116.5^\circ+12.5^\circ+90^\circ)\\&=-39^\circ\end{aligned}$$

由对称性，可得

$$\theta_{p_4}=39^\circ$$

概略绘制从开环极点 p_3，p_4 出发的根轨迹如图 3-25 所示。

规则 9　根之和原则。

当 $n-m>2$ 时，闭环极点之和等于开环极点之和，即

$$\sum_{i=1}^{n}s_i=\sum_{i=1}^{n}p_i\quad n-m\geqslant 2 \tag{3-47}$$

式中 $s_1,\cdots,s_n$ 为闭环系统的 n 个极点（特征根），$p_1,p_2,\cdots,p_n$ 为开环系统的 n 个极点。

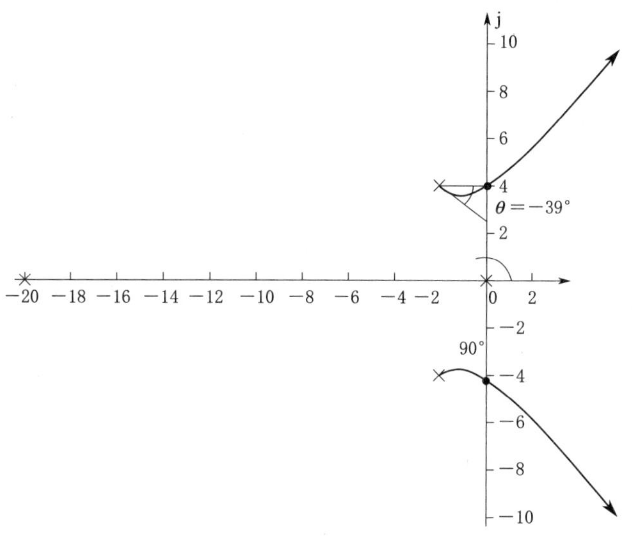

图 3-25

【证明】 系统开环传递函数为

$$G(s)=\frac{K^*\prod_{i=1}^{m}(s-z_i)}{\prod_{j=1}^{n}(s-p_j)}=\frac{K^*(s^m+b_1s^{m-1}+\cdots+b_m)}{s^n-\sum_{j=1}^{n}p_is^{n-1}+a_2s^{n-2}+\cdots+a_n}$$

当 $n-m=2$ 时，系统闭环特征式为

$$D(s)=s^n-\sum_{i=1}^{n}(P_i)s^{n-1}+(a_2+K^*)s^{n-2}+\cdots+(a_n+K^*b_b)\tag{3-48}$$

另外，根据闭环系统 n 个闭环极点 $s_1,s_2,\cdots,s_n$ 可得闭环系统特征式为

$$D(s)=(s-s_1)(s-s_2)\cdots(s-s_n)=s^n+\sum_{i=1}^{n}(-s_i)s^{n-1}+\cdots+\prod_{i=1}^{n}(-s_i)\tag{3-49}$$

对于同一个系统，闭环特征式只有一个，因此式（3-48）必须与式（3-49）相等，则各对应项系数必定相等，则有

$$\sum_{i=1}^{n}p_i=\sum_{i=1}^{n}s_i \quad n-m\geqslant 2$$

根之和原则除可计算闭环极点外还可以概略判定根轨迹的走向，即若一些根轨迹分支向左移动，则另一些分支必向右移动。

【例 3-6】 系统结构图如图 3-26 所示。

其中，$G_1(s)=\dfrac{K^*}{s(s+1)}$，$G_2(s)=\dfrac{s+2}{s+3}$。

(1) 绘制 $K^*=0\to\infty$ 时系统的根轨迹；

(2) 当 $\mathrm{Re}[s_1]=-0.75$ 时，$s_3=?$

(3) 计算（2）情况下的根轨迹增益 K^*。

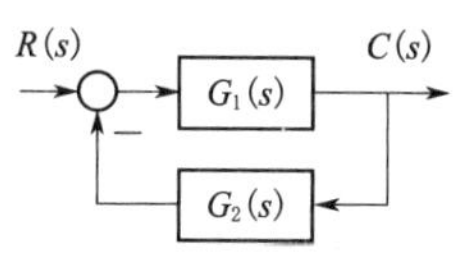

图 3-26

【解】 (1) 系统的开环传递函数为

$$G(s)=G_1(s)G_2(s)=\frac{K^*(s+2)}{s(s+1)(s+3)}$$

1) 系统有 3 个开环极点，分别是 $p_1=0$，$p_2=-1$，$p_3=-3$，一个开环零点 $z_1=-2$。故系统有 3 条根轨迹。

2) 根轨迹的起点和终点。

开环极点数 $n=3$，故有三个起点，分别是开环极点 (0,0)、(−1,0) 和 (−3,0)；

开环零点数 $m=1$，故 3 条根轨迹一条终于开环零点 (−2,0)，其余 $n-m=2$ 条终于无穷远处。

3) 实轴上的根轨迹：负实轴的 [−3,−2]、[−1,0] 区段为根轨迹段。

4) 根轨迹的渐近线。

因 $n-m=2$，故有 2 条渐近线。

渐近线与实轴的交点为

$$\sigma_a=\frac{\sum_{j=1}^{n}p_j-\sum_{i=1}^{m}z_i}{n-m}=\frac{(0-1-3)-(-2)}{3-1}=-1$$

渐近线与实轴正方向上的夹角为

$$\varphi_a=\frac{(2k+1)\pi}{n-m}=\frac{(2k+1)\pi}{2}=\pm 90^\circ$$

5) 根轨迹的分离点。两条根轨迹从 $p_1=0$，$p_2=-1$ 出发，实轴上 [−1,0] 为根轨迹，故在 [−1,0] 之间有分离点。

分离角为 $\frac{\pm 180^\circ}{2}=\pm 90^\circ$。

因无开环零点，故 $\sum_{j=1}^{n}\frac{1}{d-p_j}=0$，即

$$\frac{1}{d}+\frac{1}{d+1}+\frac{1}{d+3}=\frac{1}{d+2}$$

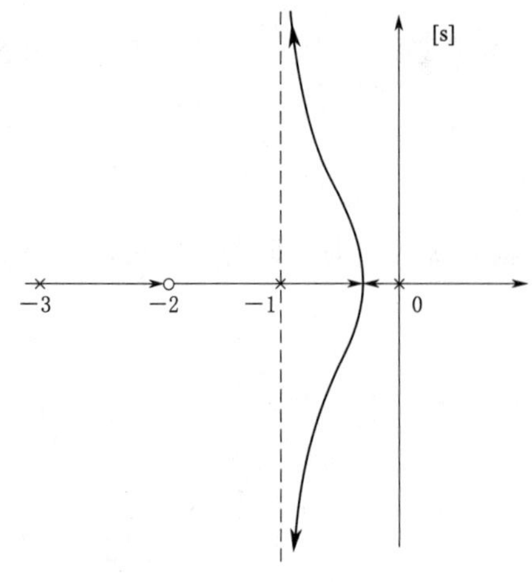

图 3 - 27

整理得

$$d^3+5d^2+8d+3=0$$

根据根轨迹之和的关系可知，分离点不在 −0.5 处，一定在 −0.5 左侧，故试探取 $d=-0.54$，进行试探，本例实轴上的 −0.54 是分离点，若不是分离点，重新试取并再一次进行试探，经几次试取就可以获得分离点。

6) 根轨迹的走向。本例复平面上的根轨迹线是否会越过渐近线，根据根之和的关系，可以判断根轨迹线是不可能越过渐近线的，只能随着放大系数增大而接近渐近线。

至此，即可绘出概略根轨迹图，如图 3 - 27 所示。

(2) 由根之和原则可知，即

$$s_1+s_2+s_3=p_1+p_2+p_3=0-1-3=-4$$

s_1、s_2 为共轭复根且 $\mathrm{Re}[s_1]=-0.75$，故

$$s_1+s_2=2\times(-0.75)=-1.5$$

$$s_3=-4-(s_1+s_2)=-2.5$$

(3) 由式 (3-37) 幅值条件可知，即

$$\frac{K^*|s+2|}{|s||s+1||s+3|}=1$$

则

$$K^*=\frac{|s||s+1||s+3|}{|s+2|}$$

将 $s_3=-2.5$ 代入上式，则

$$K^*=\frac{|s_3||s_3+1||s_3+3|}{|s_3+2|}=\frac{|-2.5||-2.5+1||-2.5+3|}{|-2.5+2|}=3.75$$

综上，概略绘制根轨迹图的基本规则见表 3-5。

表 3-5　　概略绘制根轨迹的基本规则

序号	内容	规则
规则 1	根轨迹的分支数	根轨迹的分支数等于开环极点数 n（当 $n>m$ 时）或开环零点数 m（当 $n<m$ 时）
规则 2	根轨迹的对称性	根轨迹连续且对称于实轴
规则 3	根轨迹的起点和终点	根轨迹起始于开环极点（包括无穷远极点），终止于开环零点（包括无穷远零点）
规则 4	实轴上的根轨迹	在实轴上有根轨迹的区段的右侧，开环实极点与开环实零点的数目之和为奇数
规则 5	根轨迹的渐近线	渐近线与实轴的交点坐标为 $\sigma_a=\dfrac{\sum_{j=1}^{n}p_j-\sum_{i=1}^{m}z_i}{n-m}$ 渐近线与实轴正方向上的夹角为 $\varphi_a=\dfrac{(2k+1)\pi}{n-m}$
规则 6	根轨迹的分离点	分离点坐标 d 是满足方程 $\sum_{i=1}^{m}\dfrac{1}{d-z_i}=\sum_{j=1}^{n}\dfrac{1}{d-p_j}$
规则 7	根轨迹与虚轴的交点	将 $s=\mathrm{j}\omega$ 代入特征方程，解 $1+G(\mathrm{j}\omega)=0$
规则 8	根轨迹的出射角和入射角	从开环极点 p_j 出发的根轨迹，其出射角为 $\theta_{pj}=\pm(2k+1)\pi+\varphi_{pj}=\pm(2k+1)\pi+\sum_{i=1}^{m}\angle(p_j-z_i)-\sum_{l=1\,(l\neq j)}^{n}\angle(p_j-p_l)$ 根轨迹到达开环零点 z_i 的入射角为 $\theta_{zi}=\pm(2k+1)\pi-\varphi_{zi}=\pm(2k+1)\pi-\sum_{l=1\,(l\neq j)}^{m}\angle(z_j-z_i)+\sum_{l=1}^{n}\angle(z_j-p_l)$

续表

序号	内　容	规　　则
规则 9	根之和	当 $n-m>2$ 时，闭环极点之和等于开环极点之和，即 $\sum_{i=1}^{n} s_i = \sum_{i=1}^{n} p_i$；若一些根轨迹分支向左移动，则另一些分支必向右移动

一些典型的简单系统的概略根轨迹图，见表 3－6，其中用“×”和“。”分别表示开环系统的极点和零点。

表 3－6　　典型简单系统的概略根轨迹

序号	典　型　根　轨　迹　图		
1	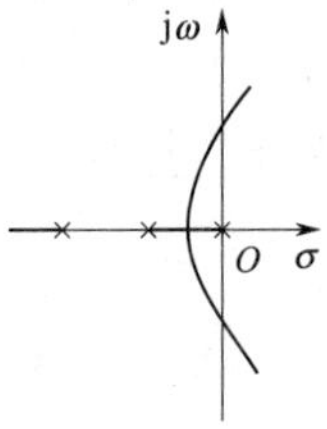	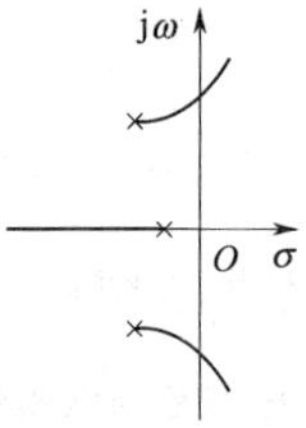	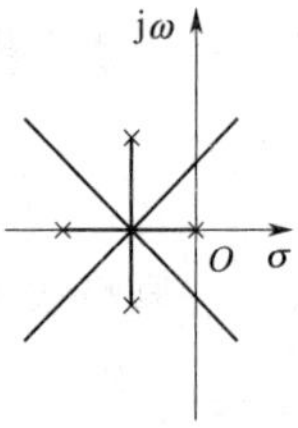
2	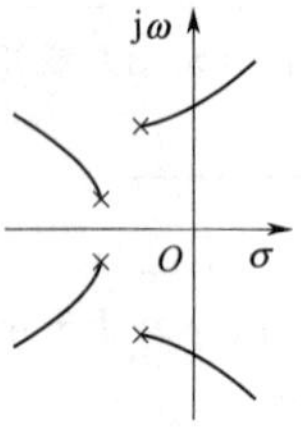	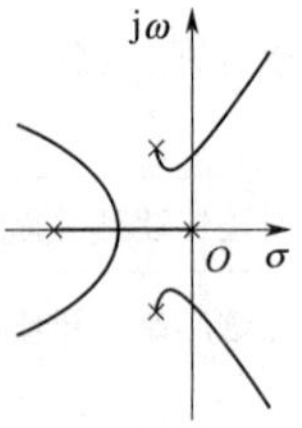	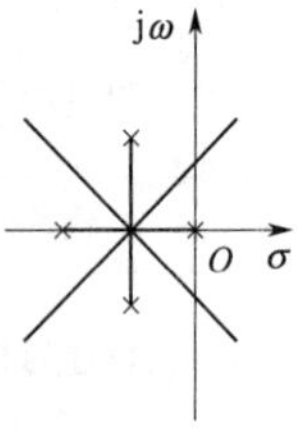
3	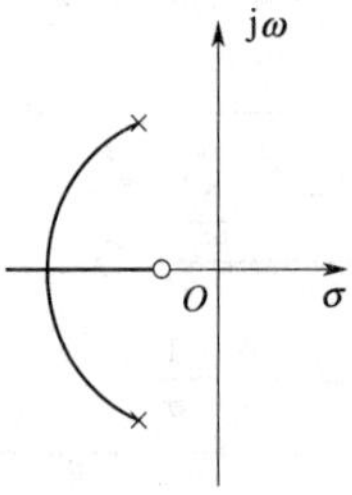	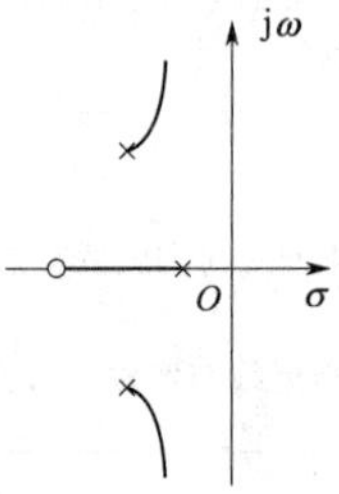	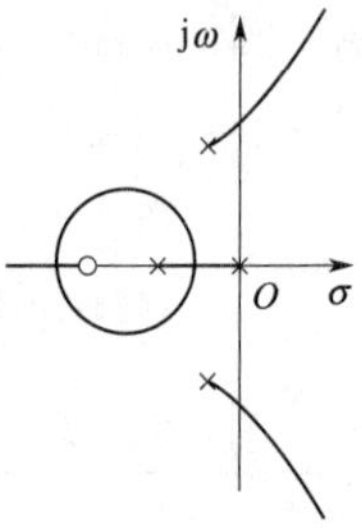
4	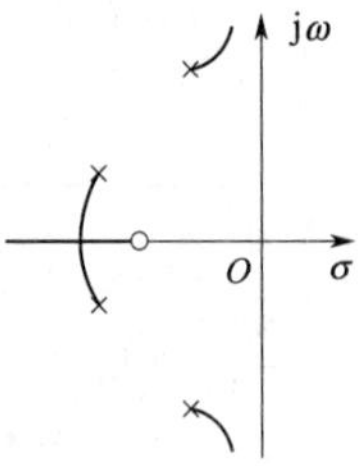	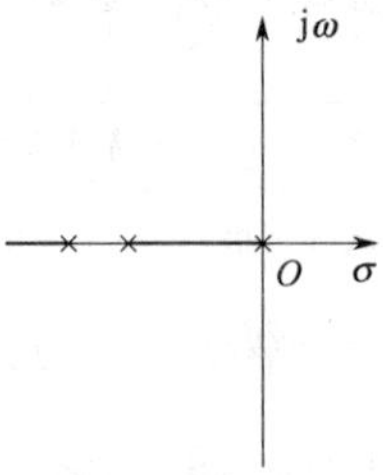	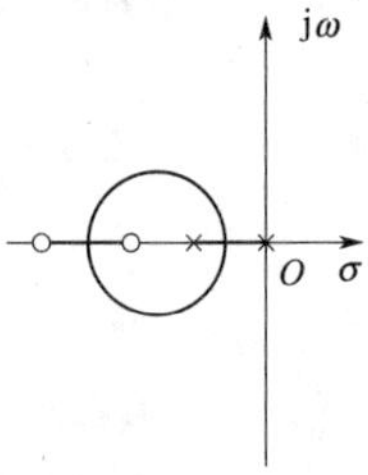

3.2.4　广义根轨迹

以根轨迹增益之外的其他参数（如时间常数、测速机反馈系数等）为自变量所做出的

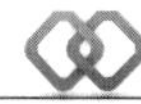

根轨迹称为广义根轨迹，包括参数根轨迹和零度根轨迹等。

3.2.4.1 参数根轨迹

把负反馈系统中 K^* 变化时的根轨迹称为常规根轨迹。以非开环增益为可变参数绘制的根轨迹，即参数根轨迹。绘制参数根轨迹图的一般方法如下。

（1）写出原系统的闭环特征方程。

（2）以特征方程中不含参数的各项除特征方程，得到等效系统的开环传递函数，在该方程中，原系统的参数即为等效系统的根轨迹增益。

（3）绘制等效系统的根轨迹图，即为原系统的参数根轨迹。

【例 3－7】 已知如图 3－28（a）所示的测速反馈控制系统，试做出测速反馈系数 T_a 由零变化到无穷时的系统根轨迹。

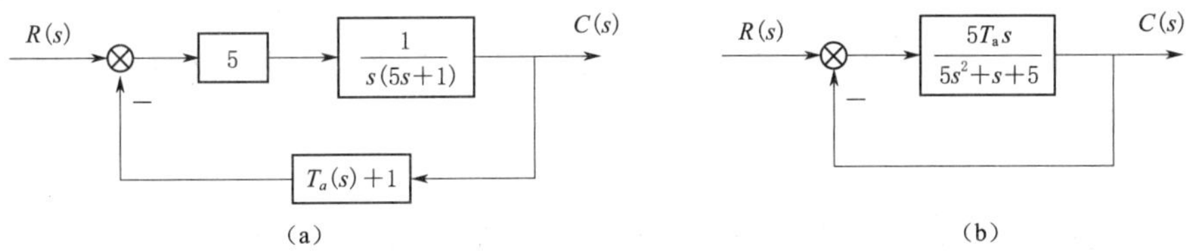

图 3－28

【解】 系统开环传递函数为

$$G(s)=\frac{5(T_a s+1)}{s(5s+1)}$$

参数 T_a 并非是系统根轨迹增益，前述有关 K^* 变化时的根轨迹法则不能直接使用，须将系统开环传递函数作适当的变换。

系统闭环特征方程为

$$D(s)=s(5s+1)+5(T_a s+1)=0$$

对上式整理如下：

$$5s^2+s+5+5T_a s=0$$

根据上式可以构成等效系统如图 3－28（b）所示。等效系统的开环传递函数为

$$G_{等效}(s)=\frac{5T_a s}{5s^2+s+5}$$

所谓等效是指图 3－28（b）系统与原系统图 3－28（a）的闭环特征方程相同。

将等效传递函数 $G_{等效}$（s）写成零、极点形式，即

$$G_{等效}(s)=\frac{T_a s}{(s+0.1+\mathrm{j}0.99)(s+0.1-\mathrm{j}0.99)}$$

式中 T_a 就相当于等效系统的根轨迹增益。因此，其根轨迹可以根据绘制常规根轨迹的基本法则绘制。

T_a 由 $0\to\infty$ 变化时的根轨迹如下。

等效开环传递函数 $G_{等效}(s)$ 有两个复数极点为 $p_1=-0.1+\mathrm{j}0.99$，$p_2=-0.1-\mathrm{j}0.99$ 和一个零点 $z_1=0$。

根轨迹图如图 3－29 所示，即表示了原系统 T_a 由 $0\to\infty$ 变化时的根轨迹。

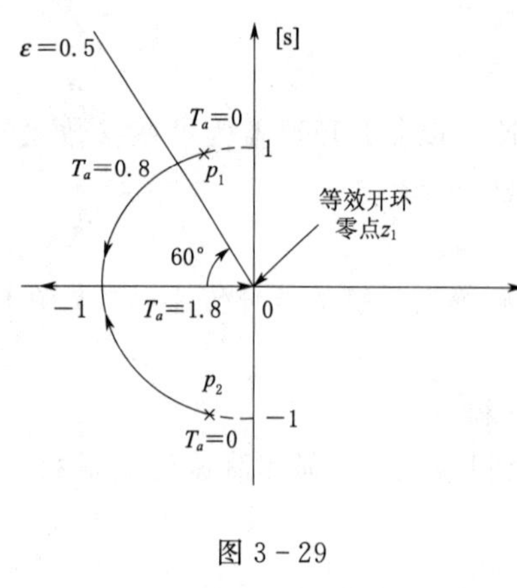

图 3-29

值得指出的是，等效开环传递函数的零点 $z_1=0$，不是原系统的闭环零点。由图 3-28 (a) 系统可知，原系统无闭环零点。就可用原系统的闭环极点分布情况（由图 3-29 确定）来分析系统的动态性能。

当 T_a 很小时，闭环的一对共轭复数极点离虚轴很近，这是由于系统测速反馈信号很弱，阻尼比很小，使系统响应振荡强烈。

当 T_a 加大时，两个闭环极点远离虚轴，靠近实轴，系统的阻尼加强，振荡减弱，提高了系统的平稳性。

当 T_a 再加大时，两个闭环极点变化到实轴成为负实数，系统呈现过阻尼状态，阶跃响应具有非周期特性。

3.2.4.2　零度根轨迹

当系统出现正反馈，或者在复杂系统中，可能遇到正反馈的内回路，这时闭环特征方程式（或正反馈的内回路特征方程式）有如下形式：

$$1-G(s)H(s)=0$$

则 $G(s)H(s)=1$ 即根轨迹方程为

$$\frac{K^*\prod_{i=1}^{m}(s-z_i)}{\prod_{j=1}^{n}(s-p_j)}=1$$

它的相角条件和幅值条件分别为

$$\sum_{i=1}^{m}\angle(s-z_i)-\sum_{j=1}^{n}\angle(s-p_j)=2k\pi$$

$$\frac{K^*\prod_{i=1}^{m}|s-z_i|}{\prod_{j=1}^{n}|s-p_j|}=1 \tag{3-50}$$

由于相角条件为 $2k\pi$，故称为零度根轨迹。

与常规根轨迹相比较，两者的幅值条件完全相同，所不同的只是相角条件。因此，前面关于绘制常规根轨迹的规则，除了与相角条件有关的内容需作修正外，其余均适用于零度根轨迹。需要修正的绘图规则及修正后的规则见表 3-7。

如果系统的开环传递函数在 s 右半平面上没有极点和零点，且该系统不包含延迟环节，则将此系统称为最小相位系统，否则，就称为非最小相位系统。

有些非最小相位系统不能采用常规根轨迹的绘制规则来绘制其根轨迹图，而要采用零度根轨迹绘制的原则进行根轨迹的绘制。

表 3-7　　**零度根轨迹与常规根轨迹的差异绘制原则**

序号	内　容	法　　则
规则 4	实轴上的根轨迹	在实轴上有根轨迹的区段的右侧，开环实极点与开环零点的数目之和为偶数
规则 5	渐近线	渐近线与实轴正方向上的夹角为 $\varphi_a=\dfrac{2k\pi}{n-m}$
规则 8	出射角和入射角	从开环极点 p_j 出发的根轨迹，其出射角为 $\theta_{pj}=\varphi_{pj}=\sum\limits_{i=1}^{m}\angle(p_j-z_i)-\sum\limits_{\substack{l=1\\(l\neq j)}}^{n}\angle(p_j-p_l)$ 根轨迹到达开环零点 z_i 的入射角为 $\theta_{zi}=-\varphi_{zi}=-\sum\limits_{\substack{l=1\\(l\neq j)}}^{m}\angle(z_j-z_i)+\sum\limits_{l=1}^{n}\angle(z_j-p_l)$

如前所述，在复杂系统中，内回路采用了正反馈，这种系统通常由外回路加以稳定。为了分析整个系统的性能，首先要确定内回路的零、极点。当根轨迹确定内回路的零、极点时，就相当于绘制正反馈系统的根轨迹。为了说明正反馈系统根轨迹的绘制，现举例如下。

【例 3-8】 设反馈系统如图 3-30 所示。试绘制根轨迹。

【解】 由图 3-30 可知，系统开环传递函数：

$$G(s)=\frac{K^*(s+2)}{(s+3)(s^2+2s+2)}$$

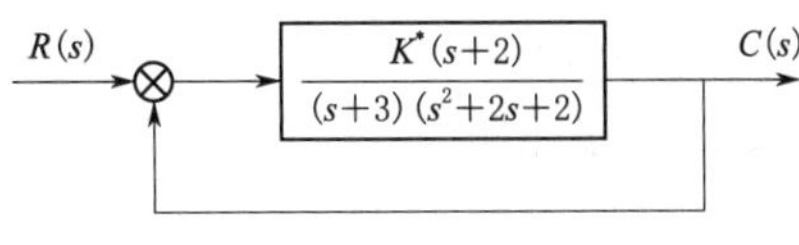

图 3-30

系统闭环传递函数：

$$\Phi(s)=\frac{G(s)}{1-G(s)}$$

闭环特征方程为

$$1-G(s)=0$$

可见，其闭环特征方程是符合零度根轨迹的。根据零度根轨迹的绘制法则作零度根轨迹。

(1) 开环极点 ($n=3$)，有三个：$p_1=-3$，$p_2=-1+\mathrm{j}$，$p_4=-1-\mathrm{j}$。

开环零点 ($m=1$) 有一个：$z_1=-2$

(2) 实轴上的根轨迹区段为负实轴的 $(-\infty,-3]$，$[-2,\infty)$。

(3) 渐近线，根据式 (3-50) 得

$$\varphi_a=\frac{2k\pi}{n-m}=\frac{2k\pi}{2}=0°，180°$$

即为正实轴和负实轴，不必再求 σ_a。

(4) 出射角，根据表 3-7 得

$$\theta_{p_2}=\varphi_{12}-\theta_{12}-\theta_{32}$$

由如图 3-31 所示开环零、极点分布图可求得

$$\varphi_{12}=45°，\theta_{12}=26.6°，\theta_{32}=90°$$

故 $\theta_{p_2}=45°-26.6°-90°=-72°$，根据根轨迹的对称性可得 $\theta_{p_1}=72°$。

（5）分离点坐标，根据常规根轨迹法则，分离点坐标满足方程

$$\frac{1}{d+3}+\frac{1}{d+1+\mathrm{j}}+\frac{1}{d+1-\mathrm{j}}=\frac{1}{d+2}$$

得

$$d_1=-0.8，d_{2,3}=-2.35\pm \mathrm{j}0.77（舍去）$$

绘出正反馈系统根轨迹如图 3-31 所示。

3.2.5　基于根轨迹法的系统性能分析

根轨迹法在系统分析中的应用是多方面的，例如，在参数已知的情况下求系统的特性；分析参数变化对系统特性的影响，即系统特性对参数变化的敏感度和增加零、极点对根轨迹的影响；运用闭环主导极点概念，快速评价高阶系统的基本特性等。

3.2.5.1　增加开环极点对控制系统的影响

根轨迹的形状与开环零极点的分布密切相关。

增加开环极点的影响：

（1）改变了根轨迹在实轴上的分布。

（2）改变了根轨迹的分支数。

（3）改变渐近线的条数、方向角及与实轴的交点。

（4）一般使根轨迹向右偏移，不利于系统的稳定性和动态特性。

例如，开环传递函数为 $G(s)=\dfrac{K^*}{s(s+2)}$ 的负反馈系统的根轨迹如图 3-32 所示。

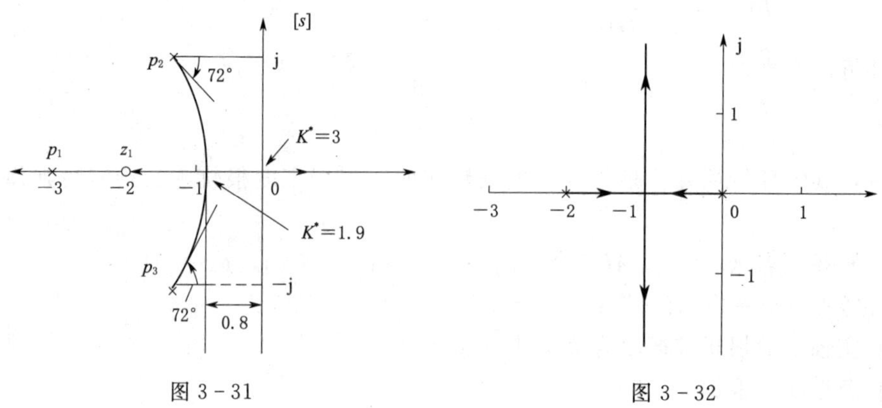

图 3-31　　　　图 3-32

对其分别增加一个不同的开环极点 −4，−1，0，得到的开环传递函数分别为

$$G_1(s)=\frac{K^*}{s(s+2)(s+4)}，G_2(s)=\frac{K^*}{s(s+2)(s+1)}，G_3(s)=\frac{K^*}{s^2(s+2)}$$

对应的根轨迹如图 3-33 所示。

图 3-31 表明：增加位于 s 左半平面的开环极点，将使根轨迹向 s 右半平面移动或弯曲，从而导致系统的稳定性能降低。增加的开环极点越靠近虚轴，作用越明显。

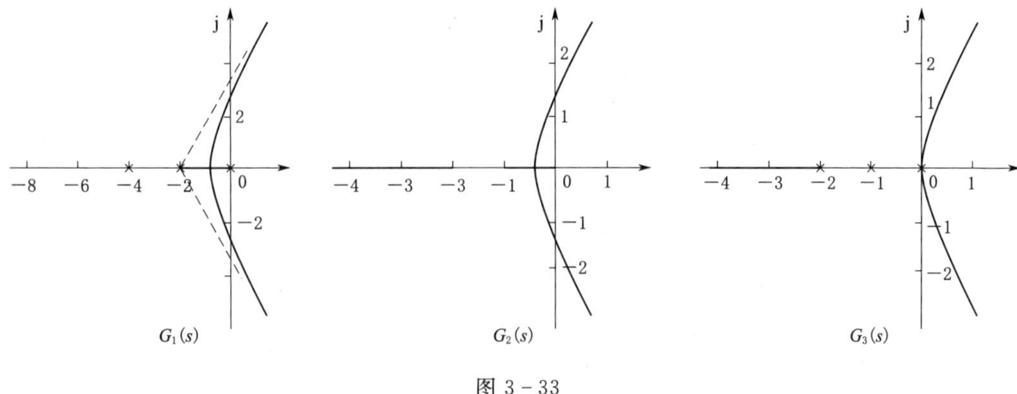

图 3 - 33

3.2.5.2 增加开环零点对控制系统的影响

增加开环零点对系统的影响：

(1) 改变了根轨迹在实轴上的分布。

(2) 改变了渐近线的条数、倾角和分离点。

(3) 若增加的开环零点和某个极点距离很近，构成开环偶极子。若两者重合则相互抵消，因此，可加入一个零点来抵消有损于系统性能的极点。

(4) 根轨迹曲线将向左移，有利于改善系统的动态性能。

例如传递函数 $G_1(s)=\dfrac{K^*}{s^2(s+2)}$，增加不同的开环零点得到开环传递函数分别为 $G_2(s)=\dfrac{K^*(s+1)}{s^2(s+2)}$，$G_3(s)=\dfrac{K^*(s+0.5)}{s^2(s+2)}$，对应的根轨迹如图 3 - 34 所示。

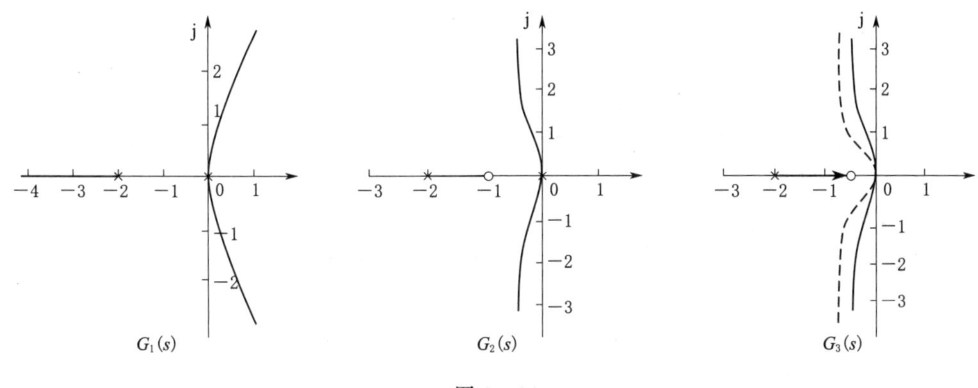

图 3 - 34

3.2.5.3 利用根轨迹确定系统参数

一个控制系统，在绘制出根轨迹后，可利用幅值条件，通过试探法在根轨迹图上求出对应的 K^* 值的全部闭环极点（特征根）。

一般先在实轴上选择试点，找出实根以后，再去确定复数根。

【例 3 - 9】 设负反馈系统的开环传递函数为

$$G(s)=\frac{0.525}{s(s+1)(0.5s+1)}$$

试用根轨迹法求闭环极点。

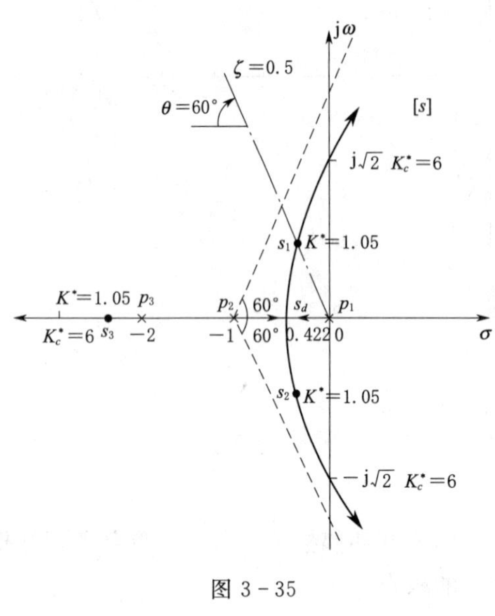

图 3-35

【解】 $G(s)=\dfrac{0.525}{s(s+1)(0.5s+1)}=\dfrac{1.05}{s(s+1)(s+2)}$

设 $G(s)=\dfrac{K^*}{s(s+1)(s+2)}$，则 $K^*=1.05$。

按常规根轨迹的绘制原则绘制出 $G(s)=\dfrac{K^*}{s(s+1)(s+2)}$的根轨迹如图 3-35 所示。

由图 3-35 可知，对应于 K^*：$0\to\infty$，有一条根轨迹从开环极点-2出发沿实轴负方向趋于∞，故当 $K^*=1.05$ 时，必有一闭环极点位于 $(-\infty,-2)$，在根轨迹图上用试探法由幅值条件 $K^*=|s||s+1||s+2|$找出对应的闭环极点为：$s_3=-2.33$。

由根之和原则可知

$$s_1+s_2+s_3=p_1+p_2+p_3=0-1-2=-3$$

$$s_1+s_2=-3-(-2.33)=-0.67$$

s_1、s_2 为共轭复根，故 $\mathrm{Re}[s_1]=-0.33$。

设 $s_{1,2}=-0.33\pm j\omega$，则特征方程为

$$\begin{aligned}(s-s_1)(s-s_2)(s-s_3)&=(s+2.33)(s+0.33-j\omega)(s+0.33+j\omega)\\&=s(s+1)(s+2)+1.05\end{aligned}$$

解得 $s_1=-0.33+j0.58$，$s_2=-0.33-j0.58$

注：在绘制出根轨迹后，依据根轨迹的幅值条件 $K^*=|s||s+1||s+2|$，可计算根轨迹上任意一点对应的 K^*。

3.2.5.4 利用根轨迹分析系统的动态性能

根轨迹法与时域分析法的不同之处在于它可以体现当开环系统的增益 K^*变化时，系统的动态性能的变化情况。

以例 3-9 中系统的根轨迹图 3-35 为例，当 $K^*=3$ 时，闭环系统有一对极点位于虚轴上，系统处于稳定极限。当 $K^*>3$ 时，系统有一对极点进入 s 右半平面，系统是不稳定的。当 $K^*\leqslant 3$ 时，系统的三个极点都位于 s 左半平面，根据闭环主导极点的概念可知，系统响应是具有衰减振荡特性的。当 $K^*=0.2$ 时，两极点重合在实轴 $d_1=-0.423$ 上；而当 $K^*\leqslant 0.2$ 时，系统的三个极点都位于负实轴上，因而可知系统响应是具有非周期特性的。如 K^*变小，有一极点将从该点向原点靠拢。闭环最小的极点$|s|$值越大，系统的反应就越快。

通过根轨迹分析系统品质时，常常可以从系统主导极点的分布情况入手。以图 3-35

为例，已知 $K^*=1$，这时一对复数极点为 $-0.25\pm j0.875$，而另一个极点为 -2.5。由于它们到虚轴之间的距离相差 $\frac{2.5}{0.25}=10$ 倍，则完全可以忽略极点 -2.5 的影响。于是量得复数极点的 $\omega_n=0.9$，$\xi\omega_n=0.25$，故阻尼比 $\xi=\frac{0.25}{0.9}=0.28$。由此可求出系统在单位阶跃作用下动态响应曲线的超调量 $\sigma\%=e^{-\frac{\xi\pi}{\sqrt{1-\xi^2}}}\times100\%=40\%$，调整时间 $t_s=\frac{3}{\xi\omega_n}=\frac{3}{0.25}=12(s)$。

综上所述，由根轨迹求出闭环系统极点和零点的位置后，就可以分析系统的性能。

(1) 系统稳定，则系统的全部闭环极点应位于 [s] 平面上的左半部。

(2) 系统的快速性，则闭环极点应远离虚轴，以便阶跃响应中的每个分量都衰减得快。

(3) 由二阶系统知，共轭复数极点位于 $\pm45°$ 线上时，其对应的阻尼比，称为最佳阻尼比，即 $\xi=\cos45°=\frac{\sqrt{2}}{2}\approx0.707$ 时，系统的平稳性与快速性都较理想。超过 $\pm45°$ 线，则阻尼比减小，振荡加剧。

(4) 离虚轴最近的闭环极点对系统的动态过程的性能影响最大，起着决定性的主导作用，故称它为主导极点。工程上往往只用闭环主导极点去估算系统的性能。

(5) 闭环零点的存在，可以削弱或抵消其附近的闭环极点的作用。

根轨迹法是根据反馈系统中开环零、极点的分布直接作闭环极点根轨迹的一种图解方法，并且可用于求取某一 K^* 对应的闭环极点，这种图解求根的方法比较直观，避免了求解高阶系统特征根的麻烦；同时，通过增加开环零、极点可改造根轨迹的形状、位置，从而改善系统的品质。因此，根轨迹法在工程实践中获得了广泛的应用。

3.3 频域分析法

时域分析重点研究的是系统的过渡过程，通过阶跃或脉冲输入下系统的瞬态时间响应来研究系统的性能。因此，时域分析法存在以下的缺点：一是高阶系统的分析难以进行；二是当系统某些元件的传递函数难以列写时，整个系统的分析工作将无法进行。物理意义欠缺。

频域分析法是通过频率特性研究线性定常系统的经典方法，是指在频域范围内应用图解分析法评价系统性能的一种工程方法。频域分析法不须要求解系统的微分方程，同时可以通过系统的数学模型分析系统的性能，采用不同频率的正弦信号作为输入，通过研究系统的频率响应特性，间接地揭示系统的时域性能，分析系统参数的变化对系统性能的影响，为系统的设计和校正提供依据，从而对系统进行改善。

频率法用于分析和设计系统有如下优点：

(1) 不必求解系统的特征根，采用较为简单的图解方法就可研究系统的稳定性。由于频率响应法主要通过开环频率特性的图形对系统进行分析，因而具有形象直观和计算量少的特点。

（2）系统的频率特性可用实验方法测出。频率特性具有明确的物理意义，它可以用实验的方法来确定，这对于难以列写微分方程式的元部件或系统来说，具有重要的实际意义。

（3）可推广应用于某些非线性系统。频率响应法不仅适用于线性定常系统，而且还适用于传递函数中含有延迟环节的系统和部分非线性系统的分析。

（4）用频率法设计系统，可方便设计出能有效抑制噪声的系统。

3.3.1　频率特性的基本概念

3.3.1.1　频率特性的定义

一个稳定的线性控制系统，在正弦信号的作用下，稳态时输出仍然是一个同频率的正弦信号，只是输出信号的幅值和相位一般不同于输入。它们都是输入信号频率的函数。

下面以如图 3－36 所示的 RC 滤波网络为例，建立频率特性的基本概念。

取输入信号为正弦交流电压 $u_i=U\sin\omega t$，记录网络的输入、输出信号。当输出响应 u_o 呈稳态时，记录曲线如图 3－37 所示。

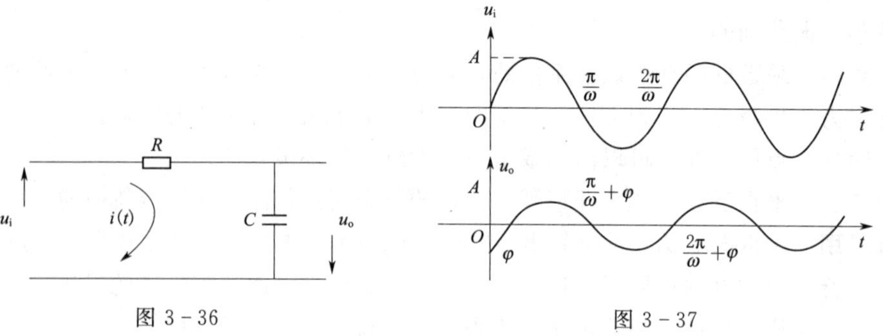

图 3－36　　　　图 3－37

由图 3－37 可见，RC 网络的稳态输出信号仍为正弦信号，频率与输入信号的频率相同，幅值较输入信号有一定衰减，其相位存在一定延迟。

当输入信号为正弦交流电压 $u_i=U\sin(\omega t+\varphi)$，$u_i$ 对应的电压相量为 $\dot{U}_i=U\mathrm{e}^{\mathrm{j}\varphi}$，如果系统为线性定常系统，则输出量 u_o 也必为同频率的正弦信号，u_o 对应的电压相量为

$$\dot{U}_o=U_o\mathrm{e}^{\mathrm{j}\varphi_o}$$

RC 滤波网络总复阻抗为 $Z=R+\frac{1}{\mathrm{j}\omega C}$

于是，其输入、输出电压相量的比值为

$$\frac{\dot{U}_o}{\dot{U}_i}=\frac{1}{1+\mathrm{j}RC\omega}=\frac{1}{\sqrt{1+(RC\omega)^2}}\mathrm{e}^{\mathrm{j}(-\arctan RC\omega)}=A(\omega)\mathrm{e}^{\mathrm{j}\varphi(\omega)} \tag{3-50}$$

$A(\omega)$、$\varphi(\omega)$ 分别反映 RC 网络在正弦信号作用下，输出稳态分量的幅值和相位的变化，称为幅值比和相位差，且皆为输入正弦信号频率 ω 的函数。

RC 滤波电路的传递函数为

$$G(s)=\frac{1}{RCs+1}$$

取 $s=\mathrm{j}\omega$，则有

$$G(\mathrm{j}\omega)=G(s)\big|_{s=\mathrm{j}\omega}=\frac{1}{1+\mathrm{j}RC\omega} \tag{3-51}$$

比较式（3－50）和式（3－51）可知，$A(\omega)$ 和 $\varphi(\omega)$ 分别为 $G(\mathrm{j}\omega)$ 的幅值 $|G(\mathrm{j}\omega)|$ 和相角 $\angle G(\mathrm{j}\omega)$。这一结论非常重要，反映了 $A(\omega)$ 和 $\varphi(\omega)$ 与系统数学模型的本质关系，具有普遍性。

定义 1 对于稳定的线性定常系统，由谐波输入产生的输出稳态分量仍然是与输入同频率的谐波函数，而幅值和相位的变化是频率 ω 的函数，且与系统数学模型相关。

为此，定义谐波输入下，输出响应中与输入同频率的谐波分量与谐波输入的幅值之比 $A(\omega)$ 为幅频特性，相位之差 $\varphi(\omega)$ 为相频特性，并称其指数表达形式：

$$G(\mathrm{j}\omega)=A(\omega)\mathrm{e}^{\mathrm{j}\varphi(\omega)} \tag{3-52}$$

为系统的频率特性。

上述频率特性的定义既可以适用于稳定系统，也可适用于不稳定系统。稳定系统的频率特性可以用实验方法确定，即在系统的输入端施加不同频率的正弦信号，然后测量系统输出的稳态响应，再根据幅值比和相位差作出系统的频率特性曲线。频率特性也是系统数学模型的一种表达形式。RC 滤波网络的频率特性曲线如图 3－38 所示。

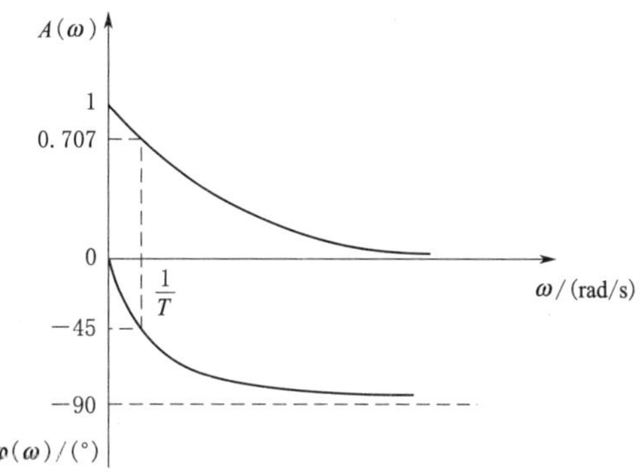

图 3－38

定义 2 已知线性定常系统的数学模型为

$$G(s)=\frac{C(s)}{R(S)}=\frac{b_0s^m+b_1s^{m-1}+\cdots+b_{m-1}s+b_m}{a_0s^n+a_1s^{n-1}+\cdots+a_{n-1}s+a_n} \quad (n>m)$$

这是一个复自变量 s 的复变函数。由于 $s=\sigma+\mathrm{j}\omega$，令 s 的实部为零，就可以得到另外一个复变函数，表示为

$$G(\mathrm{j}\omega)=G(s)\big|_{s=\mathrm{j}\omega} \tag{3-53}$$

复变函数 $G(\mathrm{j}\omega)$ 的自变量为频率 ω，因此可将其称为系统的频率特性。

定义 3 线性定常系统的频率特性为输出信号的傅氏变换 $C(\mathrm{j}\omega)$ 与输入信号的傅氏变换 $R(\mathrm{j}\omega)$ 之比，表示为

$$G(\mathrm{j}\omega)=\frac{C(\mathrm{j}\omega)}{R(\mathrm{j}\omega)} \tag{3-54}$$

3.3.1.2 频率特性的求取方法

频率特性的求取方法通常有以下三种，一般采用后两种。

（1）根据已知系统的微分方程，把输入量以正弦函数代入，求其稳态解，取输出稳态分量和输入正弦的复数之比即得。

（2）根据传递函数直接令 $s=j\omega$ 求取。

（3）通过实验测得，对实验的线性定常系统输入正弦信号，不断改变输入信号的角频率，并得到对应的一系列输出的稳态振幅和相角，分别将它们与相应的输入正弦信号的幅值相比、相角相减，便得到频率特性。

3.3.1.3　频率特性的表示方法

（1）代数表示法。由于 $G(j\omega)$ 的实部和虚部分别都是 ω 的函数，所以可以表示为

$$G(j\omega)=P(\omega)+jQ(\omega) \tag{3-55}$$

式中　$P(\omega)$为 $G(j\omega)$ 的实部，称为实频特性，即

$$P(\omega)=\text{Re}[G(j\omega)]$$

$Q(\omega)$ 为 $G(j\omega)$ 的虚部，称为虚频特性，即

$$Q(\omega)=\text{Im}[G(j\omega)]$$

此外，$G(j\omega)$ 还可以用其幅值和幅角来表示，即

$$G(j\omega)=|G(j\omega)|e^{j\angle G(j\omega)}=A(\omega)e^{j\varphi(\omega)} \tag{3-56}$$

式中 $A(\omega)$ 为 $G(j\omega)$ 的幅值，称为幅频特性，即

$$A(\omega)=|G(j\omega)|=\sqrt{P^2(\omega)+Q^2(\omega)}$$

$\varphi(\omega)$ 为 $G(j\omega)$ 的相角，称为相频特性，即

$$\varphi(\omega)=\angle G(j\omega)=\tan^{-1}\frac{Q(\omega)}{P(\omega)}$$

（2）图形表示法。下面以如图 3－36 所示的 RC 网络为例，说明频率特性的三种图示方法。

1）幅相频率特性曲线。

由（3－51）可知：

$$\text{幅频特性：}|G(j\omega)|=\frac{1}{\sqrt{1+\omega^2T^2}} \tag{3-57}$$

$$\text{相频特性：}\angle G(j\omega)=-\arctan\omega T \tag{3-58}$$

由式（3－57）和式（3－58）可以看出，对于一个确定的频率，必有一个相应的幅值和一个相应的相角与之对应，某些特征点数据见表 3－8。

表 3－8　　**特征点数据**

ω	$\lvert G(j\omega)\rvert$	$\angle G(j\omega)$
0	1	0°
$1/T$	0.707	−45°
∞	0	−90°

以横轴为实轴、纵轴为虚轴，构成复数平面。表中一点例如 $\omega=1/T$ 时，幅值 0.707 和相角−45°，在复平面上代表一个向量。当频率 ω 从零变化到无穷大时，相应地向量的矢端就描绘出一条曲线，如图 3－39 所示实线。

因为幅频特性是 ω 的偶函数，相频特性是 ω 的奇函数，一旦画出 ω 从零到无穷的幅相频率特性曲线，则 ω 从零到负无穷变化的幅相频率特性曲线，可根据其对称于实轴的特性得到，如图 3－39 所示虚线。可以证明，RC 网络的幅相频率特性曲线是以（1/2,j0）为圆心，1/2 为半径的圆。

当频率 ω 从 $-\infty$ 变到 $+\infty$ 时，$G(\mathrm{j}\omega)$ 在由实轴与虚轴构成的复平面上运动的轨迹称为 $G(\mathrm{j}\omega)$ 的幅相频率特性曲线，也称为极坐标图，又称奈魁斯特（H. Nyquist）曲线，简称为奈氏图。

因为在工程实践中负频率是没有意义的，故一般只需画出 ω 从零到无穷变化的幅相频率特性曲线。图中曲线上箭头方向表示 ω 增加的方向。

2）对数频率特性曲线。

(a) 对数幅频特性曲线 $L(\omega)$。将幅频特性的函数坐标轴 $A(\omega)$ 与自变量坐标轴 ω 分别取对数并作为新的坐标轴，如图 3－40 所示。

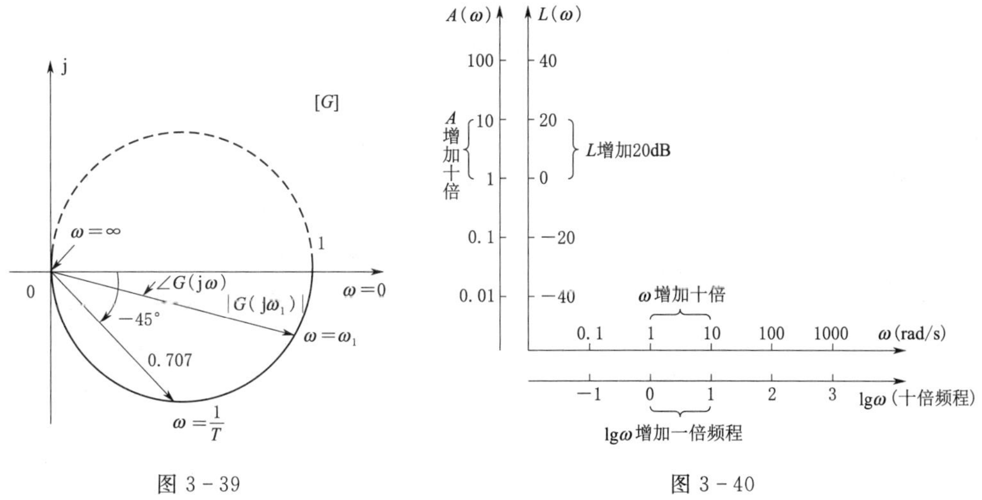

图 3－39　　　　图 3－40

纵坐标为对数幅频 $L(\omega)=20\lg|G(\mathrm{j}\omega)|$，单位为分贝（dB），采用等分刻度；横轴坐标为 ω 作对数变换后变成 $\lg\omega$ 的等分刻度。图 3－40 中横坐标下方所示是以 $\lg\omega$ 作等分标度的。为了使用方便，采用横坐标上方所示形式，即在标度时仍然标以原来的频率值 ω，单位为 rad/s，因此刻度值变成每十倍频等分。

经对数变换之后的幅频特性曲线称为对数幅频特性曲线。

(b) 对数相频特性曲线 $\varphi(\omega)$。原相频特性 $\varphi(\omega)$ 的纵轴坐标不作任何变换，仍然以角度等分值来标度。为了与对数幅频特性 $L(\omega)$ 的横轴坐标相一致，将横轴坐标作对数变换为 $\lg\omega$，其刻度标度与对数幅频特性曲线相同，原来的相频特性函数表示符号 $\varphi(\omega)$ 不变，如图 3－41 所示。

经过这样处理后的相频特性曲线称为对数相频特性曲线坐标轴。

仍以 RC 网络为例，由式（3－57）可知，幅频特性为

$$A(\omega)=|G(\mathrm{j}\omega)|=\frac{1}{\sqrt{1+\omega^2T^2}}$$

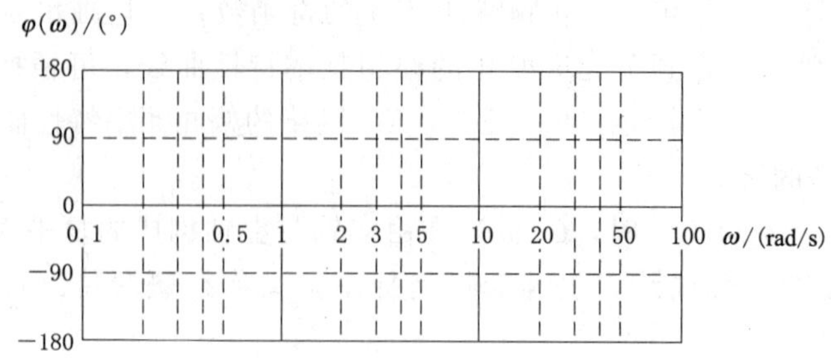

图 3-41

对数幅频特性为

$$
\begin{aligned}
L(\omega) &= 20\lg|G(j\omega)| = 20\lg 1 - 20\lg\sqrt{1+\omega^2T^2} \\
&= -20\lg\sqrt{1+\omega^2T^2}
\end{aligned}
\tag{3-59}
$$

根据上式，当给定不同的 ω 值后，在单边对数坐标平面内就可得到一系列点，把各点顺 ω 增加方向连接起来，即为其对数幅频特性曲线 $L(\omega)$，如图 3-42 所示。

由式（3-58）可知，相频特性为

$$\varphi(\omega) = -\arctan\omega T$$

当 ω 取不同值时，逐点求出 $\varphi(\omega)$ 并绘制成曲线，即为对数相频特性曲线，如图 3-42 所示。可见，$\varphi(\omega)$ 随 ω 增加由 0°变化到−90°。

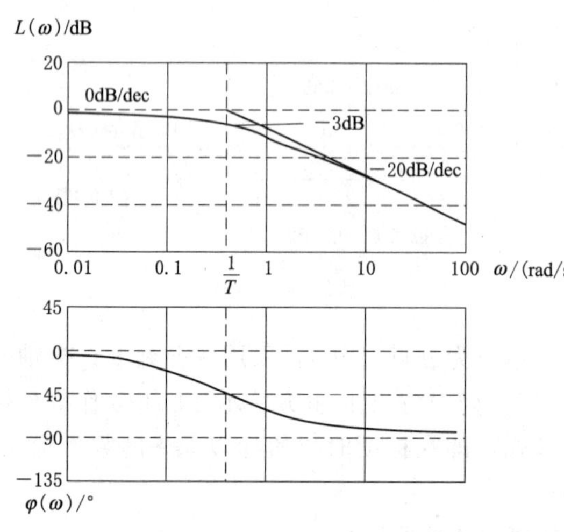

图 3-42

可以证明，对数相频特性曲线对−45°具有奇对称性质。因此，只要作出一半曲线，将其绕−45°点旋转 180°，即可得另一半相频特性曲线。

对数频率特性图又称伯德（Bode）图，由对数幅频特性曲线和对数相频特性曲线组成，两条曲线共用一条横坐标轴，画在同一张半对数坐标纸上。

通过伯德图来展示控制系统的各种性能，具有以下优点。

（1）伯德图可以双重展宽频带。由于横坐标轴做了对数变换，其效果是将高频频段的各十倍频程拉近，展宽了可视频带宽度；同时，又将低频频段的各十倍频程分得很细，展宽了表示频带宽度，便于细致观察幅值、幅角随频率变化的程度与变化的趋势。

（2）叠加特性方便作图。控制系统的频率特性一般是因子相乘，对数幅频特性采用 $20\lg A(\omega)$ 将幅值的乘除运算化为加减运算，对数相频特性也是各相角的加减，可以简化曲线的绘制过程。

伯德图因方便实用而被广泛地应用于控制系统的分析中。

（c）对数幅相频率特性曲线。对数幅相频率特性曲线，是把 $\varphi(\omega)$ 和 $L(\omega)$ 画在一张图上。其横坐标 $\varphi(\omega)$、纵坐标 $L(\omega)$ 都是均匀分度，单位分别为度、分贝，频率 ω 则作为图形的参变量。这种图又可称为尼柯尔斯（Nichols）图。

RC 电路的对数幅相频率特性曲线，如图 3－43 所示。

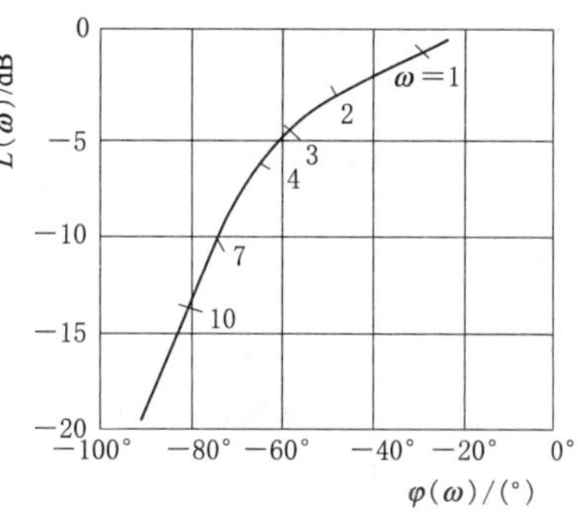

图 3－43

3.3.2 典型环节的频率特性图示法

3.3.2.1 比例环节

放大环节的频率特性为

$$G(\mathrm{j}\omega)=K$$

其幅频 $$|G(\mathrm{j}\omega)|=K$$

相频为 $$\varphi(\omega)=\angle G(\mathrm{j}\omega)=0^\circ$$

（1）幅相频率特性图。显然，其频率特性与 ω 无关。幅相频率特性图是实轴上一个点，如图 3－44 所示。

（2）对数频率特性图。放大环节的对数幅频：$L(\omega)=20\lg K$

对数相频： $$\varphi(\omega)=0^\circ$$

由于 K 为一常数，比例环节的对数幅频特性图是平行于横坐标轴 ω 的等分贝线，对数相频特性图则为零度线，如图 3－45 所示。

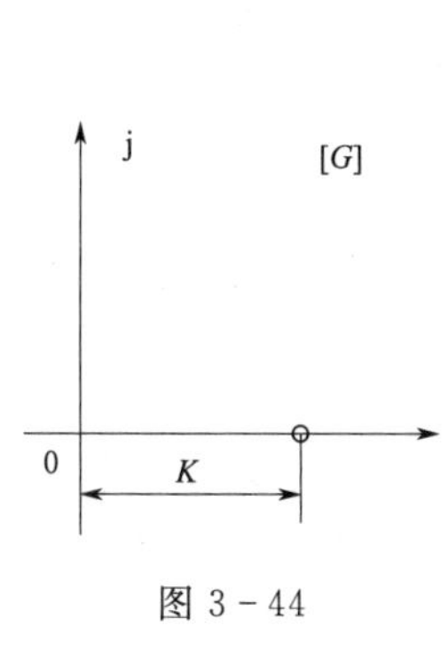

图 3－44

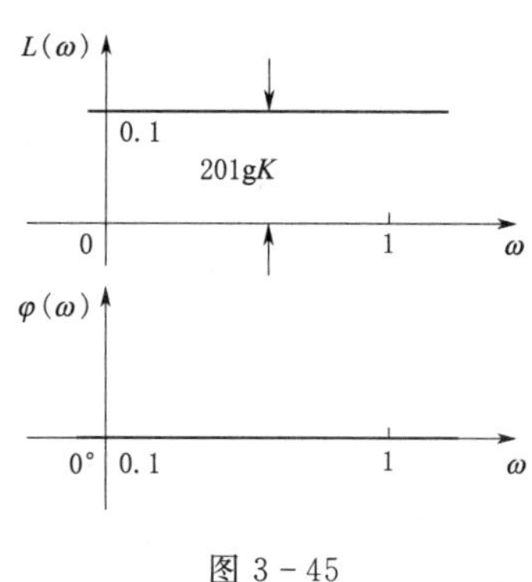

图 3－45

3.3.2.2 积分环节

积分环节的频率特性为

$$G(\mathrm{j}\omega)=\frac{1}{\mathrm{j}\omega}=\frac{1}{\omega}\mathrm{e}^{-90^\circ}$$

（1）幅相频率特性。

幅频： $$|G(\mathrm{j}\omega)|=\frac{1}{\omega}$$

相频： $$\angle G(\mathrm{j}\omega)=-90^\circ$$

可见，当频率 ω 由零变化到无穷大时，其幅值由无穷大衰减到零，即与 ω 成反比；

而其相频特性与频率取值无关，等于常值$-90°$，因此，其幅相频率特性图为负虚轴，如图 3-46 所示。

（2）对数频率特性。

对数幅频：
$$L(\omega)=20\lg\left|\frac{1}{j\omega}\right|=-20\lg\omega$$

对数相频：
$$\varphi(\omega)=-90°$$

故积分环节的对数幅频特性为一条在$\omega=1$处通过零分贝线的直线，其斜率为-20dB/dec；对数相频特性则与ω无关，是一条$-90°$的等相角线。积分环节的对数频率特性如图 3-47 所示。

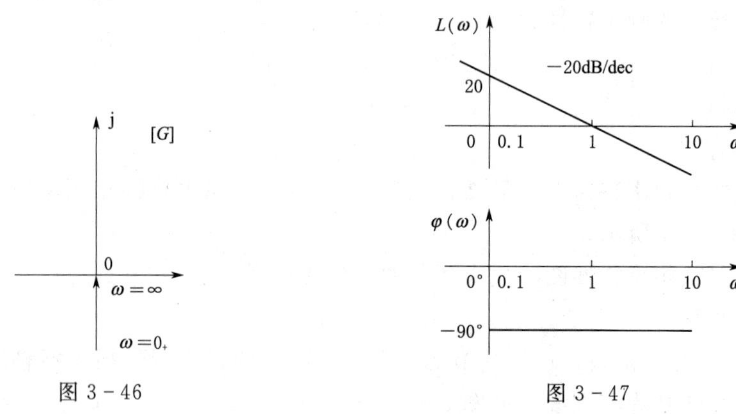

图 3-46　　图 3-47

3.3.2.3　微分环节

微分环节频率特性为
$$G(j\omega)=j\omega=\omega e^{j90°}$$

（1）幅相频率特性图。

幅频：
$$|G(j\omega)|=\omega$$

相频：
$$\angle G(j\omega)=90°$$

可见，当频率ω由零变化到无穷大时，微分环节的幅值由零增加到无穷大；而其相频特性与频率ω取值无关，等于常值$90°$。故其幅相频率特性图为正虚轴，如图 3-48 所示。

（2）对数频率特性图。

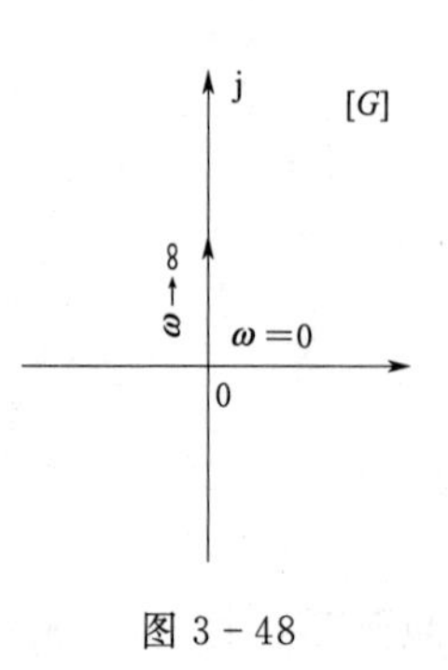

图 3-48

对数幅频：
$$L(\omega)=20\lg\omega$$

对数相频：
$$\varphi(\omega)=90°$$

故微分环节的对数幅频特性曲线为一条在$\omega=1$处通过零分贝的直线，其斜率为 20dB/dec，对数相频特性则与ω无关，是一条等$90°$线。微分环节的对数频率特性如图 3-49 所示。

比较积分$1/s$和微分s环节的对数频率特性图可见，微分环节的对数幅频、相频曲线与积分环节的对数曲线，分别以零分贝线、$0°$线互为镜像。

同样，一阶微分（$Ts+1$）及二阶微分（$T^2s^2+2\xi Ts+1$）环节的对数频率特性曲线，将分别与惯性环节 $1/(Ts+1)$ 及振荡环节 $1/(T^2s^2+2\xi Ts+1)$ 的对数频率特性曲线互为镜像。在此不再赘述。

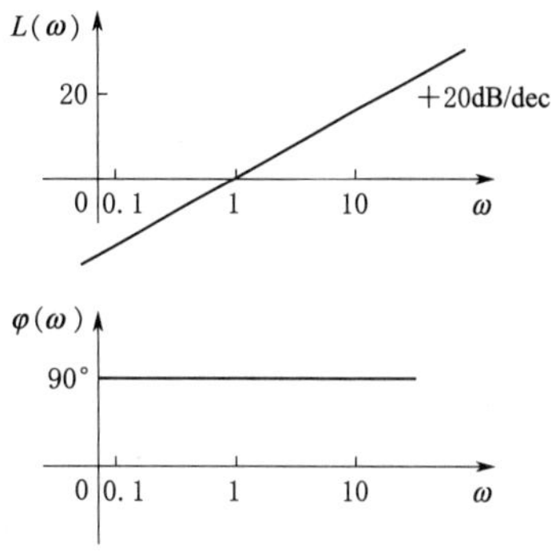

图 3-49

3.3.2.4 惯性环节

惯性环节的幅相频率特性图如图 3-39 所示，对数频率特性图如图 3-40 所示，在此不再赘述。但通过逐点绘制对数幅频特性比较麻烦，为了作图方便，还可采用近似曲线，即渐近线来作图。实际给定不同的 ω 值

近似作图法如下：根据式（3-59），即

$$L(\omega)=-20\lg\sqrt{1+\omega^2T^2}$$

（1）当 $\omega T\ll 1$，即 $\omega\ll\frac{1}{T}$时，有 $L(\omega)\approx -20\lg 1=0$，即 0 分贝的水平线。

（2）当 $\omega T\gg 1$，即 $\omega\gg\frac{1}{T}$时，则有 $L(\omega)\approx -20\lg\omega T$，是一条斜率为$-20$dB/dec 的直线。

$\omega=\frac{1}{T}$时，是两条渐近线的交点角频率，称为交接频率或转折频率。在绘制惯性环节对数频率特性时，交接频率是一个重要参数。对数幅频特性可用渐近线特性代替实际曲线，但是，会在交接频率附近存在误差。

将 $\omega=\frac{1}{T}$代入式（3-59）即可求得最大误差为

$$-20\lg\sqrt{1+\omega^2T^2}\ \Big|_{\omega=\frac{1}{T}}=-20\lg\sqrt{2}=-3(\text{dB})$$

所以对于此类环节，采用渐近线近似实际曲线引起的误差不超过 3dB，但大大简化了对数幅频特性的绘制。

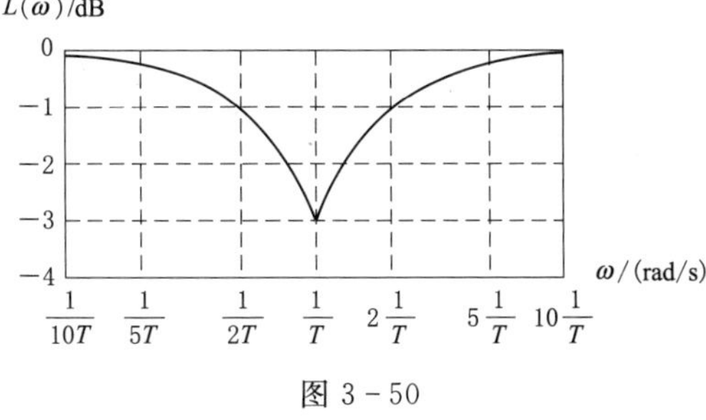

图 3-50

因最大误差两端的误差值是对称的，故可以作出误差修正曲线（图 3-50），以对渐近线作图所产生的误差进行修正。从图中可以看出：在转折频率处，最大误差为-3dB，两端十倍频程处的误差降到-0.04dB，所以两端十倍频程以外的误差可以忽略不计。

3.3.2.5 振荡环节

振荡环节的传递函数为

$$G(s)=\frac{\omega_n^2}{s^2+2\xi\omega_n s+\omega_n^2}$$

令 $T=\frac{1}{\omega_n}$为二阶系统的时间常数，代入上式有

$$G(s)=\frac{1}{T^2s^2+2\xi Ts+1}$$

所以振荡环节的频率特性为

$$G(\mathrm{j}\omega)=\frac{1}{-\omega^2T^2+\mathrm{j}2\xi\omega T+1}$$

幅频：
$$|G(\mathrm{j}\omega)|=\frac{1}{\sqrt{(1-\omega^2T^2)^2+(2\xi\omega T)^2}} \tag{3-60}$$

相频：
$$\angle G(\mathrm{j}\omega)=-\arctan\frac{2\xi\omega T}{1-\omega^2T^2} \tag{3-61}$$

(1) 幅相频率特性。由式 (3-60) 和式 (3-61)，当给 ω (由 0～∞) 一系列数值后，便可求得相应的 $|G(\mathrm{j}\omega)|$ 和 $\angle G(\mathrm{j}\omega)$ 值，于是可作出如图 3-51 (a) 所示幅相频率特性曲线。

曲线上几个某些特征点数据见表 3-9。

表 3-9　　特征点数据

ω	$\lvert G(\mathrm{j}\omega)\rvert$	$\angle G(\mathrm{j}\omega)$
0	1	0°
$1/T$	$1/2\xi$	−90°
∞	0	−180°

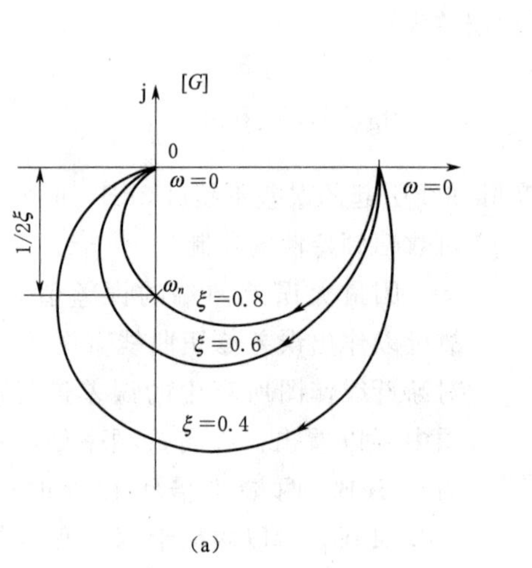

(a)

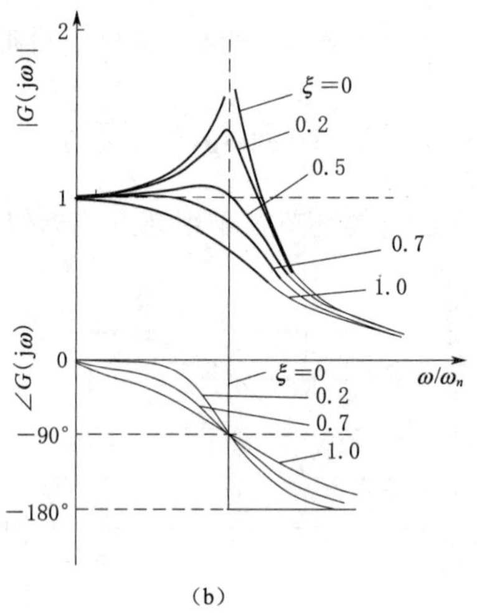

(b)

图 3-51

由图 3-51 (a) 可见，幅相频率特性曲线与 ξ 有关。ξ 不同曲线也不相同，但 $\omega=0$、$\omega=\infty$ 这两个点的位置不受 ξ 的影响。

为了更清楚地看出 ξ 的影响，可分别作出其幅频、相频特性曲线，如图 3-51 (b) 所示。由图可见，当 ω 由零变化到无穷时，振荡环节的幅值从 $|G(\mathrm{j}\omega)|=1$ 开始，最终衰减到零。ξ 较小时幅频特性会出现峰值；而相频则由零趋于 −180°。

当 $\omega=\omega_n$ 时（即 $\omega=1/T$），$|G(j\omega)|=1/2\xi$，$\angle G(j\omega)=-90°$，这是一个特征点。表明该频率处的相角不受 ξ 的影响。

当 ξ 较小时，幅频的峰值称为谐振幅值，记作 M_r，峰值点的频率称为谐振频率，记作 ω_r，M_r 和 ω_r 可应用极值条件求得。即

$$\frac{d|G(j\omega)|}{d\omega}=0$$

解得峰值频率

$$\omega_r=\omega_n\sqrt{1-2\xi^2} \tag{3-62}$$

将式（3-62）代入式（3-60）并整理得峰值

$$M_r=\frac{1}{2\xi\sqrt{1-\xi^2}} \tag{3-63}$$

由式（3-62）、式（3-63）可见，谐振频率 ω_r 及谐振峰值 M_r 均与阻尼比有关。M_r 与 ξ 之间的关系曲线如图 3-52 所示。

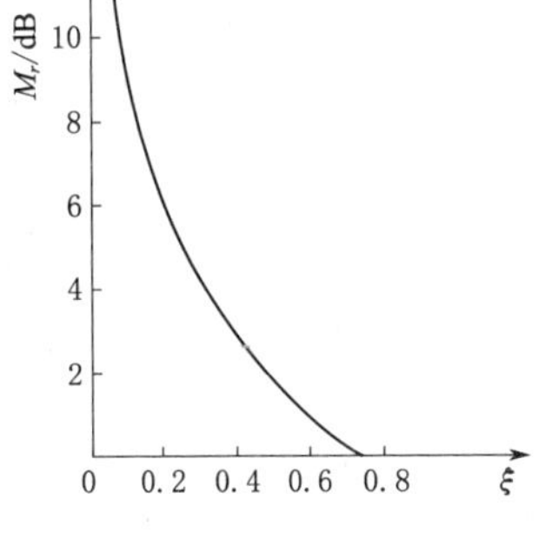

图 3-52

显然，振荡环节幅频特性的峰值 M_r 和超调量 $\sigma\%$ 只与系统阻尼比 ξ 有关。

当 $\xi>0.707$ 时，幅频特性不出现峰值，$|G(j\omega)|$ 单调衰减。

当 $\xi=0.707$ 时，$|G(j\omega)|=1$，$\omega_r=0$，这正是幅频特性曲线的初始点频率。

当 $\xi<0.707$ 时，则 $|G(j\omega)|=M_r>1$，$\omega_r>0$，幅频特性出现峰值，而且 ξ 越小，峰值 M_r 越大，频率 ω_r 越高。

当 $\xi=0$ 时，峰值趋于无穷大，峰值频率 ω_r 趋于 ω_n。表明外加正弦信号的角频率等于振荡环节的自然振荡频率时，即引起环节的共振，环节处于临界稳定状态。

峰值过大，意味着输出响应的超调量大，响应过程不平稳。对振荡环节或二阶系统来说，相当于阻尼比过小，这和时域分析法中所得的结论一致。一般要求 $M_r<1.5$，ξ 取最佳值 0.707，阶跃响应既快又稳，比较理想。

（2）对数频率特性。将式（3-60）幅频特性取对数，得

$$L(\omega)=-20\lg\sqrt{(1-\omega^2T^2)^2+(2\xi\omega T)^2} \tag{3-64}$$

低频渐近线：当 $\omega\ll\frac{1}{T}$时，式（3-64）中 $\omega T\ll1$，则有

$$L(\omega)\approx-20\lg1=0$$

可见在低频段的渐近线为零分贝线。

高频渐近线：当 $\omega\gg\frac{1}{T}$，式（3-64）近似为

$$L(\omega)\approx-20\lg(\omega T)^2=-40\lg\omega T$$

上式为 $\lg\omega$ 的一次函数，故在 ω 为对数坐标系中是一条直线，其斜率为 -40dB/dec。振荡环节的相频特性仍为式（3－60），作出对数频率特性图，如图 3－53 所示。

由图 3－53 可见，低频、高频二条渐近线的交接频率 $\omega_n=1/T$，这时渐近线所引起的误差值为式（3－64）中 $\omega=\frac{1}{T}$时的值，即

$$L(\omega_n)=-20\lg 2\xi \tag{3-65}$$

很明显，渐近线仅当 $0.4<\xi<0.9$ 的范围内误差较小。ξ 过小或过大则应进行修正。显然，渐近线反映不出峰值特征。

根据式（3－64）和式（3－60），对不同的 ξ 值，可作出精确的对数频率特性曲线，如图 3－54 所示。

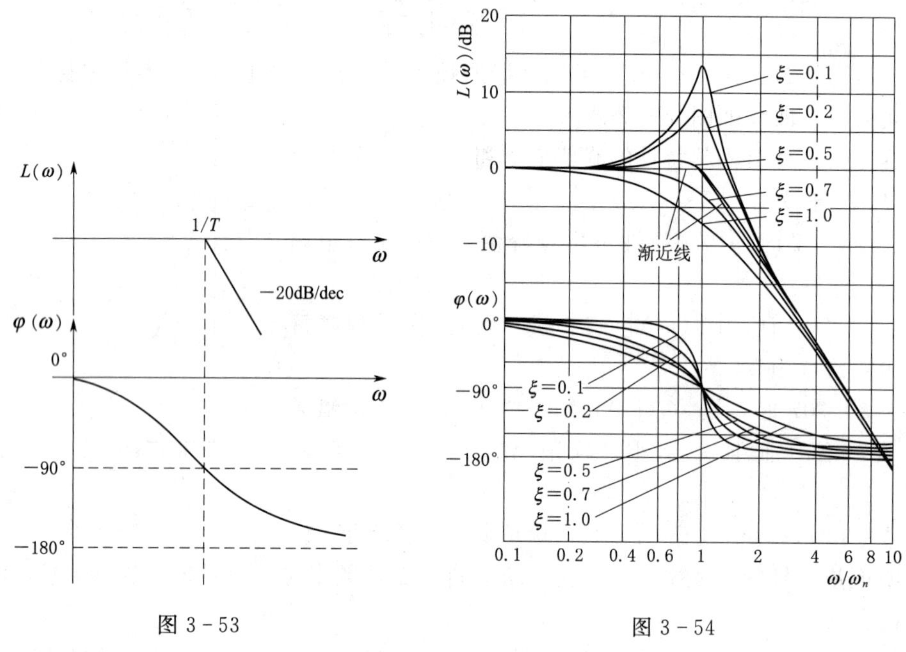

图 3－53　　　　图 3－54

比较图 3－53 与图 3－54，在转折频率附近的渐近线依不同阻尼系数与实际曲线可能有很大的误差，可用误差修正曲线（图 3－55）对图 3－53 进行修正。

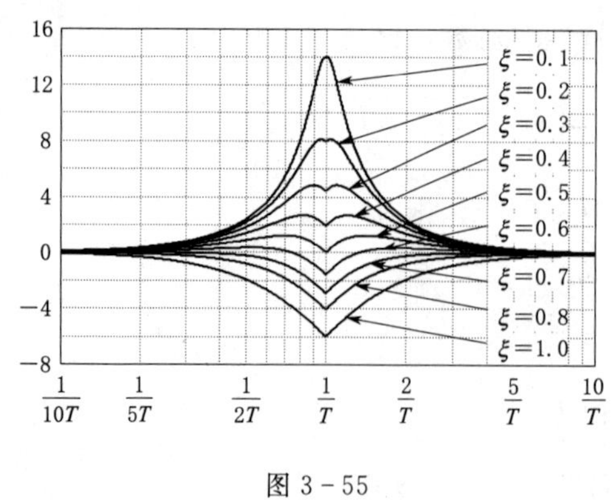

图 3－55

当环节中 T（或 ω_n）不同时，和惯性环节相同，其对数频率特性曲线也将左右平移，而曲线形状不变。此外，对数相频特性曲线对 $-90°$点具有奇对称性质。

3.3.2.6　延迟环节

在实际系统中，有些部件（如长管道传输）输出量毫不失真地复现输入量的变化，仅在时间上存在恒定延迟，这种环节称延迟环节。其信号传递关系如

图 3-56 所示。

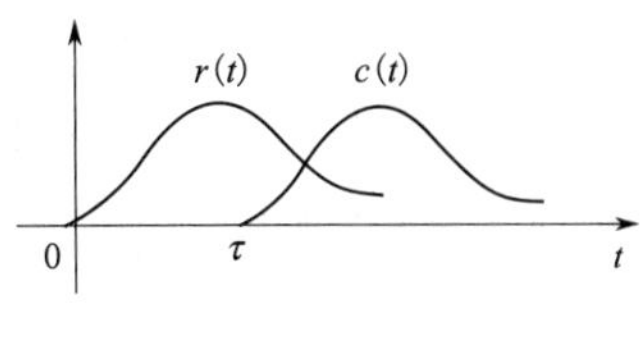

图 3-56

由于延迟环节输出的拉氏变换式为

$$C(s)=R(s)\mathrm{e}^{-\tau s}$$

故延迟环节传递数为

$$\frac{C(s)}{R(s)}=G(s)=\mathrm{e}^{-\tau s} \tag{3-66}$$

(1) 幅相频率特性。延迟环节频率特性，即

$$G(\mathrm{j}\omega)=\mathrm{e}^{-\mathrm{j}\omega\tau}$$

幅频：

$$|G(\mathrm{j}\omega)|=1$$

相频：

$$\angle G(\mathrm{j}\omega)=\omega\tau=-57.3\omega\tau(°)$$

故延迟环节的幅相频率特性曲线是圆心在原点，半径为 1 的圆，如图 3-57 所示。

(2) 对数频率特性对数幅频特性 $L(\omega)=20\lg1=0$，为零分贝线。对数相频特性曲线，如图 3-58 所示。由图 3-58 可见 τ 越大，延迟环节相角迟后量就越大。

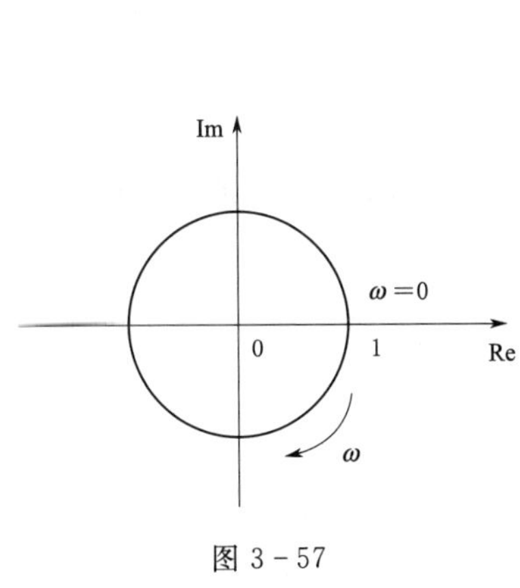

图 3-57

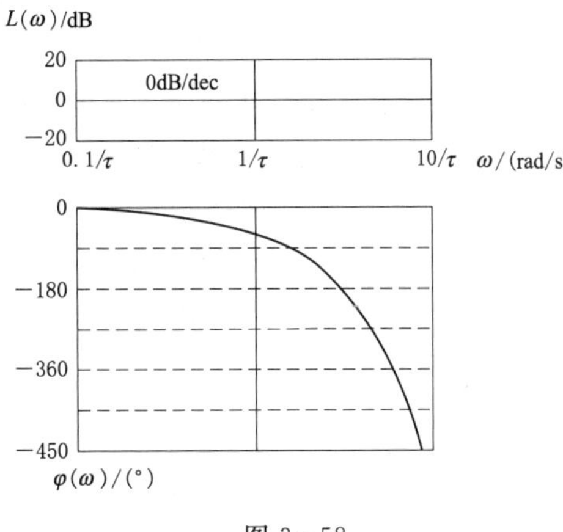

图 3-58

3.3.3 系统的开环频率特性图绘制

以典型环节的频率特性为基础，可以作出控制系统的开环频率特性曲线，进而可以对系统进行开环分析。

3.3.3.1 绘制开环幅相频率特性曲线图

要准确绘制系统的开环幅相频率特性曲线比较麻烦，不过在工程实践中，并不需要准确画出整条幅相频率特性曲线，只要知道曲线的走向和主要特征，对曲线的关键部分进行准确计算即可。

系统的开环频率特性，即

$$G_k(\mathrm{j}\omega)=\frac{K\prod_{i=1}^{m}(\mathrm{j}\tau_i\omega+1)}{(\mathrm{j}\omega)^{\nu}\prod_{j=1}^{n-\nu}(\mathrm{j}T_j\omega+1)}\quad(n>m) \tag{3-67}$$

式中，ν 为开环传递函数中串联的积分环节的个数，也可称为系统的类型。

根据系统开环频率特性的表达式（3-67），可以通过取点、计算和作图等方法绘制系统开环幅相特性曲线。系统的开环幅相频率特性曲线有两种绘制方法，一种是利用 MATLAB 软件绘制精确的幅相频率特性曲线；另一种是手工绘制近似的幅相频率特性曲线。这里着重介绍结合工程需要，绘制概略开环幅相特性曲线的方法。

概略开环幅相特性曲线应反映开环频率特性的三个重要因素：

（1）根据系统频率特性的特点确定奈奎斯特曲线低频和高频部分的位置和形状。

（2）对于奈奎斯特曲线的中频部分，根据实、虚频特性确定与实轴、虚轴焦点。

（3）按照 ω 从小到大的顺序用光滑曲线将频率特性的低、中、高频部分连接起来。

对应的具体步骤如下。

步骤 1：确定开环幅相特性曲线的起点（$\omega=0_+$）和终点（$\omega=\infty$）。

（1）起点：

当 $\omega\to 0$ 时，由式（3-67）为

$$\lim_{\omega\to 0^+} G_k(\mathrm{j}\omega)=\lim_{\omega\to 0^+}\frac{K}{(\mathrm{j}\omega)^\nu}=\lim_{\omega\to 0^+}\frac{K}{\omega^\nu}\mathrm{e}^{\mathrm{j}(-\nu\cdot 90^\circ)}$$

故可得

1）0 型系统，$\nu=0$，曲线始于实轴（K，j0）的点。

2）Ⅰ型系统，$\nu=1$，曲线始于（∞，$-$j90°），即相角为$-90°$的无穷远处。

3）Ⅱ型系统，$\nu=2$，曲线始于（∞，$-$j180°），即相角为$-180°$的无穷远处。

开环系统含有 ν 个积分环节系统，幅相曲线起自幅角为$-\nu\cdot 90°$的无穷远处，如图 3-59 所示。

（2）终点：

当 $\omega\to\infty$时，由式（3-67）为

$$\lim_{\omega\to\infty} G_k(\mathrm{j}\omega)=\lim_{\omega\to\infty}\frac{K(\mathrm{j}\omega)^m}{(\mathrm{j}\omega)^n}=\lim_{\omega\to\infty}\frac{K}{\omega^{n-m}}\mathrm{e}^{-\mathrm{j}(n-m)90^\circ}=0\mathrm{e}^{-\mathrm{j}(n-m)90^\circ}$$

故可得当 $n>m$ 时，曲线终点幅值为 0，相角为$-(n-m)90°$，如图 3-60 所示。

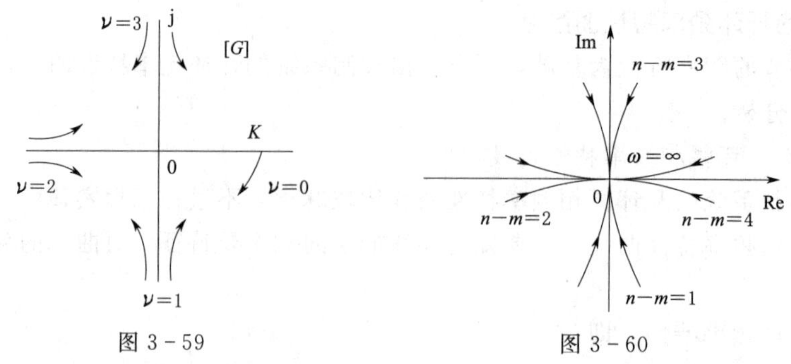

图 3-59　　图 3-60

1）$n-m=1$，从虚轴负半轴趋近坐标原点。

2）$n-m=2$，从实轴负半轴趋近坐标原点。

3）$n-m=3$，从虚轴正半轴趋近坐标原点。

……

步骤2：确定开环幅相特性曲线与虚轴、实轴的交点。

将系统的开环频率特性写为形式，即

$$G_k(\mathrm{j}\omega)=\frac{K\prod_{i=1}^{m}(\mathrm{j}\tau_i\omega+1)}{(\mathrm{j}\omega)^{\nu}\prod_{j=1}^{n-\nu}(\mathrm{j}T_j\omega+1)}=P(\omega)+\mathrm{j}Q(\omega)$$

1）开环幅相特性曲线与实轴交点。令频率特性中虚部为0，即

$$Q(\omega)=0$$

求出自变量频率 ω 的值，再代入到频率特性的实部中，即可求得与实轴交点。

2）开环幅相特性曲线与虚轴交点。令频率特性中实部为0，即

$$P(\omega)=0$$

求出自变量频率 ω 的值，再代入到频率特性的实部中，即可求得与虚轴交点。

步骤3：确定开环幅相曲线的变化范围（象限、单调性），光滑连接低、中、高频段曲线，画出大致图形。

根据式（3-67），开环幅相频率特性的相频特性为

$$\varphi(\omega)=\sum_{i=1}^{m}\arctan\tau_i\omega-90°\nu-\sum_{j=1}^{n-\nu}\arctan T_j\omega \tag{3-68}$$

由式（3-68）确定开环幅相曲线的变化范围，并将步骤1、2确定的开环幅相频率特性曲线的起点、终点和交点用平滑的曲线连接起来，就可得到概略的开环幅相频率特性曲线。需要注意：

1）无一阶微分环节，即 $\tau_i=0(i=1,2,\cdots,m)$ 时，相角单调减小，曲线平滑变化。

2）有一阶微分环节，即 $\tau\neq0$ 时，相角可能不是单调变化，曲线会出现凸凹现象。

【例3-10】 已知单位反馈系统的开环传递函数为

$$G(s)=\frac{30}{s(s+1)(2s+1)}$$

试绘制其开环幅相频率特性曲线草图。

【解】 系统的频率特性为

$$G(\mathrm{j}\omega)=\frac{30}{\mathrm{j}\omega(1+\mathrm{j}\omega)(1+\mathrm{j}2\omega)}$$

1）起点：

$$\lim_{\omega\to0^+}G(\mathrm{j}\omega)=\lim_{\omega\to0^+}\frac{30}{\mathrm{j}\omega(1+\mathrm{j}\omega)(1+\mathrm{j}2\omega)}=\lim_{\omega\to0^+}\frac{30}{\mathrm{j}\omega}=\infty\angle-90°$$

2）终点：

$$\lim_{\omega\to\infty}G(\mathrm{j}\omega)=\lim_{\omega\to\infty}\frac{30}{\mathrm{j}\omega(1+\mathrm{j}\omega)(1+\mathrm{j}2\omega)}=\lim_{\omega\to\infty}\frac{30}{(\mathrm{j}\omega)^3}=0\angle-3\times90°=0\angle-270°$$

3）相角变化范围：

比例环节30：0°

积分环节 $\angle\frac{1}{\mathrm{j}\omega}$：$-90°$

一阶惯性环节$\angle\frac{1}{j\omega+1}$：$0°\sim-90°$

一阶惯性环节$\angle\frac{1}{j2\omega+1}$：$0°\sim-90°$

$\varphi(\omega)$：$-90°\sim-270°$，单调减小

4）与实轴的交点：

$$G(j\omega)=\frac{30}{j\omega(1+j\omega)(1+j2\omega)}=\frac{30}{-3\omega^2+j\omega(1-2\omega^2)}$$

令$1-2\omega_x^2=0$，即$\omega_x=\frac{1}{\sqrt{2}}$时，$G(j\omega_x)=\frac{10}{-\omega_x{}^2}=-20$

概略的开环幅相频率特性曲线如图3-61所示。

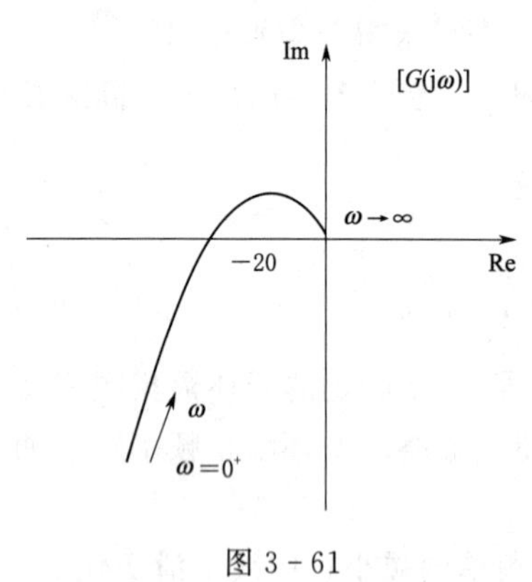

图3-61

3.3.3.2　绘制开环对数频率特性曲线图

若系统开环传递函数由典型环节串联而成，即

$$G_K(s)=G_1(s)G_2(s)\cdots G_n(s)$$

开环频率特性为

$$\begin{aligned}G_k(j\omega)&=G_1(j\omega)G_2(j\omega)\cdots G_n(j\omega)\\&=|G_1(j\omega)|e^{j\varphi_1(\omega)}|G_2(j\omega)|e^{j\varphi_2(\omega)}\cdots|G_n(j\omega)|e^{j\varphi_n(\omega)}\\&=\prod_{i=1}^{n}|G_i(j\omega)|e^{j\sum_{i=1}^{n}\varphi_i(\omega)}\end{aligned}$$

可见，系统开环幅频特性为

$$|G_k(j\omega)|=\prod_{j=1}^{n}|G_i(j\omega)|$$

开环相频特性为

$$\varphi(\omega)=\angle G_k(j\omega)=\sum_{i=1}^{n}\varphi_i(\omega)$$

而系统开环对数幅频特性为

$$L(\omega)=20\lg|G(j\omega)H(j\omega)|=20\lg\prod_{i=1}^{n}|G_i(j\omega)|=\sum_{i=1}^{n}20\lg|G_i(j\omega)|$$

由此可见，系统开环对数幅频特性等于各串联环节的对数幅频特性之和；系统开环相频特性等于各环节相频特性之和。

综上所述，应用对数频率特性，可使幅值乘、除的运算转化为幅值加、减的运算，且典型环节的对数幅频又可用渐近线来近似，对数相频特性曲线又具有奇对称性质，再考虑曲线的平移和互为镜像特点，一个系统的开环对数频率特性曲线是比较容易绘制的。

绘制bode图的基本步骤：

（1）将开环传递函数表示为典型环节的串联。

（2）确定各环节的转折频率，并由小到大标示在对数频率轴上。

（3）计算$20\lg K$，在$\omega=1\text{rad/s}$处找到纵坐标等于$20\lg K$的点，过该点作斜率等于-20υ dB/dec的直线，向左延长此线至所有环节的转折频率之左，得到最低频段的渐

近线。

（4）向右延长最低频段渐近线，每遇到一个转折频率改变一次渐近线斜率。斜率变化情况见表 3-10。

表 3-10　　交接频率处斜率的变化情况

环节类型	基本环节传递函数	交接频率	斜率变化
一阶环节	$1/(Ts+1)$	$1/T$	-20dB/dec
	$Ts+1$		20dB/dec
二阶环节	$1/(T^2s^2+2\xi Ts+1)$	$1/T$	-40dB/dec
	$T^2s^2+2\xi Ts+1$		40dB/dec

（5）计算穿越 0dB 线时的频率 ω_c。把开环对数幅频特性 $L(\omega)$ 通过 0 分贝线时的频率称为穿越频率或截止频率，记为 ω_c，则 $L(\omega_c)=0$ 或 $A(\omega_c)=1$。

（6）如果需要，可根据误差修正曲线对渐近线进行修正，其办法是在同一频率处将各个环节误差值叠加，即可得到精确的对数幅频特性曲线。

（7）相频特性曲线由各环节的相频特性相加获得。

【例 3-11】 设开环系统传递函数为

$$G_k(s)=\frac{50(s+1)}{s(5s+1)(s^2+2s+25)}$$

试绘制对数幅频特性曲线。

【解】 开环传递函数化为典型环节的乘积，即

$$G_k(s)=\frac{2(s+1)}{s(5s+1)\left(\dfrac{s^2}{5^2}+\dfrac{2\times 0.2}{5}s+1\right)}$$

1）系统的频率特性为

$$G_k(j\omega)=\frac{2(j\omega+1)}{j\omega(j5\omega+1)\left[\dfrac{(j\omega)^2}{5^2}+j\dfrac{2\times 0.2}{5}\omega+1\right]}$$

由此看出，系统由 5 个环节组成，分别为比例（放大）环节、一个积分环节、一个振荡环节、一个惯性环节和一个一阶微分环节。

2）转折频率为：0.2，1，5。

3）$K=2$，则 $20\lg K=6.02$dB。

4）低频段（第一个转折频率 0.2 之前）渐近线：过（1，6.02）点画 -20dB/dec 的直线。

5）各环节及对应的转角频率分别为：

一阶惯性环节 $\omega=0.2$，斜率［-20］变为［-40］；

一阶微分环节 $\omega=1$，斜率［-40］变为［-20］；

二阶振荡环节 $\omega=5$，斜率［-20］变为［-60］。

6）求截止频率 ω_c：

$$L(\omega)=\begin{cases}20\lg\dfrac{2}{\omega} & (-20\text{dB})\quad \omega<0.2\\ 20\lg\dfrac{2}{\omega 5\omega}=20\lg\dfrac{0.4}{\omega^2} & (-40\text{dB})\quad 0.2\leqslant\omega<1\\ 20\lg\dfrac{0.4\times\omega}{\omega^2}=20\lg\dfrac{0.4}{\omega} & (-20\text{dB})\quad 1\leqslant\omega<5\\ 20\lg\dfrac{0.4}{\omega\left(\dfrac{\omega}{5}\right)^2}=20\lg\dfrac{1}{\omega^3} & (-40\text{dB})\quad \omega\geqslant 5\end{cases}$$

因为 $L(0.2)=20\lg\dfrac{2}{0.2}=20>0\text{dB}$，$L(1)=20\lg\dfrac{0.4}{1^2}=20\lg 0.4<0\text{dB}$

所以 $\omega_c\in(0.2,1)$

$$L(\omega_c)=20\lg\frac{0.4}{\omega_c^2}=0\text{dB}\Rightarrow\frac{0.4}{\omega_c^2}=1,\ \omega_c=\sqrt{0.4}\approx 0.63$$

7）对曲线进行必要的修正。

最后得到对数幅频特性曲线如图 3－62 所示。

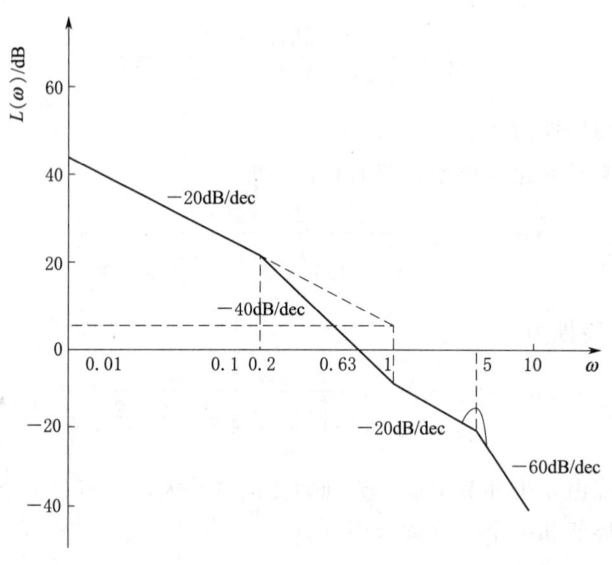

图 3－62

3.3.4　最小相位系统

在复平面［s］右半平面上没有开环零点和极点的传递函数，称为最小相位传递函数；反之，即为非最小相位传递函数。具有最小相位传递函数的系统，称为最小相位系统。

具有相同幅频特性的系统，最小相位系统的相角范围是最小的。

非最小相位系统，多是由于系统含有延迟环节或小闭环不稳定环节引起的，故起动性能差、响应慢。因此，在要求响应比较快速的系统中，总是尽量避免采用非最小相位系统。

3.4 基于 MATLAB 的系统分析

3.4.1 利用系统的开环频率特性作图

利用 MATLAB 可以方便、快捷地对控制系统进行时域分析。由于控制系统的稳定性决定于系统闭环极点的位置，因此在判别系统的稳定性时，只需求出系统闭环极点的分布状况，然后利用 MATLAB 中的函数就可快速求解和绘制出系统的零、极点。若要分析系统的动态特性，则只要给出系统在某典型输入下的输出响应，就可利用 MATLAB 十分方便地求解和绘制出系统的输出响应曲线。

3.4.1.1 用 MATLAB 绘制零、极点分布图

在 MATLAB 中，可以利用 tf2zp 函数将系统的传递函数形式变换为零、极点增益形式，利用 zp2tf 函数将系统的零、极点形式变换为传递函数形式，利用 pzmap 函数绘制出连续系统的零、极点分布图。

上述函数在 MATLAB 中的调用格式分别为

```
[z,p,k]=tf2zp(num,den)
[num,den]=zp2tf(z,p,k)
pzmap(num,den)
```

其中，z 为系统的零点；p 为系统的极点；k 为增益；num 为分子多项式降幂排列的系数向量；den 为分母多项式降幂排列的系数向量。

输入以下 MATLAB 程序，运行结果如下所示。

```
num=[100,200];
den=[1,1.4,100.44,100.04];
t1=[0:0.1:25];
t2=[0:0.1:30];
[y1,x1,t1]=step(num,den,t1);
[y2,x2,t2]=impulse(num,den,t2);
subplot(2,1,1),plot(t1,y1);
grid;
xlabel('t');
ylabel('y');
title('Step Response');
subplot(2,1,2),plot(t2,y2);
grid;
xlabel('t');
ylabel('y');
title('Impulse Response')
```

【例 3-12】 已知连续系统的传递函数为

$$G(s)=\frac{3s^4+2s^3+5s^2+4s+6}{s^5+3s^4+4s^3+2s^2+7s+2}$$

求该系统的零、极点及增益，并绘制其零、极点分布图。

【解】 将输入以下 MATLAB 程序：

```
num=[3,2,5,4,6];
den=[1,3,4,2,7,2];
[z,p,k]=tf2zp(num,den)
pzmap(num,den);
```

运行结果如下：

```
z =
   0.4019+1.1965i
   0.4019 - 1.1965i
  -0.7352+0.8455i
  -0.7352 - 0.8455i
p =
  -1.7680+1.2673i
  -1.7680 - 1.2673i
   0.4176+1.1130i
   0.4176 - 1.1130i
  -0.2991+0.0000i
k =
     3
```

屏幕上显示系统的零、极点分布图如图 3-63 所示。

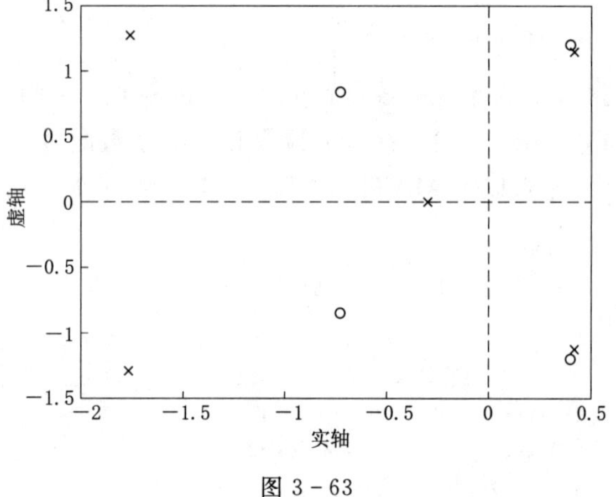

图 3-63

3.4.1.2 用 MATLAB 求取连续系统的输出响应

MATLAB 提供了多种求取连续系统输出响应的函数，如单位阶跃响应函数 step、单位脉冲响应函数 impulse、任意输入下的仿真函数 lsim 等，它们在 MATLAB 中的调用格式分别为

```
[y,x,t]=step(num,den,t)    或   step(num,den)
[y,x,t]=impulse(num,den,t)   或   impulse(num,den)
[y,x]=lsim(num,den,u,t)
```

其中，y 为输出响应；x 为状态响应；t 为仿真时间；u 为输入信号。

【例 3-13】 已知典型的二阶系统的传递函数为

$$G(s)=\frac{\omega_n^2}{s^2+2\xi\omega_n s+\omega_n^2}$$

其中 $\omega_n=6$，试绘制系统在 $\xi=0.1,0.3,0.5,0.7,1.0$ 时的单位阶跃响应曲线。

【解】 输入以下 MATLAB 程序：

```
wn=6;
num=[wn^2];
t=[0:0.1:10];
zeta1=0.1;
den1=[1,2 * zeta1 * wn,wn^2];
zeta2=0.3;
den2=[1,2 * zeta2 * wn,wn^2];
zeta3=0.5;
den3=[1,2 * zeta3 * wn,wn^2];
zeta4=0.7;
den4=[1,2 * zeta4 * wn,wn^2];
zeta5=1.0;
den5=[1,2 * zeta5 * wn,wn^2];
[y1,x,t]=step(num,den1,t);
[y2,x,t]=step(num,den2,t);
[y3,x,t]=step(num,den3,t);
[y4,x,t]=step(num,den4,t);
[y5,x,t]=step(num,den5,t);
plot(t,y1,t,y2,t,y3,t,y4,t,y5);
grid;
xlabel('t');
ylabel('y');
```

运行结果如图 3－64 所示。

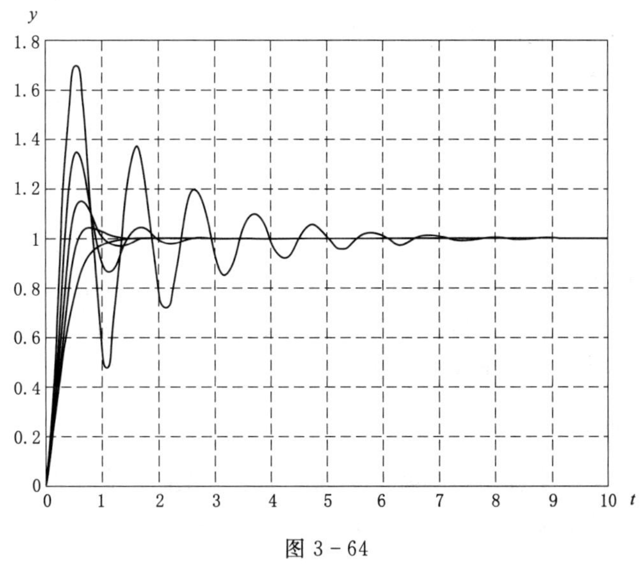

图 3－64

3.4.2 基于 MATLAB 的根轨迹分析

使用 rlocus 命令可以得到连续单输入单输出系统的根轨迹图，此命令有两种基本形式：

rlocus(num,den)　或　rlocus(num,den,k)

其中，num，den 分别为单输入单输出系统开环传递函数的分子多项式、分母多项式按降幂排列的系数向量。利用 rlocus 命令绘制的根轨迹图是自动生成的，如果参数 k 是指定的，rlocus 命令将按照给定的参数绘制根轨迹图；否则增益 k 将由 MATLAB 自动确定，k 的变化范围是 0 到无穷。

axis([−2.5,1−3,3])；

表示 x 轴的显示范围是−2.5～1，y 轴的显示范围是−3～3。

【例 3-14】 某单位反馈系统的开环传递函数为

$$G(s)=\frac{K}{s(s+1)(s+2)}$$

试绘制该系统的根轨迹图。

【解】 显然 $G(s)=\frac{K}{s(s+1)(s+2)}=\frac{K}{s^3+3s^2+2s}$，输入以下 MATLAB 程序，运行结果如图 3-65 所示。

```
num=[1];
den=[1,3,2,0];
rlocus(num,den);
axis([-6,2 -4,4])
```

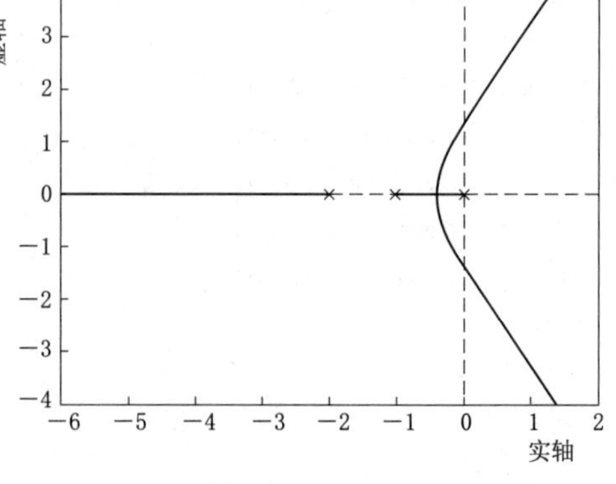

图 3-65

定常阻尼比 ξ（从 0～1，间隔增量为 0.1）与自然频率 ω_n 的根轨迹可以用 sgrid 命令绘制在同一根轨迹图上。sgrid 命令的调用格式为

```
sgrid　或　sgrid(zeta,wn)
```

后一种形式允许指定阻尼比与自然频率的范围。例如

```
sgrid([0.5:0.1:0.7],0.5);
```

表示要绘制阻尼比线（从 0.5～0.7）与自然频率线（0.5rad/s）。

在系统分析过程中，常常希望确定根轨迹上某一点的增益值，利用 rlocfind 命令可以完成该项工作。首先要得到系统的根轨迹，然后执行下面的命令。

```
[k,poles]=rlocfind(num,den);
```

执行命令后，将在根轨迹图形屏幕上生成一个十字光标，利用鼠标移动这个十字光标到所希望的位置，然后单击左键，在 MATLAB 的命令窗口中将会出现该点的位置及其所对应的增益值 k。如果所选择的点接近于根轨迹上某点，则该点对应的增益值和极点位置将作为命令的输出参数。

rlocfind 命令也可以在没有绘制根轨迹图之前执行，此时其调用格式如下。

```
[k,poles]=rlocfind(num,den,p);
```

其中，输入参数 p 是指定的极点矢量。

在控制系统的分析过程中，常常需要求取对应某一极点附近的参数。假设求例 3-13 系统中极点位置为-0.5 和-0.6 所对应的根轨迹增益及其他所有闭环极点，参考程序如下。

```
num=1;
den=[1,3,2,0];
[k,clpoles]=rlocfind(num,den,[-0.5,-0.6])
k =
    0.3750    0.3360
clpoles =
   -2.1514   -2.1381
   -0.5000   -0.6000
   -0.3486   -0.2619
```

3.4.3 基于 MATLAB 的频域分析

MATLAB 包含了进行系统分析与设计所必需的工具箱函数。其中常用的有 bode（伯德）函数和 nyquist（奈奎斯特）函数。

3.4.3.1 bode 函数

bode 函数的功能：求取连续系统的伯德频率响应，即绘制伯德图，其格式如下。

```
[mag,phase,w]=bode(a,b,c,d)
[mag,phase,w]=bode(a,b,c,d,iu)
[mag,phase,w]=bode(a,b,c,d,iu,w)
[mag,phase,w]=bode(num,den)
[mag,phase,w]=bode(num,den,w)
```

bode 函数可计算出连续时间系统的幅频和相频响应曲线。当缺省输出变量时，bode 函数可在当前图形窗口中直接绘制出连续时间下系统的伯德图。上述不同格式 bode 函数的功能如下。

（1）bode(a,b,c,d) 可绘制出系统的一组针对多输入—多输出连续系统的每个输入的伯德图，其频率范围由函数自动选取，且在响应快速变化的位置自动选取更多的取样点。

（2）bode(a,b,c,d,iu) 可绘制出系统从第 iu 个输入到所有输出的伯德图。

（3）bode(a,b,c,d,iu,w) 或 bode(num,den,w) 可以利用指定的频率矢量绘制出系统的伯德图。

（4）bode(num,den) 可绘制出以连续时间多项式传递函数 $G(s)=\mathrm{num}(s)/\mathrm{den}(s)$ 表示的系统伯德图。

通过带有输出变量的引用函数，可得到系统伯德图相应的幅度、相位及频率点矢量，其相互关系为 $G(s)=c(sI-a)^{-1}b+d$，$\mathrm{mag}(\omega)=|G(\mathrm{j}\omega)|$，$\mathrm{phase}(\omega)=\angle G(\mathrm{j}\omega)$ 相位以°为单位，幅度经转换后以 dB 为单位，即 magdB=20×log10(mag)

【例 3-15】 某二阶系统的自然频率 $\omega_n=1$，阻尼因子 $\xi=0.2$，试绘制系统的伯德图。

【解】 输入以下 MATLAB 程序，执行后可得到伯德图如图 3-66 所示。

```
[a,b,c,d]=ord2(1,0.2);
bode(a,b,c,d);
grid
```

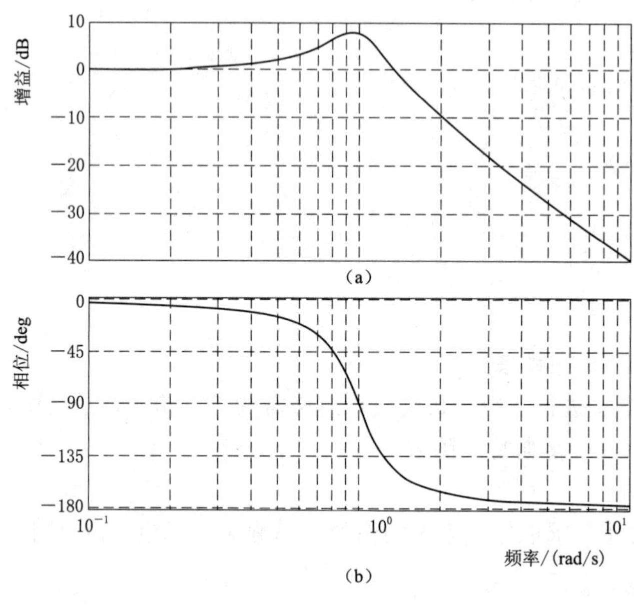

图 3-66

其中，ord2 是二阶系统生成函数，格式为[a,b,c,d]=ord2(wn,z)，表示生成固有频率为、阻尼系数为 z 的连续二阶系统的状态空间模型。

【例 3-16】 已知典型的二阶系统的传递函数为

$$G(s)=\frac{\omega_n^2}{s^2+2\xi\omega_n s+\omega_n^2}$$

试绘制 ξ 取不同值时系统的伯德图。

【解】 取 $\omega_n=6\xi$ 为[0.1:0.1:1.0] 时，二阶系统的伯德图可直接采用 bode 函数得到。输入以下 MATLAB 程序，执行程序后可得到如图 3-67 所示的伯德图。

```
wn=6;
kosi=[0.1:0.1:1.0];
w=logspace(-1,1,100);
figure(1)
num=[wn*wn];
for kos=kosi
den=[1,2*kos*wn,wn*wn];
[mag,pha,w1]=bode(num,den,w);
subplot(2,1,1);
hold on;
semilogx(w1,mag);
```

```
subplot(2,1,2);
hold on;
semilogx(w1,pha);
end
subplot(2,1,1);
grid on;
xlabel('Frequency(rad/sec)');
ylabel('Gain(dB)');
subplot(2,1,2);
grid on;
xlabel('Frequency(rad/sec)');
ylabel('Phase(deg)');
hold off
```

其中，命令函数 logspace(−1,1,100) 用于产生由 10^{-1} 到 10^{1} 对数分度的 100 个元素的矢量；命令函数 semilogx 则用于绘制横坐标是对数分度、纵坐标是线性分度的半对数坐标曲线。

执行程序后可得到如图 3-67 所示的伯德图。

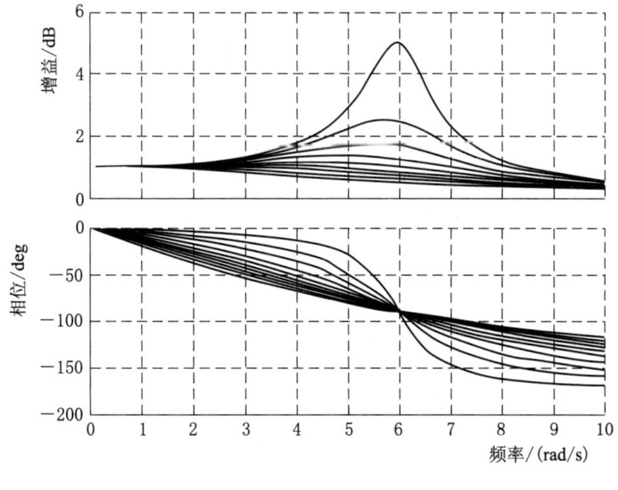

图 3-67

从图 3-67 中可以看出，当 $\omega \to 0$ 时，相角 $\varphi(\omega)$ 也趋于 0；当 $\omega \to \infty$时，$\varphi(\omega) \to -180°$；当 $\omega = \omega_n$ 时，$\varphi(\omega) \to -90°$，频率响应的幅度最大。

3.4.3.2 nyquist 函数

nyquist 函数的功能：求连续系统的奈奎斯特频率曲线，即绘制奈氏图。其格式如下。

```
[re,im,w]=nyquist(a,b,c,d)
[re,im,w]=nyquist(a,b,c,d,iu)
[re,im,w]=nyquist(a,b,c,d,iu,w)
[re,im,w]=nyquist(num,den)
[re,im,w]=nyquist(num,den,w)
```

nyquist 函数可计算连续时间系统的奈氏频率曲线。在不带输出变量的情况下引用该函数，nyquist 函数会在当前图形窗口中直接绘制出奈氏曲线。

上述不同格式 nyquist 函数的功能如下。

（1）nyquist(a,b,c,d) 可得到一组奈氏曲线，每条曲线对应于多输入一多输出连续系统的输入-输出组合，其频率范围由函数自动选取，而且在响应快速变化的位置自动选取更多的取样点。

（2）nyquist(a,b,c,d,iu) 可得到从系统第 iu 个输入到所有输出的奈氏曲线。

（3）nyquist(num,den) 可得到以连续时间传递函数 $G(s)=\mathrm{num}(s)/\mathrm{den}(s)$ 表示的系统奈氏曲线。

（4）nyquist(a,b,c,d,iu,w) 或 nyquist(num,den,w) 可利用指定的频率向量来绘制系统的奈氏曲线。

带输出变量的情况下引用该函数，可得到系统奈氏曲线的数据，nyquist 函数不会直接绘制出系统的奈氏曲线。

【例 3-17】 有一阶、二阶系统的传递函数为 $G(s)=\dfrac{2s^2+5s+1}{s^2+2s+3}$，试绘制系统的奈氏曲线。

【解】 已输入以下 MATLAB 程序，执行程序后得到如图 3-68 所示的奈氏曲线。

```
num=[2,5,1];
den=[1,2,3];
nyquist(num,den);
```

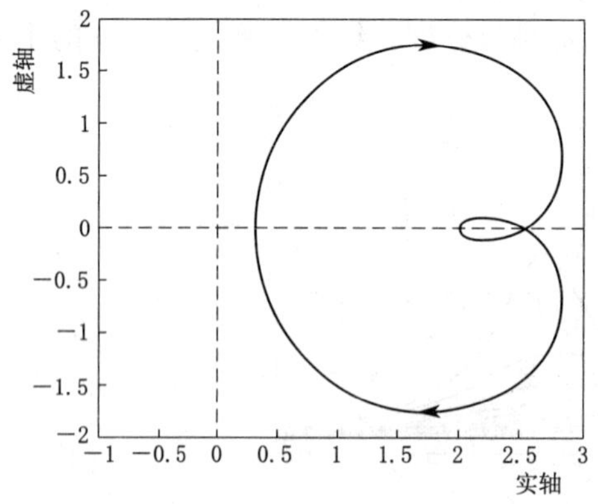

图 3-68

【例 3-18】 已知开环系统的传递函数为

$$G(s)=\frac{50}{(s+3)(s-2)}$$

试绘制系统的奈氏曲线，并绘制闭环系统的单位脉冲响应。

【解】 根据开环系统的传递函数，利用 nyquist 函数绘出系统的奈氏曲线；利用 cloop 函数构成闭环系统，并用 impulse 函数求出脉冲响应。输入以下 MATLAB 程序：

```
k=50;
z=[];
p=[-5,2];
[num,den]=zp2tf(z,p,k);
figure(1);
nyquist(num,den);
figure(2);
[num1,den1]=cloop(num,den);
impulse(num1,den1);
```

执行程序后可得到如图 3-69、图 3-70 所示的奈氏曲线和闭环系统单位脉冲响应曲线。

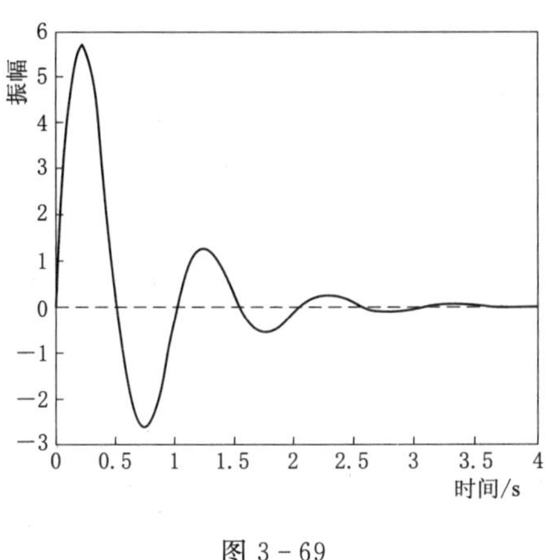

图 3-69

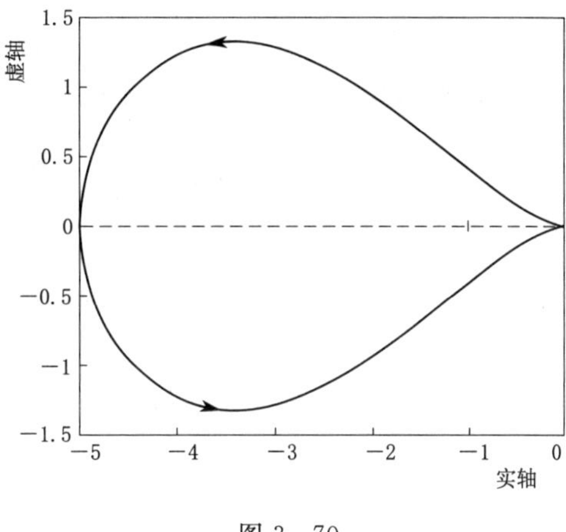

图 3-70

3.5 控制系统分析方法的工程应用

3.5.1 太空望远镜指向控制系统

【例 3-19】 太空望远镜指向控制系统的结构如图 3-71 所示。

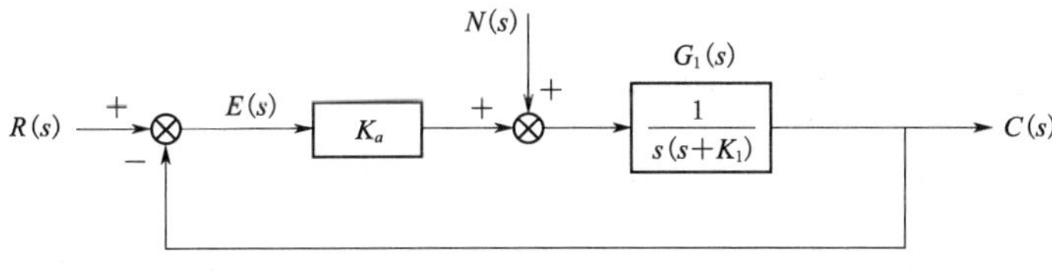

图 3-71

试选择合适的放大器增益 K_a 值和具有增益调节的测速反馈系数 K_1 值，使指向控制系统满足如下性能。

(1) 在阶跃指令 $r(t)$ 作用下，系统输出的超调量小于或等于 10%。

(2) 在斜坡输入作用下，稳态误差较小。

(3) 减小单位阶跃扰动的影响。

【解】 由图 3-71 可知，系统开环传递函数：

$$G_0(s)=\frac{K_a}{s(s+K_1)}=\frac{K}{s\left(\frac{s}{K_1}+1\right)}$$

式中 K 为开环增益，$K=\frac{K_a}{K_1}$。

系统在输入与扰动同时作用下的输出为

$$C(s)=\frac{G_0(s)}{1+G_0(s)}R(s)+\frac{G(s)}{1+G_0(s)}N(s)$$

系统误差为

$$E(s)=\frac{1}{1+G_0(s)}R(s)-\frac{G(s)}{1+G_0(s)}N(s)$$

(1) 首先选择 K_a 与 K_1，以满足系统对阶跃输入超调量的要求，令

$$G_0(s)=\frac{K_a}{s(s+K_1)}=\frac{\omega_n^2}{s(s+2\xi\omega_n)}$$

可得
$$\omega_n=\sqrt{K_a}，\xi=\frac{K_1}{2\sqrt{K_a}}$$

因为 $\sigma\%=100\mathrm{e}^{-\frac{\pi\xi}{\sqrt{1-\xi^2}}}\%$，解得

$$\xi=\frac{1}{\sqrt{1+\frac{\pi^2}{(\ln\sigma)^2}}}$$

因为 $\sigma=1$，所以 $\xi=0.59$，取 $\xi=0.6$。因此，在满足 $\sigma\%>10\%$ 的指标要求下，应选择 $K_1=2\xi\sqrt{K_a}=1.2\sqrt{K_a}$。

(2) 从满足斜坡输入作用下的稳态误差要求考虑 K_a 与 K_1 的选择。令 $r(t)=Bt$，则

$$e_{ssr}=\frac{B}{K}=\frac{BK_1}{K_a}$$

K_a 与 K_1 的选择应满足 $\sigma\%>10\%$ 的要求，即 $K_1=1.2\sqrt{K_a}$

因此有 $e_{ssr}=\dfrac{1.2B}{\sqrt{K_a}}$由此可知，$K_a$ 的取值应尽可能的大。

(3) 从减小单位阶跃扰动的影响考虑 K_a 与 K_1 的选择。因为扰动作用下的误差稳态：

$$e_{ssn}=\lim_{s\to 0}sE_n(s)=-\lim_{s\to 0}sC_n(s)=\lim_{s\to 0}s\,\frac{G_1(s)}{1+G(s)}N(s)$$
$$=-\lim_{s\to 0}s\,\frac{1}{s^2+K_1s+K_a}\times\frac{1}{s}=-\frac{1}{K_a}$$

由此可知，增大 K_a 的值可同时减小 e_{ssr} 和 e_{ssn}。

在实际系统中，K_a 的选取必须受到限制，以使系统工作在线性区。当取 $K_a=100$ 时，有 $K_1=12$，所设计的系统结构、系统对单位阶跃输入和单位阶跃扰动的响应如图 3-72、图 3-73 所示。

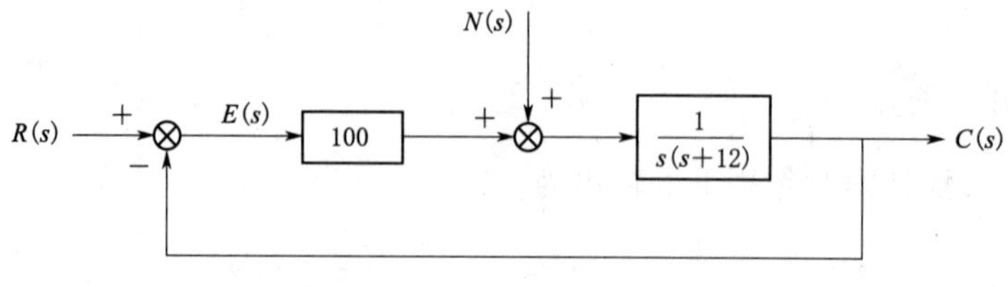

图 3-72

可以看出，扰动的影响很小。此时 $e_{ssr}=0.12B$ 和 $e_{ssn}=-0.01$ 系统的性能满足了设计要求。MATLAB 参考程序如下。

```
Ka=100;K1=12;
G1=zpk([],[0 -K1],1);
sys=feedback(Ka*G1,1);
sysn=feedback(G1,Ka);
t=0:0.01:2;
step(sys,t);hold on;
step(stsn,t);grid
```

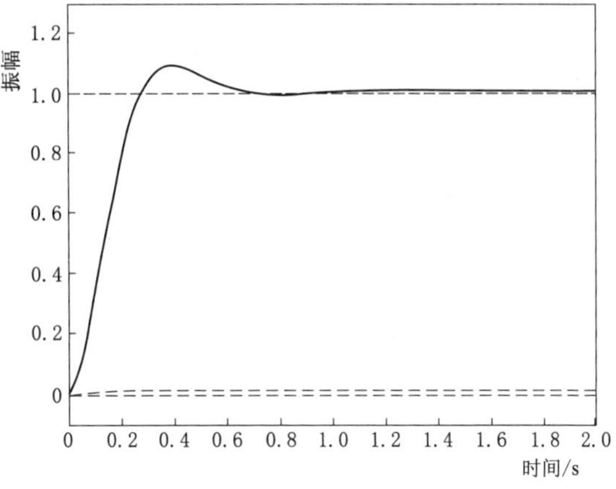

图 3-73

3.5.2 隧道钻机方向控制系统

【例 3-20】 隧道钻机在推进过程中，为了保证必要的隧道对接精度，施工中使用了一个激光导引系统，以保持钻机的直线方向。钻机方向控制系统如图 3-74 所示。图中 $C(s)$ 为钻机向前的实际角度，$R(s)$ 为预期角度，$N(s)$ 为负载对机器的影响。

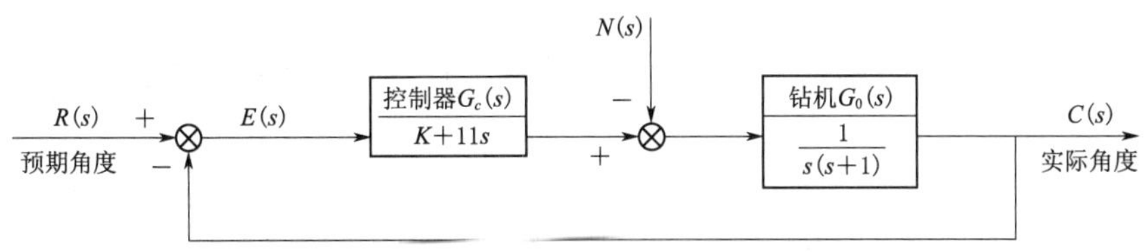

图 3-74

试选择合适的放大器增益 K，使系统对输入角度的响应满足工程要求，并且使扰动引起的稳态误差较小。

【解】 该钻机控制系统采用了比例-微分（PD）控制。应用梅森增益公式，可得在 $N(s)$ 和 $R(s)$ 作用下系统的输出为

$$C(s)=\frac{K+11s}{s^2+12s+K}R(s)-\frac{1}{s^2+12s+K}N(s)$$

则闭环系统的特征方程为 $s^2+12s+K$，显然只要选择增益 $K>0$，该系统就是稳定的。由于在扰动信号 $N(s)$ 作用下系统的闭环传递函数为

$$\Phi_n(s)=\frac{C_n(s)}{N(s)}=-\frac{1}{s^2+12s+K}$$

令 $N(s)=\frac{1}{s}$，可得单位阶跃扰动信号作用下系统的稳态输出为

$$C_n(\infty)=\lim_{s\to 0}s\Phi_n(s)N(s)=-\frac{1}{K}$$

若取 $K>10$，则 $|C_n(\infty)|<0.1$，此时扰动信号的影响较小。因此，为了保证系统的稳定性，宜选择增益 $K>10$。由于系统选用 PD 控制，系统的开环传递函数为

$$G_c(s)G_0(s)=\frac{K+11s}{s(s+1)}=\frac{K(Ts+1)}{s\left(\frac{s}{2\xi\omega_n}+1\right)}$$

其中 $T=\frac{11}{K}$，$2\xi\omega_n=1$。相应的闭环传递函数为

$$\Phi(s)=\frac{K+11s}{s^2+12s+K}=\frac{\omega_n^2}{z}\times\frac{s+z}{s^2+2\xi\omega_n s+\omega_n^2}$$

式中　z——系统的闭环零点，$Z=\frac{1}{T}=\frac{K}{11}$。

所以有 $\omega_n=\sqrt{K}$，$\xi=\frac{12}{2\sqrt{K}}$。

(1) 若取 $K=100$ 则 $\omega_n=10$，$\xi=0.6$，$e_{ssn}(\infty)=c_n(\infty)=-0.01$。令 $r(t)=1(t)$ 且 $n(t)=0$，可得系统对单位阶跃输入信号的响应，如图 3 - 74 所示。

由此可得系统的超调量和调节时间分别为

$$\sigma\%=22\%,\quad t_s=0.66\text{s}$$

由图可见，此时负载产生的扰动对系统的稳定性影响很小，但系统单位阶跃响应的超调量偏大。

(2) 若取 $K=20$ 则 $\omega_n=4.47$，$\xi=0.6$，$e_{ssn}(\infty)=-0.05$ 系统对单位阶跃输入信号的响应如图 3 - 76 所示。

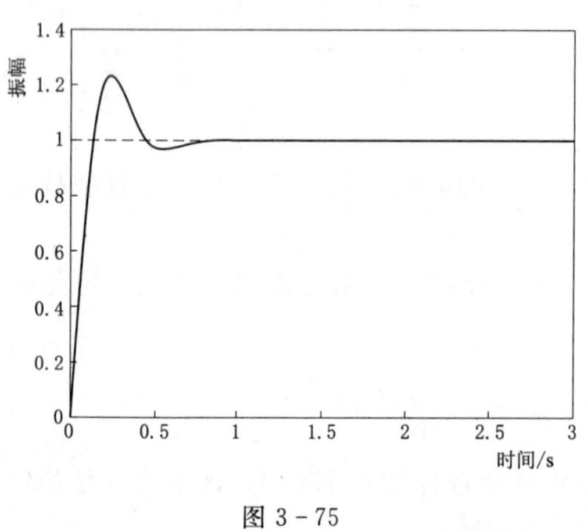

图 3 - 75

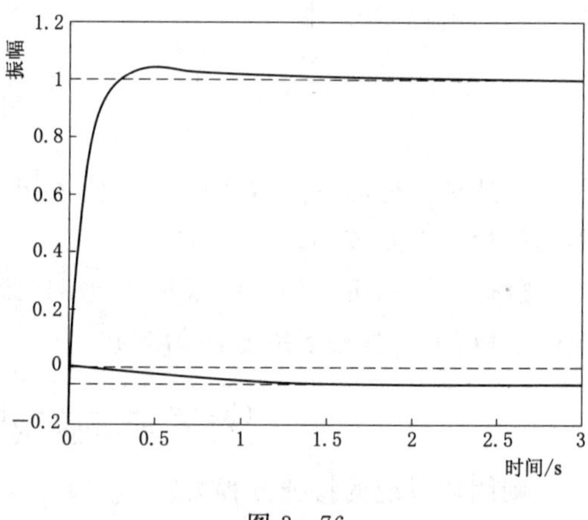

图 3 - 76

由此可得系统的超调量和调节时间分别为

$$\sigma\%=3.8\%, t_s=1.0\text{s}(\Delta=2\%)$$

超调量是由闭环零点引起的。虽然此时系统单位阶跃响应的超调量偏大，但负载产生的扰动对系统的稳定性影响不大，系统的动态性能可以满足设计要求。

MATLAB 参考程序如下。

```
K=[100 20];
for i=1:1:2
    sys=tf([11 k(i)],[1 12 K(i)]);
```

```
        sysn=tf([-1],[1 12 K(i)]);
        figure(i);t=0:0.002:3;
        step(sys,t);hold on;
        step(sysn,t);grid
    end
```

本 章 小 结

(1) 常用的典型输入信号有阶跃函数、斜坡函数、抛物线函数、脉冲函数和正弦函数。

(2) 时域分析是通过直接求解系统在典型输入信号作用下的时域响应来分析系统性能的。通常是以系统阶跃响应的超调量、调节时间和稳态误差等性能指标来评价系统性能的优劣。

(3) 典型一、二阶系统的动态性能指标 $\sigma\%$ 和 t 等与系统的参数有严格的对应关系；欠阻尼二阶系统的阶跃响应虽有振荡，但只要阻尼比取值适当（如为 0.7 左右），则系统既有响应的快速性，又有过渡过程的平稳性，因而成为控制工程中最常用的二阶系统，常设计为欠阻尼形式；高阶系统则通过降阶近似为一、二阶系统，以分析其动态性能指标。

(4) 所谓根轨迹，就是当系统中某个参数从 $0\to\infty$ 变化时，闭环特征根在 s 平面上移动的轨迹。实质上根轨迹法就是对闭环特征方程的一种图解求根法。根轨迹法的基本思路是：在已知系统开环零、极点分布的情况下，依据绘制根轨迹的基本法则，研究系统参数变化点分布的影响；再利用闭环主导极点和偶极子的概念，对控制系统的性能进行定量估算。

(5) 绘制根轨迹是用根轨迹分析系统的基础。应用绘制根轨迹的基本法则，就可迅速地绘制出根轨迹的大致形状。应特别注意绘制 180°根轨迹与 0°根轨迹基本法则的异同。一般情况下，以开环根轨迹增益 K 为绘制根轨迹的参变量。但当参变量不是 K 时，应绘制以指定参数为参变量的参量根轨迹。

(6) 在控制系统中适当增加一些开环零、极点，可以改变根轨迹的形状，从而达到改善系统性能的目的。一般情况下，增加开环零点可使根轨迹左移，有利于改善系统的相对稳定性和动态性能；相反，增加开环极点则使根轨迹右移，不利于系统的相对稳定性和动态性能。如果在原点附近的实轴上增加一对由零、极点构成的偶极子，且极点比零点更靠近原点，则系统的稳态性能将大为改善。

(7) 频率特性是线性定常系统在正弦函数作用下，稳态输出与输入之比和频率之间的函数关系。频率特性是系统的一种数学模型，将系统传递函数中的复数 s 换成纯虚数 $\mathrm{j}\omega$，即可得出系统的频率特性。它既反映出系统的静态性能，又反映出系统的动态性能。

(8) 频率特性法是一种图解分析法，用频率法研究和分析控制系统时，可免去许多复杂而困难的数学运算。对于难以用解析方法求得频率特性曲线的系统，可以改用实验方法测得其频率特性，这是频率法的突出优点之一。

(9) 频率特性图形因其采用的坐标系不同而分为一般坐标图、极坐标图、伯德图及尼可尔斯图等几种形式。各种形式之间是相互联系的，而每种形式却有其特定的适用场合。

拓 展 阅 读

代表人物及事件简介

1. 沃尔特·理查德·伊文斯（Walter Richard Evans，1920—1919），出生于美国加利福尼亚，1941年在密苏里圣路易斯华盛顿大学获得电气工程学士学位，1951年在美国加州大学洛杉矶分校获得电气工程硕士学位。曾受聘于通用电气公司、罗克韦尔国际公司、福特航空公司等。1954年出版了《控制系统动力学》。

伊文斯是著名的控制理论家和根轨迹法的创始人。他的两篇论文“Graphical Analysis of Control system”和“Control System Synthesis by Root Locus Method”基本建立了根轨迹法的完整理论。他利用系统参数变化时特征方程根的变化轨迹来研究系统性能，开创了新的思维和研究方法。由于伊文斯在控制领域的突出贡献，1987年获得了美国机械工程师学会Rufus Oldenburger奖章，1988年获得了美国控制学会Richard E. Bellman Control Heritage奖章。

2. 哈利·奈奎斯特（Hary Nyquist，1889—1976），美国通信工程师。出生于瑞典的尼尔斯比，1907年移居美国，1914年在北达科他大学电气工程系获理学学士学位，1915年获理学硕士学位，1917年在耶鲁大学物理系获物理学博士学位。

奈奎斯特在20世纪20年代以研究电话传输问题闻名。1924年在一篇关于电报的论文中蕴含了信息论的思想，1928年发现信道带宽和传输速率间的关系，提出著名的奈奎斯特定理，1927年在研究热噪声问题时提出的偏差理论，1932年发现负反馈放大器的稳定性条件，即著名的奈奎斯特稳定判据。他还是卓越的发明家，在美国有138项专利，涉及电话、电报、图像传输系统、电测量、传输线均衡、回波抑制、保密通信等方面。由于他突出的成就，曾获美国无线电工程师学会（1960）、富兰克林学会（1960）、电气和电子工程师学会（IEEE）（1961）、美国工程科学院（1969）、美国机械工程师学会（1975）的多项奖章。

3. 享德里克·韦德·伯德（Hendrik Wade Bode，1905—1982），美籍荷兰人，贝尔电话实验室的应用数学家、现代控制用论与电子通信先驱。伯德从小就表现出不凡的学习天赋，14岁就从乌尔班纳高中毕业，并进入父亲任教的俄亥俄州立大学，1924年获得学士学位、1926年获得硕士学位。然后，他在纽约市的贝尔电话实验室开始了41年的职业生涯，并在哥伦比亚大学兼职攻读博士学位，于1935年获得哥伦比亚大学物理学博士学位。1967年从贝尔电话实

验室退休后，他被任命为哈佛大学系统工程 Gordon McKay 项目的教授。1974 年第二次退休后，担任哈佛大学名誉教授。

1940 年，伯德在自动控制分析的频率法中引入对数坐标系，使频率特性的绘制工作更加适用于工程设计。1945 年，伯德在《网络分析和反馈放大器设计》一书中提出了频率响应分析方法，即简便而实用的控制系统频域设计方法——“伯德图”法。伯德在滤波器和均衡器以及通信传输等领域的研究成果在《贝尔系统技术期刊》上发表了许多论文，并获得了 25 项专利，涉及传输网络、变压器系统、电波放大、宽带放大器和火炮计算等方面。伯德获得了许多荣誉，包括美国电气和电子工程师协会（IEEE）、美国物理学会（American Physical Society）和美国艺术与科学学院（American Academy of Arts and Science）的研究员。同时，他当选为国家科学院院士，是国家工程院的特许成员。此外，他在 1969 年获得了 IEEE 爱迪生奖章，1979 年获得了美国自动控制委员会的第一个控制遗产奖（Control Heritage Award），1975 年获得了美国机械工程师学会的 Rufus Oldenburger 奖章。

习　题

3-1　什么是时间响应？时间响应由哪两部分组成？它们的定义分别是什么？

3-2　若某系统，当零初始条件下的单位阶跃响应为 $c(t)=1-e^{-2t}+e^{-t}$ 试求系统的传递函数和脉冲响应。

3-3　二阶系统单位阶跃响应曲线如题 3-3 图所示，试确定系统开环传递函数。设系统为单位负反馈式。

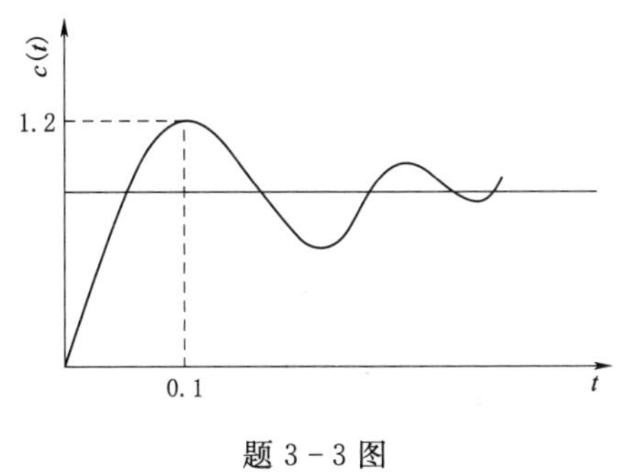

题 3-3 图

3-4　若温度计的特性用传递函数 $G(s)=\dfrac{1}{Ts+1}$ 描述，现用温度计测量盛在容器内的水温，发现需 30s 时间指出实际水温的 95%的数值。试求：

（1）把容器的水温加热到 100℃，温度计的温度指示误差 e_{ss}。

（2）给容器加热，使水温 6℃/min 的速度线性变化时，温度计的稳态指示误差 e_{ss}。

3-5　闭环传递函数 $G(s)=\dfrac{\omega_n^2}{s^2+2\xi\omega_n s+\omega_n^2}$，试在 S 平面绘出满足下列要求的闭环特征方程根的区域：

（1）$0.707\leqslant\xi<1$，$\omega_n\geqslant 2\text{rad/s}$。

（2）$0<\xi\leqslant 0.5$，$2\text{rad/s}\leqslant\omega_n\leqslant 4\text{rad/s}$。

（3）$0.5<\xi<0.707$，$\omega_n<2\text{rad/s}$。

3－6　单位负反馈系统的开环传递函数 $G(s)=\dfrac{4}{s(s+2)}$，试求：

（1）系统的单位阶跃响应和单位斜坡响应；

（2）峰值时间 t_p、调节时间 t_s 和超调量 $\sigma\%$。

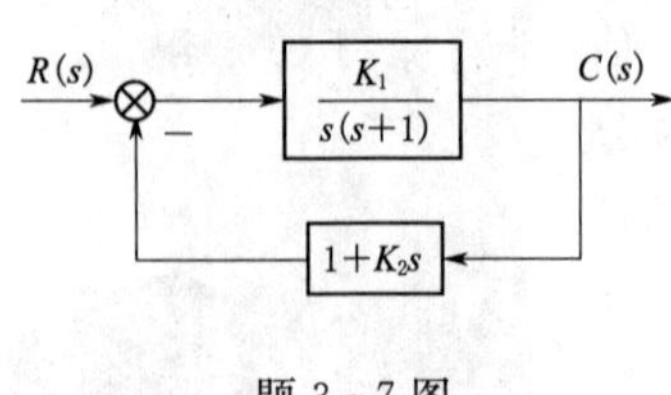

题 3－7 图

3－7　系统方框图如题 3－7 图所示，若系统的 $\sigma\%=15\%$，$t_p=0.8$s。试求：

1）K_1、K_2 值。

2）$r(t)=1(t)$ 时：调节时间 t_s、上升时间 t_r。

3－8　设系统的开环零、极点分布如题 3－8 图所示，试绘制相应的根轨迹草图。

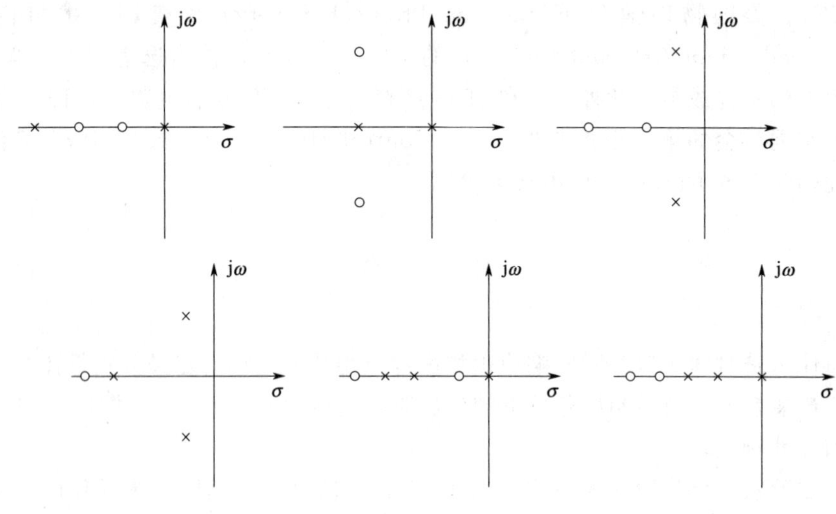

题 3－8 图

3－9　设负反馈系统的开环传递函数分别如下：

（1）$G(s)=\dfrac{K}{(s+0.2)(s+0.5)(s+1)}$　　（2）$G(s)=\dfrac{K(s+1)}{s(2s+1)}$

（3）$G(s)=\dfrac{K(s+2)}{(s^2+2s+5)}$　　（4）$G(s)=\dfrac{K}{(s+1)(s+5)(s^2+6s+13)}$

试绘制 K 由 $0\to+\infty$变化的闭环根轨迹图。

3－10　已知单位负反馈系统的开环传递函数为：$G(s)=\dfrac{K}{(s+1)^2(s+4)^2}$，试绘制 K 由 $0\to+\infty$变化的闭环根轨迹图，并求出使系统闭环稳定的 K 值范围。

3－11　已知单位负反馈系统的开环传递函数为

$$G(s)=\frac{K}{s(s+1)(0.5s+1)}$$

（1）试绘制 K 由 $0\to+\infty$变化的闭环根轨迹图。

（2）用根轨迹法确定使系统的阶跃响应不出现超调时的 K 值范围。

（3）为使系统的根轨迹通过 $-1\pm$j1 两点，拟加入串联微分校正装置（$\tau s+1$），试确

定 τ 的取值。

3－12　已知单位负反馈系统的闭环传递函数为

$$G(s)=\frac{as}{s^2+as+16}$$

(1) 试绘制参数 a 由 0→+∞变化的闭环根轨迹图。

(2) 判断 $(-\sqrt{3}, \mathrm{j})$ 点是否在根轨迹上。

(3) 由根轨迹求出使闭环系统阻尼比 $\xi=0.5$ 时 a 的值。

3－13　已知单位负反馈系统的开环传递函数为

$$G(s)=\frac{(s+a)/4}{s^2(s+1)}$$

(1) 试绘制参数 a 由 0→+∞变化的闭环根轨迹图。

(2) 求出临界阻尼比 $\xi=1$ 时的闭环传递函数。

3－14　已知单位负反馈系统的开环传递函数为

$$G(s)=\frac{K(1-0.5s)}{s(1+0.25s)}$$

(1) 试绘制 K 由 0→+∞变化的闭环根轨迹图。

(2) 求出使系统产生相重实根和纯虚根时的 K 值。

3－15　系统方框图如题 3－15 图所示，试绘制 K 由 0→+∞变化的闭环根轨迹图。

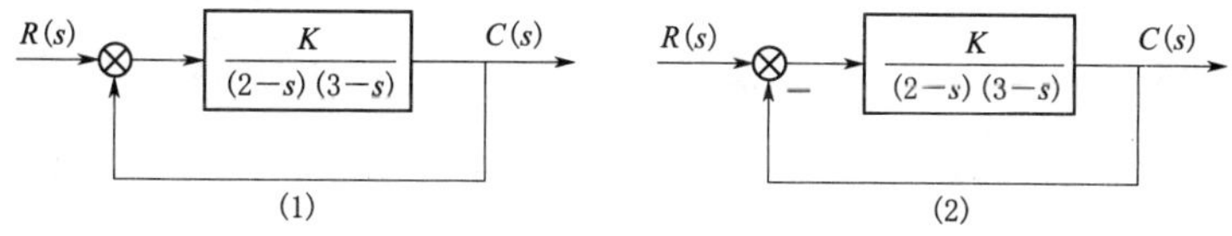

题 3－15 图

3－16　单位负反馈系统开环传递函数为 $G(s)=\dfrac{1-2s}{(Ks+1)(s+1)}$，绘制 K 由 0→+∞变化的闭环根轨迹图。

3－17　系统方框图如题 3－15 图所示，试求：

(1) 当闭环极点为 $s=-1+\sqrt{3}\mathrm{j}$ 时的 K、K_1 值。

(2) 在上面所确定的 K_1 值下，当 K 由 0→+∞变化的闭环根轨迹图。

3－18　系统闭环特征方程分别如下，试概略绘制 K 由 0→+∞变化的闭环根轨迹图。

(1) $s^3+(K-1.8)s^2+4Ks+3K=0$；(2) $s^3+3s^2+(K+2)s+10K=0$

3－19　已知单位负反馈系统的开环传递函数为 $G(s)=\dfrac{1}{(s+a)(s+1)}$。

(1) 试概略绘制 a 由 0→+∞和 0→−∞变化的闭环根轨迹图。

(2) 求出其单位阶跃响应为单调衰减、振荡衰减、等幅振荡、增幅振荡、单调增幅时的 a 值。

3－20　系统方框图如题 3－20 图所示，绘制 a 由 0→+∞的闭环根轨迹图，并要求：

(1) 求无局部反馈时系统单位斜坡响应的稳态误差、阻尼比及调节时间。

(2) 讨论 $a=2$ 时局部反馈对系统性能的影响。

(3) 求临界阻尼时的 a 值。

3-21　设单位负反馈系统的开环传递函数为 $G(s)=\dfrac{K(s+a)}{s^2(s+1)}$ 确定 a 值，使根轨迹分别具有：0，1，2个分离点，画出这三种情况的根轨迹。

3-22　什么是系统的频率特性？

3-23　一个系统稳定的充要条件是什么？

3-24　试求如题3-24图所示网络的频率特性，并绘制其幅相频率特性曲线。

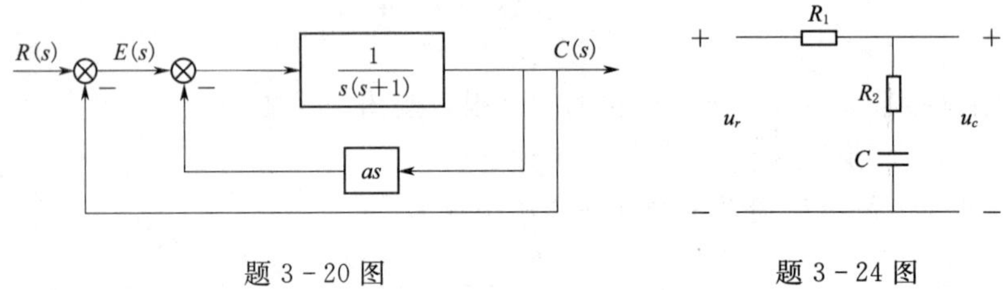

题3-20图　　　　题3-24图

3-25　已知某单位负反馈系统的开环传递函数为 $G(s)=\dfrac{K}{s(Ts+1)}$，在正弦信号 $r(t)=\sin 10t$ 作用下，闭环系统的稳态响应 $c_s(t)=\sin\left(10t-\dfrac{\pi}{2}\right)$，试计算 K，T 的值。

3-26　已知系统传递函数如下，试分别概略绘制各系统的幅相频率特性曲线。

(1) $G(s)=\dfrac{K}{(T_1s+1)(T_2s+1)}$　　(2) $G(s)=\dfrac{K}{s(s+1)}$

(3) $G(s)=\dfrac{K(T_1s+1)}{s(T_2s+1)}$，$(T_1<T_2)$　　(4) $G(s)=\dfrac{K(T_1s+1)}{s^2(T_2s+1)}$　$(T_1<T_2$ 和 $T_1>T_2)$

(5) $G(s)=\dfrac{250}{s(s+5)(s+15)}$　　(6) $G(s)=\dfrac{50}{s(s^2+s+1)}$

(7) $G(s)=\dfrac{K}{s(s-1)}$　　(8) $G(s)=\dfrac{T_1s-1}{T_2s+1}$　$(T_1>T_2)$

3-27　系统开环传递函数如下，试分别绘制各系统的对数幅频特性的渐近线和对数相频特性曲线。

(1) $G(s)=\dfrac{2}{(2s+1)(8s+1)}$　　(2) $G(s)=\dfrac{10(s+1)}{s^2}$

(3) $G(s)=\dfrac{10(s+0.2)}{s^2(s+0.1)}=\dfrac{20(5s+1)}{s^2(10s+1)}$　　(4) $G(s)=\dfrac{10(s-50)}{s(s+10)}=\dfrac{50(0.02s-1)}{s(0.1s+1)}$

3-28　试概略绘制下列传递函数相应的对数幅频特性的渐近线。

(1) $G(s)=\dfrac{8(s+0.1)}{s(s^2+4s+25)(s^2+s+1)}$　　(2) $G(s)=\dfrac{10}{s(s-1)(0.2s+1)}$

(3) $G(s)=\dfrac{200}{s^2(s+1)(10s+1)}$　　(4) $G(s)=\dfrac{10(s+1)^2}{s^2+\sqrt{2}s+2}$

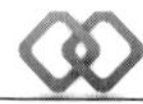

3－29　已知最小相位系统的开环对数幅频特性渐近线如题 3－29 图所示，试求相应的开环传递函数。

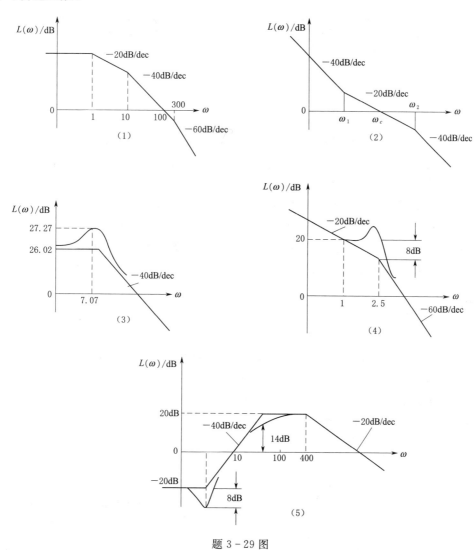

题 3－29 图

第 4 章　线性控制系统的稳定性分析

引言

稳定性是保证控制系统正常工作的先决条件，常用于反映系统动态过程的振荡倾向以及恢复平衡状态的能力。对于稳定的线性控制系统，其输出量在偏离平衡状态后，应能随时间而收敛并且最后回到初始的平衡状态。对于存在储能元件的线性控制系统，若系统参数匹配不当，便可能引起振荡，使原本稳定的系统变得不稳定。

系统的稳定性分为绝对稳定性和相对稳定性。对于线性控制系统，其绝对稳定性可通过劳斯判据和奈奎斯特判据进行判别，而其相对稳定性则可通过系统稳定裕度的分析来判别。本章所研究的系统均指线性控制系统。

学习目标

- 掌握使用劳斯判据判别系统是是否稳定的方法。
- 掌握奈奎斯特判据进行闭环系统稳定性频域稳定性分析的方法。
- 掌握使用 MATLAB 分析系统的稳定性的方法。

稳定与不稳定系统的示例如图 4 - 1 所示。

图 4 - 1（a）为稳定的系统。

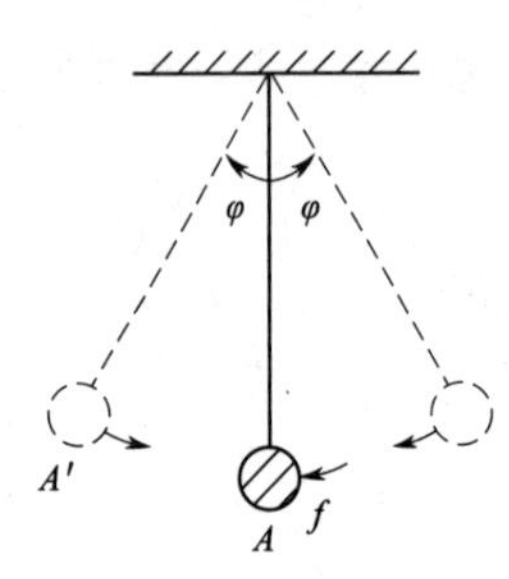

（a）摆运动示意图

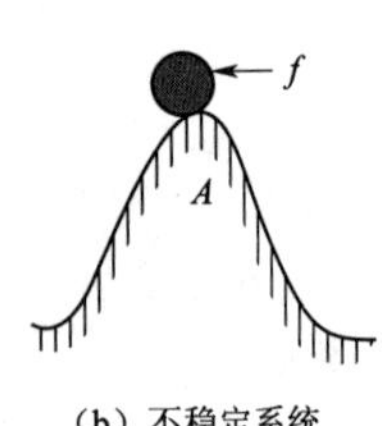

（b）不稳定系统

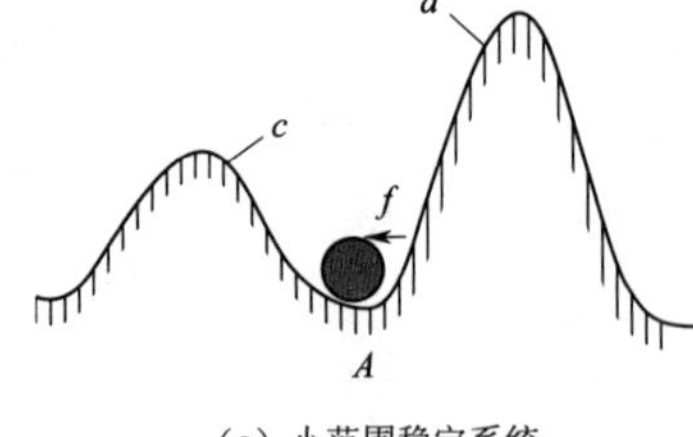

（c）小范围稳定系统

图 4 - 1

图 4 - 1（b）为不稳定系统。

图 4 - 1（c），小球超出了 c、d 范围后系统就不再是线性的，故可以认为该系统在线性范围内是稳定的。

线性定常系统稳定的充分必要条件：闭环系统特征方程的所有根均具有负实部，或者闭环传递函数的所有极点均位于为 s 平面的左半部分（不包括虚轴）。

判断稳定性的方法有两种：第一种需要解出全部特征根，从特征根在［s］平面内位置来判断系统是否稳定；第二种采用代数判据或频率判据。

4.1 劳斯判据

为了判别系统的稳定性，就要求出系统特征方程的根，并检验它们是否都具有负实部。但是，这种求解系统特征方程的方法，对低阶系统尚可以进行，而对高阶系统，将会遇到较大的困难。因此，人们希望寻求一种不需要求解的特征方程而能判别系统稳定性的间接方法——劳斯判据。

劳斯判据是一种代数判据方法，它不必求解方程，而是根据系统特征方程式中是否存在位于复平面右半部的正根，来判断系统的稳定性。

根据稳定性的定义，如果处于平衡状态的系统，在受到扰动输入信号作用后偏离了原来的平衡状态，而在扰动输入信号消失后，经过一段过渡时间又恢复到原平衡状态，则称该系统是稳定的；否则，称该系统是不稳定的。

稳定的系统在外部干扰瞬间输入并消失后，最终能够回到原平衡状态。那么在外部持续但有界的输入信号（参考输入信号或干扰输入信号）的作用下，该系统的输出响应一定也是有界的。这样的系统又称为稳定的动态系统。

根据系统稳定的充分必要条件判断系统的稳定性时，需要求出系统所有的闭环特征根。这对于低阶系统是很容易做到的，而对于高阶系统，求取闭环特征根就相当困难。劳斯判据又称代数稳定判据，它不必求解系统的闭环特征根，而是根据闭环特征方程的系数判断闭环特征根的实部是否均为负值，从而判断系统是否稳定。

4.1.1 应用劳斯判据的一般情况

（1）首先将系统的闭环特征方程写成如下标准形式。

$$a_0 s^n + a_1 s^{n-1} + a_2 s^{n-2} + \cdots + a_{n-1} s + a_n = 0$$

式中的系数均为实数，且 $a_n \neq 0$ ，即排除掉任何零根的情况。

（2）如果特征方程在至少存在一个正系数的情况下，还存在等于零或负值的系数，那么它必然存在虚根或具有正实部的根，此时系统是临界稳定或不稳定的。因此，系统稳定的必要条件是特征方程的各项系数均为正值。

（3）如果特征方程的各项系数都是正值，将特征方程中的各项系数排列成劳斯表，格式如下。

$$\begin{array}{c|ccccc}
s^n & a_0 & a_2 & a_4 & a_6 & \cdots \\
s^{n-1} & a_1 & a_3 & a_5 & a_7 & \cdots \\
s^{n-2} & b_1 & b_2 & b_3 & b_4 & \cdots \\
s^{n-3} & c_1 & c_2 & c_3 & c_4 & \cdots \\
\vdots & & & \vdots & & \\
s^2 & e_1 & e_2 & & & \\
s^1 & f_1 & & & & \\
s^0 & g_1 & & & &
\end{array}$$

劳斯表共 $n+1$ 行；最下面的两行各有 1 列，其上两行各有 2 列，再上面两行各有 3

列，依此类推，最高一行应有$\frac{n+1}{2}$列（n 为奇数）或$\frac{n+2}{2}$列（n 为偶数）。表中前两行根据特征方程中的系数按以下规则形成：

$$\begin{matrix} a_0 & a_2 & a_4 & a_6 & \cdots \\ \downarrow & \downarrow & \downarrow & \downarrow & \\ a_1 & a_3 & a_5 & a_7 & \cdots \end{matrix}$$

从第三行开始，各系数均由计算得出。其中，第三行计算公式为

$$b_1=-\frac{1}{a_1}\begin{vmatrix} a_0 & a_2 \\ a_1 & a_3 \end{vmatrix}=\frac{a_1a_2-a_0a_3}{a_1},\ b_2=-\frac{1}{a_1}\begin{vmatrix} a_0 & a_4 \\ a_1 & a_5 \end{vmatrix}=\frac{a_1a_4-a_0a_5}{a_1},$$

$$b_3=-\frac{1}{a_1}\begin{vmatrix} a_0 & a_6 \\ a_1 & a_7 \end{vmatrix}=\frac{a_1a_6-a_0a_7}{a_1},\ \cdots\cdots$$

第四行计算公式为

$$c_1=-\frac{1}{b_1}\begin{vmatrix} a_1 & a_3 \\ b_1 & b_2 \end{vmatrix}=\frac{b_1a_3-a_1b_2}{b_1},\ c_2=-\frac{1}{b_1}\begin{vmatrix} a_1 & a_5 \\ b_1 & b_3 \end{vmatrix}=\frac{b_1a_5-a_1b_3}{b_1},$$

$$c_3=-\frac{1}{b_1}\begin{vmatrix} a_1 & a_7 \\ b_1 & b_4 \end{vmatrix}=\frac{b_1a_7-a_1b_4}{b_1},\ \cdots\cdots$$

依次类推，这一计算过程一直进行到 s^0 行，每行计算到其余的系数全部等于零为止。

(4) 根据劳斯表中第 1 列各系数的符号，用劳斯判据来判断系统的稳定性。劳斯判据的内容如下。

1）如果劳斯表中第 1 列的系数均为正值，则特征方程的所有根都在 s 左半平面，此时系统是稳定的。

2）如果劳斯表中第 1 列系数的符号发生变化，则系统是不稳定的，且第 1 列系数正负符号改变的次数等于闭环特征方程的根在 s 右半平面的个数。

综上可知，劳斯判据是根据闭环特征方程的各项系数，按一定的规则排列成劳斯表，然后根据表中第 1 列系数正、负符号的变化情况来判断系统的稳定性。

【例 4-1】　某三阶系统的闭环特征方程为

$$a_0s^3+a_1s^2+a_2s+a_3=0$$

试确定系统稳定的充分必要条件。

【解】　列出劳斯表为

$$\begin{matrix} s^3 & a_0 & a_2 \\ s^2 & a_1 & a_3 \\ s^1 & \dfrac{a_1a_2-a_0a_3}{a_1} & \\ s^0 & a_3 & \end{matrix}$$

故系统稳定的充分必要条件为

$$a_0>0,\ a_1>0,\ a_2>0,\ a_3>0,\ a_1a_2-a_0a_3>0$$

【例 4-2】　已知系统的闭环特征方程为

$$s^4+2s^3+3s^2+4s+5=0$$

试用劳斯判据判断系统的稳定性及其在 s 右半平面的闭环特征根的个数。

【解】 列出劳斯表为

$$\begin{array}{llll}
s^4 & 1 & 3 & 5 \\
s^3 & 2 & 4 & \\
s^2 & \dfrac{2\times3-1\times4}{2}=1 & \dfrac{2\times5-1\times0}{2}=5 & \\
s^1 & \dfrac{1\times4-2\times5}{1}=-6 & & \\
s^0 & \dfrac{-6\times5-1\times0}{-6}=5 & &
\end{array}$$

由于劳斯表第 1 列系数中有负数，所以系统是不稳定的；又由于第 1 列系数的符号改变了两次（第一次为 1→−6，第二次为−6→−5），所以系统有两个根在 s 右半平面。

4.1.2 应用劳斯判据的特殊情况

劳斯判据的应用只能限于有限项多项式中。在应用劳斯判据时，可能会遇到以下两种特殊情况。

（1）如果劳斯表中某行的第 1 个系数为零，而该行中其余各系数不为零或没有其他系数，这将使得劳斯表无法往下排列。此时可按以下三种方法处理。

方法一：用一个接近于零的很小的正数 ε 来代替这个零，并据其计算出劳斯表中的其余各项。如果劳斯表第 1 列中 ε 上下各项的符号相同，则说明系统存在一对虚根，系统处于临界稳定状态；如果 ε 上下各项的符号不同，表明有符号变化，则系统是不稳定的。

【例 4－3】 已知系统的闭环特征方程为 $s^4+2s^3+s^2+2s+1=0$

试用劳斯判据判断系统的稳定性。

【解】 特征方程的各项系数均为正数，列出劳斯表为

$$\begin{array}{llll}
s^4 & 1 & 3 & 1 \\
s^3 & 2 & 2 & \\
s^2 & \varepsilon & 1 & \\
s^1 & 2-\dfrac{2}{\varepsilon} & & \\
s^0 & 1 & &
\end{array}$$

在劳斯表第 1 列系数中，ε 是接近于零的很小的正数，故 $2-\dfrac{2}{\varepsilon}$是一个绝对值很大的负数，因此系统是不稳定的；同时可以认为劳斯表第 1 列中各系数的符号改变了两次，所以系统有两个根位于 s 右半平面。

方法二：用 $s=\dfrac{1}{x}$代入原方程，重新列出劳斯表，再用劳斯判据判断系统的稳定性。

【例 4－4】 已知系统的闭环特征方程为 $s^4+s^3+2s^2+2s+5=0$

试用劳斯判据判断系统的稳定性。

【解】　在列劳斯表时有 $b_1=\dfrac{1\times2-1\times2}{1}=0$，故用 $s=\dfrac{1}{x}$ 代入原方程，整理可得 $5x^4+2x^3+2x^2+x+1=0$

重新列出劳斯表为

$$\begin{array}{llll}
x^4 & 5 & 2 & 1 \\
x^3 & 2 & 1 & \\
x^2 & -\dfrac{1}{2} & 1 & \\
x^1 & 5 & & \\
x^0 & 1 & &
\end{array}$$

由于劳斯表第 1 列系数中有负数，因此系统是不稳定的；同时各系数的符号改变了两次，所以系统有两个根位于 s 右半平面。

方法三：将原闭环特征方程两边乘以因子式（$s+a$），其中 $a>0$，由此得到新的方程式，重新用劳斯判据判断系统的稳定性。原方程乘以因子式（$s+a$），相当于引入一个新的负实根，它只改变了原劳斯表中等于零的元素，并不改变正实根的数目。为了便于计算，通常取 $a=1$。

仍以例 4-4 中的闭环特征方程为例，乘以因子式（$s+1$）后，原方程变为

$$s^5+2s^4+3s^3+4s^2+7s+5=0$$

重新列出劳斯表为

$$\begin{array}{llll}
s^5 & 1 & 3 & 7 \\
s^4 & 2 & 4 & 5 \\
s^3 & 1 & 4.5 & \\
s^2 & -1 & 1 & \\
s^1 & 5.5 & & \\
s^0 & 1 & &
\end{array}$$

由此得出的结论和例 4-4 一致。

(2) 如果劳斯表中某一行的所有系数都为零，则表明系统存在两个大小相等、符号相反的实根和（或）共轭虚根，或存在更多的大小相等、但在 s 平面上位置径向相反（即关于原点对称）的根。这时可以利用该行上面一行的系数构成一个辅助方程式，将对辅助方程式 s 求导后所得多项式的系数列入该行（即取代全零行），这样劳斯表中其余各行的计算即可继续下去。s 平面中这些大小相等、径向相反的根可以通过辅助方程式得到，而且这些根的个数总是偶数。

上述劳斯表是借助辅助方程式完成的，如果劳斯表第一列系数全为正值，则表明系统存在共轭虚根，此时系统是临界稳定的；如果劳斯表第一列系数的符号发生改变，则系统是不稳定的。

【例 4-5】　已知系统的特征方程为

$$s^5+s^4+3s^3+3s^2+2s+2=0$$

试用劳斯判据判断系统的稳定性。

【解】 列劳斯表如下。

$$\begin{array}{llll} s^5 & 1 & 3 & 2 \\ s^4 & 1 & 3 & 2 \\ s^3 & 0 & 0 & \end{array}$$

由于 s^3 这一行的系数全部为零，使得劳斯表无法往下排列。这时可用上一行 s^4 的各系数组成辅助方程式 $P(s)=s^4+3s^2+2=0$。

将辅助方程式 $P(s)$ 对 s 求导，得$\frac{\mathrm{d}P(\mathrm{s})}{\mathrm{d}s}=4s^3+6s=0$

用上式中的各项系数作为 s^3 行的系数，并计算剩余各行的系数，得劳斯表为

$$\begin{array}{llll} s^5 & 1 & 3 & 2 \\ s^4 & 1 & 3 & 2 \\ s^3 & 4 & 6 & \\ s^2 & \frac{3}{2} & 2 & \\ s^1 & \frac{2}{3} & & \\ s^0 & 2 & & \end{array}$$

劳斯表中第 1 列系数的符号没有改变，说明系统在 s 右半平面没有特征根。但根据辅助方程式 $P(s)=s^4+3s^2+2=(s^2+1)(s^2+2)=0$

可解得系统有两对共轭虚根，即 $s_{1,2}=\pm\mathrm{j}$，$s_{3,2}=\pm\mathrm{j}\sqrt{2}$，因而系统处于临界稳定状态。

劳斯稳定判据特殊情况处理：

在运用劳斯稳定判据时，劳斯表有时会遇到下列两种特殊情况：

(1) 某行第一列的元素等于零，而另外有元素不等于零；

(2) 某行所有元素均为零。这种情况表明在［s］平面内存在一些大小相等符号相反的根（实根、共轭虚报或实部符号相异虚部数值相同的共轭复根）。

4.1.3 劳斯判据在系统分析中的应用

劳斯判据的一个重要应用就是可以通过检查系统的参数值，确定系统一个或两个参数的变化对系统稳定性的影响，从而界定参数值的稳定范围。

【例 4-6】 已知系统的结构图如图 4-2 所示，试确定使系统稳定的 K 值范围。

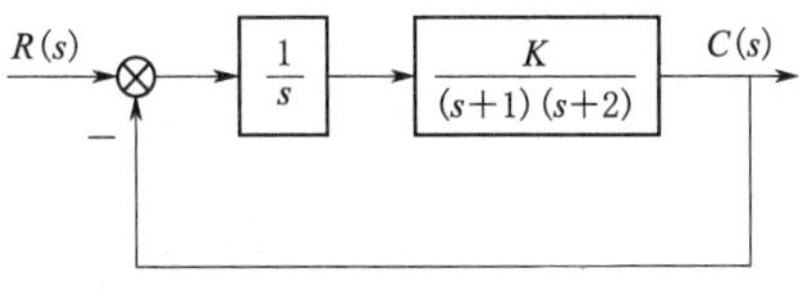

图 4-2

【解】 系统的闭环传递函数为

$$\Phi(s)=\frac{C(s)}{R(s)}=\frac{\frac{1}{s}\times\frac{K}{(s+1)(s+2)}}{1+\frac{1}{s}\times\frac{1}{(s+1)(s+2)}K}=\frac{K}{s^3+3s^2+2s+K}$$

系统的闭环特征方程为

$$s^3+3s^2+2s+K=0$$

列出劳斯表为

$$\begin{array}{lll} s^3 & 1 & 2 \\ s^2 & 3 & 5 \\ s^1 & \dfrac{6-K}{3} & \\ s^0 & K & \end{array}$$

为了使系统稳定，K 必须为正值，并且第 1 列中所有系数也必须为正值，即

$$\begin{cases} K>0 \\ \dfrac{6-K}{3}>0 \end{cases}$$

可得 $0<K<6$。而 $k=0$ 为临界值，此时系统的闭环特征方程存在虚根，系统为持续的等幅振荡系统。

【例 4-7】　已知某单位反馈系统的结构图及其开环零、极点分布图如图 4-3 所示，试确定闭环系统稳定时开环增益 K 的取值范围。

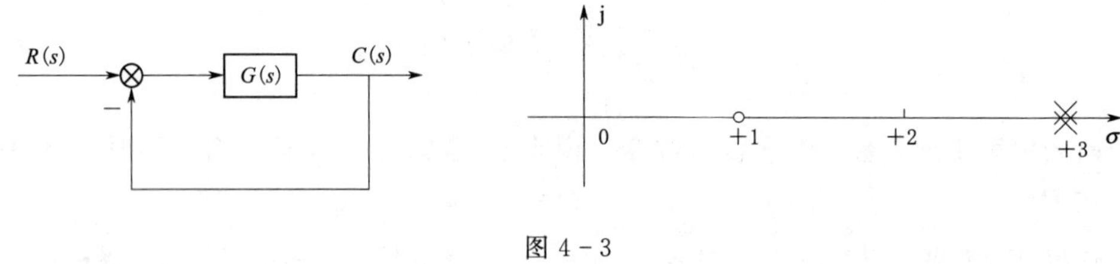

图 4-3

【解】　依照系统的开环零、极点分布图得开环传递函数为

$$G(s)=\frac{K^*(s-1)}{(s-3)^2}=\frac{\dfrac{K^*}{9}(s-1)}{\left(\dfrac{1}{3}s-1\right)^2}$$

所以 $K=\dfrac{K^*}{9}$。

系统的闭环传递函数为

$$\Phi(s)=\frac{G(s)}{1+G(s)}=\frac{K^*(s-1)}{(s-3)^2+K^*(s-1)}=\frac{K^*(s-1)}{s^2+(K^*-6)s+(9-K^*)}$$

系统的特征方程为

$$s^2+(K^*-6)s+(9-K^*)=0$$

由此列出劳斯表为

$$\begin{array}{lll} s^2 & 1 & 9-K^* \\ s^1 & K^*-6 & \\ s^0 & 9-K^* & \end{array}$$

使系统稳定的条件为劳斯表第 1 列中所有的系数均为正值，即

$$\begin{cases}K^{*}-6>0\\9-K^{*}>0\end{cases}$$

所以有 $$6<K^{*}<9$$

由 $K=\frac{K^{*}}{9}$ 得开环增益 K 的取值范围为 $$\frac{2}{3}<K<1$$

4.1.4 结构性不稳定系统的改进措施

如果无论怎样调整系统的参数，也无法使其稳定，则称这类系统为结构性不稳定系统。如图 4-4 所示的系统，其闭环传递函数为

$$\Phi(s)=\frac{C(s)}{R(s)}==\frac{K}{Ts^{3}+s^{2}+K}$$

闭环特征方程为 $$Ts^{3}+s^{2}+K=0$$

根据劳斯判据，由于方程式中 s 一次项的系数为零，故不论 K 取何值，该方程总是有根不在 s 左半平面，即系统总是不稳定或临界稳定的。这样的系统就属于结构性不稳定系统，一般可以通过以下两种方法来解决系统的稳定性问题。

(1) 用比例反馈来包围有积分作用的环节，以此来改变环节的积分性质。例如，在积分环节外面加单位负反馈，如图 4-5 所示，这时环节的传递函数变为

$$\frac{C(s)}{R(s)}=\frac{1}{s+1}$$

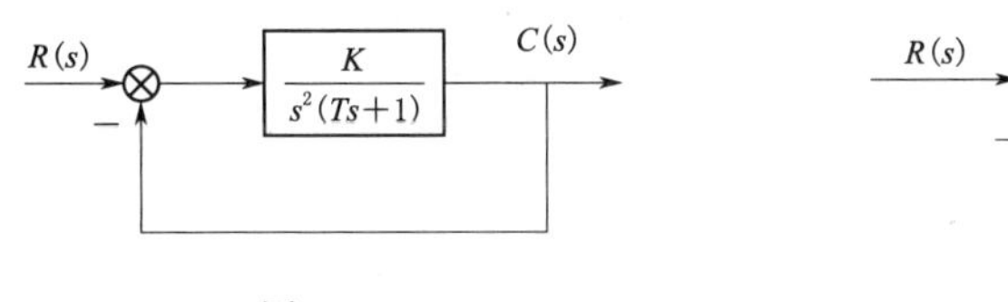

图 4-4

图 4-5

增加单位负反馈后，原来的积分环节变成惯性环节。例如，在系统的结构图中的一个积分环节加上单位负反馈后，系统结构如图 4-6 所示，此时系统的开环传递函数变为

$$G(s)=\frac{K}{s(s+1)(Ts+1)}$$

图 4-6

闭环传递函数为

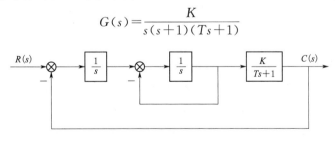

$$\frac{C(s)}{R(s)}=\frac{K}{s(s+1)(Ts+1)+K}$$

闭环特征方程为 $$Ts^{3}+(1+T)s^{2}+s+K-0$$

由此列出劳斯表为

$$
\begin{array}{lll}
s^3 & 1 & 1 \\
s^2 & 1+T & K \\
s^1 & \dfrac{1+T-TK}{1+T} & \\
s^0 & K &
\end{array}
$$

根据劳斯判据，系统稳定的条件为

$$
\begin{cases}\dfrac{1+T-TK}{1+T}>0 \\ K>0\end{cases}
$$

所以，K 的取值范围为 $0<K<1+\dfrac{1}{T}$。

可见，此时只要适当选取 K 值就可使系统稳定。

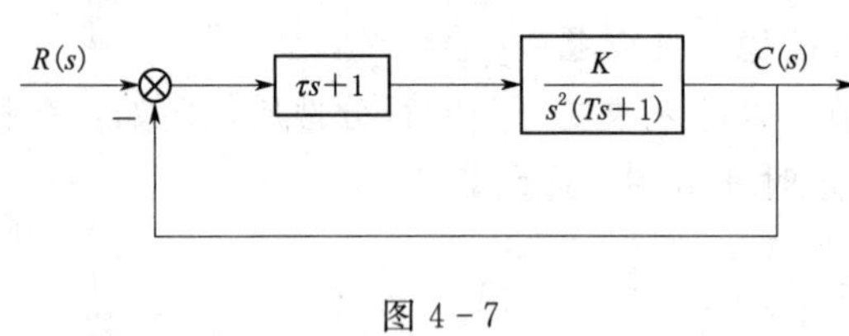

图 4－7

（2）加入比例微分环节。如图 4－7 所示，在系统的结构图的前向通道中加入比例微分环节，系统的闭环传递函数变为

$$
\Phi(s)=\frac{K(\tau s+1)}{Ts^3+s^2+K\tau s+K}
$$

闭环特征方程为

$$
Ts^3+s^2+K\tau s+K=0
$$

劳斯表为

$$
\begin{array}{lll}
s^3 & T & K\tau \\
s^2 & 1 & K \\
s^1 & K(\tau-T) & \\
s^0 & K &
\end{array}
$$

系统的稳定条件为

$$
\begin{cases}K(\tau-T)>0 \\ K>0\end{cases}，\quad 即\begin{cases}\tau>T \\ K>0\end{cases}
$$

可见，只要按上述条件选取系统的参数，便可使系统稳定。

在系统的分析中，劳斯判据可以根据系统特征方程的系数来确定系统的稳定性，同时还能给出系统的某些参数的取值范围。但是，它的应用也具有一定的局限性，通常它只能提供系统绝对稳定性的结论，而不能指出系统是否具有满意的动态过程。此外，当系统不稳定时，它不能提供改善系统稳定性的方法和途径。

4.2　奈奎斯特判据

奈奎斯特（Nyquist）稳定判据是通过闭环系统的开环频率响应 $G(j\omega)H(j\omega)$ 与其闭环特征方程 $1+G(s)H(s)=0$ 的根在 s 平面上分布之间的联系，根据开环频率响应判别

闭环系统稳定性的一种准则。

它把开环频率特性与复变函数 $1+G(s)H(s)$ 位于右半 S 平面的极点联系起来，用图解的方法分析系统的稳定性。

幅角定理：设 S 平面闭合曲线 Γ 包围 $D(s)$ 的 Z 个零点和 P 个极点，则 s 沿 Γ 顺时针运动一周时，在 $D(s)$ 平面上，$D(s)$ 闭合曲线 Γ_F 包围原点的圈数 $R=P-Z$。

$R<0$ 和 $R>0$ 分别表示 Γ_F 顺时针包围和逆时针包围 $D(s)$ 平面的原点，$R=0$ 表示不包围 $D(s)$ 平面的原点。$D(s)=a_n s^n+a_{n-1}s^{n-1}+\cdots+a_1 s+a_0=(s-p_1)(s-p_2)\cdots(s-p_n)$。

若方程式 $D(s)=0$ 的个根中有 p 个根在复平面的右半平面，其 $(n-p)$ 个根均在左半平面。

幅角定理表达：

当 ω 从 0 变到 $+\infty$ 时，向量 $D(\mathrm{j}\omega)$ 的幅角增量为

$$\angle D(\mathrm{j}\omega)=(n-2p)\times\frac{\pi}{2}\text{，}D(s)=(s-d_1)(s-d_2)\cdots(s-d_n)=0$$

$$s=\mathrm{j}\omega \text{ 则 } D(\mathrm{j}\omega)=(\mathrm{j}\omega-d_1)(\mathrm{j}\omega-d_2)\cdots(\mathrm{j}\omega-d_n)=0$$

$D(\mathrm{j}\omega)$ 的幅角为各环节幅角的代数和：

$$\angle D(\mathrm{j}\omega)=\angle(\mathrm{j}\omega-d_1)+\angle(\mathrm{j}\omega-d_2)+\cdots+\angle(\mathrm{j}\omega-d_n)$$

$$\Delta\angle D(\mathrm{j}\omega)=\Delta\angle(\mathrm{j}\omega-d_1)+\Delta\angle(\mathrm{j}\omega-d_2)+\cdots+\Delta\angle(\mathrm{j}\omega-d_n)$$

当 ω 从 0 趋于 $+\infty$ 时，有负实数根 d_1，从根 d_1 向 $\mathrm{j}\omega$ 所引向量与实轴正方向的夹角为 $\Delta\angle(\mathrm{j}\omega-d_1)$，幅角增量为 $\angle(\mathrm{j}\omega-d_1)=+\frac{\pi}{2}$，如图 4-8 所示负实数根。

同理，当 ω 从 0 趋于 $+\infty$ 时，有实部为负的共轭复根 d_2、d_3，做 $\angle(\mathrm{j}\omega-d_2)$ 和 $\angle(\mathrm{j}\omega-d_3)$，其幅角增量为 $\Delta\angle(\mathrm{j}\omega-d_2)+\Delta\angle(\mathrm{j}\omega-d_2)=+2\times\frac{\pi}{2}$，如图 4-9 所示。

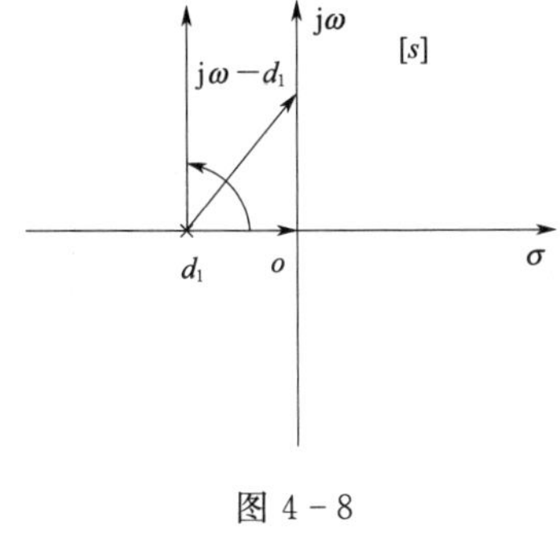

图 4-8

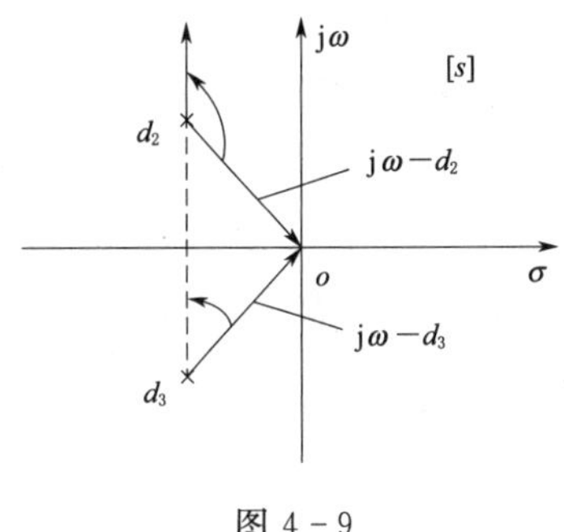

图 4-9

当 ω 从 0 趋于 $+\infty$ 时，有正实数根 d_4，幅角增量为 $\Delta\angle(\mathrm{j}\omega-d_4)=-\frac{\pi}{2}$，如图 4-10 所示。

当 ω 从 0 趋于 $+\infty$ 时，有实部为正的共轭复根 d_5、d_6，其幅角增量为

$\Delta\angle(\mathrm{j}\omega-d_5)+\Delta\angle(\mathrm{j}\omega-d_6)=-2\times\frac{\pi}{2}$，如图 4-11 所示。

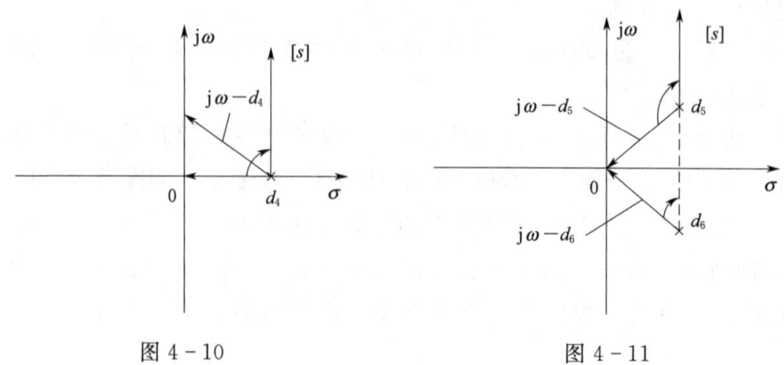

图 4－10　　　　图 4－11

因此可知特征根的分布对相角影响为：当有一个根在左半平面，则幅角增量为 $\pi/2$，当有一个根在右半平面，则幅角增量为 $-\pi/2$。

故方程式 $D(s)=0$ 有（$n-p$）个左根，所带来的幅角增量为 $(n-p)\pi/2$；有 p 个右根，所带来的幅角增量为 $-p\pi/2$，当 ω：$0\to\infty$，向量 $D(\mathrm{j}\omega)$ 总的相角增量为

$$\Delta\angle D(\mathrm{j}\omega)=(n-p)\times\frac{\pi}{2}-p\times\frac{\pi}{2}=(n-2p)\times\frac{\pi}{2}$$

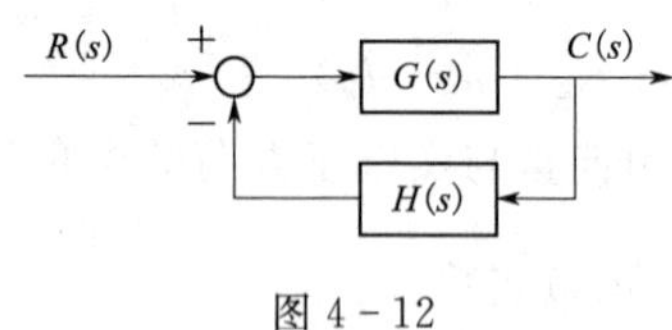

图 4－12

假设控制系统如图 4－12 所示系统的开环传递函数和闭环传递函数的关系为

$$G(s)H(s)=\frac{M_G(s)}{N_G(s)}\times\frac{M_H(s)}{N_H(s)}=\frac{M_{开}(s)}{N_{开}(s)}$$

$$\phi(s)=\frac{G(s)}{1+G(s)H(s)}$$

$$\frac{N_H(s)M_G(s)}{N_G(s)N_H(s)+M_G(s)M_H(s)}=\frac{M_{闭}(s)}{N_{闭}(s)}$$

$N_{闭}(s)=N_G(s)N_H(s)+M_G(s)M_H(s)=N_{开}(s)+M_{开}(s)$ 其中，$N_{闭}(s)$ 为闭环特征方程式，$M_{开}(s)$ 为开环分母多项式，$N_{开}(s)$ 为开环分子多项式。闭环系统的特征多项式就是开环传递函数的分母和分子之和。

实际系统中，开环传递函数的分母 $N_{开}(s)$ 的阶次总是高于分子 $M_{开}(s)$ 的阶次。因此，闭环系统传递函数特征方程式的阶次 $N_{闭}(s)$ 和的 $N_{开}(s)$ 阶次相同。开环极点数与闭环极点数相同。

构造辅助函数：

$$F(s)=1+G(s)H(s)=\frac{N_G(s)N_H(s)+M_G(s)M_H(s)}{N_G(s)N_H(s)}=\frac{N_{闭}(s)}{M_{开}(s)}$$

$1+G(s)H(s)=0$ 为闭环特征方程。

$$F(\mathrm{j}\omega)=1+G(\mathrm{j}\omega)H(\mathrm{j}\omega)=\frac{N_{闭}(\mathrm{j}\omega)}{M_{开}(\mathrm{j}\omega)}$$

幅角关系：　$\angle F(\mathrm{j}\omega)=\angle N_{闭}(\mathrm{j}\omega)-\angle N_{开}(\mathrm{j}\omega)$

幅角关系增量形式：$\Delta\angle F(\mathrm{j}\omega)=\Delta\angle N_{闭}(\mathrm{j}\omega)-\Delta\angle N_{开}(\mathrm{j}\omega)$

根据劳斯判据，系统稳定的充分必要条件是：闭环特征根全部位于［s］平面的左半

平面，应用幅角定理有 $\Delta\angle N_{闭}(j\omega)=n\times\frac{\pi}{2}$

若开环特征方程式 $N_{开}(s)=0$ 有 p 个根在复平面的右半平面，其余 $(n-p)$ 个根均在左半平面。 $\Delta\angle N_{开}(j\omega)=(n-2p)\times\frac{\pi}{2}$

$$\Delta\angle F(j\omega)=\Delta\angle N_{闭}(j\omega)-\Delta\angle N_{开}(j\omega)$$

$$=n\times\frac{\pi}{2}-(n-2p)\times\frac{\pi}{2}=\frac{p}{2}\times(2\pi)$$

$$\Delta\angle F(j\omega)=\Delta\angle N_{闭}(j\omega)-\Delta\angle N_{开}(j\omega)$$

$$=n\times\frac{\pi}{2}-(n-2p)\times\frac{\pi}{2}=\frac{p}{2}\times(2\pi)$$

$$F(s)=1+G(s)H(s)$$

$1+G(s)H(s)$ 奈奎斯特曲线为 $G(s)H(s)$ 奈奎斯特曲线在 $[s]$ 平面上向右平移了一个单位。目的是以开环传递函数判断闭环稳定性。

若开环系统不稳定，且已知开环特征方程式有 p 个右根，则闭环系统稳定的充要条件为：当 ω 从 0 变到 $+\infty$ 时，向量 $F(j\omega)$ 的相角变化等于 $p(2\pi)/2$，亦即向量 $F(j\omega)$ 的终端轨迹，随着 ω 从 0 变到 $+\infty$ 而反时针包围复平面 $[F(j\omega)]$ 的原点 $p/2$ 次，见图 4-13。

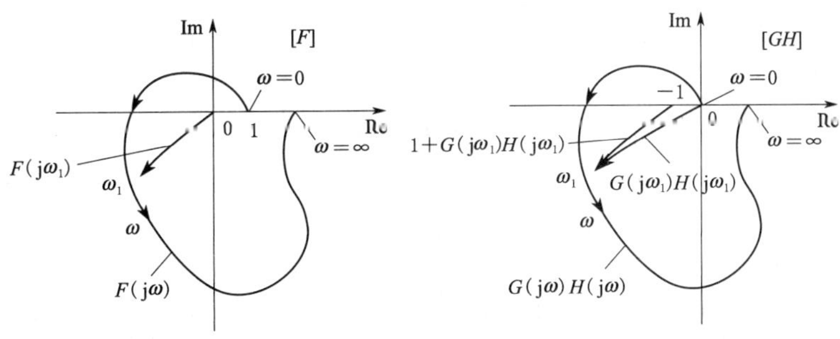

图 4-13

实际上，不会绘制 $1+G(j\omega)H(j\omega)$ 的奈奎斯特曲线，而是直接绘制开环奈奎斯特曲线 $G(j\omega)H(j\omega)$，直接考察此曲线绕点 $(-1,j0)$ 旋转圈数即可。

奈奎斯特稳定判据表述为：若开环系统不稳定，它的特征方程式有 p 个根在 $[s]$ 平面的右半平面内，则闭环系统稳定的充要条件是开环频率特性的轨迹在 ω 从 0 变到 $+\infty$ 时，反时针包围 $(-1,j0)$ 点 $p/2$ 次。

【例 4-8】 已知系统的开环传递函数为

$$G_k(s)=\frac{K}{s(T_2s+1)(T_3s+1)}$$

试用奈奎斯特判据判断闭环系统的稳定性。

【解】

(1) 作幅相频率特性曲线。当 $\omega=0$ 时，有 $\begin{cases}A(0)=\infty\\ \varphi(0)=-90^\circ\end{cases}$，可以确定系统幅相频率

特性曲线的起点为 $(0,-j\infty)$；当 $\omega\to\infty$ 时，有 $\begin{cases}A(\infty)=0\\ \varphi(\infty)=-270^\circ\end{cases}$，可以确定系统幅相频率特性曲线的终点为 $(0,j0)$，即原点；且当 ω 增加时，有 $A(\omega)$、$\varphi(\omega)$ 随着 ω 的增大而减小，幅值从起点开始单调递减，相位角也从起点开始单调递减，由此作幅相频率特性曲线草图如图 4-14 所示实线。

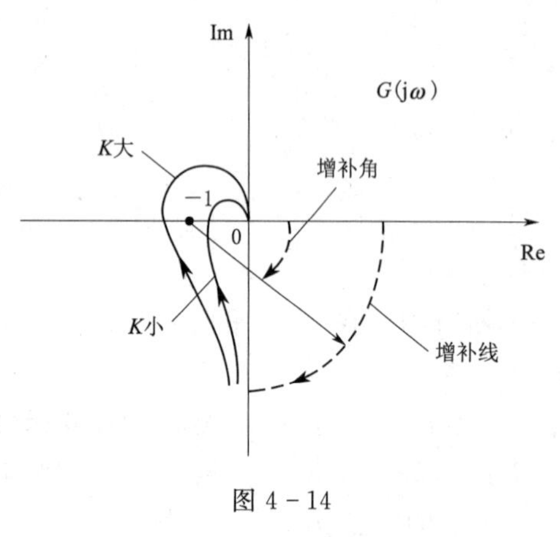

图 4-14

(2) 稳定性判断。该系统为最小相位系统，所以其稳定条件为 $\underset{\omega:0\to\infty}{\Delta}\angle G_K(j\omega)=0$。由于原点处有一个开环极点，即 $\nu=1$，可作增补线如图 4-14 所示虚线。当 K 较小时，极坐标轨线围绕 $(-1,j0)$ 点的角度增量为 $\underset{\omega:0\to\infty}{\Delta}\angle G_K(j\omega)=+\frac{\pi}{2}-\frac{\pi}{2}=0$。

所以极坐标轨线不包围 $(-1,j0)$ 点，所以系统是稳定的。

K 较大时，极坐标轨线围绕 $(-1,j0)$ 点的角度增量为 $\underset{\omega:0\to\infty}{\Delta}\angle G_K(j\omega)=-\frac{3\pi}{2}-\frac{\pi}{2}=-2\pi\neq 0$

由于角度增量不等于零，极坐标轨线围绕 $(-1,j0)$ 点转了 -1 圈，所以系统不稳定。

奈奎斯特稳定判据—穿越

所谓“穿越”，指频率特性曲线 $G(j\omega)H(j\omega)$ 从 $(-1,j0)$ 点左边的 $(-1\to-\infty)$ 段实轴上穿过。若频率特性曲线按 ω 值增加完成穿越时，相角增大，则称为“正穿越”，计为 $+1$；而穿越时，若相角减小，则称为“负穿越”，计为 -1。若曲线始于或止于 $(-1,j0)$ 点以左实轴上，则按半个穿越计数。

奈奎斯特稳定性判据可写成：当 ω 从 0 变到无穷时，开环幅相频率特性 $G(j\omega)H(j\omega)$ 在 $(-1,j0)$ 点以左实轴上正穿越次数减负穿越次数等于 $p/2$，则闭环系统是稳定的（其中，p 是开环系统特征方程式的右根数）。

4.3　频域稳定性分析

控制系统能正常工作的前提条件是系统必须稳定，除此之外，还要求稳定的系统具有适当的稳定裕度，即有一定的相对稳定性。用奈氏判据分析系统的稳定性时，是通过系统的开环频率特性 $G(j\omega)H(j\omega)$ 曲线绕 $(-1,j0)$ 点的情况来进行稳定性判断的。

系统内部或外部参数由于某种不可预知的原因而向不利于系统稳定的方向进行一定程度的变化，系统仍然能够保持稳定。

当系统的开环传递函数在右半 $[s]$ 平面无极点时，若 $G(j\omega)H(j\omega)$ 曲线通过 $(-1,j0)$ 点，则控制系统处于临界稳定。这时，如果系统的参数发生变化，则 $G(j\omega)H(j\omega)$ 曲线可能包围 $(-1,j0)$ 点，系统变为不稳定的。因此，在 $[GH]$ 平面上，可以用奈氏曲线与 $(-1,j0)$ 的靠近程度来表征系统的相对稳定性，即有奈氏曲线离点 $(-1,j0)$ 越

远，系统的稳定程度越高，其相对稳定性越好，反之，奈氏曲线离（-1,j0）点越近，稳定程度越低。以下是对系统的相对稳定性进行定量分析。

4.3.1 稳定裕度

在分析或设计一个实际生产过程的控制系统时，只分析系统是否稳定是不够的，还需明确系统的动态性能，即系统的相对稳定性是否符合生产过程的要求。因为一个平时虽然稳定、但一经扰动就会不稳定的系统是不能投入实际使用的。希望所设计的控制系统不仅是稳定的，而且能够在各种扰动作用下仍具有一定的相对稳定性，这种特性便是稳定裕度。

讨论稳定裕度问题的前提是假定开环系统是稳定的，或者系统是最小相位系统。也就是，开环传递函数在 s 右半平面没有极点和零点，否则讨论稳定裕度问题是没有意义的。

通常用稳定裕度来衡量系统的相对稳定性或系统的稳定程度，其中包括系统的相角裕度和幅值裕度。

4.3.1.1 幅值裕度 K_g 或 h

系统的开环频率特性曲线与［GH］平面负实轴的交点频率 ω_g 称为相位穿越频率，显然它应满足$\angle G(j\omega_g)H(j\omega_g)=-180°$，所谓幅值裕度 K_g 是指相位穿越频率 ω_g 所对应的开环幅频特性的倒数值，即 $K_g=\dfrac{1}{|G(j\omega_g)H(j\omega_g)|}$

对于最小相位系统，如果幅值裕度 $K_g>1$［即$|G(j\omega_g)H(j\omega_g)|<1$］，系统是稳定的，且 K_g 值越大，系统的相对稳定性越好；如果幅值裕度 $K_g<1$［即$|G(j\omega_g)H(j\omega_g)|>1$］，系统则不稳定。

当 $K_g=1$ 时，系统的开环频率特性曲线穿过点（-1,j0）。是临界稳定状态。可见，求出系统的幅值裕度 K_g 后，便可根据 K_g 值的大小来分析最小相位系统的稳定性和稳定程度。

幅值裕度的含义是，使系统到达临界稳定状态时开环频率特性的幅值$|G(j\omega_g)H(j\omega_g)|$增大（对应稳定系统）或缩小（对应不稳定系统）的倍数，即

$$|G(j\omega_g)H(j\omega_g)|\times K_g=1$$

幅值裕度也可以用分贝数来表示，即

$$K_g(\text{dB})=20\lg K_g=-20\lg|G(j\omega_g)H(j\omega_g)|\,\text{dB}$$

因此，可根据系统的幅值裕度大于、等于或小于零分贝来判断最小相位系统是稳定、临界稳定或不稳定。

4.3.1.2 相角裕度

把［GH］平面上的单位圆与系统开环频率特性曲线的交点频率 ω_c 为幅值穿越频率或剪切频率，它满足

$$|G(j\omega_g)H(j\omega_g)|=1 \quad 0\leqslant\omega_c\leqslant+\infty$$

相角裕量 γ，是指幅值穿越频率 ω_c 所对应的相移 $\varphi(\omega_c)$ 与$-180°$角的差值，即 $\gamma=180+\varphi(\omega_c)$。

对于最小相位系统，如果相角裕度 $\gamma>0°$，系统是稳定的如图 4-15 所示，且 γ 值越大，系统的相对稳定性越好。如果相角裕度 $\gamma<0°$，系统则不稳定，如图 4-16 所示。$\gamma=0°$

时，系统的开环频率特性曲线穿过（-1,j0)，是临界稳定状态。

这里要指出的是，系统相对稳定性的好坏不能仅从相角裕度或幅角裕度的大小来判断，必须同时考虑相角裕度和幅角裕度。

对于 $p=0$ 的开环系统来讲，只有当相角裕度及幅值裕度都为正时，相应的闭环系统才是稳定的。相反，若相角裕度及幅值裕度均为负时，则相应的闭环系统将是不稳定的。因此，相角裕度及幅值裕度对于控制系统设计来讲，可以作为一种设计的准则。在一般情况下，要求控制系统具有 40°～ 60°的相角裕度和 6～10dB 的幅值裕度。

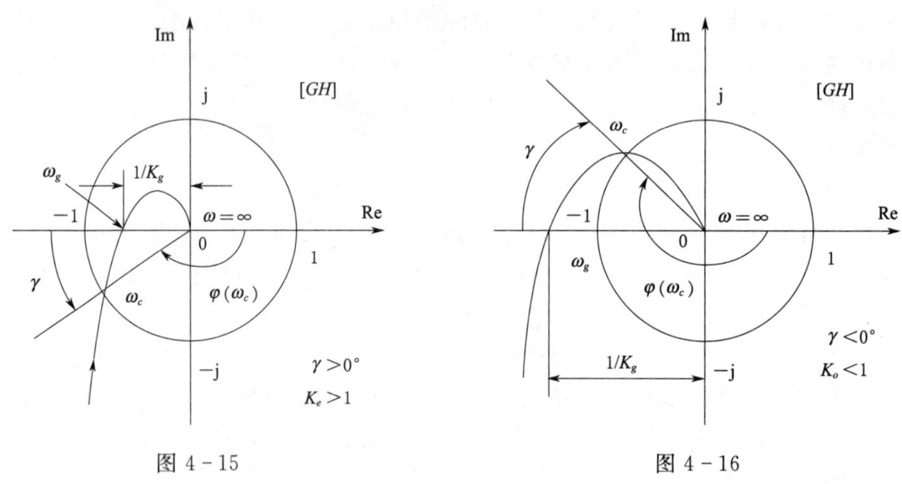

图 4-15　　　　图 4-16

在一般情况下仅应用相角裕度或仅应用幅值裕度都不足以充分说明闭环系统的稳定性。为了确定闭环系统的相对稳定性，必须同时考虑相角裕度及幅值裕度，否则，易发生错误判断。

4.3.2　最小相位系统与非最小相位系统的频域稳定性

4.3.2.1　最小相位系统的频域稳定性

最小相位系统的零点和极点全部位于 s 左半平面上，因此满足奈奎斯特判据 $p=0$ 的情况，则系统稳定的充分必要条件为 $\underset{\omega:0\to\infty}{\Delta}\angle G_K(\mathrm{j}\omega)=0$ 即开环频率特性的极坐标轨线 $G_K(\mathrm{j}\omega)$ 不包围 $G(\mathrm{j}\omega)$ 平面的点（-1,j0)。

4.3.2.2　原点处有开环极点的情况

当 s 平面的原点处存在有开环极点时，开环传递函数的表达式为

$$G_k(s)=\frac{K}{s^{\nu}}\times G_n(s)$$

由于开环极点因子 $G(s)=\dfrac{1}{s}$，既不在 s 左半平面上，也不在 s 右半平面上，当 ω 由 0 增至∞时，原点处开环极点的幅角增量值是不定的，因此不能用幅角增量公式来计算。

对于这种情况，可以认为原点处的开环极点属于 s 左半平面。因此，通常在数学上做如下处理：在 s 平面上 $s=0$ 的邻域作 1/2 径无穷小的半圆绕过原点，如图 4-17 所示。

当 ω 由 0 增至 0_+ 时，在原点处就已经获得 $+\dfrac{\pi}{2}$ 的角度增量。相应地，作为复变函数

$G(s)=\frac{1}{s}$，由复变函数的保角定理可得，在 $G(j\omega)$ 平面上的无穷大半圆处应获得 $-\frac{\pi}{2}$ 的角度增量。因此，可在 $G(j\omega)$ 平面上的无穷大半圆处作增补线，则相应的增补角为 $-\frac{\pi}{2}$，如图 4-18 所示。

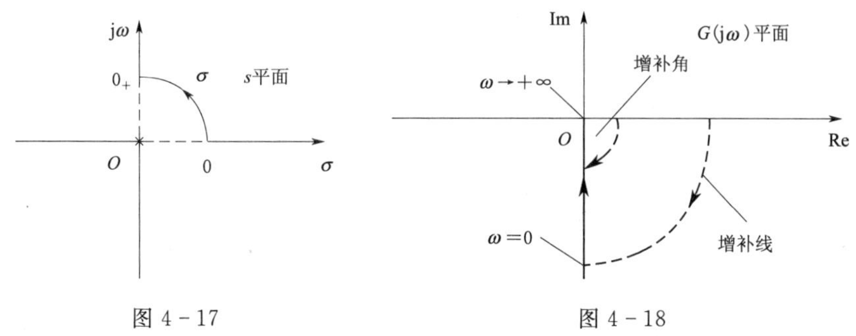

图 4-17　　图 4-18

如果原点处的开环极点有 ν 个，则在 $G(j\omega)$ 平面上的无穷大半圆处所作的增补线应满足的增补角为 $\nu\left(-\frac{\pi}{2}\right)$。

因此，若开环系统在原点处有开环极点，当计算幅角增量时，需要计入相应的增补角，才能正确计算幅角增量。

【例 4-9】 已知单位反馈的最小相位系统，其开环对数幅频特性曲线如图 4-19 所示，试求系统的开环传递函数，并计算系统的稳定裕度。

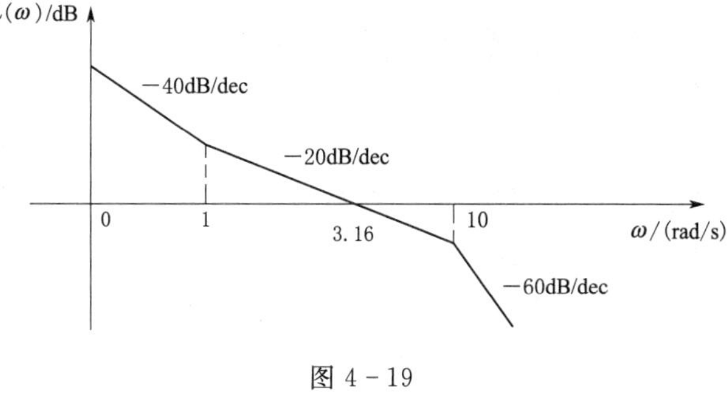

图 4-19

【解】 由给定的开环对数幅频特性曲线求得系统的开环传递函数为

$$G_k(s)=\frac{K(s+1)}{s^2(0.1s+1)^2}$$

(1) 计算放大倍数 K。由于 $A(\omega_c)=\frac{K\sqrt{\omega_c^2+1}}{\omega_c^2\sqrt{(0.1\omega_c)^2+1}}=1$

考虑到 $\omega_c=3.16>1$，所以 $\omega_c^2\gg1$，$(0.1\omega_c)^2\ll1$，于是，上式可以简化为 $A(\omega_c)=\frac{K\omega_c}{\omega_c^2\times1}=1$，$K=\omega_c=3.16$

（2）计算相位裕度。

$$\begin{aligned}\gamma &= 180^\circ+\varphi(\omega_c)=180^\circ+\arctan\omega_c-2\times 90^\circ-2\arctan 0.1\omega_c \\ &=180^\circ+\arctan 3.16-2\times 90^\circ-2\times\arctan 0.1\times 3.16 \\ &=180^\circ+72.40^\circ-180^\circ-2\times 17.5^\circ \\ &=37.4^\circ\end{aligned}$$

（3）计算幅值裕度。由 $\varphi(\omega_g)=-180^\circ$ 可得 $\arctan\omega_g-2\times 90^\circ-2\times\arctan 0.1\omega_g=-180^\circ$

化简得 $\arctan\omega_g=2\times\arctan 0.1\omega_g$

令 $\varphi=\arctan 0.1\omega_g$，则 $\tan(\arctan\omega_g)=\tan(2\times\arctan 0.1\omega_g)$

由三角公式可得

$\omega_g=\tan 2\varphi=\dfrac{\sin 2\varphi}{\cos 2\varphi}=\dfrac{2\sin\varphi\cos\varphi}{\cos^2\varphi-\sin^2\varphi}=\dfrac{2\tan\varphi}{1-\tan^2\varphi}=\dfrac{2\times 0.1\omega_g}{1-0.01\omega_g^2}$ 解得 $\omega_g=8.94\text{rad/s}$。于是，幅值裕度为

$$L_g=-20\lg A(\omega_g)=-20\lg\frac{K\times\omega_g}{\omega_g^2}=-20\lg\frac{3.16}{8.49}\approx 9.03\text{dB}$$

显然，由于 $L_g>0$，$\gamma>0$，所以闭环系统是稳定的。

4.3.2.3　非最小相位系统的频域稳定性

对于非最小相位系统，首先要判断的是 s 右半平面上有没有开环极点。如果在 s 右半平面有开环极点，系统的稳定条件为 $\underset{\omega:0\to\infty}{\Delta}\angle G_K(\mathrm{j}\omega)=2\pi p$。

如果非最小相位是由 s 右半平面的开环零点确定的，那么系统的稳定条件仍为 $\underset{\omega:0\to\infty}{\Delta}\angle G_K(\mathrm{j}\omega)=0$。

4.4　利用 MATLAB 分析系统的稳定性

在 MATLAB 中，可以利用 tf2zp 函数将系统的传递函数形式变换为零、极点增益形式，利用 zp2tf 函数将系统的零、极点形式变换为传递函数形式，或利用 pzmap 函数绘制出连续系统的零、极点分布图；也可以通过 roots 函数求解分母多项式的根，以此来确定系统的极点，从而判断系统的稳定性。

上述各函数在 MATLAB 中的调用格式分别为

```
[z,p,k]=tf2zp(num,den)
[num,den]=zp2tf(z,p,k)
pzmap(num,den)
roots(den)
```

其中，z 为系统的零点数；p 为系统的极点数；k 为增益；num 为分子多项式降幂排列的系数向量；den 为分母多项式降幂排列的系数向量。

【例 4－10】　已知闭环控制系统的开环传递函数为

$$G(s)=\frac{50}{(s+5)(s-2)}$$

试绘制系统的奈氏曲线，判断系统的稳定性，并绘制系统的单位脉冲响应曲线。

【解】　根据系统的开环传递函数，利用 Nyquist 函数绘出系统的奈氏曲线，并根据奈奎斯特判据判别系统的稳定性，最后利用 cloop 函数构建闭环系统，并用 impulse 函数求出脉冲响应，以验证系统的稳定性结论。输入以下 MATLAB 程序。

```
k=50;
z=[];
p=[-5,2];
[num,den]=zp2tf(z,p,k);
figure(1);
nyquist(num,den);
figure(2);
[num1,den1]=cloop(num,den);
impulse(num1,den1);
```

执行上述程序后得到如图 4-20 所示的奈氏曲线和图 4-21 所示的闭环系统单位脉冲响应曲线。从奈氏曲线图中可以看出，系统的奈氏曲线按逆时针方向围绕（−1,j0）点一圈，而系统开环极点轨线包含 s 右半平面上的一个极点，因此闭环系统稳定，从闭环系统单位脉冲响应曲线图中也可得到证实。

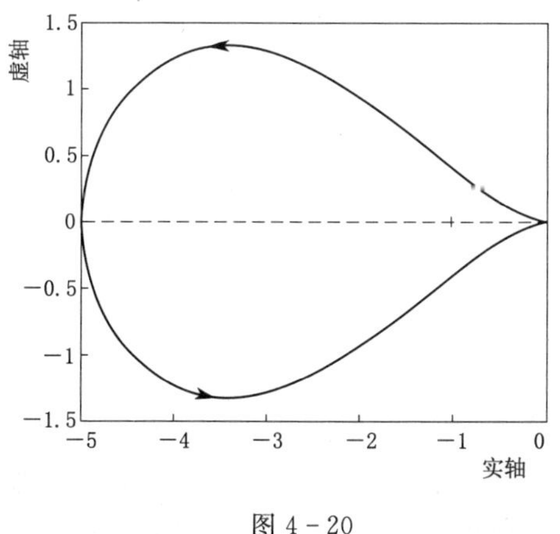

图 4-20

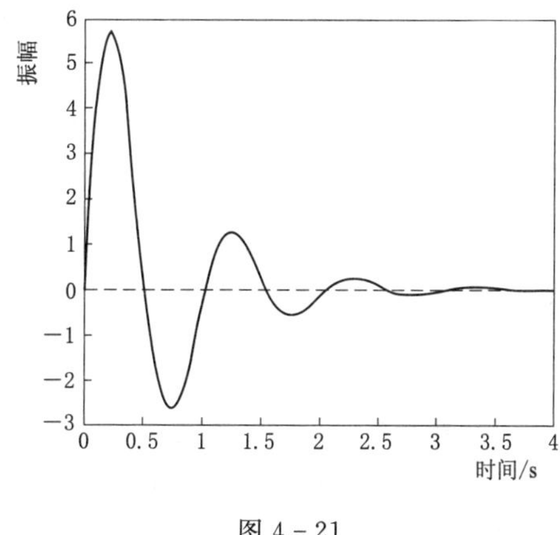

图 4-21

【例 4-11】　已知闭环控制系统的开环传递函数为

$$G(s)=\frac{50}{(s+1)(s+5)(s-2)}$$

试绘制系统的奈氏曲线，判断系统的稳定性，并绘制系统的单位脉冲响应曲线。

【解】　输入以下 MATLAB 程序，执行程序后得到如图 4-22 所示的奈氏曲线，以及如图 4-23 所示的闭环系统单位脉冲响应曲线。

```
k=50;
z=[];
p=[-1,-5,2];
[num,den]=zp2tf(z,p,k);
figure(1);
```

```
nyquist(num,den);
figure(2);
[num1,den1]=cloop(num,den);
impulse(num1,den1);
```

从图 4-22 系统奈氏曲线图中可以看出，系统奈氏曲线按顺时针方向围绕（—1,j0）点一圈，而系统开环极点轨线包含 s 右半平面上的一个极点，因此闭环系统不稳定，这可从闭环系统单位脉冲响应图如图 4-23 所示中得到证实。

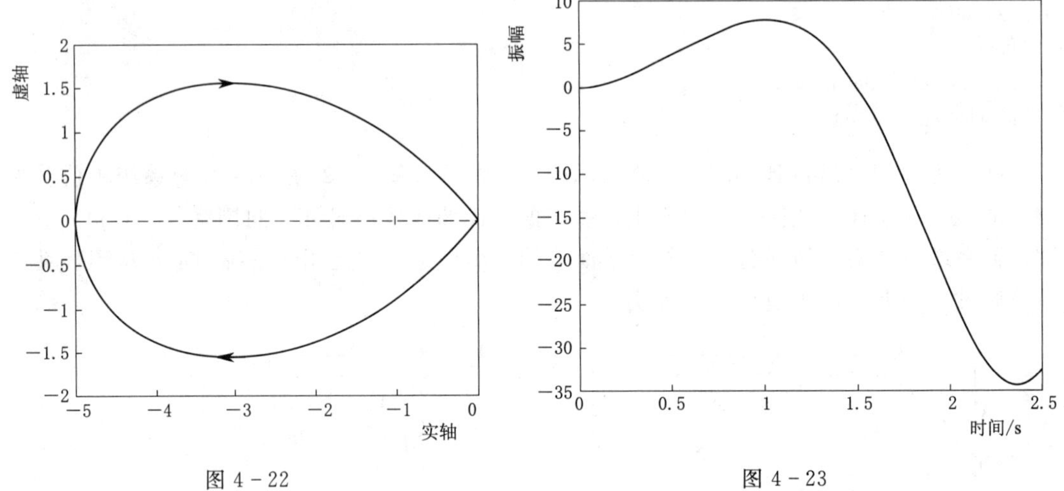

图 4-22　　　　图 4-23

本　章　小　结

（1）稳定性是控制系统能正常工作的首要条件。线性定常系统的稳定性是系统本身的一种固有特性，它取决于系统的结构与参数，而与外作用信号的形式和大小无关。劳斯-赫尔维茨代数稳定判据只回答特征方程式的根在 s 平面上的分布情况，而不能确定根的具体数值。

（2）奈奎斯特稳定判据是用频率法分析与设计控制系统的基础。利用奈奎斯特稳定判据，可用开环频率特性判别闭环系统的稳定性。同时可用相角裕度和幅值裕度来反映系统的相对稳定性。

（3）利用开环频率特性和闭环频率特性的某些特征量，均可对系统的时域性能指标作出间接的评估。其中开环频域指标是相角裕度 γ 和截止频率 ω_c。闭环频域指标是谐振峰值 M_r、谐振频率 ω_r，以及系统带宽 ω_b。它们与时域指标 $\sigma\%$、t_s 之间有密切的关系。这种关系对于二阶系统是确切的，而对于高阶系统是近似的，但在工程设计中已完全满足要求。

（4）对于最小相位系统，幅频和相频特性之间存在唯一的对应关系，即根据对数幅频特性可以唯一地确定相频特性和传递函数。而对于非最小相位系统则不然。

（5）许多系统或元件的频率特性可用实验方法确定。最小相位系统的传递函数可由其对数幅频特性的渐近线来确定。

拓 展 阅 读

代表人物及事件简介

1. 爱德华·约翰·劳斯（Edward John Routh，1831—1907），英国数学家，剑桥大学最著名的数学 Tipos 教练。生于加拿大的魁北克省，1842 年随家人回到英国伦敦，在 1847 年获得奖学金后进入伦敦大学学院学习，在德·摩根（De Morgan）的影响下从事数学职业。1849 年获得学士学位，1850 年 6 月 1 日与麦克斯韦同时进入彼得豪斯，1853 年获得文学硕士学位，并获数学和自然哲学金牌。1854 年，又在剑桥大学获得学士学位，1855 年当选为彼得豪斯学院院士。1856 年成为伦敦数学学会的创始成员，并于 1866 年和 1872 年分别当选为皇家天文学会和皇家学会的研究员，获得了格拉斯哥（1878 年）和都柏林（1892 年）等多所大学的荣誉学位。1883 年，被任命为彼得豪斯大学的荣誉研究员。

爱德华·约翰·劳斯最感兴趣的研究领域是几何、动力学、天文学、波动、振动和谐波分析。他在力学方面的工作尤其重要，1077 年发表的关于给定运动状态稳定性，尤其是稳态运动的论文获得了亚当斯奖。这部获奖作品的影响非常重大，其核心内容是经典控制理论中判断线性系统稳定性的常用代数稳定判据之一。他还出版了著名的高级论文，如刚体动力学论文（1860）、分析统计学论文（1891）和粒子动力学论文（1898），这些论文成为标准的应用数学教科书。

2. 阿道夫·赫尔维茨（Adolf Huwitz，1859—1919），德国数学家。被法国数学家让·皮埃尔·塞尔（Jean Piere Serre）美誉为“19 世纪下半叶数学界最重要的人物之一”。1868 年，阿道夫·赫尔维茨开始中等教育，跟随赫尔曼·舒伯特（Hermann Schubert）学习数学。从 1877 年起，先后到慕尼黑技术大学和柏林大学师从 E. E. 库默尔、K. 外尔斯特拉斯和 L. 克罗内克。1880 年，在慕尼黑技术大学成为 F. 克莱因的学生，以模丽数的论文取得博士学位。此后在柏林大学和格丁根大学任教。1884—1892 年，应邀在柯尼斯堡大学工作期间，是 D. 希尔伯特和 H. 闵科夫斯基的老师，后来又成为终身的朋友。1892 年任瑞士苏黎世技术大学教授，直到逝世。

阿道夫·赫尔维茨早期研究模函数，并将它用于代数数论，讨论类数的关系。由于接受了 F. 克莱因几何直觉的影响，他们一起得出：亏格大于 1 的代数黎曼曲面的自同构群是有限的。著名的赫尔维茨定理给出多项式的所有根位于左半平面的个条件，这在控制理论等稳定性研究中很有价值。他还在不变量理论、四元数和八元数理论、二元二次型理论等多方面有贡献。他的著作由他的同事 G. 波伊亚等人汇编成书。1895 年，建立了 Hurwit 矩阵，其矩阵元素是来源于实数多项式的系数，该矩阵具有以下性质：①若多项式的所有根都有负实部，则由 Huria 矩阵表示的多项式为稳定的；②当线性常系数微分方程的系数矩阵为 Hunit 矩阵时，该系统是渐近稳定的。

习　　题

4－1　一个系统稳定的充要条件是什么？

4－2　已知闭环系统特征方程式如下，试用劳斯判据判定系统的稳定性及根的分布情况。

(1) $s^3+20s^2+9s+100=0$　　(2) $s^3+20s^2+9s+200=0$

(3) $s^4+2s^3+8s^2+4s+3=0$　　(4) $s^5+12s^4+44s^3+48s^2+5s+1=0$

4－3　已知闭环系统特征方程式如下。

(1) $s^4+20s^3+15s^2+2s+K=0$　　(2) $s^3+(K+1)s^2+Ks+50=0$

试确定参数 K 的取值范围确保闭环系统稳定。

4－4　具有速度反馈的电动控制系统如题 4－4 图所示，试确定系统稳定的 K_i 的取值范围。

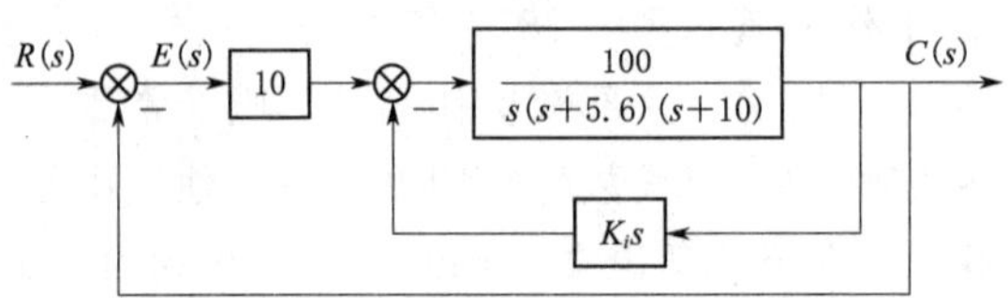

题 4－4 图

4－5　已知系统的结构图如题 4－5 图所示，分别求该系统的静态位置误差系数、速度误差系数和加速度误差系数。当系统的输入分别为 (1) $1(t)$，(2) $t\cdot 1(t)$，(3) $\frac{1}{2}t^2\cdot 1(t)$ 时，求每种情况下系统的稳态误差。

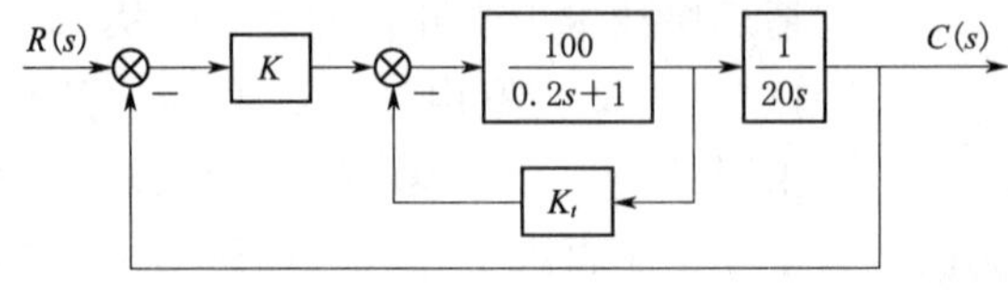

题 4－5 图

4－6　已知系统的结构图如题 4－5 图所示。

(1) 确定 K 和 K_t 满足闭环系统稳定的条件。

(2) 求当 $r(t)=t1(t)$ 和 $n(t)=0$ 时，系统的稳态误差 e_{ss}。

（3）求当 $r(t)=0$ 和 $n(t)=1(t)$ 时，系统的稳态误差 e_{ss}。

4－7　系统如题 4－7 图所示，已知 $r(t)=4+6t$，$n(t)=-1(t)$，试求：

（1）系统的稳态误差。

（2）要想减小扰动 $n(t)$ 产生的误差，应提高哪一个比例系数？

（3）若将积分因子移到扰动作用点之前，系统的稳态误差如何变化？

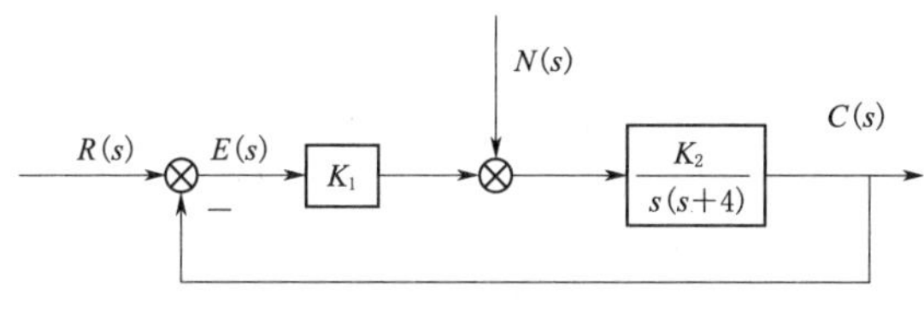

题 4－7 图

4－8　单位负反馈系统的开环传递函数为 $G(s)=\dfrac{K}{s(s+10)}$，若系统单位阶跃响应的超调量 $\sigma\%\leqslant16.3\%$；若误差 $e(t)=r(t)-c(t)$，当输入 $r(t)=(10+t)1(t)$ 时其稳态误差 $e_{ss}\leqslant0.1$。试求：

（1）K 值。

（2）单位阶跃响应的调节时间 t_s。

（3）当 $r(t)=(10+t+t^2)1(t)$ 时的稳态误差 e_{ss}。

4－9　已知系统结构如题 4－9 图所示.

（1）确定当 K 和 a 满足什么条件时，闭环系统是稳定的。

（2）求当 $r(t)=t\cdot1(t)$，$n(t)=1(t)$ 时系统的稳态误差 e_{ss}。

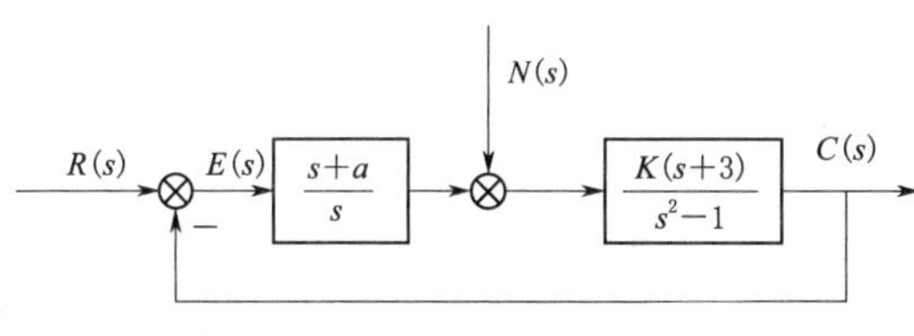

题 4－9 图

4－10　已知系统的传递函数为 $G(s)=\dfrac{K}{s(s+1)(4s+1)}$，试绘制系统的开环幅相频率特性曲线并求闭环系统稳定的临界增益 K 值。

4－11　已知系统的传递函数为 $G(s)=\dfrac{4}{s^2(0.2s+1)}$，试求：

（1）绘制系统的伯德图，并求系统的相位裕量。

（2）在系统中串联一个比例微分环节 $(s+1)$，绘制系统的伯德图，并求系统的相位裕量。

（3）说明比例微分环节对系统稳定性的影响。

（4）说明相对稳定性较好的系统，中频段对数幅频应具有的形状。

4-12　某系统，其结构图和开环幅相曲线如题 4-12 图（a）、图（b）所示，图中 $G(s)=\dfrac{K(T_3s+1)}{(T_1s+1)(T_2s-1)}$，$H(s)=T_2s-1$，$K$、$T$ 为给定正数，试判定系统闭环稳定性，并求在复平面左半平面、右半平面、虚轴上的闭环极点数。

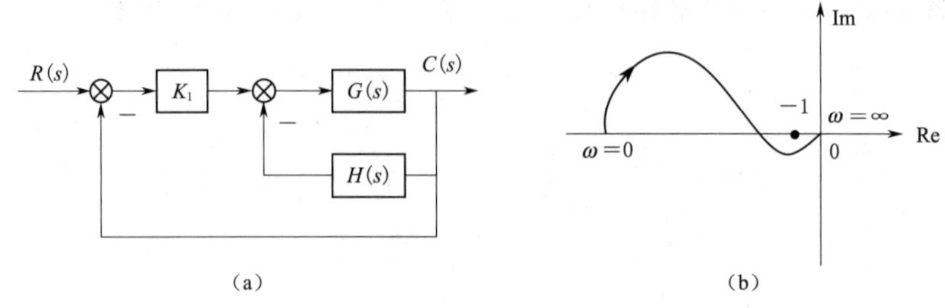

题 4-12 图

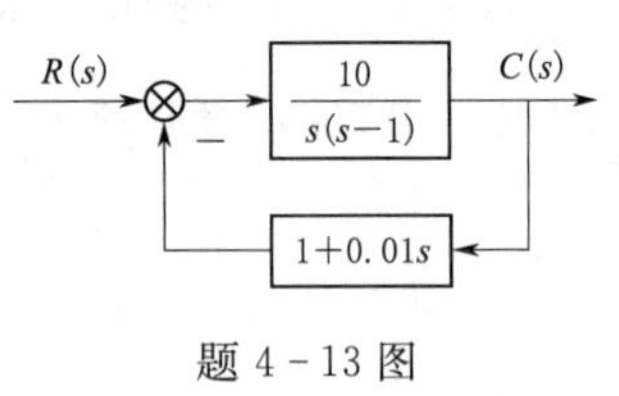

题 4-13 图

4-13　某控制系统方框图如题 4-13 图所示，试求：

（1）绘制系统的奈氏曲线。

（2）用奈氏判据判断闭环系统的稳定性，并说明在 s 平面右半平面的闭环极点数。

4-14　已知三个最小相位系统（1）、（2）、（3）开环传递函数的对数幅频特性的渐近线如题 4-14 图所示，试求：

（1）定性分析比较这三个系统对单位阶跃输入响应的上升时间和超调量。

（2）计算并比较这三个系统对斜坡输入的稳态误差。

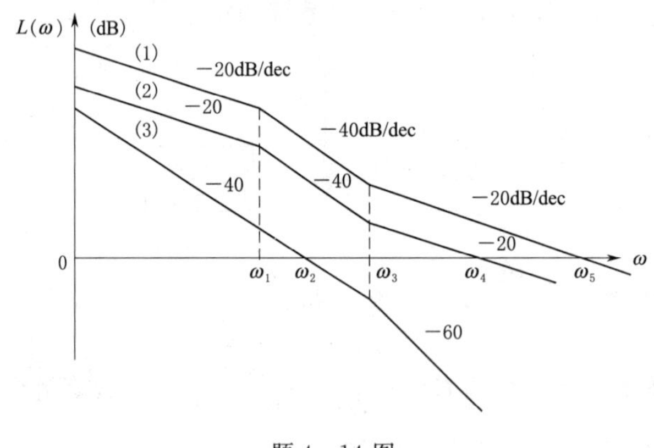

题 4-14 图

（3）分析并比较系统（1）、（2）相位裕量和增益裕量。

4-15　设最小相位系统开环对数幅频特性如题 4-15 图所示，试求：

（1）写出系统开环传递函数 $G(s)$。

（2）计算开环截止频率 ω_c。

（3）计算系统的相角裕量。

（4）若给定输入信号 $r(t)=1+0.5t$ 时，系统的稳态误差为多少？

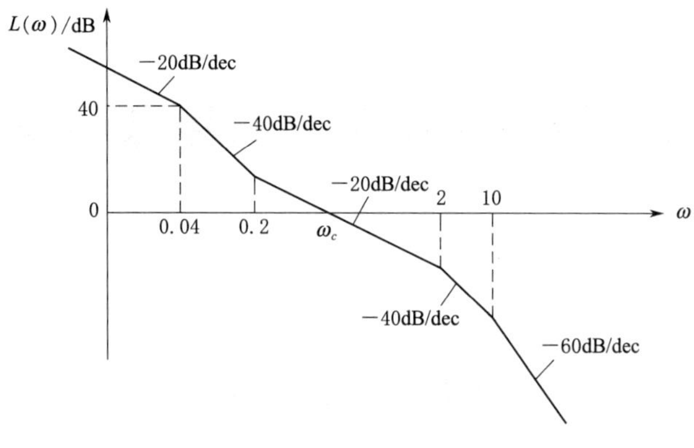

题 4-15 图

4-16　设单位负反馈系统的开环传递函数为 $G(s)=\dfrac{K}{s(Ts+1)}$，若要求开环截止频率提高 a 倍，相角裕量保持不变，问 K、T 应如何变化？

4-17　设单位反馈系统开环传递函数为 $G(s)=\dfrac{10}{s(0.2s+1)(0.02s+1)}$，试求：

(1) 根据相位裕量和幅值裕量分析闭环系统的稳定性。

(2) 应用经验公式估算系统的时域指标：超调量 $\sigma\%$ 和调节时间 t_s。

第5章　线性控制系统的稳态误差分析

引言

稳态误差是控制系统的时域指标之一，用来评价系统稳态性能的好坏。稳态误差仅对稳定系统有意义。

为了分析方便，根据系统输入信号形式的不同，系统的稳态误差可分为扰动信号作用下的稳态误差和给定信号作用下的稳态误差。对于恒值系统，由于给定量是不变的，因此常用扰动信号作用下的稳态误差来衡量系统的稳态品质；而对于随动系统，由于给定量是变化的，且要求输出量以一定的精度跟随给定量的变化，因此给定稳态误差就成为衡量随动系统稳态品质的指标。

学习目标

- 掌握误差与稳态误差的概念。
- 掌握给定信号作用下稳态误差的计算方法。
- 掌握扰动信号作用下稳态误差的计算方法。
- 熟悉对数幅频特性与稳态误差的关系。
- 熟悉减小稳态误差的方法。
- 掌握用 MATLAB 分析系统动态性能的方法。

5.1　控制系统的误差与稳态误差

5.1.1　误差与稳态误差的概念

控制系统的误差就是系统的期望输出值与实际输出值之差，表示为

$$e(t)=r(t)-c(t) \tag{5-1}$$

其中，误差 $e(t)$ 也是时间的函数，如图 5-1 所示。图中阴影部分就构成了系统输出响应的误差。

控制系统的误差分为动态误差与稳态误差。对于稳定的控制系统，系统在调节时间 t_s 之前的误差称为动态误差；在稳态条件下系统输出量的期望值与稳态值之间所存在的误差，称为系统的稳态误差。

影响系统稳态误差的因素有很多，如系统的结构、参数以及输入量的形式等。没有稳态误差的系统称为无差系统，具有稳态误差的系统称为有差系统。

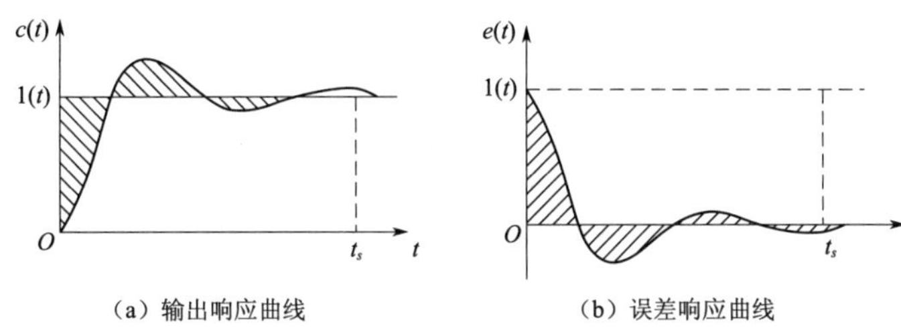

（a）输出响应曲线　　（b）误差响应曲线

图 5-1

稳态误差的数学描述为

$$e_{ss}=\lim_{t\to\infty}e(t) \tag{5-2}$$

即时间 t 趋于无穷大时的误差。工程实践中可以粗略地认为，稳态误差就是系统进入稳态后的误差值，即调节时间 t_s 之后的误差。

5.1.2　误差的数学模型

将一般反馈控制系统化为单位反馈控制系统，其结构图如图 5-2 所示。

系统的开环传递函数为

$$G_K(s)=G(s)H(s) \tag{5-3}$$

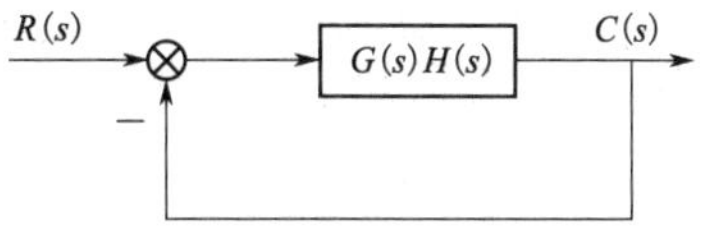

闭环传递函数为

$$\Phi(s)=\frac{G_K(s)}{1+G_K(s)}=\frac{G(s)H(s)}{1+G(s)H(s)} \tag{5-4}$$

R(s)　−　G(s)H(s)　C(s)

图 5-2

对误差信号的时间表达式 $e(t)=r(t)-c(t)$ 取拉氏变换式得

$$E(s)=R(s)-C(s)=R(s)-R(s)\Phi(s)=[1-\Phi(s)]R(s) \tag{5-5}$$

所以，误差传递函数为

$$\Phi_{er}(s)=\frac{E(s)}{R(s)}=1-\Phi(s)=1-\frac{G(s)H(s)}{1+G(s)H(s)}=\frac{1}{1+G(s)H(s)}=\frac{1}{1+G_K(s)} \tag{5-6}$$

为了方便系统稳态误差的表达和推导计算，可对系统误差的数学模型进行分解，一般先将系统的传递函数变换成如下所述的表达形式。

系统的开环传递函数 $G_K(s)$ 以零、极点的形式来表示为

$$G_k(s)=G(s)H(s)=\frac{K\prod_{j=1}^{m_1}(s+s_j)\prod_{l=m_1}^{m}(s^2+2\xi_l\omega_l s+1)}{s^{\nu}\prod_{i=\nu+1}^{n_1}(s+s_i)\prod_{k=n_1}^{n}(s^2+2\xi_k\omega_k s+1)} \tag{5-7}$$

将 $G_K(s)$ 用零、极点因子环节增益归一表达式的形式来表示为

$$G_k(s)=\frac{K}{s^{\nu}}\times\frac{\prod_{j=1}^{m_1}(s+s_j)\prod_{l=m_1}^{m}(s^2+2\xi_l\omega_l s+1)}{\prod_{i=\nu+1}^{n_1}(s+s_i)\prod_{k=n_1}^{n}(s^2+2\xi_k\omega_k s+1)} \tag{5-8}$$

若令

$$G_n(s)=\frac{\prod_{j=1}^{m_1}(s+s_j)\prod_{l=m_1}^{m}(s^2+2\xi_l\omega_l s+1)}{\prod_{i=\nu+1}^{n_1}(s+s_i)\prod_{k=n_1}^{n}(s^2+2\xi_k\omega_k s+1)}$$

则有

$$\lim_{s\to 0}G_n(s)=1$$

开环传递函数 $G_K(s)$ 就由三部分组成，即

$$G_k(s)=\frac{K}{s^\nu}\times G_n(s)$$

式中　K——系统的开环增益（放大系数）；

ν——前向通道积分环节的个数，$\frac{1}{s^\nu}$表示 ν 个积分环节$\frac{1}{s}$串联；

$G_n(s)$ ——零、极点因子的环节增益归一表达式。

则开环增益为

$$K=\lim_{s\to 0}s^\nu G_k(s)=\lim_{S\to 0}G_n(s)$$

根据前向通道积分环节的个数 ν，可按照下述方式定义开环系统的类型。

(1) $\nu=0$ 时，称该开环系统为 0 型系统。

(2) $\nu=1$ 时，称该开环系统为Ⅰ型系统。

(3) $\nu=2$ 时，称该开环系统为Ⅱ型系统。

当 $\nu>2$ 时，依此类推，但Ⅱ型以上的系统实际上很难稳定，故在控制工程中一般很少见。因为可以通过 ν 确定闭环系统无差的程度，所以有时也把 ν 称为系统的无差度。

综上所述，控制系统的稳态误差主要由以下三方面确定。

(1) 输入信号的类型，即所需跟踪的基准信号，如脉冲信号、阶越信号、斜坡信号、抛物线信号等。

(2) 系统的开环增益 K，它可以确定有差系统稳态误差的大小。

(3) 系统的无差度 ν，它可以确定能够跟踪的信号的阶数。

上述三项因素也称为稳态误差的三要素。

5.2　给定信号作用下的稳态误差

在给定信号 $r(t)$ 作用下，系统误差函数的拉氏变换为

$$E_r(s)=\Phi_{er}(s)R(s)=\frac{R(s)}{1+G_k(s)} \tag{5-9}$$

根据拉氏变换的终值定理，可以求得系统在给定信号作用下的稳态误差为

$$e_{ssr}=\lim_{t\to\infty}e_r(t)=\lim_{s\to 0}sE_r(s)=\lim_{s\to 0}s\times\frac{R(s)}{1+G_k(s)}=\lim_{s\to 0}s\times\frac{R(s)}{1+\frac{K}{s^\nu}} \tag{5-10}$$

上式即为稳态误差的一般表达式。

5.2.1 输入信号为单位阶跃信号时

单位阶跃信号为 $r(t)=1(t)$，拉式变换为 $R(s)=\frac{1}{s}$。由稳态误差的一般表达式得

$$e_{ssr}=\lim_{s\to 0}s\times\frac{R(s)}{1+G_k(s)}=\lim_{s\to 0}s\times\frac{1}{1+G_k(s)}\times\frac{1}{s}=\frac{1}{1+\lim\limits_{s\to 0}G_k(s)}\tag{5-11}$$

将上式中的极限式 $\lim\limits_{s\to 0}G_k(s)$ 定义为系统的静态位置误差系数，计作 K_p，表示为

$$K_p=\lim_{s\to 0}G_k(s)\tag{5-12}$$

则稳态误差用静态位置误差系数 K_p 表示为

$$e_{ssrp}=\frac{1}{1+K_p}$$

(1) 对于 0 型系统，其前向通道积分环节的个数为零，即 $\nu=0$，由于

$$G_k(s)=\frac{K}{s^{\nu}}\times G_n(s)\Big|_{\nu=0}=\frac{K}{s^0}\times G_n(s)\tag{5-13}$$

而

$$K_p=\lim_{s\to 0}G_k(s)=\lim_{s\to 0}\frac{K}{s^0}\times G_n(s)=K\tag{5-14}$$

所以，0 型系统的静态位置误差系数 K_p 等于常数值，即系统的开环增益 K。将其代入稳态误差表达式，有

$$e_{ssrp}=\frac{1}{1+K_p}\Big|_{K_p=K}=\frac{1}{1+K}\tag{5-15}$$

因此，0 型系统在单位阶跃输入信号作用下的稳态误差为常数。

(2) 对于Ⅰ型系统，其前向通道积分环节的个数为 1，即 $\nu=1$，故

$$K_p=\lim_{s\to 0}G_k(s)=\lim_{s\to 0}\frac{K}{s^1}\times G_n(s)=\infty\tag{5-16}$$

所以，Ⅰ型系统的静态位置误差系数 K_p 等于无穷大。将其代入稳态误差表达式，得

$$e_{ssrp}=\frac{1}{1+K_p}\Big|_{K_p=\infty}=\frac{1}{1+\infty}=0\tag{5-17}$$

以上计算说明，当输入单位阶跃信号时，由于Ⅰ型系统的静态位置误差系数 K_p 等于无穷大，所以Ⅰ型系统的稳态误差为零。也可以说，Ⅰ型系统是一阶无差系统。对于Ⅰ型及其以上系统，前向通道积分环节的个数 $\nu\geqslant 1$，此时有

$$K_p=\infty,e_{ssr}=0\tag{5-18}$$

5.2.2 输入信号为单位斜坡信号时

单位斜坡信号为 $r(t)=t$，拉氏变换为 $R(s)=\frac{1}{s^2}$。由稳态误差的一般表达式得

$$e_{ssr}=\lim_{s\to 0}s\times\frac{R(s)}{1+G_k(s)}=\lim_{s\to 0}s\times\frac{1}{1+G_k(s)}\times\frac{1}{s^2}=\frac{1}{\lim\limits_{s\to 0}sG_k(s)}\tag{5-19}$$

将式中的极限式 $\lim\limits_{s\to 0}sG_k(s)$ 定义为系统的静态速度误差系数，计作 K_v，表示为

$$K_v=\lim_{s\to 0}sG_k(s) \tag{5-20}$$

则稳态误差用静态速度误差系数 K_v 表示为

$$e_{ssrv}=\frac{1}{K_v}$$

（1）对于 0 型系统，其前向通道积分环节的个数为零，即 $\nu=0$，由于

$$G_k(s)=\frac{K}{s^{\nu}}\times G_n(s)\Big|_{\nu=0}=\frac{K}{s^0}\times G_n(s)$$

而

$$K_v=\lim_{s\to 0}sG_k(s)=\lim_{s\to 0}s\times\frac{K}{s^0}\times G_n(s)=0$$

所以，0 型系统的静态速度误差系数 K_v 等于零，代入稳态误差表达式，有

$$e_{ssrv}=\frac{1}{K_v}\Big|_{K_v=0}=\infty$$

由此说明，对 0 型系统施加斜坡信号，当时间趋于无穷大时，其稳态误差的值是趋于无穷大的。也就是，0 型系统不能跟踪斜坡信号。

（2）对于Ⅰ型系统，其静态速度误差系数 K_v 为

$$K_v=\lim_{s\to 0}sG_k(s)=\lim_{s\to 0}s\times\frac{K}{s^1}\times G_n(s)=K$$

稳态误差为

$$e_{ssrv}=\frac{1}{K_v}\Big|_{K_v=K}=\frac{1}{K}$$

由此说明，对Ⅰ型系统施加斜坡信号，当时间趋于无穷大时，其稳态误差趋常数值，且大小等于系统开环增益 K 的倒数。也就是，Ⅰ型系统有跟踪斜坡信号的能力，但只能实现有差跟踪。通过加大开环增益 K 可减小稳态误差，但不能消除。

（3）对于Ⅱ型系统，其静态速度误差系数 K_v 为

$$K_v=\lim_{s\to 0}sG_k(s)=\lim_{s\to 0}s\times\frac{K}{s^2}\times G_n(s)=\infty$$

稳态误差为

$$e_{ssrv}=\frac{1}{K_v}\Big|_{K_v=\infty}=0$$

由此说明，如果系统的前向通道中有两个积分环节，则在跟踪单位斜坡信号时可以实现无差跟踪。也就是，只要系统是稳定的，那么系统的响应在经过动态时间之后，与单位斜坡信号相同。因此，Ⅱ型系统又称为二阶无差系统。

5.2.3　输入信号为单位抛物线信号时

单位抛物线信号为 $r(t)=\frac{1}{2}t^2$，其拉氏变换为 $R(s)=\frac{1}{s^3}$。由稳态误差的一般表达式得

$$e_{ssr}=\lim_{s\to 0}s\times\frac{R(s)}{1+G_k(s)}=\lim_{s\to 0}s\times\frac{1}{1+G_k(s)}\times\frac{1}{s^3}=\frac{1}{\lim\limits_{s\to 0}s^2G_k(s)}$$

将式中的极限式$\lim\limits_{s \to 0} s^2 G_k(s)$ 定义为系统的静态加速度误差系数，计作 K_a，表示为

$$K_a = \lim_{s \to 0} s^2 G_k(s)$$

则稳态误差用静态加速度误差系数 K_a 表示为

$$e_{ssra} = \frac{1}{K_a}$$

(1) 对于 0 型系统，其静态加速度误差系数 K_a 为

$$K_a = \lim_{s \to 0} s^2 G_k(s) = \lim_{s \to 0} s^2 \times \frac{K}{s^0} \times G_n(s) = 0$$

稳态误差为

$$e_{ssra} = \frac{1}{K_a}\bigg|_{K_a = 0} = \infty$$

(2) 对于Ⅰ型系统，其静态加速度误差系数 K_a 为

$$K_a = \lim_{s \to 0} s^2 G_k(s) = \lim_{s \to 0} s^2 \times \frac{K}{s^1} \times G_n(s) = 0$$

稳态误差为

$$e_{ssra} = \frac{1}{K_a}\bigg|_{K_a = 0} = \infty$$

(3) 对于Ⅱ型系统，其静态加速度误差系数 K_a 为

$$K_a = \lim_{s \to 0} s^2 G_k(s) = \lim_{s \to 0} s^2 \times \frac{K}{s^2} \times G_n(s) = K$$

稳态误差为

$$e_{ssra} = \frac{1}{K_a}\bigg|_{K_a = K} = \frac{1}{K}$$

以上分析说明，0 型和Ⅰ型系统的稳态误差都是无穷大，不能跟踪抛物线输入信号；而Ⅱ型系统的稳态误差等于常数，且与系统开环增益 K 的大小成反比，故可以跟踪抛物线输入信号，但存在稳态误差。

综上所述，为了使系统具有较小的稳态误差，必须针对不同的输入量选择不同类型的系统，并且选取较高的 K 值。但考虑系统的稳定性，一般选择Ⅱ型以内的系统，并且 K 值也要满足系统稳定性的要求。

【例 5-1】 设控制系统的结构图如图 5-3 所示，输入信号 $r(t)=1(t)$，试确定当 K 分别为 1 和 0.1 时，系统输出量的稳态误差。

【解】 系统的开环传递函数为

$$G_k(s) = \frac{10K}{s+1}$$

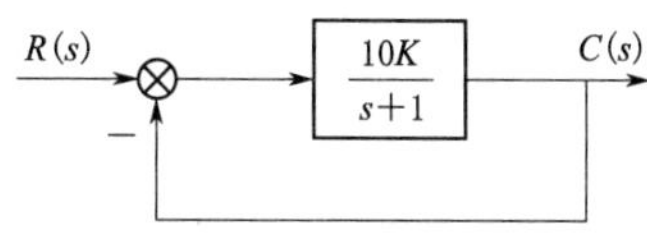

图 5-3

由于输入信号为单位阶跃信号，且系统是 0 型系统，所以静态位置误差系数为

$$K_p = \lim_{s \to 0} G_k(s) = 10K$$

因此

$$e_{ssr}=e_{ssrp}=\frac{1}{1+K_p}\bigg|_{K_p=10K}=\frac{1}{1+10K}$$

当 $K=1$ 时，稳态误差为

$$e_{ssr}=\frac{1}{1+10K}=\frac{1}{11}$$

当 $K=0.1$ 时，稳态误差为

$$e_{ssr}=\frac{1}{1+10K}=\frac{1}{2}$$

【例 5-2】　已知单位负反馈系统的开环传递函数为

$$G_k(s)=\frac{10(s+1)}{s^2(s+4)}$$

当参考输入为 $r(t)=4+6t+3t^2$ 时，试求系统的稳态误差。

【解】　由于系统的开环传递函数为

$$G_k(s)=\frac{10(s+1)}{s^2(s+4)}=\frac{2.5(s+1)}{s^2(0.25s+1)}$$

所以系统是Ⅱ型系统（$\nu=2$），且开环增益 $K=2.5$。

静态位置误差系数

$$K_p=\lim_{s\to 0}G_k(s)=\lim_{s\to 0}\frac{10(s+1)}{s^2(s+4)}=\infty$$

静态速度误差系数

$$K_v=\lim_{s\to 0}sG_k(s)=\lim_{s\to 0}s\cdot\frac{10(s+1)}{s^2(s+4)}=\infty$$

静态加速度误差系数

$$K_a=\lim_{s\to 0}s^2G_k(s)=\lim_{s\to 0}s^2\times\frac{10(s+1)}{s^2(s+4)}=2.5$$

参考输入信号 $r(t)$ 由阶跃信号、斜坡信号和抛物线信号组成，即

$$r(t)=4+6t+3t^2=4\cdot 1(t)+6t+6\times\frac{1}{2}t^2$$

所以，系统的稳态误差为

$$e_{ssr}=e_{ssrp}+e_{ssrv}+e_{ssra}=\frac{4}{1+K_p}+\frac{6}{K_v}+\frac{6}{K_a}=\frac{4}{1+\infty}+\frac{6}{\infty}+\frac{6}{2.5}=2.4$$

5.3　扰动信号作用下的稳态误差

在任何情况下，控制系统都不可避免地会受到扰动信号的作用，由此可能导致期望的系统性能无法实现。因此，在进行系统分析时，除需研究系统在给定信号作用下的稳态误差外，还要研究扰动信号对系统性能的影响，并使扰动信号对系统输出量的影响尽可能小，从而提升系统的抗干扰能力。

在扰动信号作用下，系统的结构图如图 5-4 所示。

在图 5-4 中，$N(s)$ 表示扰动信号。实际上，扰动信号可以从系统的任何地方加入，如作为负载扰动从输出端加入，作为输入信号的波动从输入端加入，或者如上图所示由系统的中间环节加入等。但无论上述哪种情况，都可通过等价变换的方法将其转换为如图 5-4 所示形式。

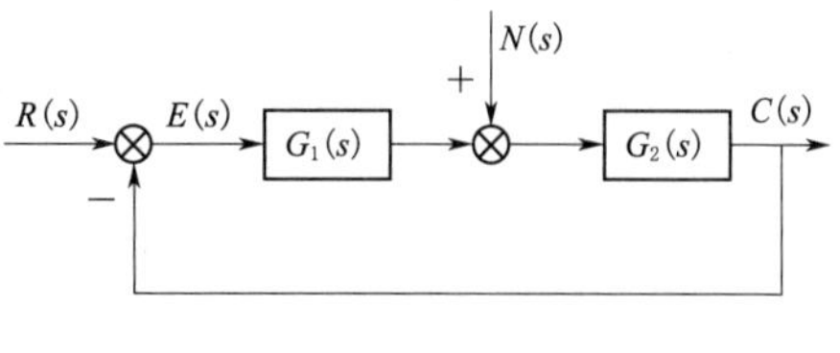

图 5-4

由叠加原理知，系统的输出可以表示为

$$C(s)=C_r(s)+C_n(s)$$

式中 $C_r(s)$ ——输入信号作用下的系统输出；

$C_n(s)$ ——扰动信号作用下的系统输出。

输入信号单独作用下的闭环传递函数 $\Phi_r(s)$ 为

$$\Phi_r(s)=\frac{C_r(s)}{R(s)}=\frac{G_1(s)G_2(s)}{1+G_1(s)G_2(s)}$$

此时输出信号为

$$C_r(s)=\Phi_r(s)R(s)=\frac{G_1(s)G_2(s)}{1+G_1(s)G_2(s)}\times R(s)$$

扰动信号单独作用下的闭环传递函数为

$$\Phi_n(s)=\frac{C_n(s)}{R(s)}=\frac{G_2(s)}{1+G_1(s)G_2(s)}$$

此时输出信号为

$$C_n(s)=\Phi_n(s)N(s)=\frac{G_2(s)}{1+G_1(s)G_2(s)}\times N(s)$$

应用叠加原理，系统的误差可表示为

$$E(s)=E_r(s)+E_n(s)$$

式中 $E_r(s)$ ——输入信号作用下的误差；

$E_n(s)$ ——扰动信号作用下的误差。

由误差定义可得

$$\begin{aligned}E(s)&=R(s)-C(s)=R(s)-C_r(s)-C_n(s)\\&=R(s)-\frac{G_1(s)G_2(s)}{1+G_1(s)G_2(s)}\times R(s)-\frac{G_2(s)}{1+G_1(s)G_2(s)}\times N(s)\\&=\frac{1}{1+G_1(s)G_2(s)}\times R(s)-\frac{G_2(s)}{1+G_1(s)G_2(s)}\times N(s)\end{aligned}$$

所以，输入信号单独作用下的误差为

$$E_r(s)=\frac{1}{1+G_1(s)G_2(s)}\times R(s)$$

扰动信号单独作用下的误差为

$$E_n(s)=-\frac{G_2(s)}{1+G_1(s)G_2(s)}\times N(s)$$

由于扰动信号作用下的系统输出为

$$C_n(s)=-\frac{G_2(s)}{1+G_1(s)G_2(s)}\times N(s)=-E_n(s)$$

因此，扰动信号所产生的输出全部都是误差，故

$$E_n(s)=-C_n(s)$$

所以扰动信号作用下的稳态误差为

$$e_{ssn}=\lim_{t\to\infty}e(t)=\lim_{s\to 0}sE(s)=\lim_{s\to 0}s[-C_n(s)]=\lim_{s\to 0}s\left[-\frac{G_2(s)}{1+G_1(s)G_2(s)}\times N(s)\right]$$

【例 5-3】 已知在扰动信号作用下，系统的结构图如图 5-5 所示，设输入信号为 $R(s)=\frac{1}{s}$，扰动信号为 $N(s)=\frac{1}{s}$，试计算系统的稳态误差。

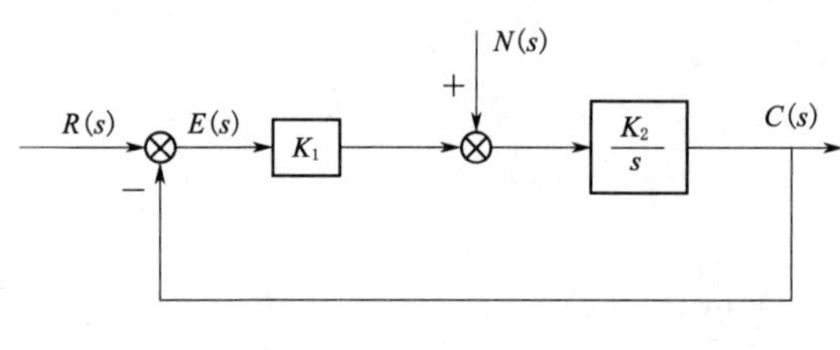

图 5-5

【解】 由图 5-5 可知系统为Ⅰ型系统（$\nu=1$），应用叠加原理，当输入信号单独作用时有

$$R(s)=\frac{1}{s},N(s)=0$$

此时系统的稳态误差为

$$e_{ssr}=0$$

当扰动信号单独作用时有

$$N(s)=\frac{1}{s},R(s)=0$$

此时系统的输出为

$$C_n(s)=\frac{\frac{K_2}{s}}{1+K_1\times\frac{K_2}{s}}\times\frac{1}{s}=\frac{K_2}{s+K_1K_2}\times\frac{1}{s}$$

由于扰动信号作用下的误差等于扰动信号作用下系统输出的负值，即 $E_n(s)=-C_n(s)$，所以扰动信号作用下的稳态误差为

$$e_{ssn}=\lim_{s\to 0}sE_n(s)=\lim_{s\to 0}s[-C_n(s)]=\lim_{s\to 0}s\left[-\frac{K_2}{s+K_1K_2}\times\frac{1}{s}\right]=\frac{1}{K_1}$$

因此，系统总的稳态误差为

$$e_{ss}=e_{ssr}+e_{ssn}=0+\left(-\frac{1}{K_1}\right)=-\frac{1}{K_1}$$

5.4　基于对数幅频特性的稳态误差分析

对于无差度为 v 的开环系统，其对数幅频特性曲线在低频段的渐近线为

$$L(\omega)=20\lg K-\nu 20\lg\omega$$

因此，渐近线的斜率可表示为

$$\frac{dL(\omega)}{d\lg\omega} \approx -\nu 20$$

由于系统的稳态误差取决于系统的静态误差系数，而静态误差系数又与系统的无差度有关，故可根据系统对数幅频特性曲线低频段渐近线的斜率和位置来确定系统的结构类型和误差系数，如图 5-6 所示。图中 ω_0 为低频段渐近线或其延长线与 0dB 线交点所对应的频率，所以有

$$L(\omega_0) = 20\lg K - \nu 20\lg\omega_0 = 0$$

具体分析方法如下。

(1) 对于 0 型系统 ($v=0$)，系统的静态位置误差系数为

$$K_p = \lim_{s\to 0} G_k(s) = K$$

而系统的静态速度误差系数 K_v 和静态加速度误差系数 K_a 均为零，故系统单位位置、速度和加速度响应的稳态误差分别为

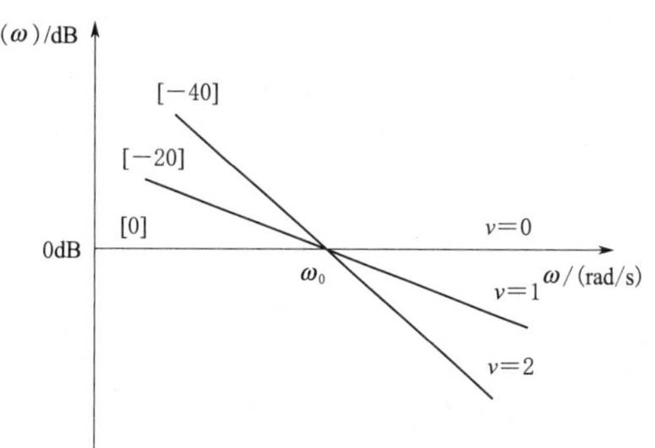

图 5-6

$$e_{ssrp} = \frac{1}{1+K_p} = \frac{1}{1+K}, \quad e_{ssrv} = \frac{1}{K_v} = \infty,$$

$$e_{ssra} = \frac{1}{K_a} = \infty$$

(2) 对于Ⅰ型系统 ($v=1$)，系统的静态速度误差系数为

$$K_v = \lim_{s\to 0} sG_k(s) = K = \omega_0$$

系统的静态位置误差系数和静态加速度误差系数分别为 $K_p = \infty$，$K_a = 0$

故系统单位位置、速度和加速度响应的稳态误差分别为

$$e_{ssrp} = \frac{1}{1+K_p} = \frac{1}{1+\infty} = 0, \quad e_{ssrv} = \frac{1}{K_v} = \frac{1}{\omega}, \quad e_{ssra} = \frac{1}{K_a} = \infty$$

(3) 对于Ⅱ型系统 ($v=2$)，系统的静态加速度误差系数为

$$K_a = \lim_{s\to 0} s^2 G_k(s) = K = \omega_0^2$$

而系统的静态位置误差系数 K_p 和静态速度误差系数 K_v 均为∞，故系统单位位置、速度和加速度响应的稳态误差分别为

$$e_{ssrp} = \frac{1}{1+K_p} = \frac{1}{1+\infty} = 0, \quad e_{ssrv} = \frac{1}{K_v} = \frac{1}{\infty} = 0, \quad e_{ssra} = \frac{1}{K_a} = \frac{1}{\omega_0^2}$$

5.5 减小稳态误差的方法

5.5.1 减小稳态误差的一般方法

为了减小系统在给定信号和扰动信号作用下的稳态误差，通常采取以下几种方法。

（1）保证系统中各个环节（或元件），特别是反馈回路中元件的参数具有一定的精度和恒定性，必要时需采取误差补偿措施。

（2）增大开环增益，以提高系统对给定输入的跟踪能力；增大扰动作用前的系统前向通道的增益，以降低扰动稳态误差。增大系统的开环增益是降低稳态误差的一种简单而有效的方法，但增大开环增益的同时会使系统的稳定性降低。为了解决这个问题，在增大开环增益的同时通常要附加校正装置，以确保系统的稳定性。

（3）增加系统前向通道中积分环节的数目，使系统的无差度（阶次）提高，可以消除不同输入信号的稳态误差。但是，增加积分环节的数目会降低系统的稳定性，并影响其他动态性能指标。在过程控制系统中，采用比例积分（PI）调节器可以消除系统在扰动作用下的稳态误差，但为了保证系统的稳定性，相应地要降低比例增益。而采用比例积分微分（PID）调节器，则可以得到更满意的调节效果。

（4）采用补偿方法进行复合控制。在作用于控制对象的控制信号中，除了偏差信号外，通常还引入与扰动量或给定量有关的补偿信号，以提高系统的控制精度，减小给定信号和扰动信号作用下的稳态误差。这种控制方式称为复合控制。

5.5.2　复合控制的补偿方法

5.5.2.1　按扰动进行补偿

当扰动信号可直接测量时，加补偿器后系统的结构图如图 5－7 所示。图中，$G_c(s)$ 为补偿器的传递函数，现在要确定 $G_c(s)$，使扰动 $N(s)$ 对输出没有影响，也就是使扰动引起的误差为零，以提高系统的抗干扰能力。

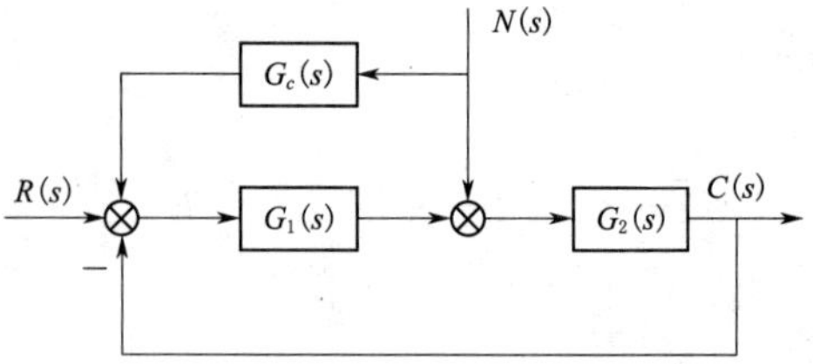

图 5－7

令 $R(s)=0$，由上图可以求出扰动信号单独作用下的闭环传递函数 $\Phi_n(s)$ 为

$$\Phi_n(s)=\frac{C_n(s)}{N(s)}=\frac{G_2(s)+G_c(s)G_1(s)G_2(s)}{1+G_1(s)G_2(s)}=\frac{G_2(s)[1+G_c(s)G_1(s)]}{1+G_1(s)G_2(s)}$$

若能使上述传递函数为零，则扰动对输出的影响即可消除。令分子为零，即 $C_n(s)=0$，则

$$G_2(s)[1+G_c(s)G_1(s)]=0$$

可得对扰动进行全补偿的条件为

$$C_n(s)=-\frac{1}{G_1(s)}$$

从结构图上看，该补偿方法是利用双通道原理：一条是由扰动信号经过 $G_c(s)$，$G_1(s)$ 到达扰动作用点；另一条是扰动信号直接作用于此点。两条通道的信号在此点处进行加减，由于 $G_c(s)$ 的作用，它们正好大小相等、方向相反，从而实现了对扰动的全补偿。这种方式增加的补偿器是设计在回路之外的，对闭环回路没有影响，因此可以在不破坏稳定性的前提下提高系统的稳态精度。

【例 5-4】 设随动系统如图 5-8 所示，图中 K_1 为综合放大器的传递系数，$\frac{1}{T_1 s+1}$ 为滤波器的传递函数，$\frac{K_m}{s(T_m s+1)}$ 为执行电机的传递函数，$N(s)$ 为负载力矩，即本系统的扰动量。要求选择适当的前馈补偿装置 $G_N(s)$，使系统输出不受扰动影响。

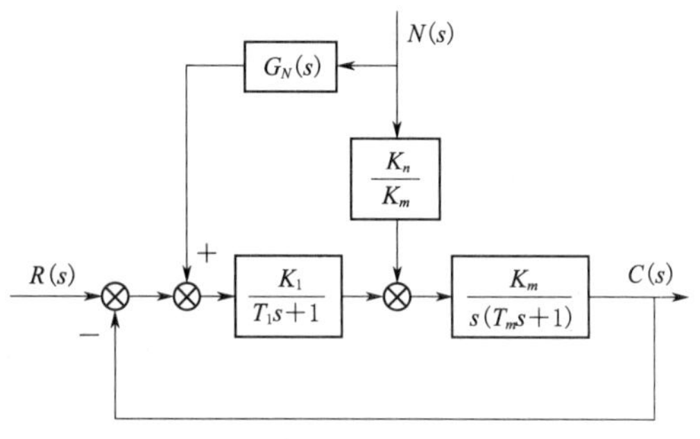

图 5-8

【解】 设扰动量 $N(s)$ 可测。选择 $G_N(s)$ 构成前馈通道，如上图所示。由此可求出扰动对输出的影响，即 $N(s)$ 引起的输出为

$$C_N(s)=\frac{\left[\frac{K_n}{K_m}+G_N(s)\frac{K_1}{T_1 s+1}\right]\frac{K_m}{s(T_m s+1)}}{1+\frac{K_1 K_m}{s(T_1 s+1)(T_m s+1)}}\times N(s)$$

令

$$\frac{K_n}{K_m}+G_N(s)\frac{K_1}{T_1 s+1}=0$$

即

$$G_N(s)=-\frac{K_n}{K_1 K_m}(T_1 s+1)$$

则扰动 $N(s)$ 引起的系统输出为 0，即系统的输出不受扰动量 $N(s)$ 的影响，扰动作用完全被补偿。但是从上式中可以看出，$G_N(s)$ 的分子次数高于分母次数，这不便于物理实现。

若令

$$G_N(s)=-\frac{K_n}{K_1 K_m}\times\frac{T_1 s+1}{T_2 s+1}, T_1\gg T_2$$

则可在物理上实现，以达到近似全补偿的要求，即在扰动信号作用的主要频段内进行了全补偿。

5.5.2.2 按给定输入进行补偿

如图 5-9 所示为对输入进行补偿的系统结构图，其中 $G_c(s)$ 为补偿器的传递函数，位于系统回路之外。因此，可以先对系统回路进行设计，保证其有较好的动态性能，然后再设置补偿器 $G_c(s)$，以提高系统对输入信号的稳态精度。

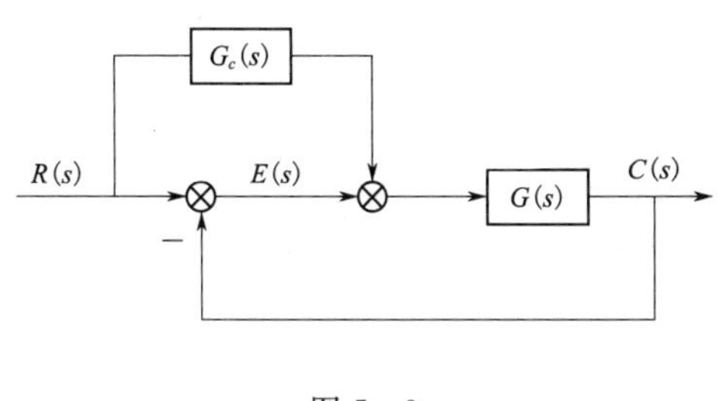

图 5-9

现确定 $G_c(s)$，使系统在给定输入作用下，误差能够得到全补偿。由上图可以求出系统对输入信号的误差传递函数为

$$\Phi_{er}(s)=\frac{E(s)}{R(s)}=\frac{R(s)-C(s)}{R(s)}=\frac{R(s)-R(s)\Phi_r(s)}{R(s)}$$
$$=1-\Phi_r(s)=1-\frac{G(s)+G_c(s)G(s)}{1+G(s)}$$
$$=\frac{1-G_c(s)G(s)}{1+G_1(s)}$$

若能使上述传递函数为零，则可消除误差，实现完全补偿。令分子为零，得

$$1-G_c(s)G(s)=0$$

所以实现全补偿条件为

$$G_c(s)=\frac{1}{G(s)}$$

从上图可以看出，输入信号通过补偿器整形后再加给系统的回路，增强了原控制信号的作用，提高了系统的跟随能力，这既满足了系统的动态性能要求，又提高了系统的稳态精度。

【例 5－5】　某随动系统的结构图如图 5－10 所示，要求在输入单位斜坡信号时，输出信号的稳态位置误差 $e_{ss}\leqslant 0.2$，开环系统剪切频率 $\omega_c \geqslant 4.41\text{rad/s}$，相位裕度 $\gamma \geqslant 45°$，试设计误差补偿装置。

【解】　绘出原系统的开环对数幅频特性曲线，如图 5－11 所示中虚线。由此可求出系统的开环剪切频率 $\omega_c=3.16\text{rad/s}$，相位裕度 $\gamma=17.6°$因此原系统不能满足性能指标的要求。由于补偿装置的传递函数为

$$G_c(s)=\frac{0.456s+1}{0.114s+1}$$

串入补偿装置后，系统的对数幅频特性曲线如图 5－11 所示实线。

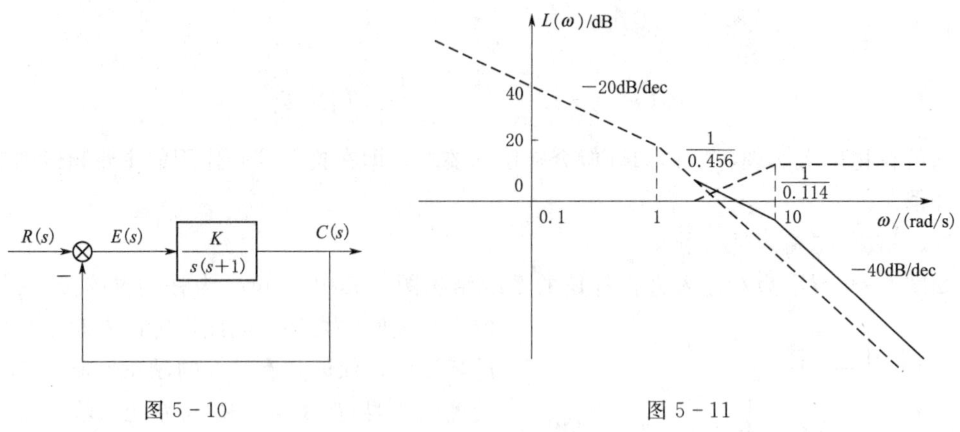

图 5－10　　图 5－11

此时系统的开环剪切频率 $\omega_c'=4.56\text{rad/s}$，相位裕度 $\gamma=49.22°$，满足了系统的动态要求。此时系统的开环传递函数为

$$G_c(s)G_k(s)=\frac{10(0.456s+1)}{s(s+1)(0.114s+1)}$$

由于 $K_v=\lim\limits_{s\to\infty}sG_c(s)G_k(s)=10$，不能满足对系统稳态性能的要求。为了提高系统的稳态性能，可如图 5-12 所示在系统中加入前馈装置，其传递函数为

$$G_r(s)=\frac{k_2s^2+k_1s}{Ts+1}$$

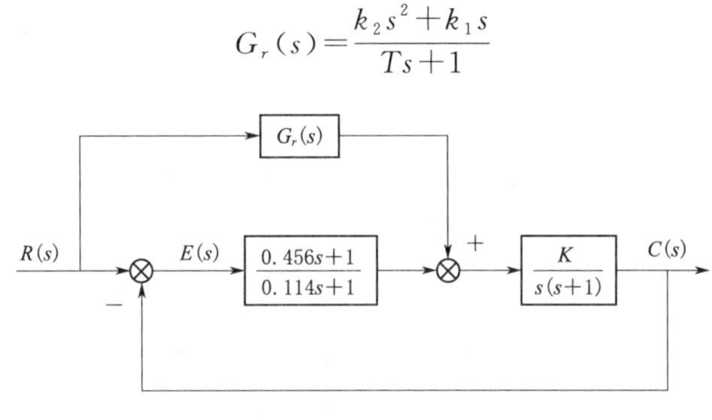

图 5-12

选择合适的 k_1，k_2 使系统成为Ⅲ型系统，此时系统的等效误差传递函数为

$$\begin{aligned}\Phi_e'(s)&=\frac{1-G_r(s)G_2(s)}{1+G_1(s)G_2(s)}\\&=\frac{0.114Ts^4+[0.114(T+1)+T-10\times0.114k_2]s^3}{[s(0.114s+1)(s+1)+(0.456s+1)\times10](Ts+1)}\\&\quad+\frac{0.114T+T+1-10(k_2+0.114k_1)s^2+(1-10k_1)s}{[s(0.114s+1)(s+1)+(0.456s+1)\times10](Ts+1)}\end{aligned}$$

由此得出，当 $k_1=\frac{1}{10}$，$k_2=\frac{T+1}{10}$时，在等效误差传递函数的分子。多项式中，s，s^2 及常数项均为零，最低项是 s^3，此时的系统为Ⅲ型系统。当输入信号是速度、加速度信号时，系统的稳态误差为零，选择合适的参数可使 T 很小，从而使前馈控制信号对系统动态性能的影响也很小。

在对系统进行补偿时应注意以下几点。

（1）在完全补偿原则下求得的传递函数均具有与原系统传递函数成倒数的关系，会出现分子阶次大于分母阶次的形式，在物理上不可实现。工程上经常采用稳态补偿方案，即系统响应平稳下来以后，保证系统的稳态误差为零，这是切实可行的。

（2）复合控制是在闭环基础上增加的开环控制方式，并不改变闭环极点的分布，因此可将系统的动态性能和稳态性能分开进行设计。

（3）补偿器属于开环控制装置，它不能克服自身参数变化引起的误差，要求元件应具有较高的精度和稳定性。当然，由于与闭环回路一同工作，反馈会对其有一定的抑制作用。

（4）复合控制补偿的应用条件为：扰动信号必须是可测的。

5.6 利用 MATLAB 分析系统的动态特性

MATLAB 中提供了多种求取连续系统输出响应的函数，如单位阶跃响应函数 step、

单位脉冲响应函数 impulse、任意输入下的仿真函数 lsim 等，它们在 MATLAB 中的调用格式为

```
[y,x,t]=step(num,den,t)  或  step(num,den)
[y,x,t]=impulse(num,den,t)  或  impulse(num,den)
[y,x]=lsim(num,den,u,t)
```

其中，y 为输出响应；x 为状态响应；t 为仿真时间；u 为输入信号。

【例 5-6】 已知三阶系统的传递函数为

$$G(s)=\frac{100(s+2)}{s^3+1.4s^2+100.44s+100.04}$$

请绘制系统的单位阶跃响应和单位脉冲响应曲线。

【解】 输入以下 MATLAB 程序，运行结果如图 5-13 所示。

```
num=[100,200];
den=[1,1.4,100.44,100.04];
t1=[0:0.1:25];
t2=[0:0.1:30];
[y1,x1,t1]=step(num,den,t1);
[y2,x2,t2]=impulse(num,den,t2);
subplot(2,1,1),plot(t1,y1);
grid;
xlabel('t');
ylabel('y');
title('Step Response');
subplot(2,1,2),plot(t2,y2);
grid;
xlabel('t');
ylabel('y');
title('Impulse Response')
```

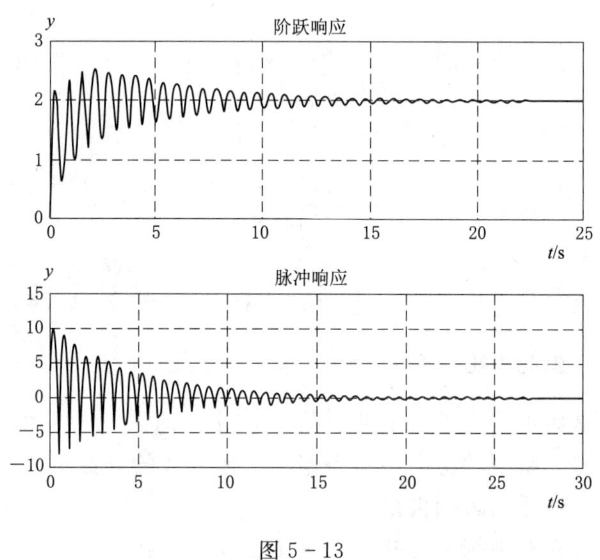

图 5-13

为了将两个响应曲线绘于同一个窗口中，例 5-5 中的程序采用了分区绘图命令 subplot，其中 subplot(2,1,1) 表示取上半部分，以绘制单位阶跃响应曲线；subplot(2,1,2) 表示取下半部分，以绘制单位脉冲响应曲线。该程序中还定义了所绘曲线的坐标名称及图形的名称。

MATLAB 中所提供的单位阶跃响应函数 step、单位脉冲响应函数 impulse、任意输入下的仿真函数 lsim 等，其输入变量不仅可以是系统的零、极点形式或传递函数形式，还可以是状态空间模型形式。

5.7 稳态误差分析的工程应用

在控制系统中，通常很难实现绝对精确的参数控制，系统的实际输出值与设定值之间往往存在一定的误差。为了保证系统的控制精度，需要将误差值限定在某一范围内，才能

保证系统的实际性能。

【例 5-7】 某智能行走机器人通过左右车轮的速度差来实现转向控制，其转向控制系统的结构图如图 5-14 所示。试选择合适的参数 K_1 与 a 的值，在确保系统稳定的基础上，使系统对斜坡输入信号的稳态误差 $e_{ss} \leqslant r(t) \times 24\%$。

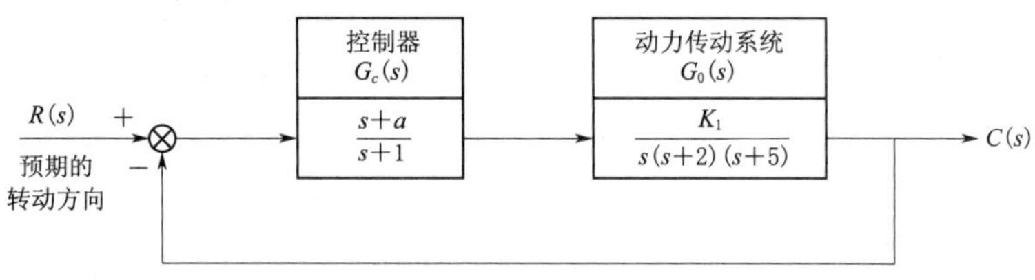

图 5-14

【解】 根据控制系统的结构图，可得系统的闭环特征方程为

$$1+G_c(s)G_0(s)=1+\frac{k_1(s+a)}{s(s+1)(s+2)(s+5)}=0$$

即

$$s^4+8s^3+17s^2+(10+k_1)s+ak_1=0$$

由此列出劳斯表如下：

s^4	1	17	aK_1
s^3	8	$10+K_1$	
s^2	$\frac{126-K_1}{8}$	aK_1	
s^1	$\frac{1260+(116-64a)K_1-K_1^2}{126-K_1}$		
s^0	aK_1		

根据劳斯判据，系统稳定的充分必要条件为

$$\begin{cases}\frac{126-K_1}{8}>0\\ aK_1>0\\ 1260+(116-64a)K_1-K_1^2>0\end{cases} \tag{5-21}$$

当系统的输入信号为斜坡信号时，$r(t)=At$，其中 A 为斜坡信号的斜率。此时系统的稳态误差为

$$e_{ssr}=\frac{A}{K_v}$$

式中 K_v——静态速度误差系数，$K_v=\lim\limits_{s\to 0}sG_c(s)G_0(s)=\frac{aK_1}{10}$。

所以有

$$e_{ssr}=\frac{10A}{aK_1}$$

显然有

$$\frac{e_{ssr}}{A}=\frac{10}{aK_1}\leqslant 24\%$$

即

$$aK_1\geqslant 41.67 \tag{5-22}$$

根据式（5-21）和式（5-22）绘制系统参数稳定区域图，如图 5-15 所示。图中两条曲线之间的区域即为系统满足设计要求时参数 a 和 K_1 的取值区间。

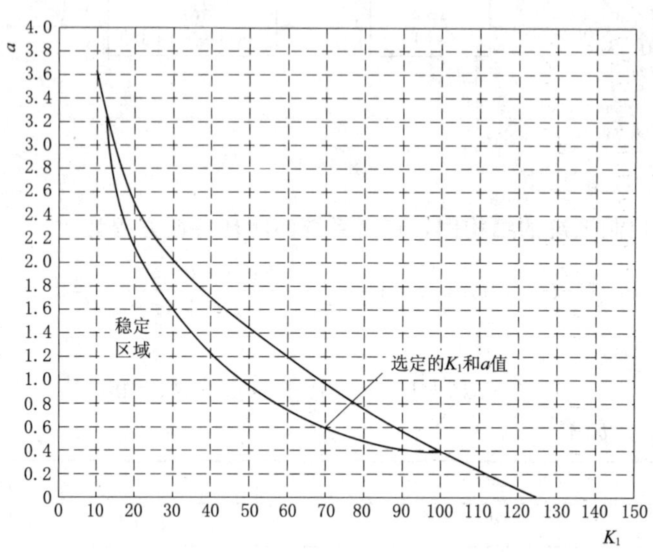

图 5-15

本　章　小　结

（1）稳态误差是系统控制精度的度量，更是系统的一个重要性能指标。它既与系统的结构参数有关，也与输入信号的形式、大小和作用点有关。计算稳态误差既可应用拉普拉斯变换的终值定理求得，也可由静态误差系数求得。

（2）开环对数幅频特性 $L(\omega)$ 低频段的斜率表征了系统的型别，其高度则表征了系统开环放大倍数的大小。

（3）系统的稳态精度与动态性能在对系统的类型和开环增益的要求上是相矛盾的。解决这一矛盾的方法，除了在系统中设校正装置外，还可用前馈补偿的方法来提高系统的稳态精度。

拓　展　阅　读

北　斗　精　神

北斗精神是中国航天人在建设北斗全球卫星导航系统过程中表现出来的“自主创新、开放融合、万众一心、追求卓越”的新时代精神。以国为重是“北斗精神”的核心价

值观。

从 1994 年北斗一号工程立项开始，到 2020 年北斗三号全球卫星导航系统建成开通，该系统已经向“一带一路”沿线国家和地区亿级以上用户提供服务，相关产品出口 120 余个国家和地区。在此期间，一代代航天人一路披荆斩棘、不懈奋斗，始终秉承“航天报国、科技强国”的使命情怀，以“祖国利益高于一切、党的事业大于一切、忠诚使命重于一切”的责任担当，克服了各种难以想象的艰难险阻，在陌生领域从无到有进行全新探索，在高端技术空白地带白手起家，用信念之火点燃了北斗之光，推动北斗全球卫星导航系统闪耀浩瀚星空、服务中国与世界。从“北斗一号、二号、三号三步走”发展战略决策，到有别于世界其他国家技术路径设计，再到用两年多时间高密度发射 18 箭 30 星，北斗卫星导航系统经历了从无到有、从有到优、从区域到全球的发展历程。

北斗全球卫星导航系统是中国迄今为止规模最大、覆盖范围最广、服务性能最高、与人民生活关联最紧密的巨型复杂航天系统。北斗三号全球卫星导航系统的建成开通，是中国攀登科技高峰、迈向航天强国的重要里程碑，是中国为全球公共服务基础设施建设做出的重大贡献，是中国特色社会主义进入新时代取得的重大标志性战略成果，凝结着一代代航天人接续奋斗的心血，饱含着中华民族自强不息的本色，对推进我国社会主义现代化建设和推动构建人类命运共同体具有重大而深远的意义。

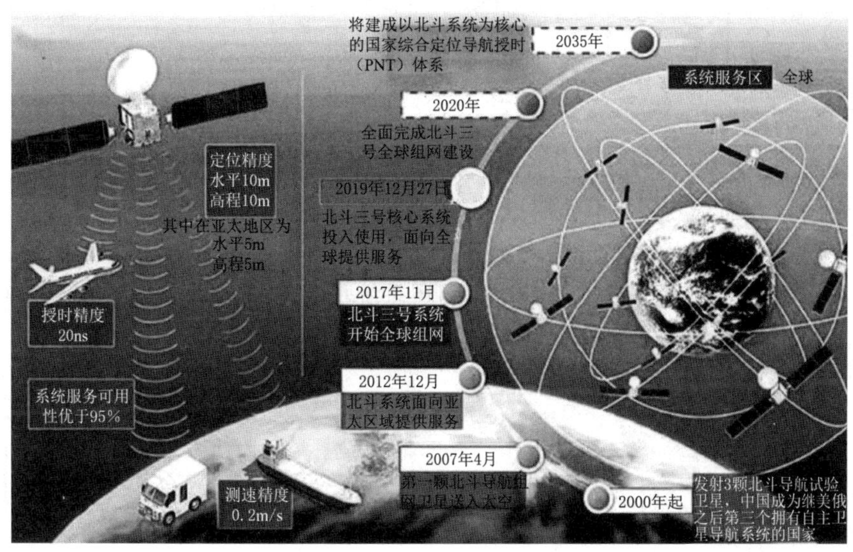

习　　题

5－1　已知系统的结构图如题 5－1 图所示，分别求该系统的静态位置误差系数、速度误差系数和加速度误差系数。当系统的输入分别为（1）$1(t)$，（2）$t\cdot 1(t)$，（3）$\frac{1}{2}t^2\cdot 1(t)$ 时，求每种情况下系统的稳态误差。

5－2　已知系统的结构图如题 5－1 图所示。

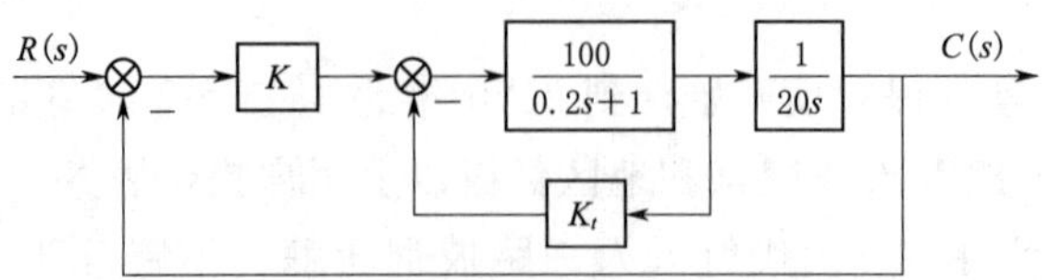

题 5 - 1 图

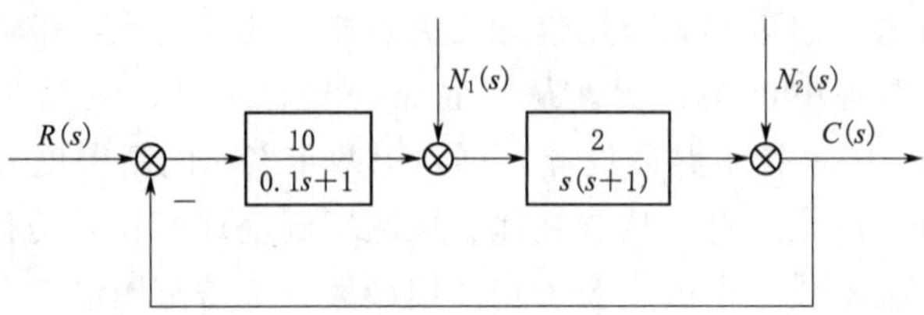

题 5 - 3 图

(1) 确定 K 和 K_t 满足闭环系统稳定的条件。

(2) 求当 $r(t)=t1(t)$ 和 $n(t)=0$ 时，系统的稳态误差 e_{ss}。

(3) 求当 $r(t)=0$ 和 $n(t)=1(t)$ 时，系统的稳态误差 e_{ss}。

5 - 3　具有扰动输入的控制系统如题 5 - 3 图所示，求：当 $r(t)=n_1(t)=n_2(t)=1(t)$ 时系统的稳态误差。

5 - 4　系统如题 5 - 4 图所示，已知 $r(t)=4+6t$，$n(t)=-1(t)$，试求：

(1) 系统的稳态误差。

(2) 要想减小扰动 $n(t)$ 产生的误差，应提高哪一个比例系数？

(3) 若将积分因子移到扰动作用点之前，系统的稳态误差如何变化？

5 - 5　已知系统结构如题 5 - 5 图所示：

(1) 确定当 K 和 a 满足什么条件时，闭环系统是稳定的。

(2) 求当 $r(t)=t\cdot 1(t)$，$n(t)=1(t)$ 时系统的稳态误差 e_{ss}。

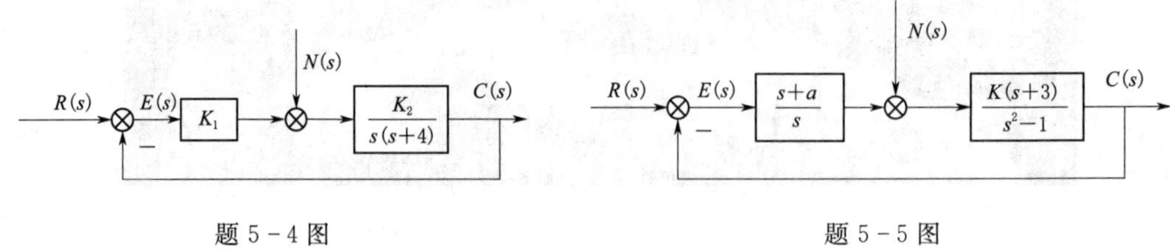

题 5 - 4 图　　题 5 - 5 图

5 - 6　已知系统的结构图如题 5 - 6 图所示，试求：

(1) 当 $k_d=0$ 时，求系统的阻尼比 ξ，无阻尼振荡频率 ω_n 和单位斜坡输入时的稳态误差。

(2) 确定 k_d 以使 $\xi=0.707$，并求此时当输入为单位斜坡函数时系统的稳态误差。

5 - 7　设控制系统结构图如题 5 - 7 图所示，试求：

(1) 计算当测速反馈校正（$\tau_1=0$，$\tau_2=0.1$）时，系统的动态性能指标（$\sigma\%$，t_s）

和单位斜坡输入作用下的稳态误差 e_{ss}。

(2) 计算当比例—微分校正（$\tau_1=0.1$，$\tau_2=0$）时，系统的动态性能指标（$\sigma\%$，t_s）和单位斜坡输入作用下的稳态误差 e_{ss}。

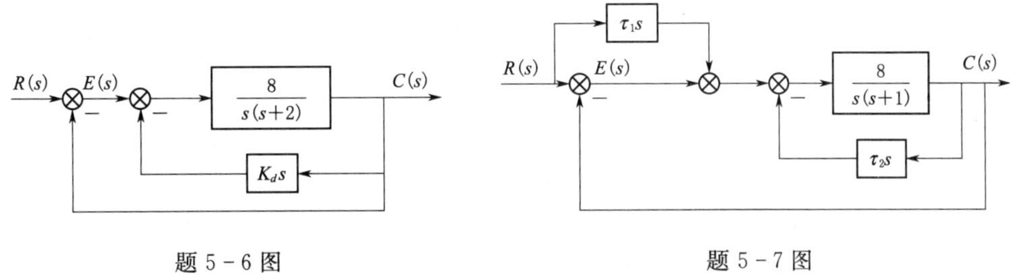

题 5-6 图　　　　题 5-7 图

第 6 章　线性控制系统的校正设计

引言

系统分析是在已给定系统的结构、参数和工作条件下，对系统的数学模型进行分析，包括稳定性和动态性能分析，以判断系统是否满足要求；同时，还要分析某些参数变化对系统稳定性和动态性能的影响。

系统分析的目的是为了设计一个满足实际要求的控制系统，当现有系统不满足要求时，就需要找到如何改善系统性能的方法，即系统校正。

学习目标

- 掌握系统校正的基本概念及常用的校正方案。
- 掌握串联校正的结构形式。
- 掌握串联校正综合设计的基本方法。
- 熟悉反馈校正和复合校正设计的基本思路。
- 掌握用 MATLAB 进行校正设计的方法。

6.1　系统校正的一般概念

6.1.1　校正及校正装置

一般来讲，系统中的测量、放大和执行元件是构成控制系统的基本元件，这些装置都有其固定的特性，通常被称为固有系统。

固有系统除放大器增益可调外，其他结构参数一般不能任意改变，因而这些部分被称为“不可变部分”。这样的系统常常不能满足控制要求，需要对系统进行调整，最简单的方法就是调整系统的开环增益值。提高增益可以改善系统的稳态性能，但系统的稳定性却会变差，甚至有可能造成系统的不稳定。因而单纯靠调节放大系数往往很难满足期望的动态和稳态性能要求。因此，需要对系统进行重新设计，即进行系统的校正。

所谓校正是在原有系统中，有目的地添加一些装置或元件，人为地改变系统的结构或参数，使之满足所要求的性能指标。即校正是为弥补系统的不足而进行的结构调整。

为此目的在系统中引入的装置称为校正装置，用 $G_c(s)$ 来表示，除校正装置外的部分称固有部分，用 $G_0(s)$ 来表示。控制系统的校正就是根据系统的固有部分和对性能指标的要求，确定校正装置的结构和参数。

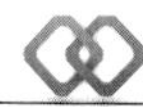

6.1.2 校正装置的类型

6.1.2.1 按构成校正装置的元件

校正装置可以是电气的、机械的、液压的、气动的，或它们的混合形成，视具体情况而定，一般取决于控制系统对象的性能及工作环境。如含有易燃流体时，宜选用气动式的校正装置、气动仪表及执行机构。实际系统中，使用最多的是电气校正装置。

6.1.2.2 按校正装置本身是否有电源

电气的校正装置分为无源的和有源的两种形式，无源校正装置是指装置本身不带电源，主要由电阻、电容及电感等无源元件组成，结构简单，成本低，但会信号在变换中产生衰减，因而为了避免功率损耗，通常安置在前向通路中能量较低的部位上或需要附加放大器，以补偿对信号的衰减。而有源校正装置是由运算放大器带外围电路组成的（不用考虑阻抗匹配问题）。

6.1.3 校正的方法

校正装置接入系统的方法称为校正方法，基本的校正方法有串联校正、反馈校正、前馈校正及复合校正 4 种形式。

6.1.3.1 串联校正

校正装置 $G_c(s)$ 配置在前向通道，与被控对象相串联的方法被称为串联校正，如图 6－1 所示。

在图 6－1 中，$G_0(s)$、$H(s)$ 为系统的固有部分，$G_c(s)$ 为校正环节的传递函数。

串联校正的概念及设计较为直观、简单，易实现，一般采用有源校正装置，设于前向通道能量较低的部分，所以校正装置的功率消耗较低。为了避免功率损耗，应尽量选择小功率的校正元件。

6.1.3.2 反馈校正

校正装置 $G_c(s)$ 与被控对象作反馈连接，形成局部反馈的方法被称为反馈校正，如图 6－2 所示。

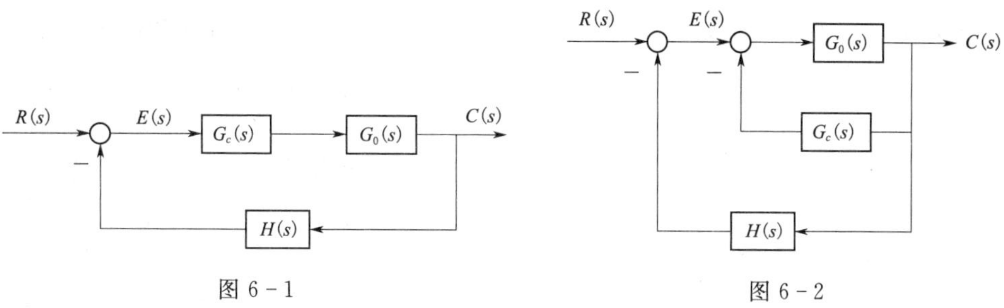

图 6－1　　图 6－2

反馈校正改造了被反馈包围环节的特性，能抑制由于这些环节参数波动或非线性因素对系统性能的不利影响，由于反馈校正装置的信号是从高功率点传向低功率点，故一般采用无源校正装置。

6.1.3.3 前馈校正

在反馈控制回路中，加入前馈校正通路的方法被称为前馈校正。前馈校正有两种基本形式：一种是前馈校正装置 $G_c(s)$ 接在给定值之后，直接送入反馈系统的前向通道，如

图 6－3（a）所示；另一种是前馈校正装置 $G_c(s)$ 接在系统可测扰动作用点与误差测量点之间，如图 6－3（b）所示。

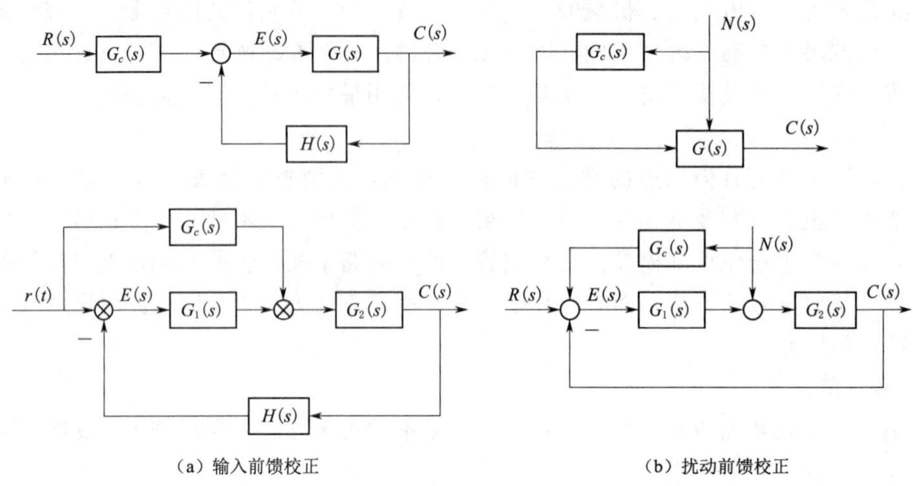

图 6－3

前馈校正主要用来克服可测量扰动的影响，在扰动作用到达之前，前馈校正装置就会产生前馈作用来抵消扰动的影响。如果扰动可测，而且各部分数学模型准确，前馈校正能很好地消除扰动影响，不过它不能克服由前馈通道本身引起的误差，所以一般与反馈控制联合使用。

6.1.3.4　复合校正

前馈校正与反馈校正组成复合校正控制系统，见图 6－4。

从原理上来讲，上述四种校正方式都是改变系统的闭环传递函数，因此可以通过结构图的等效变换，将其中的一种变换成另一种，即各种校正方式具有等效性。在实际应用中，较为常用的有串联校正、反馈校正和复合校正，有时为了用简单的校正装置来获得满意的性能，可采用混合校正方式。例如，在串联校正的基础上再进行反馈校正，综合了两种校正方式的优点。

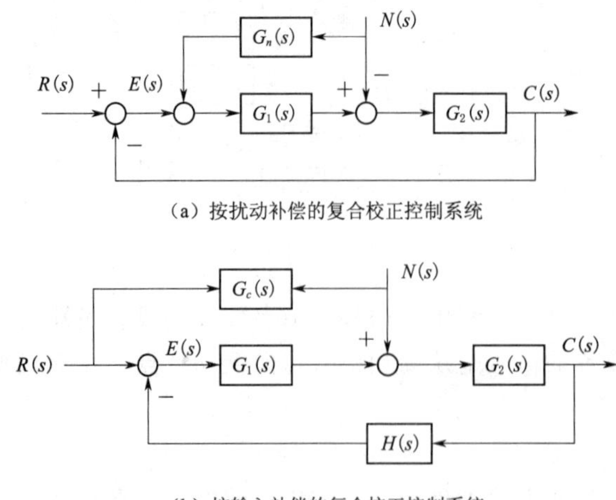

图 6－4

对于一个特定的系统而言，采用何种校正方式，要综合考虑多种因素的影响，一般取决于该系统中信号的性质、可供元器件、价格及设计者的经验等。在大多数情况下，采用串联校正不仅比较经济，易于实现，而且设计较简单，易于掌握，故本章着重讨论控制系统的串联校正。

6.1.4　控制系统的性能指标

对控制系统的要求，首先是稳定性，这是系统工作的前提；其次，对

稳定的系统，性能包括稳态和动态两个方面，稳态特性反映系统稳定后的精度，动态特性则反映系统响应的快速性和平稳性。

不同域中的性能指标的形式各不相同，具体见表 6-1 和表 6-2。

表 6-1　　不同域的性能指标

指标域＼性能		稳定性	动态性能		稳态性能
			平稳性	快速性	准确性
时域			超调量 $\sigma\%$	上升时间 t_r 延迟时间 t_d 峰值时间 t_p 调节时间 t_s	稳态误差 e_{ss}
频域	开环	相位裕度 γ 幅值裕度 k_g	相位裕度 γ	截止频率 ω_c	
	闭环		谐振峰值 M_r	谐振频率 ω_r 带宽 ω_b	零频值 $M(0)$
复数域			震荡度	衰减度	

表 6-2　　不同域的特性指标

特性＼域	时域 微分方程-分析法	复数域 传递函数-根轨迹法	频域 频率特性-频率法 （开环 Bode 图为例）
稳定性	运动方程的特征根具有负实部，则系统稳定	闭环传递函数的极点分布在 s 的左半平面，则系统稳定	频率特性的相位裕量 $\gamma>0$、增益裕量 >0，则系统稳定
稳态	由运动方程的系数决定	系统工作点处对应的开环根轨迹增益 K_1 越大，e_{ss} 越小	取决于系统低频段特性，型号，型号数相同，低频段幅值越大，e_{ss} 越小
动态	过渡过程时间：t_s（及 t_r、t_p、t_d、震荡次数 u 等） 最大超调量：$\sigma\%$ t_s 越短，$\sigma\%$越小，动态性能越好	主要取决于系统主导极点位置。 主要特性参数： 阻尼比：ξ 无阻尼自然频率：ω_n 主导极点距虚轴越近，系统震荡越剧烈	主要取决于频率特性中频段的特性。参数： 相位裕量：γ 增益剪切频率：ω_c γ 越小，震荡越剧烈，ω_c 越大，响应速度越快

时域性能指标和频域性能指标是从不同的角度表征系统性能的，它们之间存在必然的内在联系。对于二阶系统，频域性能指标与时域性能指标之间能用准确的数学式表示出来。

6.1.4.1 二阶系统频域指标与时域指标的关系

$$M_r=\frac{1}{2\xi\sqrt{1-\xi^2}}\quad(\xi\leqslant 0.707)$$

$$\omega_r=\omega_n\sqrt{1-2\xi^2}\quad(\xi\leqslant 0.707)$$

$$\omega_b=\omega_n\sqrt{1-2\xi^2+\sqrt{2-4\xi^2+4\xi^4}}$$

$$\omega_c = \omega_n \sqrt{\sqrt{1-4\xi^4} - 2\xi^2}$$

$$\gamma = \tan^{-1} \frac{\xi}{\sqrt{\sqrt{1+4\xi^4} - 2\xi^2}}$$

$$\sigma\% = \mathrm{e}^{-\pi\xi/\sqrt{1-\xi^2}} \times 100\%$$

$$t_s = \frac{3.5}{\xi\omega_n} \quad 或 \quad \omega_c t_s = \frac{7}{\tan\gamma}$$

6.1.4.2　高阶系统频域指标与时域指标的关系

谐振峰值

$$M_r = \frac{1}{\sin\gamma}, \quad t_s = \frac{K\pi}{\omega_c}$$

$$\sigma = 0.16 + 0.4(M_r - 1) \quad (1 \leqslant M_r \leqslant 1.8)$$

$$K = 2 + 1.5(M_r - 1) + 2.5(M_r - 1)^2 \quad (1 \leqslant M_r \leqslant 1.8)$$

6.1.5　控制系统的性能指标选择

控制系统的性能指标通常由控制系统的使用单位或设计制造单位提出，性能指标的提出应该根据系统完成给定任务的实际需要来确定，对不同系统有所侧重，如调速系统对平稳性和稳态精度要求较高；随动系统则侧重于快速性要求。如在给定的控制系统中，主要的要求是具备较高的稳态工作精度，那么就不必对系统动态性能指标过分苛求，因为高性能指标往往需要使用昂贵的元件来予以保证。性能指标并不是越高越好，切忌盲目追求高性能指标而忽视经济性，甚至脱离实际。

最优控制系统的稳定性强、稳态精度高、动态响应快且平稳。

6.1.5.1　带宽 ω_b 的选择

一般规定闭环幅频特性 $|\Phi(\mathrm{j}\omega)|$ 由 $\Phi(0)$ 下降到 $-3\mathrm{dB}$ 时的频率，即 $|\Phi(\mathrm{j}\omega)|$ 由 $\Phi(0)$ 下降到 $0.707\Phi(0)$ 时的频率称为系统的带宽 ω_b。如图 6-5 所示，系统带宽越宽，意味着系统响应信号各种（频率）变化的能力就越强，“复现”能力就越强，“信号通透性好”，不迟钝，表现为系统的快速性就好。

为了使系统能够准确复现输入信号，要求系统具有较大的带宽；从抑制噪声角度看，又不希望带宽过大。

选择要求：既能以所需精度跟踪输入信号，又能抑制噪声扰动信号。如果输入信号的带宽为 $0 \sim \omega_{\mathrm{m}}$，则系统带宽频率 $\omega_b = (5 \sim 10)\omega_{\mathrm{m}}$。

6.1.5.2　三频段（图 6-6）

系统开环传递函数　　$G_k(s) = \dfrac{K(\tau_1 s+1)\cdots(\tau_m s+1)}{s^\nu (T_1 s+1)\cdots(T_n s+1)}$

对数幅频特性　　$L(\omega) = -20\lg|G_k(\mathrm{j}\omega)|$

（1）低频段。通常指 $L(\omega)$ 的渐近线在第一个转折频率以前的频段，此时，可近似认为 $\omega \to 0$。

对数幅频特性曲线：

$$L(\omega) = 20\lg|G_k(\mathrm{j}\omega)| = 20\lg \lim_{\omega\to 0^+} \left|\frac{K}{(\mathrm{j}\omega)^\nu}\right| = 20\lg K - \nu 20\lg\omega$$

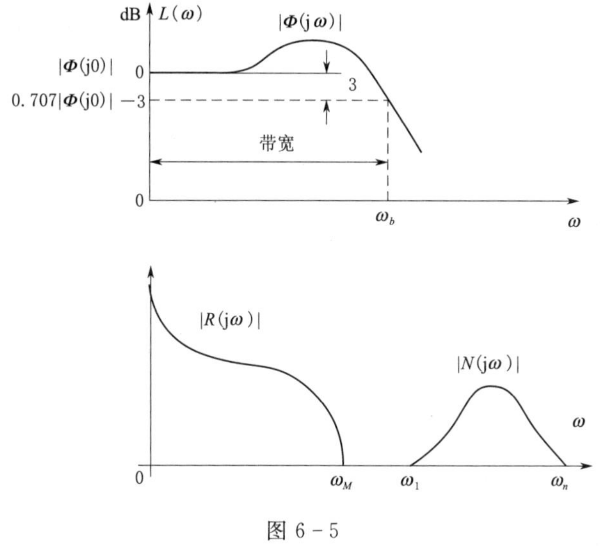

图 6-5

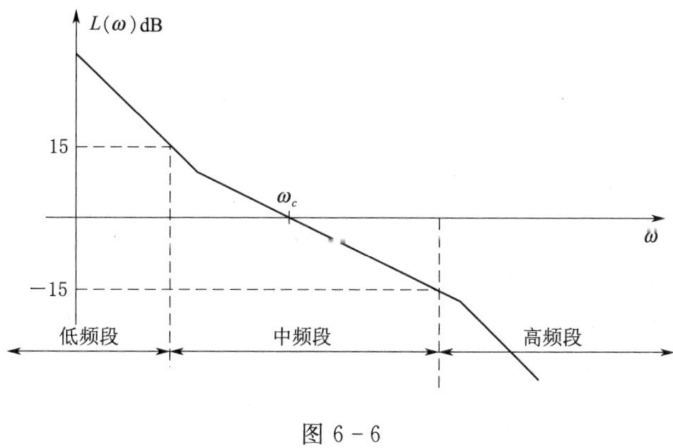

图 6-6

这一段特性完全由积分环节个数（系统型别）ν 和开环放大倍数（即开环增益 K）决定，因而低频段反映了系统的稳态性能。低频段的斜率越小（越陡），位置越高，对应系统积分环节的数目越多（系统型别越高）、开环放大倍数 K 越大，则在闭环系统稳定的条件下，其稳态误差越小，跟踪精度越高。

显然，在相同输入信号的作用下，增加系统的型别（通常最高为Ⅱ型）可以改善系统的稳态性能；增大开环增益 K，可以减少系统的稳态误差。

所以根据低频段可以确定系统的型别 ν 和开环放大倍数 K。

（2）中频段。通常指 $L(\omega)$ 的渐近线在开环截止频率 ω_c 附近（0 分贝附近）的区段。这段特性关键的三个参数为：开环截止频率 ω_c、中频段的斜率、中频段的宽度。

1）假设中频段的频率为－20dB/dec，并且占据的频段较宽

$$L(\omega)=20\lg|G_K(j\omega)|\approx 20\lg K-20\lg\omega$$

$$L(\omega_c)=20\lg K-20\lg\omega_c=0$$

所以，$\omega_c=K$。

中频段对应的开环传递函数为 $G_K(s)=\frac{K}{s}=\frac{\omega_c}{s}$，则系统的闭环传递函数为

$$\Phi(s)=\frac{G_K(s)}{1+G_K(s)}=\frac{\frac{\omega_c}{s}}{1+\frac{\omega_c}{s}}=\frac{\omega_c}{s+\omega_c}$$

显然，这是一个一阶系统，阶跃响应按照指数规律变化，没有超调，系统稳定性好。$t_s=\frac{3}{\omega_c}$，ω_c 越大，系统的快速性越好。

2）假设中频段的频率为－40dB/dec，并且占据的频段较宽。

$$L(\omega)=20\lg|G_k(\mathrm{j}\omega)|\approx 20\lg K-2\times 20\lg\omega$$
$$L(\omega_c)=20\lg K-2\times 20\lg\omega_c=0$$

所以，$\omega_c^2=K$。

中频段对应的开环传递函数为 $G_K(s)=\frac{K}{s^2}=\frac{\omega_c^2}{s^2}$，则系统的闭环传递函数为

$$\Phi(s)=\frac{G_K(s)}{1+G_K(s)}=\frac{\frac{\omega_c^2}{s^2}}{1+\frac{\omega_c^2}{s^2}}=\frac{\omega_c^2}{s^2+\omega_c^2}$$

显然，这相当于一个 $\xi=0$ 的二阶系统，阶跃响应为等幅震荡。实际系统即使稳定，系统的超调量和调节时间也比较大，稳定性和快速性都比较差。

3）假设中频段的频率为－60dB/dec，中频段对应的传递函数分母比分子高三阶，相角裕量一定小于0，系统不稳定。

综上可见，中频段的形状决定了闭环系统的稳定性并反映其动态响应的平稳性和快速性。为了使系统稳定，且有足够的稳定裕度，并具有较好的平稳性，一般希望开环对数幅频特性以斜率为－20dB/dec穿过零分贝线，且中频段要有足够的宽度（这样系统的相角裕量可以大于45°），为了提高快速性，应有尽可能大的截止频率 ω_c。

（3）高频段。通常指开环对数幅频特性在中频段以后的频段（$\omega>10\omega_c$）。高频段特性是由小时间常数的环节决定的，由于其转折频率远离 ω_c，所以对系统的动态性能影响不大，但直接反映了系统对高频干扰信号的抑制能力。系统开环对数幅频特性在高频段的幅值越低，斜率越小（越陡）系统的抗干扰能力越强。高频段的斜率一般设置为－60dB/dec或者－80dB/dec。

总结：低频段决定了系统的稳态性能，中频段决定了系统的动态性能，高频段决定了系统的抗扰性能。为了使系统满足一定的稳态和动态要求，对开环对数幅频特性的形状有如下要求：低频段要有一定的高度和斜率；中频段的斜率最好为－20dB/dec，且具有足够的宽度；高频段采用迅速衰减的特性，以抑制不必要的高频干扰。

三频段理论给出了理想控制系统的理想开环频率特性要求，即给出了系统校正的目标见表6-3。

表 6-3 三频段对应性能及参数关系

频段		特征参数	对应性能	希望形状
$L(\omega)$	低频段	开环增益 K	稳态误差 e_{ss}	陡、高
		系统型别 ν		
	中频段	截止频率 ω_c	动态性能 $\sigma\%$、t_s	缓、宽
		相位裕度 γ		
	高频段		系统抗高频干扰的能力	低、陡

6.2 常用校正装置及其特性

本节将对常用校正装置的电路形式、传递函数、频率特性及在系统中所起的作用等进行说明。

6.2.1 校正装置类型

6.2.1.1 按校正装置的相角特性 $\varphi_c(\omega)$ 分类

按校正装置的相角特性 $\varphi_c(\omega)$ 由可以将校正装置分为四种类型：无相移校正装置、超前校正装置、滞后校正装置和超前-滞后校正装置，具体见表 6-4。

表 6-4 校正装置类型

相频特性	校正装置	相频特性	校正装置
$\varphi_c(\omega)=0$	无相移校正装置	$\varphi_c(\omega)<0$	相位滞后校正装置
$\varphi_c(\omega)>0$	超前校正装置	$\varphi_c(\omega)$ 从负值变为正值	相位滞后-超前校正装置

6.2.1.2 按校正装置是否有电源分类

按校正装置是否有电源分为无源校正装置和有源校正装置两类。

无源校正装置线路简单，组合方便，无须外供电源，但由于本身没有增益，只有衰减，且输入阻抗低，输出阻抗高，因此在应用时要增设放大器或隔离放大器。

有源校正装置通常是由无源网络与运算放大器，或由测速发电机与无源网络共同组成的调节器。有源校正装置本身有增益，且具有输入阻抗高，输出阻抗低的特点 。

6.2.2 超前校正装置

所谓超前是指系统（或环节）在正弦信号作用下，使其正弦稳态输出信号的相位超前于输入信号的相位，即校正装置具有正的相角特性 $\varphi_c(\omega)>0$，而超前角的大小与输入信号的频率有关。

6.2.2.1 无源超前网络

图 6-7 为一个无源超前校正网络。

$$U_c=\frac{R_2}{Z+R_2}U_r=\frac{R_2+sR_1R_2C}{R_1+R_2+sR_1R_2C}U_r$$

$$=\frac{R_2(1+sR_1C)}{(R_1+R_2)\left(1+s\dfrac{R_1R_2}{R_1+R_2}C\right)}U_r$$

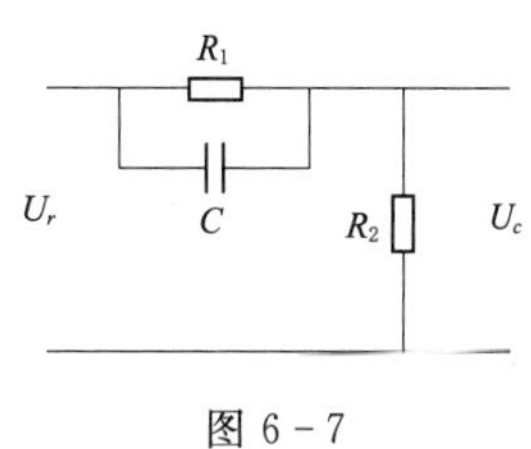

图 6-7

式中：
$$Z=R_1//C=\frac{R_1\times\frac{1}{sC}}{R_1+\frac{1}{sC}}=\frac{R_1}{sR_1C+1}$$

无源网络传递函数

$$G_c(s)=\frac{U_c}{U_r}=\frac{R_2}{R_1+R_2}\frac{R_1Cs+1}{\frac{R_2}{R_1+R_2}R_1Cs+1}$$

设时间常数 $T=\frac{R_1R_2C}{R_1+R_2}$，分度系数 $a=\frac{R_1+R_2}{R_2}>1$，则有

$$G_c(s)=\frac{1}{a}\cdot\frac{1+aTs}{1+Ts}$$

无源网络使开环增益下降了 a 倍，因此，需要提高放大器增益 a 倍以补偿。即

$$aG_c(s)=\frac{1+aTs}{1+Ts}$$

零点：$z=-\frac{1}{aT}$；极点：$p=-\frac{1}{T}$。

超前校正装置的零、极点分布如图 6－8 所示，由于 $a>1$，所以零点在极点的右侧，超前作用大于滞后作用。

a 越小，极点离零点越远，超前作用越明显。下面通过伯德图来分析 a 与 $\varphi_c(\omega)$ 超前角的关系。

$$L_c(\omega)=20\lg\sqrt{(aT\omega)^2+1}-20\lg\sqrt{(T\omega)^2+1}$$
$$\varphi_c(\omega)=\tan^{-1}aT\omega-\tan^{-1}T\omega$$
$$L_c(\omega)=\begin{cases}0 & \omega\leqslant\frac{1}{aT}\\ 20\lg aT\omega & \frac{1}{aT}<\omega\leqslant\frac{1}{T}\\ 20\lg\frac{aT\omega}{T\omega}=20\lg a & \omega>\frac{1}{T}\end{cases}$$

其对数频率特性曲线如图 6－9 所示。

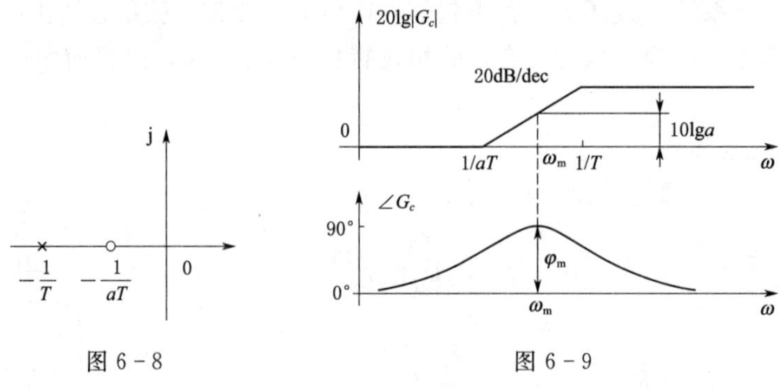

图 6－8　　　　图 6－9

显然，超前网络对频率在$\frac{1}{aT}\sim\frac{1}{T}$的输入信号有明显的微分作用，在该频率范围内，输出信号的相角超前于输入信号的相角。超前网络的名称也由此而来。由图可见，当频率等于最大超前角频率 ω_m 时，相角超前量最大，以 φ_m 表示。

因为
$$\varphi_c(\omega)=\tan^{-1}aT\omega-\tan^{-1}T\omega \tag{6-1}$$

由$\frac{d\varphi_c(\omega)}{d\omega}=0$，得最大超前角频率

$$\omega_m=\frac{1}{T\sqrt{a}} \tag{6-2}$$

将式（6-2）代入式（6-1），得最大超前角

$$\varphi_m=\arctan\frac{a-1}{2\sqrt{a}} \tag{6-3}$$

直角三角形中，即

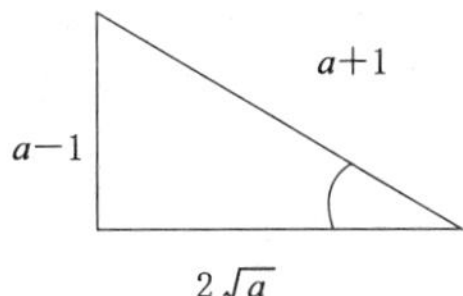

$\tan\varphi_m=\frac{a-1}{2\sqrt{a}}$，于是有 $\sin\varphi_m=\frac{\tan\varphi_m}{\sqrt{1+\tan^2\varphi_m}}=\frac{a-1}{a+1}$。

则有

$$a=\frac{1+\sin\varphi_m}{1-\sin\varphi_m} \tag{6-4}$$

故在最大超前角频率处 ω_m，具有最大超前角 φ_m，φ_m 正好处于频率$\frac{1}{aT}$与$\frac{1}{T}$的几何中心。

因为$\frac{1}{aT}$与$\frac{1}{T}$的几何中心为

$$\frac{1}{2}\left(\lg\frac{1}{aT}+\lg\frac{1}{T}\right)=\frac{1}{2}\lg\frac{1}{aT^2}=\frac{1}{2}\lg\omega_m^2=\lg\omega_m$$

即几何中心为 ω_m。

$$L_c(\omega_m)=20\lg\sqrt{1+(aT\omega_m)^2}-20\lg\sqrt{1+(T\omega_m)^2}$$
$$=20\lg\sqrt{\frac{1+(aT\omega_m)^2}{1+(T\omega_m)^2}}\ T^2\omega_m^2=\frac{1}{a}\ =20\lg\sqrt{a}=10\lg a$$

故

$$L_c(\omega_m)=20\lg\sqrt{a}=10\lg a \tag{6-5}$$

由式（6-3）和式（6-5）可画出最大超前相角 φ_m 与分度系数 a 及 $10\lg a$ 与 a 的关系曲线，如图 6-10 所示。

$a\uparrow\to\varphi_m\uparrow$，$\varphi_m$ 仅与 a 值有关，因为超前校正环节近似为一阶微分环节，a 值选得越大，校正环节对系统的相角补偿也越大，超前网络的微分效应越强，但所产生的高频干扰也越严重。当 $a>20$（即 $\varphi_m=65°$）时，φ_m 的增加就不显著了；当 $a\to\infty$时，超前校正最大补偿相角为 90°，但实际上这是不可能实现的，因为 a 越大，需要增加的放大倍数就越大，校正环节的物理实现也就越困难。综合考虑上述因素，一般取 $a=5\sim20$，即用超前校正来补偿的相角一般不超过 65°。

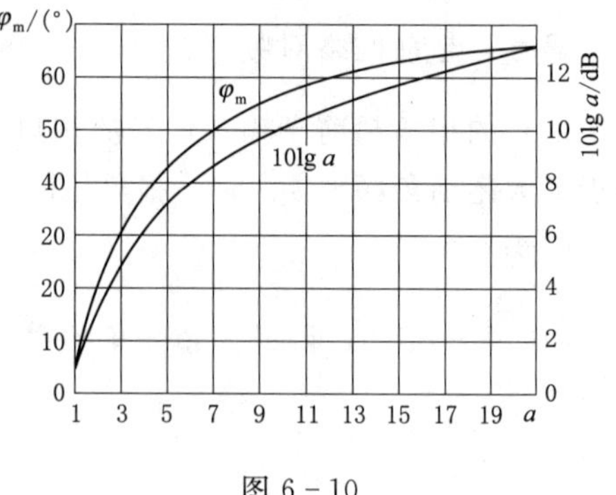

图 6－10

如果需要大于 65°的相位超前角，则要在两个超前网络相串联来实现，并在所串联的两个网络之间加一隔离放大器，以消除它们之间的负载效应。

6.2.2.2 有源超前校正装置

有源超前校正装置通常由运算放大器、测速发电机等有源校正装置与无源网络组合而成。常见的由运算放大器与电阻、电容组成的有源超前校正网络如图 6－11 所示。

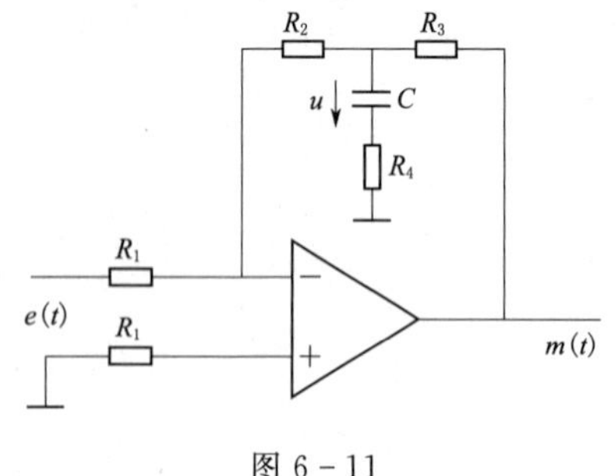

图 6－11

网络的传递函数可表示为

$$G_c(s)=K_c\,\frac{1+\tau s}{1+Ts}$$

式中，$K_c=\dfrac{R_2+R_3}{R_1}$；$\tau=\dfrac{R_2R_3}{R_2+R_3}+R_4$；

$$T=R_4C$$

其中 $\tau>T$。

适当选择电阻值，可以调节 K_c 的值。

6.2.2.3 超前校正装置对系统的性能影响

（1）减少开环频率特性在幅值穿越频率上的负斜率，以提高系统的稳定性。

（2）减小阶跃响应的超调量。

（3）增加开环频率特性在幅值穿越频率附近的正相角和相位裕度。

（4）提高系统的频带宽度。

（5）不影响系统的稳态性能。

6.2.3 滞后校正装置

所谓滞后是指系统（或环节）在正弦信号作用下，使其正弦稳态输出信号的相位滞后于输入信号的相位，即校正装置具有负的相角特性 $\varphi_c(\omega)<0$，而超前角的大小与输入信号的频率有关。

6.2.3.1 无源滞后网络

由电阻、电容组成的无源滞后网络，如图 6－12 所示。

条件：如果信号源的内部阻抗为零，负载阻抗为无穷大，则滞后网络的传递函数为

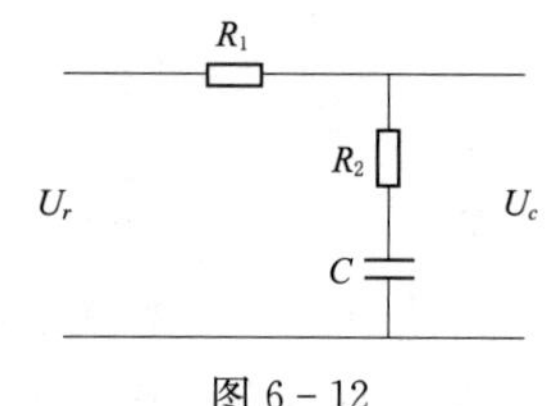

图 6－12

$$G_c(s)=\frac{U_c(s)}{U_r(s)}=\frac{R_2+\frac{1}{sC}}{R_2+R_1+\frac{1}{sC}}=\frac{R_2Cs+1}{(R_2+R_1)Cs+1}$$

设时间常数 $T=(R_1+R_2)C$，分度系数 $b=\frac{R_2}{R_1+R_2}<1$

$$G_c(s)=\frac{1+bTs}{1+Ts}(b<1) \tag{6-6}$$

从传递函数形式上看和超前网络相类似，但迟后网络的 $b<1$，而超前网络的 $b>1$。

滞后校正装置的零、极点分布如图 6-13 所示，由于 $b<1$，所以零点在极点的左侧。

图示超前网络的频率特性为

$$G_c(\mathrm{j}\omega)=\frac{1+\mathrm{j}\omega bT}{1+\mathrm{j}\omega T}=\sqrt{\frac{1+\omega^2b^2T^2}{1+\omega^2T^2}}\angle\tan^{-1}\omega bT-\tan^{-1}\omega T$$

其对数频率特性曲线如图 6-14 所示。

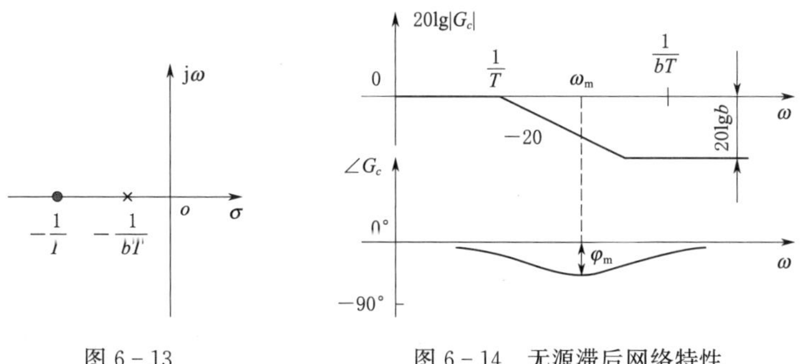

图 6-13　　　图 6-14　无源滞后网络特性

由图 6-14 可知：

(1) 在 $\omega<\frac{1}{T}$（低频段）时，对信号没有衰减作用，即对低频信号没有影响。

(2) $\frac{1}{T}<\omega<\frac{1}{bT}$（中频段）时，曲线的斜率为［−20］，与积分环节的对数幅频特性的斜率完全相同，因而对信号有积分作用，呈滞后特性，滞后相位会给系统特性带来不良影响。为解决这一问题，可使滞后校正环节的零、极点靠得很近，从而使其产生的滞后相角很小；同时也可使滞后校正的零、极点靠近原点，尽量不影响系统的中频段特性。

(3) $\omega>\frac{1}{bT}$（高频段）时，增益为 $20\lg b$，因 $b<1$ 为负增益，故滞后校正对系统中高频噪声有明显的削弱作用，b 越小，这种衰减作用越强，抑制高频噪声的能力越强，可增强系统的抗扰动能力。

故相位滞后校正对高频信号具有削弱作用，综上，滞后校正具有低通滤波器的特性。

滞后校正装置输出信号的相位滞后于输入信号的相位，与超前校正装置类似，最大滞后角 φ_m 出现在 ω_m 处，且 ω_m 正好是 ω_1 与 ω_2 的几何中点。

$$\omega_m=\frac{1}{T\sqrt{b}} \tag{6-7}$$

$$\varphi_m=\arcsin\frac{1-b}{1+b} \tag{6-8}$$

采用无源滞后网络进行串联校正时，主要利用其高频幅值衰减的特性，以降低系统的开环截止频率，提高系统的相位裕度。

6.2.3.2 相位滞后—超前网络

超前校正通常可以改善控制系统的快速性和超调量，但会增加带宽，这种校正对于稳定裕度较大的系统是有效的。而滞后校正可改善超调量及相对稳定度，但往往会因带宽减小而使系统的快速性下降。因此，这两种校正都各有其优点和缺点，且对某些系统来讲，不论用其中何种方案都不能得到满意的效果。为了兼用两者的优点，可将超前校正和滞后校正结合起来，并在结构设计时设法限制它们的缺点，这就是滞后-超前校正的基本思想。

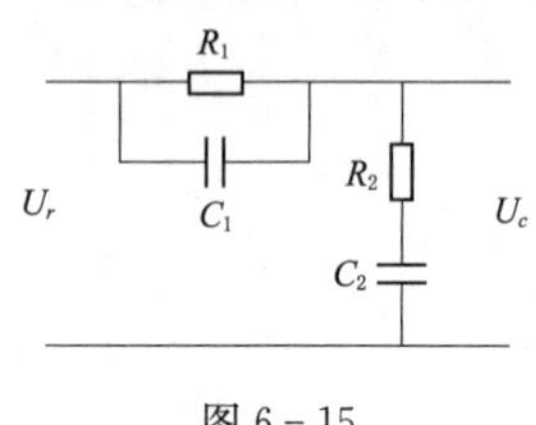

图 6-15

图 6-15 为一个无源滞后-超前校正网络。

传递函数为

$$G_c(s)=\frac{U_c(s)}{U_r(s)}=\frac{R_2+\dfrac{1}{sC_2}}{\dfrac{1}{\dfrac{1}{R_1}+sC_1}+R_2+\dfrac{1}{sC_2}}$$

$$=\frac{(R_1C_1s+1)(R_2C_2s+1)}{R_1C_1R_2C_2s^2+(R_1C_1+R_2C_2+R_1C_2)s+1}=\frac{(T_as+1)(T_bs+1)}{(T_1s+1)(T_2s+1)} \tag{6-9}$$

令 $T_a=R_1C_1$，$T_b=R_2C_2$，设 $T_1>T_a$，$\dfrac{T_a}{T_1}=\dfrac{T_2}{T_b}=\dfrac{1}{a}a>1$，则有

$$T_1=aT_a,\ T_2=\frac{T_b}{a}$$

$aT_a+\dfrac{T_b}{a}=T_a+T_b+R_1C_2$，$a$ 是该方程的解。

式（6-9）表示为

$$G_c(s)=\frac{(T_as+1)(T_bs+1)}{(aT_as+1)\left(\dfrac{T_b}{a}s+1\right)} \tag{6-10}$$

将式（6-10）写成频率特性，为

$$G_c(\mathrm{j}\omega)=\frac{(T_a\mathrm{j}\omega+1)(T_b\mathrm{j}\omega+1)}{(aT_a\mathrm{j}\omega+1)\left(\dfrac{T_b}{a}\mathrm{j}\omega+1\right)}$$

滞后超前的伯特图如图 6-16 所示。

求相角为零时的角频率 ω_1：

$$\varphi(\omega_1)=\arctan T_a\omega_1+\arctan T_b\omega_1-\arctan aT_a\omega_1-\arctan\frac{T_b}{a}\omega_1=0$$

$$=\arctan\frac{(T_a+T_b)\omega_1}{1-T_aT_b\omega_1^2}-\arctan\frac{\left(aT_a+\frac{T_b}{a}\right)\omega_1}{1-aT_a\frac{T_b}{a}\omega_1^2}=0$$

$$\longrightarrow T_aT_b\omega_1^2=1\quad\longrightarrow\omega_1=\frac{1}{\sqrt{T_aT_b}}$$

$$\omega_1=\frac{1}{\sqrt{T_aT_b}}\tag{6-11}$$

当 $\omega<\omega_1$ 的频段，校正网络具有相位滞后特性。

$\omega>\omega_1$ 的频段，校正网络具有相位超前特性。

实际控制系统中广泛采用无源网络进行串联校正，但在放大器级间接入无源校正网络后，由于负载效应问题，此外，复杂网络的设计和调整也不方便。实际控制系统中无源校正网络被广泛采用，但由于负载效应问题和复杂网络设计与调整困难问题，有时难以实现希望的规律。因此，有时需要采用有源校正装置，即把无源网络接在运算放大器的反馈通路中构成有源校正网络。

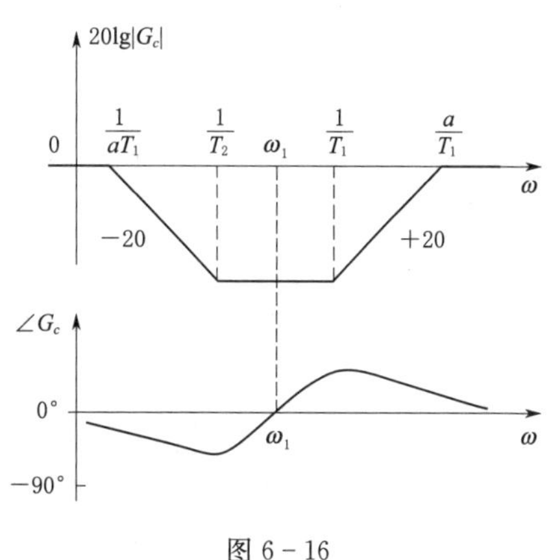

图 6－16

6.3 频率法串联校正

频域校正法是一种依据频域指标对系统进行间接校正的方法，基本思路是：通过所加校正装置，改变系统开环频率特性的形状，即要求校正后系统的开环频率特性具有如下特点：

(1) 低频段的增益满足稳态精度的要求。

(2) 中频段的幅频特性的斜率为－20dB/dec，并具有较宽的频带，这一要求是为了系统具有满意的动态性能。

(3) 高频段要求幅值迅速衰减，以较少噪声的影响。

在频域内通常采用相位裕度等表征系统的相对稳定性，用开环截止频率 ω_c 表征系统的快速性。进行频域校正设计时，通常是依据开环频率指标和开环增益，在伯德图上确定校正参数并校验开环频域指标。因此，当给定的指标是时域指标时，需要先将其转化为频域指标，然后才能够进行校正设计。

6.3.1 校正装置类型的选择

常见的系统校正问题有以下三类：

(1) 如果固有系统稳定且有较满意的动态响应，但稳态误差太大，必须增加低频段的增益来减小稳态误差，同时保持中、高频特性不变。

(2) 如果固有系统稳定且有较满意的稳态误差，但其动态性能较差，则应改变系统的中频段和高频段，以调整系统的截止频率和相位裕度。

（3）如果固有系统的稳态和动态性能均不能令人满意，就必须增加低频增益，并改变中频段和高频段。

针对此三类问题，选择超前校正装置、滞后校正装置还是滞后—超前校正装置可从如下几个方面进行考虑：

（1）超前校正是利用超前网络的相角超前特性对系统进行校正，而滞后校正则是利用滞后网络的幅值在高频衰减特性。

（2）用频率法进行超前校正，旨在提高开环对数幅频渐进线在截止频率处的斜率（−40dB/dec 提高到−20dB/dec），和相位裕度，并增大系统的频带宽度。频带的变宽意味着校正后的系统响应变快，调整时间缩短。

（3）对同一系统超前校正系统的频带宽度一般总大于滞后校正系统，因此，如果要求校正后的系统具有宽的频带和良好的瞬态响应，则采用超前校正。当噪声电平较高时，显然频带越宽的系统抗噪声干扰的能力也越差。对于这种情况，宜对系统采用滞后校正。

（4）超前校正需要增加一个附加的放大器，以补偿超前校正网络对系统增益的衰减。

（5）滞后校正虽然能改善系统的静态精度，但它促使系统的频带变窄，瞬态响应速度变慢。如果要求校正后的系统既有快速的瞬态响应，又有高的静态精度，则应采用滞后-超前校正。

注：有些应用方面，采用滞后校正可能得出时间常数大到不能实现的结果。

（6）当未校正系统不稳定，且对校正后的系统的动态和静态性能（响应速度、相位裕度和稳态误差）均有较高要求时，或者系统稳定但系统开环频率特性与性能指标相差较大且精度要求较高时，仅采用上述超前校正或滞后校正，均难以达到预期的校正效果。此时宜采用串联滞后-超前校正。

滞后—超前校正是两种校正方法的结合应用，利用超前校正部分可增加频带宽度，从而提高系统的响应速度，并且可以加大相位裕度，改善系统的平稳性，但是由于有增益损失而不利于稳态精度；滞后校正则可提高系统的平稳性和稳态精度，但降低了快速性。同时利用滞后和超前校正，两者分工明确，相辅相成，可以全面提高系统的控制性能。

6.3.2　串联超前校正

用频率法对系统进行超前校正的基本原理，是利用超前校正网络的相位超前特性来增大系统的相位裕度，以达到改善系统瞬态响应的目点。为此，要求校正网络最大的相位超前角出现在系统的截止频率（剪切频率）处。

在伯德图上进行串联校正的一般步骤如下：

（1）根据给定的稳态指标，确定系统的开环增益 K。因为超前校正不改变系统的稳态指标，所以应先调整未校正系统的放大器，使系统满足稳态性能指标。

（2）利用步骤（1）求得的 K 值，绘制系统的伯德图并计算未补偿系统的相角裕度 γ。

（3）由给定的相位裕量值 γ'' 计算超前校正装置提供的相位超前量 φ_m，即

$$\varphi_m = \gamma'' - \gamma + \varepsilon$$

式中　γ''——给定的相位裕度；

γ——未校正系统的相位裕度；

ε——附加的角度，是用于补偿因超前补偿装置的引入，使系统截止频率增大而引起的相角滞后量。

ε 值通常是估计如下：

如果未补偿系统的开环对数幅频特性在截止频率处的斜率为-40dB/dec，一般取 $\varepsilon=5^\circ\sim10^\circ$。如果为$-60$dB/dec，$\varepsilon=15^\circ\sim20^\circ$。

(4) 根据所确定的最大相位超前角 φ_m，按 $a=\dfrac{1+\sin\varphi_m}{1-\sin\varphi_m}$求出 a。

(5) 为使超前校正装置的最大超前相角出现在校正后系统的截止频率 ω_c'' 上，取 $\omega_m=\omega_c''$，由未补偿系统的对数幅频特性曲线求得其幅值计算补偿装置在 ω_c'' 处的幅值，即 $-L(\omega_c'')=L_c(\omega_m)=10\lg a$。

(6) 由 $\omega_m=\dfrac{1}{T\sqrt{a}}$计算参数 T，并写出超前校正的传递函数 $G_c(s)=\dfrac{1+aTs}{1+Ts}$。

(7) 绘制系统校正后的伯德图，检验系统是否满足给定的性能指标。当系统仍不满足要求时，则增大 ε 值，从步骤 (3) 开始重复上述操作。

【例 6-1】 设控制系统的结构图如图 6-17 所示。若要求系统在单位斜坡输入信号作用下，速度输出稳态误差 $e_{ss}\leqslant0.1$，开环系统截止频率 $\omega_c''\geqslant4.4$，相位裕度 $\gamma''\geqslant45^\circ$，幅值裕度 $h''\geqslant10$dB，试选择校正装置。

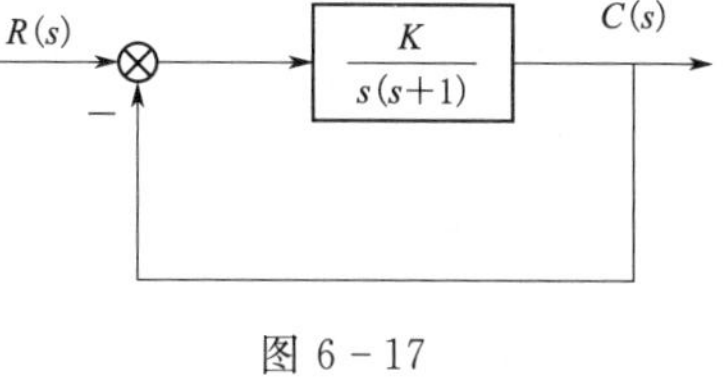

图 6-17

【解】 根据给定的稳态指标，确定符合要求的开环增益 K。本例要求在单位斜坡输入信号作用下 $e_{ss}\leqslant0.1$，说明校正后的系统仍应是Ⅰ型系统，因为 $e_{ss}=\dfrac{1}{K}\leqslant0.1$，所以应有 $K\geqslant10$，故取 $K=10$。

则未校正系统的开环频率特性为：$G(j\omega)=\dfrac{10}{j\omega(1+j\omega)}$

绘制未校正系统的伯德图。

相角 $\varphi(\omega)=-90^\circ-\tan^{-1}\omega$

交接频率：$\omega=1$

近似对数幅频特性

$$L(\omega)=\begin{cases}20\lg\dfrac{10}{\omega} & \omega\leqslant1 \quad -20\text{dB/dec}\\[2ex] 20\lg\dfrac{10}{\omega^2} & \omega>1 \quad -40\text{dB/dec}\end{cases}$$

低频段是-20dB/dec 斜线，当 $\omega=1$ 时，$L(1)=20\lg10=20\text{dB}>0\text{dB}$。

当 $\omega>1$ 时，幅频特性斜率为-40dB/dec，因 $L(1)=20\text{dB}>0\text{dB}$，令 $L(\omega)=0$dB 求系统的截止频率：$\dfrac{10}{\omega_c^2}=1$，所以，$\omega_c=\sqrt{10}=3.16$rad/s。

在截止频率 $\omega_c=3.16$ 处，系统相角：$\varphi(\omega_c)=-90-\tan^{-1}3.16=-162.4°$。

未校正系统的相角裕度：$\gamma=180+\varphi(\omega_c)=180°-162.4°=17.6°$。

伯德图如图 6-18 所示。

根据题目要求，系统开环系统截止频率 $\omega_c''\geqslant4.4$，相位裕度 $\gamma''\geqslant45°$，原系统 $\omega_c=3.16<4.4$、$\gamma=17.6°<45°$明显不满足要求，而当 $K=10$ 时，$e_{ss}=\dfrac{1}{K}=0.1$，满足稳态误差 $e_{ss}\leqslant0.1$ 的要求，故只需要增加校正装置以提高系统的开环系统截止频率和相位裕度，因而选择采用串联超前校正装置。

超前校正装置的传递函数为 $aG_c(s)=\dfrac{1+aTs}{1+Ts}$，设计校正装置，无非是确定校正装置参数 a 和 T，方法有两种：

1）按相位裕度要求确定超前校正装置提供的相位超前量 φ_m，即

$$\varphi_m=\gamma''-\gamma+\varepsilon=45°-18°+10°=37°$$

则
$$a=\frac{1+\sin\varphi_m}{1-\sin\varphi_m}=\frac{1+\sin37°}{1-\sin37°}=4$$

故
$$T=\frac{1}{\omega_m\sqrt{a}}=\frac{1}{4.4\times\sqrt{4}}\approx0.114$$

因此超前校正的传递函数为
$$4G_c(s)=\frac{1+aT}{1+T}=\frac{1+0.456s}{1+0.114s}$$

2）本例还可以这样来确定校正参数：按控制要求，试选 $\omega_c''=4.4$，由未校正系统的对数幅频特性计算 $\omega_c''=4.4$ 时幅值：$L(\omega_c'')=20\lg\dfrac{10}{\omega_c^2}=20-20\lg4.4^2\approx-6\text{dB}$

为使校正后截止频率为 4.4，就必须使 $L_c(\omega_m)=-10\lg a=L(\omega_c'')=-6\text{dB}$，即 $a=4$，因此 $T=\dfrac{1}{\omega_m\sqrt{a}}=\dfrac{1}{\omega_c\sqrt{a}}=\dfrac{1}{4.4\times\sqrt{4}}=\dfrac{1}{8.8}=0.114$。

故校正装置的传递函数为
$$4G_c(s)=\frac{1+aT}{1+T}=\frac{1+0.456s}{1+0.114s}$$

验算相角裕度是否满足系统要求。

$\omega_c''=4.4$ 时，未校正系统的相角为

$$\varphi(\omega_c'')=-90°-tan^{-1}\omega_c''=-167.2°$$

此时相位裕度　$\gamma(\omega_c'')=180°+\varphi(\omega_c'')=180°-167.2°=12.8°$

超前网络的超前相角　$\varphi_c(\omega_c'')=\sin^{-1}\dfrac{a-1}{a+1}=\sin^{-1}\dfrac{4-1}{4+1}=36.9°$

所以，经校正后系统的相角裕度 $\gamma(\omega_c)=\gamma(\omega_c'')+\varphi(\omega_c'')=36.9°+12.8°=49.7°>45°$

所以校正是成功的。

因为无源超前网络使系统增益衰减了 $\dfrac{1}{a}$，为了补偿增益的衰减，所以放大器增益要提高 a 倍。即 $K=40$，否则不能保证校正后系统的稳态误差。

所以，经校正后的开环传递函数为

$$G_c(s)G(s)=\frac{1}{4}\times\frac{1+0.456s}{1+0.114s}\times\frac{40}{s(s+1)}=\frac{10(1+0.456s)}{s(1+0.114s)(s+1)}$$

经校正后，系统的开环对数幅频特性的交接频率为

$\omega_1=1$（惯性环节）；$\omega_2=\dfrac{1}{0.456}=0.22$（一阶微分环节）；$\omega_3=\dfrac{1}{0.114}=8.8$（惯性环节）

$$L(\omega)=\begin{cases}20\lg\dfrac{10}{\omega} & (-20\text{dB}) \quad \omega\leqslant 1\\ 20\lg\dfrac{10}{\omega^2} & (-40\text{dB}) \quad 1<\omega\leqslant 2.2\\ 20\lg\dfrac{10\times 0.456\omega}{\omega^2}=20\lg\dfrac{4.56}{\omega} & (-20\text{dB}) \quad 2.2<\omega\leqslant 8.8\\ 20\lg\dfrac{4.56}{0.114\omega^2} & (-40\text{dB}) \quad \omega>8.8\end{cases}$$

$$\varphi(\omega_g'')=-90^\circ+\tan^{-1}0.456\omega_g''-\tan^{-1}\omega_g''-\tan^{-1}0.114\omega_g''=-180^\circ$$

$$\omega_g''=\infty、h''=\infty$$

绘制渐进对数幅频特性，如图 6－18 所示。

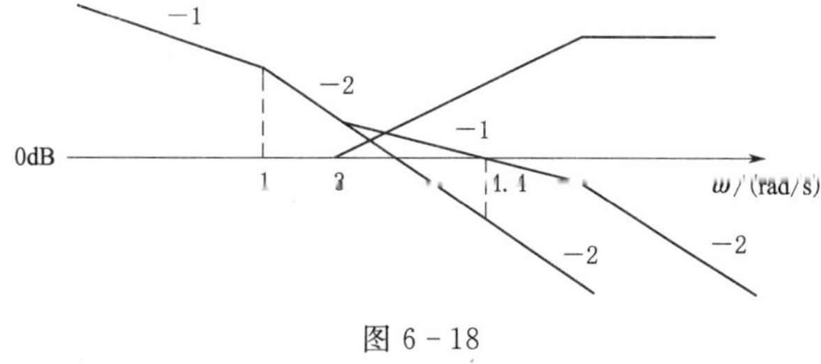

图 6－18

低频段是积分特性，斜率是－20dB/dec，$\omega=1$ 时，$L(\omega)=20$dB。

在 $\omega>1$ 时，有个惯性环节，斜率变化为－40dB/dec。

中频段：$\omega=2.2$ 是一阶微分环节交接频率，斜率变为－20dB/dec。

高频段：$\omega=8.8$ 是惯性环节的交接频率，斜率变为－40dB/dec。

上例表明，系统经串联校正后，中频区斜率为－20dB/dec。

中频带宽度 $\Delta\omega=8.8-2.2=6.6$dB/dec。

校正结果显示：系统相角裕量增大，由相角裕量与阻尼比的关系式可知，阻尼比也相应增大了，系统的动态过程超调量下降；增加了一个一阶微分环节，截止频率增大，带宽增大，使响应速度加快。

超前校正前后系统的阶跃响应时域仿真曲线如图 6－19 所示。可以看出，原系统经频域超前校正后，系统的动态性能得到显著的改善，超调量大大减小，响应时间加快，满足给定的要求。

确定校正装置的传递函数后，若选用无源超前校正装置来实现，则校正装置 RC 网络如图 6－20 所示，需要选择电阻和电容值。

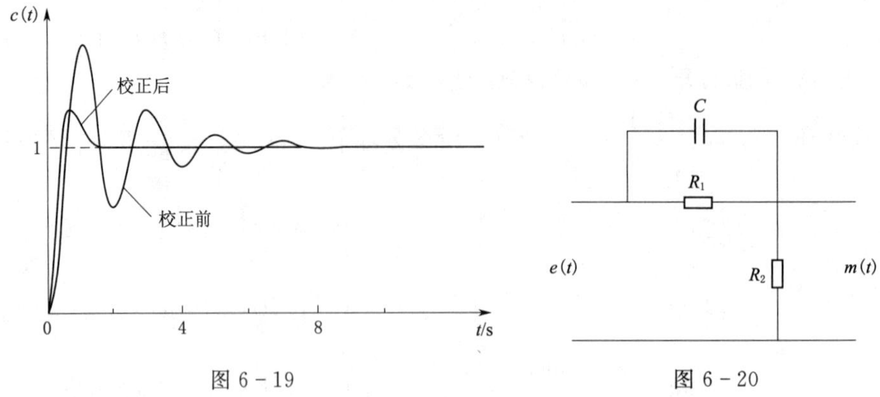

图 6-19　　　　图 6-20

它的传递函数为

$$G_c(s)=\frac{R_2}{R_1+R_2}\frac{1+sR_1C}{1+s\dfrac{R_1R_2}{R_1+R_2}C}$$

$$a=\frac{R_1+R_2}{R_2}\quad T=\frac{R_1R_2}{R_1+R_2}C$$

故

$$\begin{cases}a=\dfrac{R_1+R_2}{R_2}\\[2ex] T=\dfrac{R_1R_2}{R_1+R_2}C\end{cases}\Rightarrow\begin{cases}R_1=(a-1)R_2\\ R_1C=aT\end{cases}$$

因为 $a=4$、$T=0.114$，故 $\begin{cases}R_1=3R_2\\ R_1C=0.456\end{cases}$

通过求解上式，并不能唯一地确定 R_1、R_2、C 的值。此时还需根据系统对校正网络输入阻抗和输出阻抗的要求以及其他条件，选择符合要求的元件值。

若选择 $R_1=10\text{k}\Omega$，则 $R_2\approx3.33\text{k}\Omega$，$C=45.6\mu\text{F}$。

基于上述分析，可知串联超前校正有如下特点：

1）这种校正主要对未校正系统中频段进行校正，使校正后中频段幅值的斜率为 -20dB/dec，且有足够大的相位裕量。

2）超前校正会使系统瞬态响应的速度变快。由例 6-1 知，校正后系统的截止频率由未校正前的 3.16 增大到 4.4。表明校正后，系统的频带变宽，瞬态响应速度变快；但系统抗高频噪声的能力变差。对此，在校正装置设计时必须注意。

3）超前校正一般虽能较有效地改善动态性能，但未校正系统的相频特性在截止频率附近急剧下降时，若用单级超前校正网络去校正，收效不大。因为校正后系统的截至频率向高频段移动。在新的截止频率处，由于未校正系统的相角滞后量过大，因而用单级的超前校正网络难于获得较大的相位裕量。

6.3.3　串联滞后校正

滞后校正的原理是：利用滞后校正装置对高频信号幅值的衰减特性，使它在基本不影响校正后系统低频特性的情况下，使校正后系统的开环频率特性的中频段和高频段增益降

低，以降低系统的截止频率，达到增加系统相位裕量的目的。

为了提高相角裕度，要力求避免最大滞后相角发生在已校正系统开环截止频率 ω_c'' 的附近（这一点与超前校正不同，超前校正是把截止频率选在最大超前相角 ω_c''）。

用频域校正法进行滞后校正的一般步骤如下。

（1）按稳态性能指标要求确定开环放大系数，绘制未校正系统的伯德图并求出相应的相位裕量和增益裕量。如果未校正系统需要补偿的相角较大，或者在截止频率附近相角变化大，具有这样特性的系统不适宜采用超前校正，一般可以考虑用滞后校正。

（2）根据相角裕度 γ'' 的要求，选择校正后系统的截止频率 ω_c''，在 ω_c'' 处原系统的相角裕度为 $\gamma(\omega_c'')$，迟后网络也会产生一定的相移 $\varphi_c(\omega_c'')$；所以，校正后的相角裕度。

$\gamma''=\gamma(\omega_c'')+\varphi_c(\omega_c'')$；根据经验，在 ω_c'' 未确定之前，取滞后网络的相移 $\varphi_c(\omega_c'')=-6°$，于是，$\gamma(\omega_c'')=\gamma''+6°$ 从而求出 ω_c'' 的值。

γ'' 是性能指标要求的相角裕度。

（3）在 ω_c'' 处，已校正的对数幅频特性曲线由两部分合成：一是迟后网络的幅频特性 $L_c(\omega_c'')$；另一是原系统在 ω_c'' 处的幅值 $L(\omega_c'')$。

迟后网络的最大衰减幅值是 $20\lg b$（dB），迟后校正与超前校正不同，超前校正主要是利用超前网络的相角超前特性，增加系统的相角裕量，而滞后校正主要是利用其高频幅值衰减特性，以降低开环截止频率，来提高系统的相角裕量，即利用迟后网络的最大衰减幅值 $20\lg b$。

所以，选定已校正系统的截止频率 ω_c'' 时，要保证原系统的幅值 $L(\omega_c'')$ 与迟后网络的最大幅值 $20\lg b$ 满足：$20\lg b+L(\omega_c'')=0$。

（4）由 $\dfrac{1}{bT}=0.1\omega_c''$ 共同求出 b、T，得出迟后网络的传递函数 $G_c(s)=\dfrac{1+bTs}{1+Ts}$。

（5）验算已校正系统的 γ'' 和 h'' 。

如果求出的 T 过大，实现起来比较困难，可适当修正系数。

$\dfrac{1}{bT}=(0.1\sim0.25)\omega_c''$，而 $\varphi_c(\omega_c'')$ 可在 $-6°\sim-14°$ 范围内确定。

【例 6-2】 设控制系统如图 6-21 所示。若要求校正后的系统静态速度误差系数 $K_v=30$，相角裕度 $\gamma''\geqslant40°$，幅值裕度 $h''\geqslant10\text{dB}$，截止频率 $\omega_c''\geqslant2.3\text{rad/s}$，试设计串联校正装置。

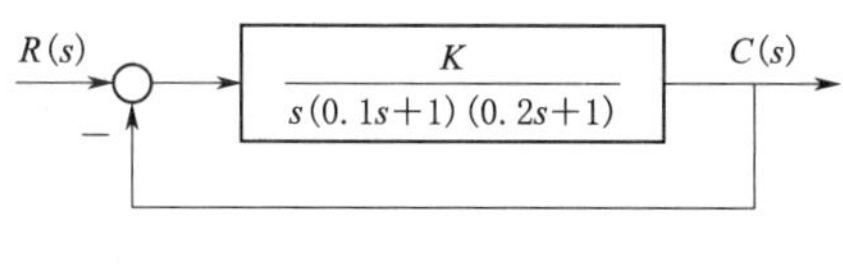

图 6-21

【解】 （1）确定 K 值。

因为 $K_v=\lim\limits_{s\to0}sG(s)=\lim\limits_{s\to0}s\dfrac{K}{s(0.1s+1)(0.2s+1)}=K=30$

所以 $G(s)=\dfrac{30}{s(0.1s+1)(0.2s+1)}$

(2) 画出未校正系统的对数幅频特性。

开环系统有两个交接频率：

$$\omega_1=\frac{1}{0.2}=5;\omega_2=\frac{1}{0.1}=10$$

低频段特性以-20dB/dec斜率下降，$\omega=1$时，$L(1)=20\lg 30=29.5$dB。

$\omega=5$时，特性以-40dB/dec斜率下降。

$\omega=10$时，特性以-60dB/dec斜率下降。

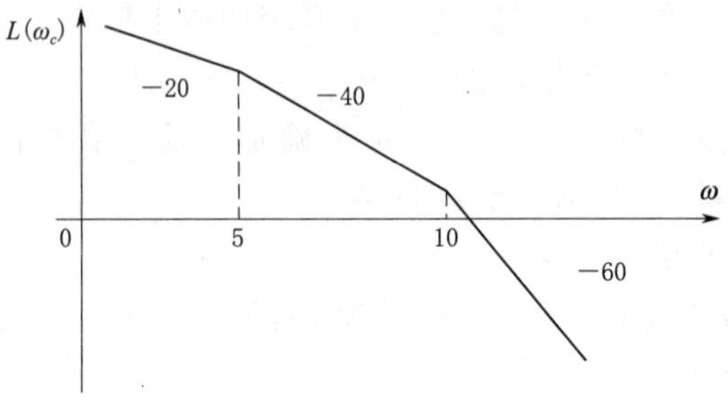

图6-22

如果作图标准，从图6-22上查出截止频率$\omega_c=12$rad/s，截止频率也可以通过计算得出：

$$L(\omega_c)=20\lg\frac{30}{\omega_c 0.1\omega_c 0.2\omega_c}=0\text{dB}\Rightarrow\frac{1500}{{\omega_c}^3}=1$$

因为$\omega_c=\sqrt[3]{1500}=11.45$，对应截止频率的相角裕度为

$$\begin{aligned}\gamma&=180°+(-90°-\tan^{-1}0.1\omega_c-\tan^{-1}0.2\omega_c)\\&=180°-(90+\tan^{-1}0.1\times 12+\tan^{-1}0.2\times 12)=-27.6°\end{aligned}$$

从稳定性看，当幅频特性穿越0分贝线时，相角裕度为负，说明系统不稳定。从性能指标看，未校正系统的截止频率已大于要求的截止频率值。

因为超前校正是增加截止频率，而滞后校正则是降低截止频率，故在这种情况下，应采用滞后校正，而采用超前校正是无效的。

取ω_c''为校正后的截止频率，按照性能指标，在校正后的系统相角裕度大于40°，$\gamma''\geqslant 40°$，即

$$\gamma''=\gamma(\omega_c'')+\varphi_c(\omega_c'')=40°$$

$\varphi_c(\omega_c'')$是滞后网络在ω_c''处的滞后相角，一般取6°；$\gamma(\omega_c'')$是原系统在ω_c''处的相角裕度。

所以
$$\gamma(\omega_c'')=\gamma''-\varphi_c(\omega_c'')=40-(-6)=46°$$

又
$$\gamma(\omega_c'')=180°+(-90°-\tan^{-1}0.1\omega_c''-\tan^{-1}0.2\omega_c'')=46°$$

故
$$\tan^{-1}0.1\omega_c''+\tan^{-1}0.2\omega_c''=44°$$

$$\tan^{-1}A+\tan^{-1}B=\tan^{-1}\frac{A+B}{1-AB}$$

$$\tan^{-1}0.1\omega_c''+\tan^{-1}0.2\omega_c''=\tan^{-1}\frac{0.3\omega_c''}{1-0.02\omega_c''^2}=44°$$

求得： $$\omega_c''=2.7\text{rad/s}$$

在作图准确的条件下，在满足相角裕度 $\gamma(\omega_c'')\geqslant 46°$ 处查得的频率是 2.7，从图 6-22 上可查出校正前的原系统的幅值，即：

$$L'(\omega_c'')=21\text{dB}$$

或计算：

$$20\lg\frac{30}{\omega_c''}=20\lg\frac{30}{2.7}\approx 21(\text{dB})$$

则校正后系统在 $\omega_c''=2.7$ 处应满足：

$$20\lg b+L'(\omega_c'')=0$$

$$20\lg b+21=0$$

即 $\lg b=-\frac{21}{20}$，$b\approx 0.09$

再由 $\frac{1}{bT}=0.1\omega_c''$，求得

$$T=\frac{1}{0.1b\omega_c''}=\frac{1}{0.1\times 0.09\times 2.7}=41(\text{s})$$

所以，滞后网络传递函数应为

$$G_c(s)=\frac{1+bTs}{1+Ts}=\frac{1+3.7s}{1+41s}$$

校正后的开环传递函数为

$$G_c(s)G(s)=\frac{30(1+3.7s)}{s(1+0.1s)(1+0.2s)(1+41s)}$$

校正后，系统的截止频率：$\omega_c''=2.7$。

$$\gamma(\omega_c'')=90°-\tan^{-1}0.1\omega_c''-\tan^{-1}0.2\omega_c''\big|_{\omega_c''}=2.7=46.5°$$

$$\varphi_c(\omega_c'')\approx\tan^{-1}[0.1(b-1)]=\tan^{-1}[0.1(0.09-1)]=-5.2°$$

相角裕度：$\gamma''=\gamma(\omega_c'')+\varphi(\omega_c'')=46.5°-5.2°=41.3°>40°$，满足要求。

幅值裕度，由幅值裕度的定义，当相角曲线穿越 $-180°$ 时的对数幅值，因为校正后系统的相角曲线为

$$\varphi(\omega_g'')=\tan^{-1}3.7\omega_g''-90°+\tan^{-1}0.1\omega_g''-\tan^{-1}0.2\omega_g''-\tan^{-1}41\omega_g''=-180°$$

用试探法求出：$\omega_g''\approx 7$。

对应的

$$L(\omega_g)=20[\lg 30+\sqrt{(3.7\omega_g)^2+1}-20\lg\omega_g-\sqrt{(0.2\omega_g)^2+1}-\sqrt{(41\omega_g)^2+1}-\sqrt{(0.1\omega_g)^2+1}]L(7)\approx -14.7(\text{dB})$$

求得，$h''=-L(\omega_g)=14.7(\text{dB})>10\text{dB}$，满足要求。

经校正后，系统的开环对数幅频特性的交接频率为

$$\omega_1=\frac{1}{41}=0.024;\ \omega_2=\frac{1}{3.7}=0.27;\ \omega_3=\frac{1}{0.2}=5;\ \omega_4=\frac{1}{0.1}=10$$

绘制渐进对数幅频特性见图 6-23。

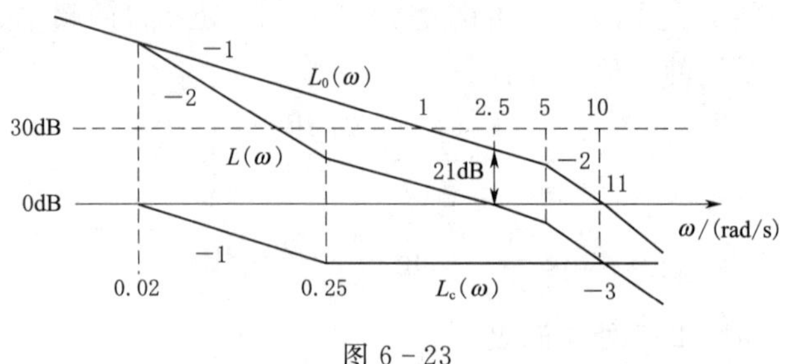

图 6-23

低频段是积分环节和 $\omega_1=0.024$ 起作用，幅频特性斜率－40dB/dec；

中频段，超前因子起作用 $\omega_2=0.27$ 起作用，特性斜率－20dB/dec；

高频段，$\omega_3=5$，特性斜率－40dB/dec；

$\omega_4=10$，特性斜率－60dB/dec。

所以，中频带宽度 $\Delta\omega=5-0.27=4.73$rad/s。

滞后校正的基本原理是利用滞后网络的高频幅值衰减特性使系统的截止频率下降，从而使系统获得足够的相位裕度。或者，是利用滞后网络的低通滤波特性，使低频信号有较高的增益，从而提高系统的稳态精度。滞后校正的作用如下。

(1) 在保持动态性能不变的条件下，提高了稳态精度。

(2) 在保持稳态性能不变的条件下，降低了截止频率，从而增大了相位裕度、幅值裕度，减小了超调量。

(3) 降低了截止频率，减小了带宽，快速性下降。

(4) 降低了截止频率，减小了带宽，增加了抗干扰能力。

对系统进行滞后校正时会有如下限制。

(1) 当具有饱和或限幅作用的系统用滞后校正后，系统有效开环放大系数降低，有可能使系统不稳定。为防止这种现象，应将滞后校正作用在系统线性范围内。

(2) 滞后校正在低频范围内近似于比例—积分控制，降低系统稳定性，为防止低频不稳定现象，应使 T 大于系统的时间常数的最大值。

(3) 在有些应用方面，采用滞后校正可能会得出时间常数大到不能实现的情况。这种不良后果是由于需要在足够的频率值上安置滞后网络的第一交接频率$\frac{1}{T}$，以保证在需要的频率范围内产生有效的高频幅值衰减特性。

(4) 若未校正系统的低频相位不满足要求的相位裕度，则不能使用此法。

6.3.4　串联滞后—超前校正

用频域校正法进行滞后—超前校正的一般步骤如下。

(1) 根据稳态性能指标要求确定开环放大系数 K。

(2) 绘制未校正系统的对数幅频特性，求出未校正系统的截止频率 ω_c、相位裕度 γ 及幅值裕度 h 等。

(3) 在未校正系统对数幅频特性上，选择斜率从－20dB/dec 变为－40dB/dec 的转折

频率作为校正网络超前部分的转折频率 ω_b，这种选法可以降低已校正系统的阶次，且可保证中频区斜率为-20dB/dec，并占据较宽的频带。

(4) 根据响应速度要求，选择系统的截止频率 ω_c''和校正网络的衰减因子$\frac{1}{a}$，要保证已校正系统截止频率为所选的 ω_c''满足等式：

$$-20\lg a+L(\omega_c'')+20\lg T_b\omega_c''=0$$

式中　$-20\lg a$——滞后-超前网络贡献的幅值衰减的最大值；

$L(\omega_c'')$ ——未校正系统的幅值；

$20\lg T_b\omega_c''$——滞后超前网络超前部分在 ω_c''处贡献的幅值，其中 $T_b=\frac{1}{\omega_b}$。

$L(\omega_c'')+20\lg T_b\omega_c''$可由未校正系统对数幅频特性的$-20$dB/dec 延长线在 ω_c''处的数值确定。

由等式求出 a 值。

(5) 根据相角裕度 γ''的要求，估算校正网络滞后部分的转折频率 ω_a。

(6) 校验已校正系统开环系统的各项性能指标。

【例 6-3】 未校正系统开环传递函数 $G_0(s)=\dfrac{K_v}{s\left(\frac{1}{6}s+1\right)\left(\frac{1}{2}s+1\right)}$，试设计校正装置，使系统满足下列性能指标：在最大指令速度为 180°/s，位置滞后误差不超过 1°，相位裕度 $\gamma''=45°\pm3°$，幅值裕度 $h''\geqslant10$dB，过渡过程调节时间 $t_s\leqslant3$s 试选择校正装置。

【解】 (1) 确定开环放大系数 K。即

根据条件，速度误差 $e_{ssv}=\frac{1}{K_v}=\frac{1}{K}\leqslant\frac{1}{180}$，所以应有 $K\geqslant180$，故取 $K=180$。

则未校正系统的开环频率特性为

$$G(\mathrm{j}\omega)=\frac{180}{\mathrm{j}\omega\left(1+\mathrm{j}\frac{1}{6}\omega\right)\left(1+\mathrm{j}\frac{1}{2}\omega\right)}$$

(2) 绘制未校正系统的伯德图，即

相角 $\varphi(\omega)=-90°-\tan^{-1}\frac{1}{2}\omega-\tan^{-1}\frac{1}{6}\omega$

交接频率：$\omega_1=2$、$\omega_2=6$

近似对数幅频特性：

$$L(\omega)=\begin{cases}20\lg\dfrac{180}{\omega} & (-20\text{dB})\quad \omega\leqslant2\\[2ex] 20\lg\dfrac{360}{\omega^2} & (-40\text{dB})\quad 2<\omega\leqslant6\\[2ex] 20\lg\dfrac{2160}{\omega^3} & (-60\text{dB})\quad \omega>6\end{cases}$$

$$L(2)=20\lg90>0\text{dB}、L(6)=20\lg\frac{360}{6^2}=20\lg10>0\text{dB}$$

故截止频率 ω_c 处于 $\omega>6$ 频段。

令 $L(\omega)=0\text{dB}$ 求系统的截止频率：$\dfrac{2160}{\omega_c^3}=1$，所以，$\omega_c=\sqrt[3]{2160}=12.6\text{rad/s}$。

未校正系统的相角裕度：

$$\gamma=180°+\varphi(\omega_c)=180°-90°-\tan^{-1}\frac{1}{6}\omega_c-\tan^{-1}\frac{1}{2}\omega_c=-55.5°$$

$$\varphi(\omega_g)=-180°\rightarrow\omega_g=3.464\text{rad/s}$$

$$h(\text{dB})=-20\lg|G_o(j\omega_g)|=-30\text{dB}$$

伯德图如图 6 - 24 所示。

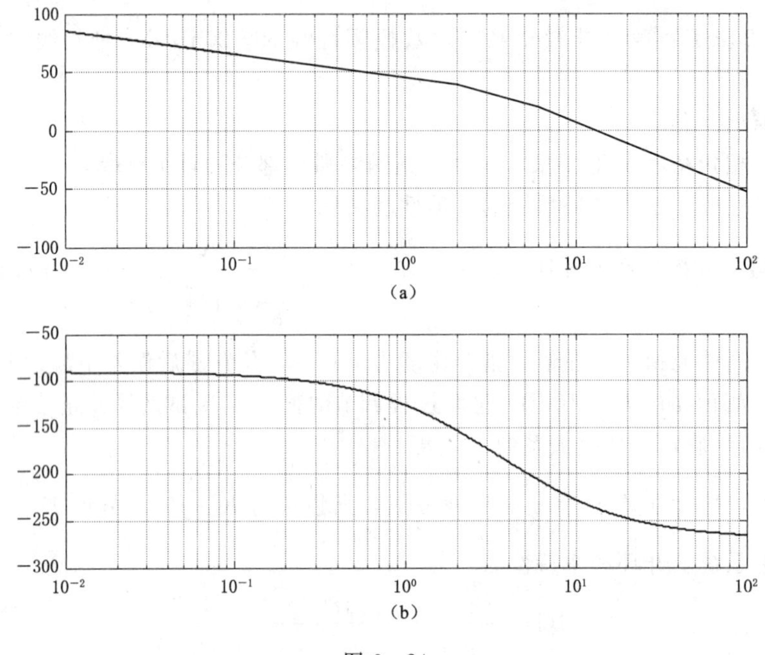

图 6 - 24

因为 $\gamma<0$、$h<0$ 表明未校正系统不稳定。

（3）根据题目要求，相位裕度 $\gamma''=45°\pm3°$，如果采用串联超前校正，要将未校正系统的相位裕度 $-55.5°\rightarrow45°$，至少选用两级串联超前网络。显然，校正后系统的截止频率将过大，可能超过 25rad/s。

利用 $M_r=\dfrac{1}{\sin\gamma}=\sqrt{2}$

$$K=2+1.5(M_r-1)+2.5(M_r-1)^2=3.05$$

$t_s=\dfrac{K\pi}{\omega_c}=0.38\text{s}$，这比要求的指标提高了近 10 倍。

还有几个原因：①伺服电机出现饱和，这是因为超前校正系统要求伺服机构输出的变化速率 $25\text{rad/s}=25\times180/\pi=1432°/\text{s}$，超过了伺服电机的最大输出转速 $180°/\text{s}$，于是 0.38s 的调节时间将变得毫无意义；②系统带宽过大，造成输出噪声电平过高；③需要附

加前置放大器，从而使系统结构复杂化。

如果采用串联滞后校正，可以使系统的相角裕度提高到 45°，但是对于该例题要求的高性能系统，会产生严重的缺点。

1）滞后网络时间常数太大，无法实现。

$$\begin{aligned}&\omega_c''=1\\&L(\omega_c'')=45.1\text{dB}\\&20\lg b+L(\omega_c'')=0\end{aligned}\quad\Rightarrow\begin{cases}b=\dfrac{1}{200}\\T=2000\text{s}\end{cases}$$

2）响应速度指标不满足。由于滞后校正极大地减小了系统的截止频率，使得系统的响应迟缓。

（4）设计滞后-超前校正。上述分析表明，纯超前校正和纯滞后校正都不宜采用。

根据 bode 图选取，即斜率从 -20dB/dec 变为 -40dB/dec 的转折频率 $\omega_1=2$ 作为校正网络超前部分的转折频率 ω_b，即 $\omega_b=2$ 在未校正系统对数幅频特性上，选择转折频率作为校正网络超前部分的转折频率，这种选法可以降低已校正系统的阶次，且可保证中频区斜率为 -20dB/dec，并占据较宽的频带。

$$M_r=\frac{1}{\sin\gamma}=\sqrt{2}$$

$$K=2+1.5(M_r-1)+2.5(M_r-1)^2=3.05,$$

$$t_s=\frac{K\pi}{\omega_c''}\leqslant 3s,\omega_c''=\frac{K\pi}{t_s}\geqslant\frac{3.05\times 3.14}{3}=3.2(\text{rad/s})$$

考虑中频区斜率为 -20dB/dec，故 ω_c'' 应在 3.2～6 范围内选取。由于 -20dB/dec 的中频区应占据一定宽度，故选 $\omega_c''=3.5\text{rad/s}$，相应的 $L'(\omega_c'')+20\lg T_b\omega_c''=34(\text{dB})$（从图 6-25 得到，亦可计算）。

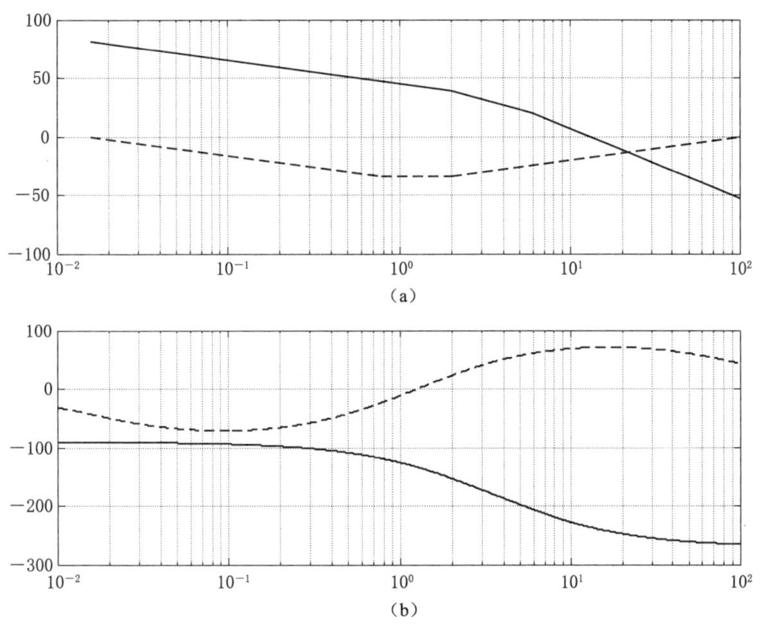

图 6-25

由 $-20\lg a+L'(\omega_c'')+20\lg T_b\omega_c''=0\rightarrow a=10^{34/20}=10^{1.7}\approx 50$，此时，滞后—超前校正网络的传递函数可写为

$$G_c(s)=\frac{\left(1+\dfrac{s}{\omega_a}\right)\left(1+\dfrac{s}{\omega_b}\right)}{\left(1+\dfrac{s}{\dfrac{\omega_a}{a}}\right)\left(1+\dfrac{s}{a\omega_b}\right)}=\frac{\left(1+\dfrac{s}{\omega_a}\right)\left(1+\dfrac{s}{2}\right)}{\left(1+\dfrac{50s}{\omega_a}\right)\left(1+\dfrac{s}{100}\right)}$$

(5) 根据相角裕度要求，估算校正网络滞后部分的转折频率 ω_a。

$$G_c(j\omega)G_0(j\omega)=\frac{180\left(1+\dfrac{j\omega}{\omega_a}\right)}{j\omega\left(1+\dfrac{j\omega}{6}\right)\left(1+\dfrac{50j\omega}{\omega_a}\right)\left(1+\dfrac{j\omega}{100}\right)}$$

$$\gamma''=180^\circ+\arctan\frac{\omega_c''}{\omega_a}-90^\circ-\arctan\frac{\omega_c''}{6}-\arctan\frac{50\omega_c''}{\omega_a}-\arctan\frac{\omega_c''}{100}$$

$$=57.7^\circ+\arctan\frac{3.5}{\omega_a}-\arctan\frac{175}{\omega_a}\rightarrow\omega_a=0.78\text{rad/s}$$

$$G_c(s)=\frac{\left(1+\dfrac{s}{0.78}\right)\left(1+\dfrac{s}{2}\right)}{\left(1+\dfrac{50s}{0.78}\right)\left(1+\dfrac{s}{100}\right)}=\frac{(1+1.28s)(1+0.5s)}{(1+64s)(1+0.01s)}$$

$$G_c(s)G_0(s)=\frac{180(1+1.28s)}{s(1+0.167s)(1+64s)(1+0.01s)}$$

(6) 验算精度指标。$\gamma''=45.5^\circ$，$h''=27\text{dB}$，满足要求。

绘制校正前后的渐进对数幅频特性见图 6 - 26。

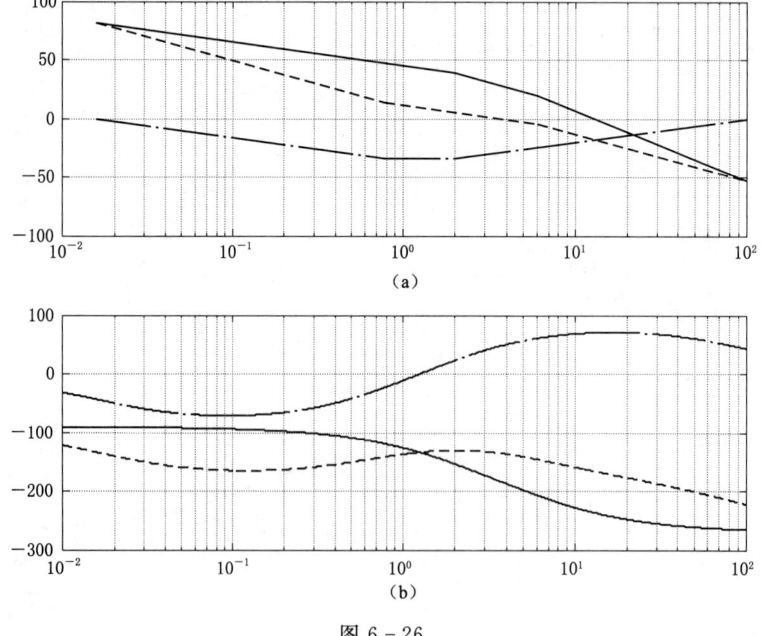

图 6 - 26

6.3.5 小结

三种校正方法小结：

串联超前校正是利用校正装置的超前相位，增加系统的相位裕量，改善系统的稳定性；同时，由于对数幅频曲线斜率的改变，使得剪切频率增大，提高了系统的快速性。但串联超前校正也有一定的局限性，若未校正系统不稳定时，为了获得足够的相位裕量，需要校正装置提供很大的超前相位，这势必要增大 ，造成系统带宽过大，不利于高频噪声的抑制；若未校正系统在剪切频率 附近相角急剧减小的情况下，采用串联超前校正效果不明显，很难获得足够的稳定裕量。在这些情况下，应考虑采用其他校正方法。

串联滞后校正是利用校正装置的中、高频幅值衰减特性，以减小剪切频率为代价，提高系统的相位裕量，改善系统的稳态精度，但系统的相对稳定性会变差。

串联滞后—超前校正则综合了串联超前校正和串联滞后校正两者的优点。利用校正装置的超前部分，改善系统的动态性能；利用校正装置的滞后部分，改善系统的稳态精度。

6.4 PID 控制器

在当今应用的工业控制器中其基本控制规律主要是 PID 校正装置，即 PID 控制器。即使是自动化技术飞速发展、新的控制方法不断涌现的今天，PID 作为最基本的控制方式仍显示其强大的生命力。一个大型的现代化生产装置的控制回路可能多达 100～200 个甚至更多，其中绝大多数都是 PID 控制的。

6.4.1 基本控制规律

校正装置常用比例、微分、积分等基本控制规律或这些基本规律的组合。

（1）比例控制（P）规律，见图 6－27。

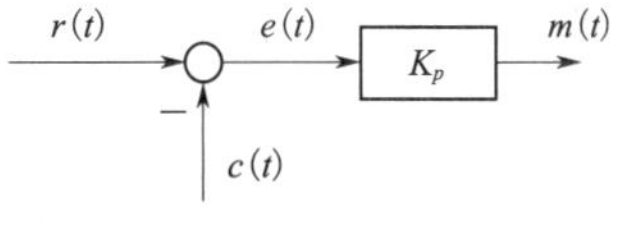

$$m(t)=K_p e(t)$$

$$G_c(s)=\frac{M(s)}{E(s)}=K_p$$

$$G_c(\mathrm{j}\omega)=K_p$$

$$L_c(\omega)=20\lg K_p$$

$$\varphi_c(\omega)=0°$$

图 6－27

P 控制器实质上是一个可调增益的放大器，在信号变换过程中，它只改变信号增益，而不影响其相位。

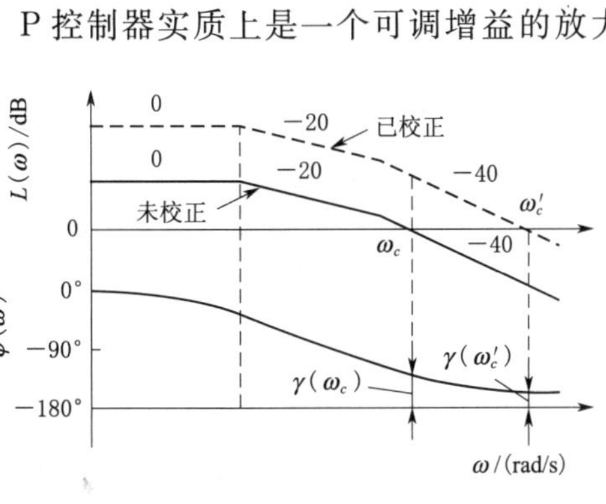

图 6－28

图 6－28 为比例控制器校正前后的伯德图。由图 6－28 可知：

$K_p>1$：开环增益 K 加大，e_{ss} 减小；ω_c 增大，t_s 缩短；γ 减小，稳定程度变差。

原系统稳定裕量充分大时才用比例控制。

$K_p<1$：对系统性能的影响正好相反。

功能：增大 K_p，提高系统稳态精度，但又降低了系统的稳定性，甚至造成闭环不稳定。因此，很少单独使用比例控制规律。

（2）积分（I）控制规律：

$m(t)=k_i\int_0^t e(t)\mathrm{d}t$

当 $e(0)=0$ 时

$$G_c(s)=\frac{M(s)}{E(s)}=\frac{k_i}{s}$$

$$G_c(\mathrm{j}\omega)=\frac{K_i}{\mathrm{j}\omega}$$

$$L_c(\omega)=20\lg K_i-20\lg\omega$$

$$\varphi_c(\omega)=-90°$$

功能：I 控制器可以提高系统的型别，有利于系统的稳态误差减小，但使系统增加了一个位于原点的开环极点（$s=0$），使信号产生 90°的相角滞后，于系统的稳定性不利。

（3）比例-积分控制（PI）规律，如图 6-29 所示。

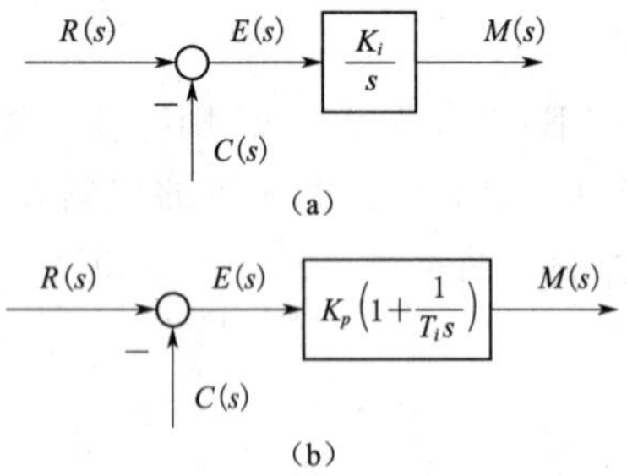

(a) $R(s)$ → $E(s)$ → $\frac{K_i}{s}$ → $M(s)$，反馈 $C(s)$

(b) $R(s)$ → $E(s)$ → $K_p\left(1+\frac{1}{T_i s}\right)$ → $M(s)$，反馈 $C(s)$

图 6-29

$$m(t)=k_p e(t)+\frac{k_p}{\tau_i}\int_0^t e(t)$$

当 $e(0)=0$

$$G_c(s)=\frac{M(s)}{E(s)}=k_p\left(1+\frac{1}{\tau_i s}\right)=k_p\ \frac{\tau_i s+1}{\tau_i s}$$

$$G_c(\mathrm{j}\omega)=K_p\ \frac{1+\mathrm{j}T_i\omega}{\mathrm{j}T_i\omega}$$

$$L_c(\omega)=20\lg K_p+20\lg\sqrt{1+T_i^2\omega_i^2}-20\lg T_i\omega$$

$$\varphi_c(\omega)=\tan^{-1}T_i\omega-90°$$

图 6-30 和图 6-31 为比例-积分控制器校正前后的伯德图。

$K_p=1$：如图 6-30 所示，系统型别提高，稳态误差减小；相角裕量减小，稳定程度变差。

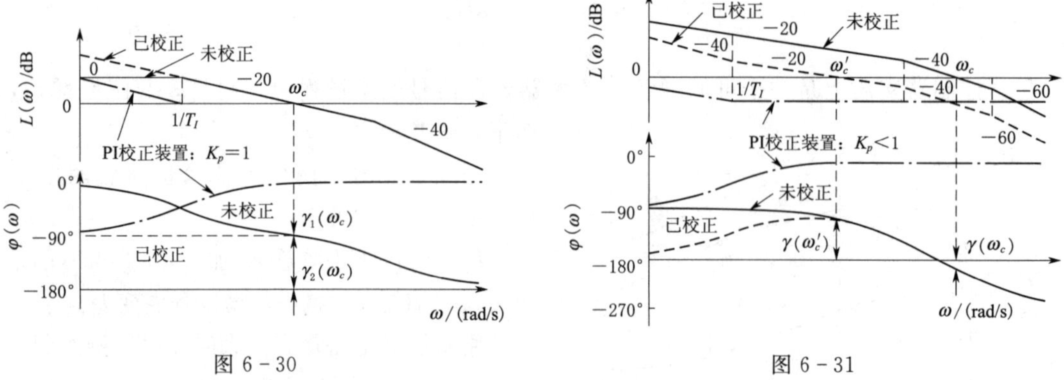

图 6-30　　　　图 6-31

$K_p<1$：如图 6-31 所示，系统型别提高，e_{ss} 减小，改善系统稳态性能；从不稳定变为稳定；ω_c 减小，快速性变差；引入比例作用调节积分产生的相角滞后对系统稳定性

所的不利影响。

$\varphi_c(\omega)=\tan^{-1}T_i\omega-90^\circ<0^\circ$引入 PI 控制器后，相位滞后增加，因此，通过 PI 控制器改善系统的稳定性，必须 $K_p<1$，以降低穿越频率。

功能：PI 控制器相当于在系统中增加了一个位于原点的开环极点（$s=0$）；同时也增加了一个位于 s 左半平面的开环零点（$s=-1/\tau i$）。

位于原点的极点可提高系统型别，以消除或减小系统的稳态误差，而增加的负实零点则可用来提高系统阻尼程度，缓和（$s=0$）极点对系统稳定性产生的不利影响。

在控制工程中，PI 控制器主要用来改善控制系统的稳态性能。

（4）微分控制（D）规律：微分控制在数学中表达的是变化率这一概念，能够敏感地预测误差 $e(t)$ 的变化趋势，可在误差信号出现之前就起到修正误差的作用，有利于提高控制系统输出响应的快速性，同时减小被控量的超调和增加系统的稳定性。单纯的微分作用很容易放大高频噪声，会降低控制系统的信噪比，从而使系统抑制干扰的能力下降。

微分环节一般不能单独使用，需要与另外两种调节规律相结合。

（5）比例-微分控制（PD）规律，如图 6－32 所示。

$R(s)$　$E(s)$　$K_p(1+\tau s)$　$M(s)$　$C(s)$

图 6－32

$$m(t)=k_pe(t)+k_p\tau\frac{\mathrm{d}e(t)}{\mathrm{d}t}$$

$$G_c(s)=\frac{M(s)}{E(s)}=k_p(1+\tau s)$$

$$G_c(\mathrm{j}\omega)=K_p(1+\mathrm{j}\tau\omega)$$

$$L_c(\omega)-20\lg K_p+20\lg\sqrt{1+\tau^2\omega_i^2}$$

$$\varphi_c(\omega)=\tan^{-1}\tau\omega$$

图 6－33 为比例-微分控制器校正前后的伯德图。

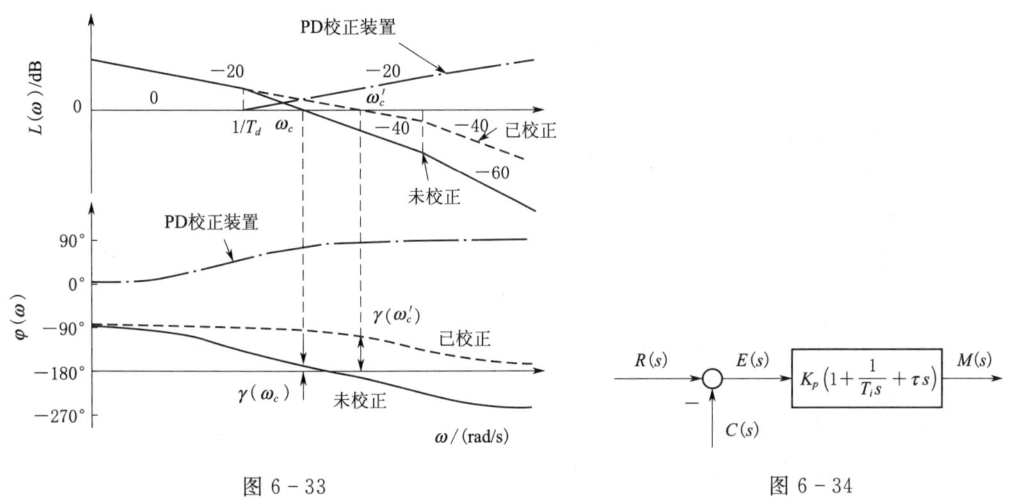

图 6－33　　图 6－34

$K_p=1$ 时，如图 6－33 所示系统稳态性能没有变化。

PD 控制引入微分作用改善系统的动态性能：相位裕量增加，稳定性提高；ω_c 增大，快速性提高；高频段增益上升，导致执行元件输出饱和，降低抗干扰的能力；

功能：PD 控制能反映输入信号的变化趋势，增加系统的阻尼程度，改善系统稳定性，在串联校正中，可使系统增加一个 $-1/\tau$ 的开环零点，使系统的相角裕度提高。PD 控制只对动态过程起作用，对稳态过程没影响，而且对系统的噪声非常敏感，抗干扰的能力降低。

（6）比例-积分-微分（PID）控制规律，如图 6－34 所示。这种控制方式组合了三种基本控制规律的特点.

$$m(t)=k_p e(t)+\frac{k_p}{\tau_i}\int_0^t e(t)\mathrm{d}t+k_p\tau\frac{\mathrm{d}e(t)}{\mathrm{d}t}\quad G_c(s)=\frac{M(s)}{E(s)}=K_p\left(1+\frac{1}{T_i s}+\tau\right)s$$

图 6－35 是比例-积分-微分控制器校正前后的伯德图。

PID 控制器可以转换为 $G_c(s)=\dfrac{\left(\frac{1}{T_1}s+1\right)\left(\frac{1}{T_2}s+1\right)}{T_2 s}$ 的表达形式，其中一个零极点用于实现提高稳态精度的功能，另两个具有负实部的零点则相互配合起到提高系统动态性能的作用。

PID 控制器的积分部分发生在系统频率特性的低频段，这样 PID 控制器通过积分控制作用，可以起到改善系统稳态性能的作用；在中间过渡环节，相当于一个相位为零的比例环节；而后的微分部分一般设置在系统频率特性的中频段，则 PID 控制器可以通过微分控制作用，有效地提高系统的动态性能。

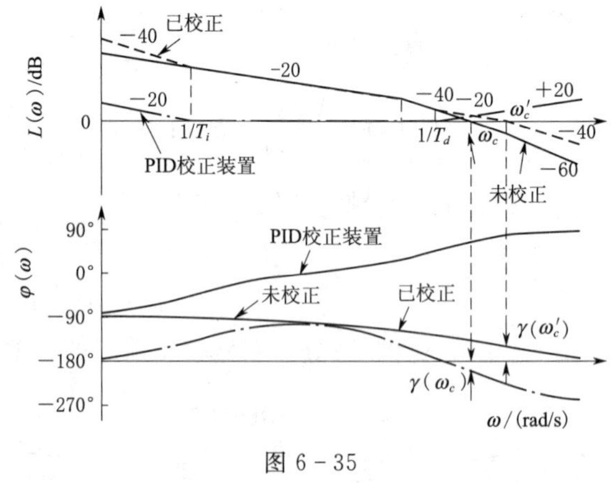

图 6－35

低频段，通过积分控制作用，改善系统的稳态性能；中频段，通过微分控制作用，提高系统的动态性能。

工业控制领域广泛使用 PID 控制器。

6.4.2　PID 校正的参数整定法

PID 控制器参数的整定方法有两类：理论计算整定法和工程整定法。前面介绍的频率响应法属于理论计算整定法，它是基于被控对象数学模型（传递函数或频率特性）通过计算方法直接求得控制器参数整定值。其综合理论及所导出的结果是工程整定法的理论依据和基础。但在实际应用中，被控对象的数学模型一般是近似的，所得控制器的特性与理想 PID 特性也存在差距，加之理论计算中忽略了一些次要因素或作简化处理等，使之所求得的参数还有待于现场调试才能最后确认。因此，在工程实际中常采用工程整定法。其特点是：不依赖被控对象的数学模型，而是在频率响应法的理论基础上通过工程实践总结出来的经验，只要通过并不复杂的实验便能获得控制其参数的近似整定值，简单适用、易于掌握。

（1）PID 控制器的传递函数为

$$G_c(s)=K_p\left(1+\frac{1}{T_i s}+T_d\right)s$$

（2）PID 控制器参数整定的基本思想：

1）过程控制系统大多为恒值控制系统，要求系统的被调量在扰动作用下能尽快恢复到期望的常值上。常用的评定调节过程品质的性能指标为最大的动态偏差、衰减比、稳态误差和恢复时间。

2）对控制系统的基本要求是良好的稳定性、快速性和准确性。其中稳定性是首要的，而且还应具有良好的相对稳定性，即要求被调量的振荡具有一定的衰减比，在良好的稳定性的前提下尽量满足准确性和快速性的要求。

（3）具有 PID 控制器的闭环系统如图 6－36 所示。当被控对象的数学模型能用解析法或实验法确定时，则可用前面介绍的校正方法来确定 PID 控制器的相关参数；若很难求得其精确的数学模型，可用下面介绍的几种工程整定方法去调整 PID 控制器的参数。

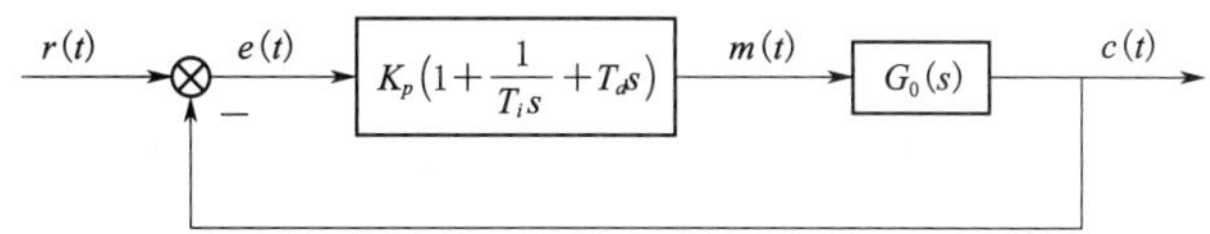

图 6－36　具有 PID 控制器的闭环系统

1）Z－N 法则第一法（动态响应法）。这是一种以被控对象的阶跃响应曲线为依据，并根据经验公式求取控制器参数的开环整定法，这种方法是由齐格勒和尼科尔斯首先提出的，故称 Z－N 法则。Z－N 法则有两种实施的方法，它们的共同目标都是使被控对象的阶跃响应具有 25％的超调量。

Z－N 法则第一法是在被控对象的输入端加一单位阶跃信号，测量器输出曲线如图 6－37 所示。如果被控对象中既无积分环节，又无复数主导极点，则相应的阶跃响应曲线可视为是 S 形曲线，如图 6－38 所示。该曲线的特征可用滞后时间和时间常数来表征。在 S 形响应曲线的拐点处 b 作一切线，与横轴和输出稳态值的水平线分别交于 a 点和 c 点，再从 c 点作一垂线，与横轴交于 d 点。可从响应曲线得到三个参数滞后时间 τ、时间常数 T 和被控对象的放大系数 K。于是可将被控对象的传递函数近似为带有纯滞后的一阶惯性环节来处理。其传递函数为

$$G(s)=\frac{C(s)}{M(s)}=\frac{K\mathrm{e}^{-\tau s}}{1+Ts}$$

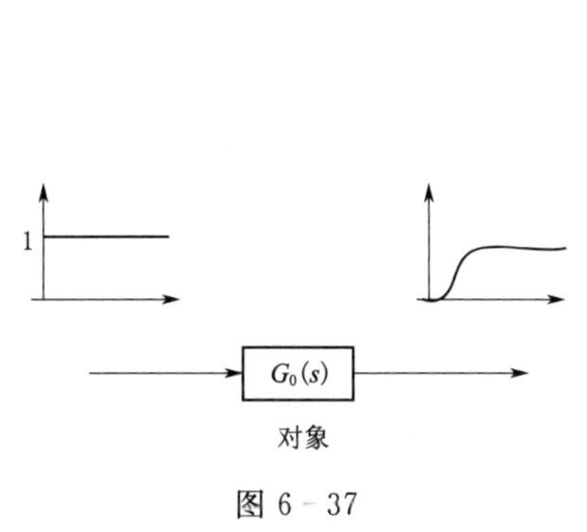

图 6－37

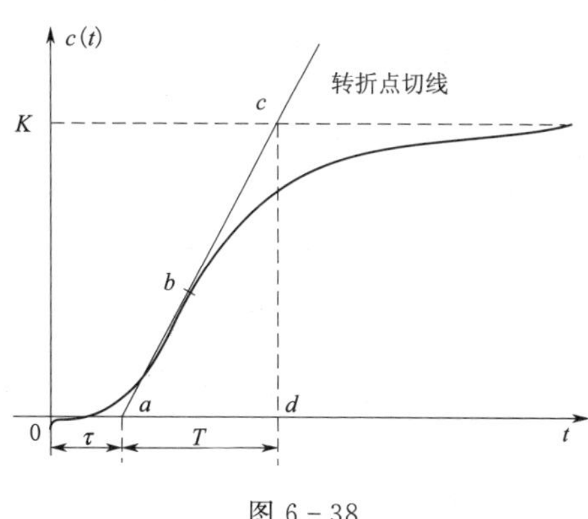

图 6－38

根据表征被控对象特征的三个参数 K、τ 和 T，按照齐格勒和尼科尔斯给出的经验公式（见表 6－5），可以确定 PID 控制器的三个参数。

表 6－5　　ZN 法则第一法确定控制器参数

控制器类型	K_P	T_i	T_d
P	$\frac{T}{\tau}$	∞	0
PI	$0.9\frac{T}{\tau}$	$\frac{\tau}{0.3}$	0
PID	$1.2\frac{T}{\tau}$	2τ	0.5τ

据此得到的 PID 控制器的传递函数为

$$G_c(s)=K_p\left(1+\frac{1}{T_is}+T_ds\right)=1.2\frac{T}{\tau}\left(1+\frac{1}{2\tau s}+0.5\tau s\right)=0.6T\frac{\left(s+\frac{1}{\tau}\right)^2}{s}$$

Z－N 法则第一法又称动态特性参数法，是通过测试被控对象的阶跃响应曲线并得到其数学模型后再对控制器参数进行整定的。这种方法理论性强、适应性广，并为控制其参数的最佳整定提供了可能。但对某些不允许被控量长时间偏离设定值的生产过程，要测量其被控对象特性较为困难；有些生产过程存在的干扰因素较多且其作用也较为频繁，影响了测试被控对象特性的准确性，以至难以获得令人满意的整定结果。这些都使该方法的应用受到了一定的限制。

2）Z－N 法则第二法（临界增益法）。Z－N 法则第二法是一种闭环的整定方法，它不需要知道被控对象的数学模型，而是依据系统临界稳定运行状态下的试验信息对 PID 参数进行整定的。

步骤：

第一步：$T_i\to\infty$，$T_d=0$，将控制器设置为比例控制。将 K_P 从 0 增大，首次出现等幅振荡时，记下此时的增益为 K_{ps} 和振荡周期 T_c。

第二步：基于临界增益的齐格勒一尼科尔斯调整法则确定 PID 参数。

由表 6－6 确定各参数。

表 6－6　　ZN 法则第二法确定控制器参数

控制器类型	K_P	T_i	T_d
P	$0.5K_{ps}$	∞	0
PI	$0.45K_{ps}$	$0.83T_c$	0
PID	$0.6K_{ps}$	$0.5T_c$	$0.125T_c$

求得相应 PID 控制器的传递函数为

$$G_c(s)=K_p\left(1+\frac{1}{T_is}+T_ds\right)=0.6K_c\left(1+\frac{1}{0.5T_cs}+0.125T_cs\right)=0.075K_cT_c\frac{\left(s+\frac{4}{T_c}\right)^2}{s}$$

式中 T_c 的确定见图 6－39。

【例 6-4】 已知某一控制系统如图 6-40 所示，其中 $G_c(s)$ 为 PID 控制器，它的传递函数为 $G_c(s)=K_p+\frac{K_i}{s}+K_d s$，要求校正后系统的闭环极点为 $-10\pm j10$ 和 -100，确定 PID 控制器的参数 K_p，K_i 和 K_d。

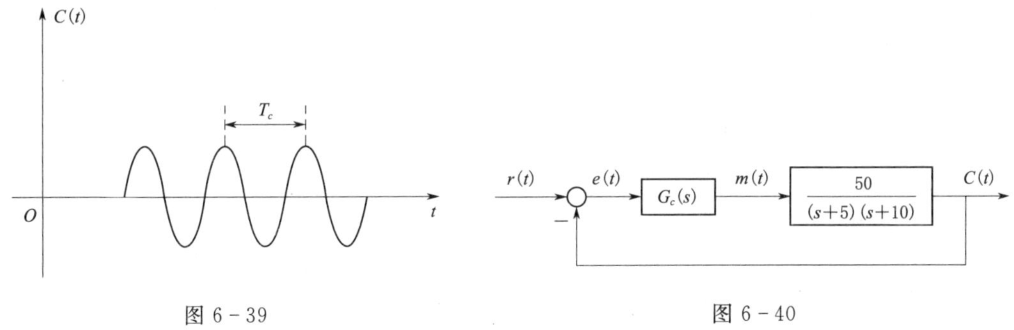

图 6-39

图 6-40

【解】 希望的闭环特征多项式为

$$F^*(s)=(s+10-j10)(s+10+j10)(s+100)$$
$$=s^3+120s^2+2200s+20000$$

校正后系统的闭环传递函数为

$$\frac{C(s)}{R(s)}=\frac{50(K_d s^2+K_p s+K_i)}{s(s+5)(s+10)+50(K_d s^2+K_p s+K_i)}$$

$$F(s)=s(s+5)(s+10)+50(K_d s^2+K_p s+K_i)$$
$$=s^3+(15+50K_d)s^2+50(1+K_p)s+50K_i$$

令 $F^*(s)=F(s)$，则得$\begin{cases}15+50K_d=120 & K_d=2.7\\ 50(1+K_p)=2200 & K_p=43\\ 50K_i=20000 & K_i=400\end{cases}$

由此可见，微分系数远小于比例系数和积分常数，这种情况在实际应用中经常会碰到，尤其是在过程控制系统中。因此，在许多场合用 PID 调节器就能满足系统性能要求。

6.5 串联校正的综合设计

6.5.1 串联校正综合设计的基本方法

串联校正综合设计的基本方法是按照设计任务所要求的性能指标，构造具有期望控制性能的开环传递函数 $G(s)$，然后确定校正装置的传递函数 $G_c(s)$，使校正后系统的开环传递函数等于期望的开环传递函数 $G(s)$。如图 6-41 所示的串联校正系统，校正装置的传递函数为

$$G_c(s)=\frac{G(s)}{G_0(s)}$$

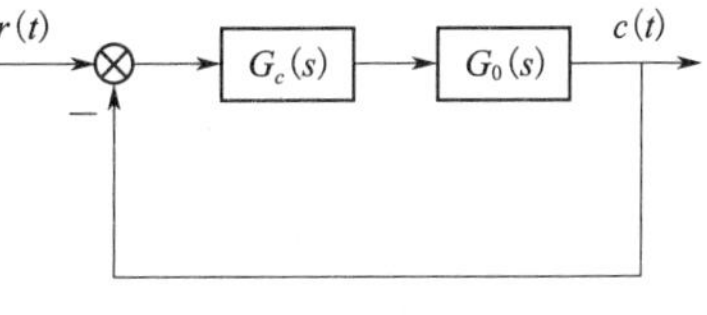

图 6-41

从频率特性角度来看，校正装置的对数幅频特性为

$$L_c(\omega)=L(\omega)-L_0(\omega)$$

式中　$L_0(\omega)$ ——原系统的开环对数幅频特性；

$L_c(\omega)$ ——校正环节的对数幅频特性；

$L(\omega)$ ——满足给定性能指标的期望开环对数幅频特性，通常称为“期望特性”。

上式表明，在伯德图上，若根据设计指标给出了系统的期望特性曲线 $L(\omega)$，则由期望特性曲线减去原系统的开环对数幅频特性曲线 $L_0(\omega)$，就得到校正环节的幅频特性曲线 $L_c(\omega)$，这就很容易由 $L_c(\omega)$ 写出校正环节的传递函数。因此，这种设计方法又称作期望特性法。采用期望特性法进行串联校正综合设计的一般步骤如下。

（1）绘制原系统的对数幅频特性曲线 $L_0(\omega)$。

（2）按要求的设计指标绘制期望特性曲线 $L(\omega)$。

（3）在伯德图上，由 $L(\omega)$ 减去 $L_0(\omega)$ 得串联校正环节的对数幅频特性曲线 $L_c(\omega)$。

（4）根据伯德图绘制规则，由 $L_c(\omega)$ 写出相应的传递函数。

（5）确定具体的校正装置及参数。

从以上步骤可以看出，期望特性法的关键是绘制期望特性。在工程上，一般要求系统的期望特性符合下列要求。

（1）对数幅频特性的中频段为−20dB/dec，且有一定的宽度，以保证系统的稳定性。

（2）截止频率 ω_c 应尽可能大一些，以保证系统的快速性。

（3）低频段具有较高的增益，以保证系统的稳态精度。

（4）高频段应衰减快，以保证系统的抗干扰能力。

满足上述要求的模型有很多，在进行校正设计时通常取一些结构较简单的模型，如二阶、三阶模型等。按这些典型的系统模型设计控制系统的校正装置，校正装置通常采用 PID 调节器。

6.5.2　按最佳二阶系统校正

典型的二阶系统如图 6－42（a）所示，适当选择参数 K_0，可使系统的对数幅频特性曲线如图 6－42（b）所示。

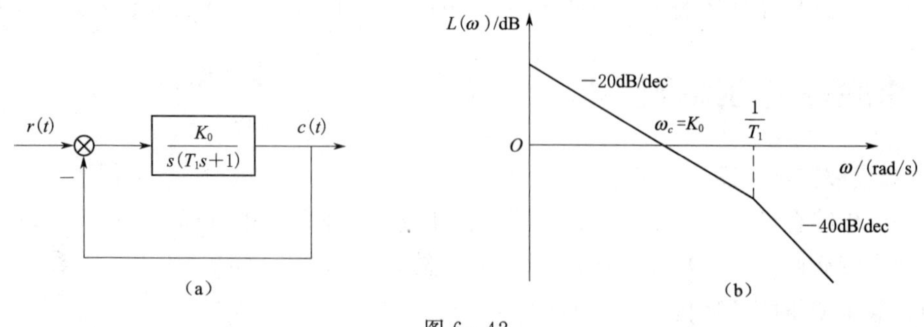

图 6－42

与典型二阶系统的标准式 $G(s)=\dfrac{\omega_n^2}{s(s+2\xi\omega_n)}$ 相比较，则有 $\begin{cases}\omega_n^2=\dfrac{K_0}{T_1}\\ 2\xi\omega_n=\dfrac{1}{T_1}\end{cases}$

故$\begin{cases} K_0 = \dfrac{\omega_n}{2\xi} \\ T_1 = \dfrac{1}{2\xi\omega_n} \end{cases}$

根据期望的性能指标，可由典型二阶系统的性能指标公式确定期望模型的参数 K_0 和 T_1。

在典型二阶系统中，当 $\xi=0.707$ 时，系统的性能指标为 $\sigma\%=4.3\%$，$\gamma=65.5°$。可见，以上指标兼顾了系统的快速性和相对稳态性能，所以，通常把 $\xi=0.707$ 的典型二阶系统称为最佳二阶系统。

对于最佳二阶系统，由式$\begin{cases} K_0 = \dfrac{\omega_n}{2\xi} \\ T_1 = \dfrac{1}{2\xi\omega_n} \end{cases}$得 $K_0=\dfrac{1}{2T_1}$

所以最佳二阶系统的开环传递函数为

$$G(s)=\frac{1}{2T_1s(T_1s+1)} \tag{6-12}$$

以最佳二阶系统为模型来设计校正方案，可分为以下一种情况。

(1) 被控对象为一个惯性环节时，有

$$G_0(s)=\frac{K_1}{T_1s+1}$$

取最佳二阶系统模型为期望模型，即式（6-12)，其时间常数与被控对象的时间常数相同，则

$$G_c(s)=\frac{G(s)}{G_0(s)}=\frac{1}{2K_1T_1s}$$

此时，校正装置应采用积分调节器。

(2) 被控对象为两个惯性环节串联时，有

$$G_0(s)=\frac{K_1K_2}{(T_1s+1)(T_2s+1)},T_2>T_1$$

期望模型为式（6-12)，即时间常数与被控对象中较小的时间常数相同，则

$$G_c(s)=\frac{G(s)}{G_0(s)}=\frac{T_2s+1}{2K_1K_2T_1s}=\frac{T_2}{2K_1K_2T_1}\left(1+\frac{1}{T_2s}\right)$$

此时，校正装置应采用 PI 调节器，调节器参数应整定为

$$K_P=\frac{T_2}{2K_1K_2T_1},T_1=T_2$$

(3) 被控对象为三个惯性环节串联时，有

$$G_0(s)=\frac{K_1K_2K_3}{(T_1s+1)(T_2s+1)(T_3s+1)},\quad T_1<T_2,\quad T_1<T_3$$

期望模型为式（6-12)，即时间常数与被控对象中最小的一个时间常数相同，则

$$G_c(s)=\frac{G(s)}{G_0(s)}=\frac{(T_2s+1)(T_3s+1)}{2K_1K_2K_3T_1s}$$

此时，校正装置应采用PID调节器，调节器参数应整定为

$$K_P=\frac{T_2+T_3}{2K_1K_2K_3T_1},\quad T_I=T_2+T_3,\quad T_D=\frac{T_2T_3}{T_2+T_3}$$

(4) 被控对象由若干个惯性环节组成时，有

$$G_0(s)=\frac{K_1}{T_1s+1}\times\frac{K_2}{T_2s+1}\cdots\frac{K_n}{T_ns+1}$$

可用一个较大惯性的惯性环节来近似，即令

$$G_0(s)=\frac{K}{Ts+1}$$

其中，$T=T_1+T_2+\cdots+T_n$，$K=K_1K_2\cdots K_n$。

取期望模型为

$$G(s)=\frac{1}{2Ts(Ts+1)}$$

则

$$G_c(s)=\frac{G(s)}{G_0(s)}=\frac{1}{2KTs}$$

此时，校正装置应采用积分调节器。

(5) 被控对象含有积分环节时，有

$$G_0(s)=\frac{K_1}{s(T_1s+1)}$$

期望模型为式（6-12），即时间常数与被控对象时间常数相同，则

$$G_c(s)=\frac{G(s)}{G_0(s)}=\frac{1}{2K_1T_1}$$

此时，校正装置应采用P调节器，其参数应该整定为$K_P=\dfrac{1}{2K_1T_1}$。

【例6-5】 已知系统的开环模型为

$$G_0(s)=\frac{10}{\left(\frac{1}{6}s+1\right)\left(\frac{1}{30}s+1\right)}$$

要求：$K_v\geqslant 5$，$t_s<0.3\text{s}$，试用二阶模型校正。

【解】 因为原系统为0阶系统，系统不能跟踪等速率信号。由稳态误差分析的结论可知，系统需要做积分校正，其在跟踪阶跃信号时稳态误差为0，且实现对于斜坡信号的有差跟踪。

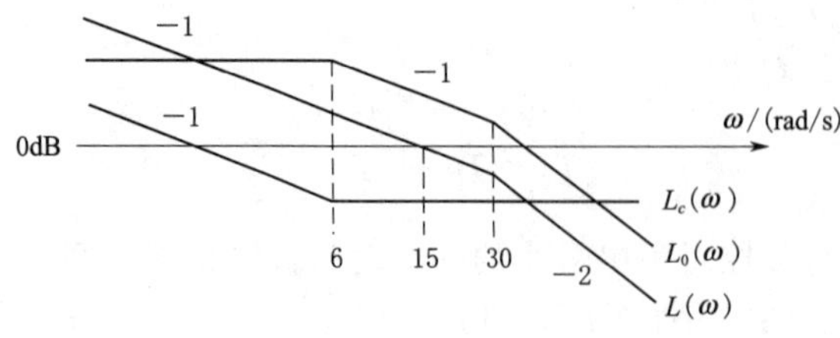

图6-43

(1) 作固有特性$L_0(\omega)$，如图6-43所示。

作二阶参考模型$L(\omega)$。由$K_v\geqslant 5$得$\omega_c>5$，由$t_s=\dfrac{3}{\omega_c}<0.3s$得$\omega_c>10$。

取$2\omega_c=30$，即$\omega_c=15$。

（2）求取校正装置的传递函数。由 $L_c(\omega)=L(\omega)-L_0(\omega)$ 得校正装置的传递函数为

$$G_c(s)=\frac{0.5\left(\frac{1}{6}s+1\right)}{s}$$

校正后系统的单位阶跃响应曲线和单位斜坡信号的跟踪误差曲线如图 6-44 所示。调节时间 $t_s<0.3\mathrm{s}$，满足要求。原系统不能跟踪斜坡信号，校正后使得跟踪斜坡信号的误差优于给定要求。

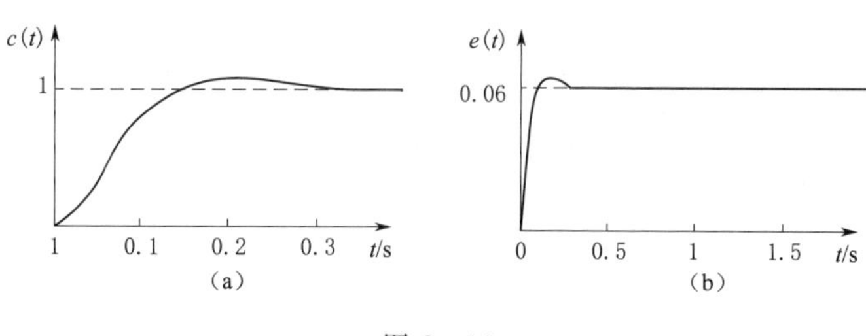

图 6-44

校正后系统的单位阶跃响应曲线和单位斜坡信号的跟踪误差曲线。

6.6　用 MATLAB 进行校正设计

本节介绍依照系统性能指标的要求用 MATLAB 进行系统补偿的方法。在下面要介绍的程序中，被控对象传递函数 $G(s)$ 用 ng，dg 表示；补偿器传递函数 $K(s)$ 用 nk，dk 表示；期望的相角与增益穿越频率用 dpm 与 wgc 表示。在每段程序开始还定义了其他相关的符号。

6.6.1　PID 控制方法

PID 控制系统的开环增益为 $\left(K_P+K_Ds+\frac{K_I}{s}\right)G(s)$。如果 $G(s)$ 是 n 型系统，补偿后的系统则为（$n+1$）型系统。误差常数 K_{n+1} 等于稳态误差 e_{ss} 的倒数。即

$$K_{n+1}=s^nK_IG(s)\big|_{s=0}=\frac{1}{e_{ss}}$$

对于给定的稳态误差指标，由上面等式可以求得 K_I 的值。由时域指标，如超调量 $\sigma\%$ 和调节时间 t_s 等，可以确定闭环阻尼系数 ξ 和自然振荡频率 ω_n。已经知道闭环自然振荡频率对应开环剪切频率 ω_c，而期望的相位裕度 γ 可以由闭环阻尼系数求出。因此，在 $\omega=\omega_c$ 处，补偿的系统增益应为 1，相角 $\varphi(\omega_c)=-180°+\gamma$。

由上述分析可知

$$\left(K_P+\mathrm{j}\omega_cK_D+\frac{K_I}{\mathrm{j}\omega_c}\right)G(\mathrm{j}\omega_c)=1\mathrm{e}^{\mathrm{j}\varphi(\omega_c)}$$

即

$$K_P+\mathrm{j}\omega_cK_D=\frac{1\mathrm{e}^{\mathrm{j}\varphi(\omega_c)}}{G(\mathrm{j}\omega_c)}+\frac{K_I}{\mathrm{j}\omega_c}=R+\mathrm{j}X$$

由此可得

上述过程可使用下列 MATLAB 语言程序求解。该程序需要预先确定 ng，dg，wgc（即 ω_c）、dpm（即 γ）和 ki 等几个参数。

```
function[kp,kd,nk,dk]=pid(ng,dg
,ki,dpm,wgc)
ngv=polyval(ng,j*wgc);
dgv=polyval(dg,j*wgc);
g=ngv/dgv;
thetar=(dpm-180)*pi/180;
ejtheta=cos(thetar)+j*sin(thetar);
eqn=(ejtheta/g)+j*(ki/wgc);
x=imag(eqn);
r=real(eqn);
kp=r;
kd=x/wgc;
if ki~=0,
dk=[1,0];nk=[kd,kp,ki];
else dk=1;nk=[kd,kp];
end
```

6.6.2 伯德图的超前补偿设计方法

期望补偿后的系统 $K(s)G(s)$ 增益为 1.0，而系统在 $s=\mathrm{j}\omega_c$ 点的相角为 $-180°+\gamma$。假定补偿器的时间常数为已知，可得

$$K(\mathrm{j}\omega_c)G(\mathrm{j}\omega_c)=K_c\frac{\mathrm{j}\omega_c\tau_z+1}{\mathrm{j}\omega_c\tau_p+1}M_G\mathrm{e}^{\mathrm{j}\varphi_G}=\mathrm{e}^{\mathrm{j}(-180°+\gamma)}$$

式中　M_G、φ_G——$G(\mathrm{j}\omega)$ 在 $\omega=\omega_c$ 点的增益与相角。

该方程可以分为实部与虚部两部分，因此可以写出具有两个未知数的方程组，求解该方程组可得

$$\tau_z=\frac{1+K_cM_G\cos(\gamma-\varphi_G)}{\omega_c\sin(\gamma-\varphi_G)},\tau_p=\frac{K_cM_G+\cos(\gamma-\varphi_G)}{\omega_c\sin(\gamma-\varphi_G)}$$

为利用这些方程，首先确定 K_c，并绘制 $K_cG(\mathrm{j}\omega)$ 伯德图。由图可以得到 $\omega=\omega_c$ 点处的 K_c，M_G 及 φ_G。注意，此时 K_c，M_G 是实际幅值，而不是以 dB 为单位的。由下列程序可以完成这个设计运算过程。

```
function[nk,dk]=bodelead(ng,dg,kc,w,dpm)
[mu,pu]=bode(kc*ng,dg,w);
smo=length(mu);
phi=dpm*pi/180;
a=(1+sin(phi))/(1-sin(phi));
mu_db=20*log10(mu);
mm=-10log10(a);
wgc=spline(mu_db,w,mm);
```

```
T=1/(wgc * sqrt(a));
z=a * T;
p=T;
nk=[z,1];
dk=[p,1];
```

【例 6-6】 已知被控系统的传递函数 $G(s)=\dfrac{400}{s(s^2+30s+200)}$，设计技术指标要求为单位斜坡输入的稳态误差小于 10%，$\omega_c=14\text{rad/s}$，$\gamma=45°$。试设计伯德图超前补偿解析方法。

【解】 首先考虑满足稳态误差的要求，由此得到 $K_c=5$。如图所示，在 $\omega=\omega_c=14\text{rad/s}$ 处，有 $K_cM_G=0.34$，$\varphi_G=-180°$。利用这些值与期望的 ω_c 和 γ，可得到

$\tau_z=0.227$，$\tau_p=0.038$，因此补偿器的传递函数为

$$K(s)=5\times\frac{0.227s+1}{0.038s+1}$$

补偿后的系统伯德图如图 6-45 所示。可以看到，ω_c 和 γ 指标的要求已得到满足。系统闭环阶跃响应曲线如右图所示，其超调量和调节时间分别为 19%和 0.9s。

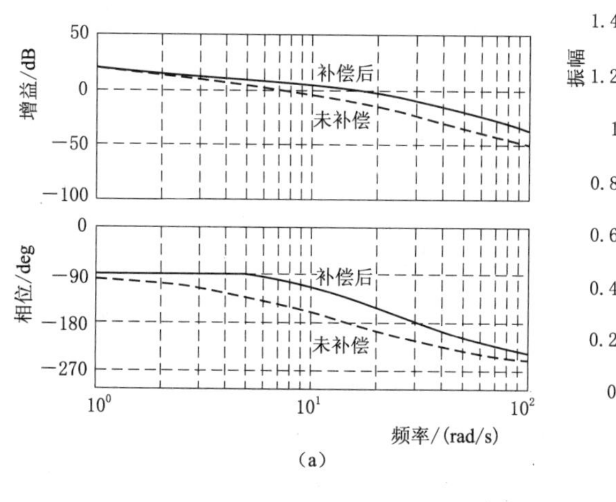

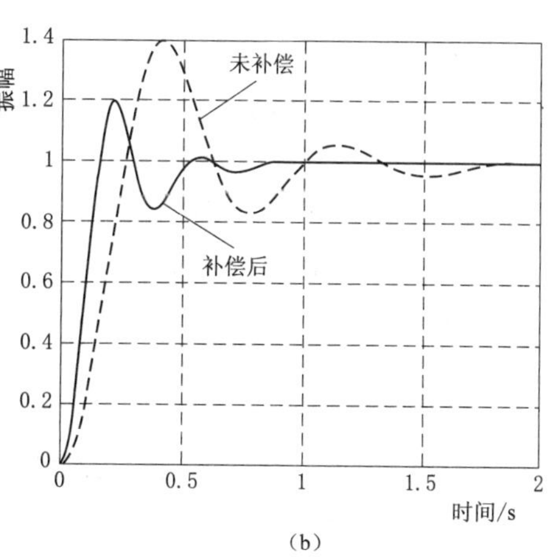

图 6-45

本 章 小 结

(1) 为改善控制系统的性能，常附加校正装置，它是解决动态性能和稳态性能相互矛盾的有效方法。按照校正装置在系统中的连接方式，控制系统常用的校正方式可分为串联校正、反馈校正和复合控制。

(2) 开环对数频率特性曲线（伯德图）的三频段理论是控制工程设计的重要工具。开环对数幅频特性 $L(\omega)$ 低频段的斜率表征了系统的型别，其高度则表征了系统开环放大倍数的大小；$L(\omega)$ 中频段的斜率、宽度以及截止频率 ω_c，则表征着系统的动态性能；而高频段表征了系统的抗高频干扰能力。利用可以分析系统时域响应的动态和稳态性能，并

可分析系统参数对系统性能的影响。

(3) 串联校正方式是控制系统设计中最常用的一种。串联校正分为超前校正、滞后校正、滞后-超前校正 3 种形式。串联校正装置既可用 RC 无源网络来实现，又可用运算放大器组成的有源网络来实现。串联校正的设计方法较多，但最常用的是采用伯德图的频率特性设计法。此外，计算机辅助设计（CAD）也日趋成熟，越来越受到人们的关注和欢迎。无论采用何种方法设计校正装置，实质上均表现为修改描述系统运动规律的数学模型。

串联校正装置的高质量设计，是以充分了解校正网络的特性为前提的。

1）超前校正的优点是在新的截止频率 ω_c' 附近提供较大的正相角，从而提高了相角裕度，使超调量减小；同时又使得 ω_c 增大，对快速性有利。超前校正主要是改善系统的动态性能。

2）滞后校正的优点是在降低了截止频率 ω_c 的基础上，获得较好的相角裕度；在维持 γ 值不变的情况下，就可大大地提高开环放大倍数，以改善系统的稳态性能。

3）滞后-超前校正同时兼有上述两种校正的优点，适用于高质量控制系统的校正。

(4) 期望对数频率特性设计法是工程上较常用的设计方法。它是以时域指标标 $\sigma\%$、t_s 为依据的，可根据需要将系统设计成典型二阶、三阶或四阶期望特性。其优点是方法简单，使用灵活，但只适用于最小相位系统的设计。

(5) 反馈校正的本质是在某个频率区间内，以反馈通道传递函数的倒数特性来代替原系统中不希望的特性，以期达到改善控制性能的目的。反馈校正还可减弱被包围部分特性参数变化对系统性能的不良影响。

拓　展　阅　读

PID　控　制

PID 控制是 1936 年由英国的考伦德（Albert Cllender）和斯蒂文森（Allan Stevemsn）等人给出的一种控制方法，目前广泛应用于化工、冶金、机械、热工和轻工等工业过程控制系统中。据调查，世界上超过 90%以上的控制系统具有 PID 结构。PID 控制可以提供反馈控制通过积分作用消除稳态误差，通过微分作用预测将来。它的结构简单，容易理解和实现，许多高级控制都是以 PID 控制为基础的。

PID 参数的整定一般需要丰富的经验，耗时耗力。实际系统千差万别，带有滞后、非线性因素，使 PID 参数的整定有一定的难度，尼可尔斯（Nichols）在 20 世纪 40 年代提出了 Zigler - Nichols 整定法。目前，仪表与过程控制的工程师们都熟悉 PID 控制，并且建立了良好的安装、整定和使用 PID 控制器的方法。但许多控制器在实际中仍处在手动状态，而那些处在自动状态的控制器由于微分作用不好调整往往把微分环节去掉，就制约了 PID 控制器的理想应用，为此人们提出了自整定 PID 控制器。自整定是指控制器的参数可以根据操作员的需要或一个外部信号的要求自动进行参数整定。PID 控制器经历了从气动到电子管、晶体管和集成电路组成的微处理器的过程，微处理器对 PID 控制器具有深刻的影响。目前制造的 PID 控制器几乎都是基于微处理器的，这就给自整定、自适应

和增益调度等附加特性提供了条件。实际上目前所有最新的 PID 控制器都具有一定的自整定功能。

长期的工程实践对一般 PID 控制器的参数整定总结了如下的调整口诀：

参数整定找最佳，从小到大顺序查。先是比例后积分，最后再把微分加。

曲线振荡很频繁，比例度盘要放大。曲线漂浮绕大弯，比例度盘往小板。

曲线偏离回复慢，积分时间往下降。曲线波动周期长，积分时间再加长。

曲线振荡频率快，先把微分降下来。动差大来波动慢，微分时间应加长。

理想曲线两个波，前高后低四比一。一看二调多分析，调节质量不会低。

习 题

6-1 在根轨迹校正法中，当系统的动态性能不足时，通常选择什么形式的串联校正网络？网络参数取值与校正效果之间有什么关系？工程应用时应该注意什么问题？

6-2 在根轨迹校正法中，当系统的静态性能不足时，通常选择什么形式的串联校正网络？网络参数取值与校正效果之间有什么关系？工程应用时应该注意什么问题？

6-3 对于最小相位系统而言，采用频率特性法实现控制系统的动静态校正的基本思路是什么？静态校正的理论依据是什么？动态校正的理论依据是什么？

6-4 复合校正中的动静态全补偿方法在工程应用中有哪些困难？

6-5 局部反馈校正在控制系统的设计过程中起什么作用？

6-6 某闭环系统有一对闭环主导极点，若要求该系统的动态性能指标满足过渡过程时间 $t_s \leqslant a$ $(a>0)$，超调量 $\sigma\% \leqslant b$ $(0<b<100)$，试在复平面画出闭环主导极点允许区域。

6-7 试回答下列问题，着重从物理概念说明：

(1) 有源校正装置与无源校正装置有何不同特点？在实现校正规律时，它们的作用是否相同？

(2) 如果Ⅰ型系统经过校正之后希望成为Ⅱ型系统，应该采用哪种校正规律才能保证系统的稳定性？

(3) 串联超前校正为什么可以改善系统的动态性能？

(4) 从抑制噪音的角度考虑，最好采用哪种校正形式？

6-8 单位负反馈系统开环传递函数 $G(s)=\dfrac{400}{s^2(0.01s+1)}$，若采用串联最小相位校正装置，题 6-8 图 (a)、(b)、(c) 分别为三种推荐的串联校正装置。试问：

(1) 写出校正装置所对应的传递函数，绘制对数相频特性草图；

(2) 这些校正装置哪一种可以使校正后的系统稳定性最好？

(3) 哪一种校正装置对高频信号的抑制能力最强？

6-9 已知最小相位系统的开环对数幅频特性曲线如题 6-9 图所示。

(1) 写出开环传递函数。

(2) 确定使系统稳定的 K 的取值区间。

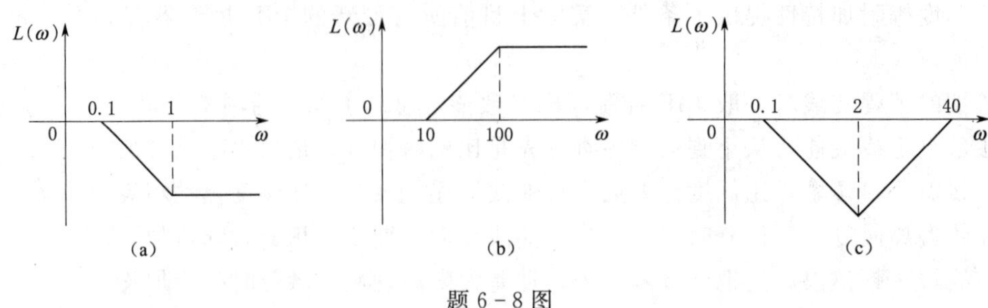

题 6-8 图

(3) 分析系统是否存在闭环主导极点，若有，则利用主导极点的位置确定是否通过 K 的取值，使动态性能指标同时满足 $t_s \leqslant 8\mathrm{s}$，$\sigma\% \leqslant 30\%$，说明理由。

(4) 若系统动态性能指标满足要求，但 K_v 较小，试考虑增加什么校正环节，可以在保证系统动态性能的前提条件下，满足对 K_v 的要求，说明理由。

6-10　已知某系统的根轨迹草图如题 6-10 图所示。

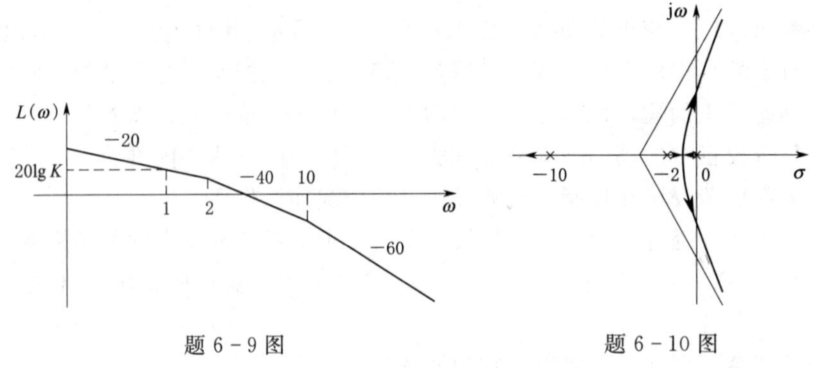

题 6-9 图　　　题 6-10 图

(1) 写出开环传递函数 $G(s)$。

(2) 确定使系统稳定的 K 的取值区间，确定使系统动态过程产生衰减振荡的 K 的取值区间。

(3) 利用主导极点的位置，确定是否通过 K 的取值使动态性能指标同时满足 $t_s \leqslant 8\mathrm{s}$，$\sigma\% \leqslant 30\%$。

(4) 若该系统的统动态性能指标不能满足设计要求，试考虑增加什么校正环节，可以改善系统的动态性能？写出校正环节形式（不需要具体数据），绘校正后根轨迹草图，说明理由。

6-11　超前校正装置的传递函数分别为 (1) $G_1(s)=0.1\left(\dfrac{s+1}{0.1s+1}\right)$；(2) $G_2(s)=0.3\left(\dfrac{s+1}{0.3s+1}\right)$。绘制 Bode 图，并进行比较。

6-12　滞后校正装置的传递函数分别为 (1) $G_1(s)=\dfrac{s+1}{5s+1}$；(2) $G_2(s)=\dfrac{s+1}{10s+1}$，绘制 Bode 图，并进行比较。

6-13　控制系统开环传递函数 $G(s)=\dfrac{10}{s(0.5s+1)(0.1s+1)}$，试求：

（1）绘制系统 Bode 图，并求取穿越频率和相角裕量。

（2）采用传递函数为 $G_c(s)=\dfrac{0.37s+1}{0.049s+1}$ 的串联超前校正装置，绘制校正后的系统 Bode 图，并求取穿越频率和相角裕量，讨论校正后系统性能有何改进。

6-14　设一单位负反馈系统的开环传递函数为 $G(s)=\dfrac{100e^{-0.01s}}{s(0.1s+1)}$，现有三种串联最小相位校正装置，它们的 Bode 图如题 6-14 图（a）、（b）、（c）所示。试问：

（1）若要使系统的稳态误差不变，而减小超调量，加快系统的动态响应速度，应选取哪种校正装置？为什么？系统的相位裕量最大可以增加多少？

（2）若要减小系统的稳态误差，并保持系统的超调量和动态响应速度不变，应选取哪种校正装置？为什么？系统的稳态误差可以减小多少？

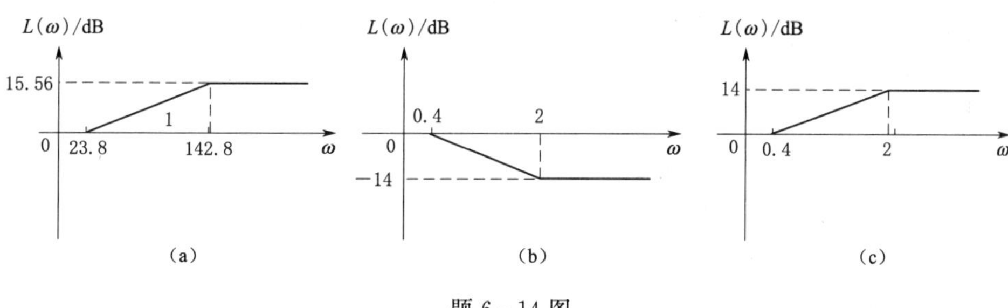

题 6-14 图

第 7 章　离散控制系统分析

引言

对于连续系统，其输入与输出信号都是连续时间信号。若控制系统内有一处或多处的信号仅存在于离散的时间序列上，则这类控制系统称为离散时间控制系统，简称离散系统。

离散控制理论是经典控制理论中的重要内容。近年来，随着脉冲技术、数字计算机特别是微处理器等技术的快速发展，数字控制系统已在许多场合取代了模拟控制系统，离散控制理论的应用也更加广泛。

学习目标

- 熟悉离散系统的基本概念。
- 掌握信号的采样、复现与保持过程。
- 熟悉 z 变换的定义、性质及求法。
- 熟悉差分方程的概念及求解方法。
- 掌握串、并联环节的脉冲传递函数。
- 掌握离散系统闭环脉冲传递函数的计算方法。
- 掌握离散系统的稳定性分析方法。
- 掌握离散系统的稳态误差分析方法。
- 掌握用 MATLAB 对离散系统进行分析与校正的方法。

7.1　离散系统的基本概念

离散输入信号包括脉冲序列信号和数字序列信号，所对应的控制系统分别称作采样控制系统和数字控制系统（也称计算机控制系统），它们均为离散系统，可采用统一的离散系统分析方法进行研究。

7.1.1　采样控制系统

早期的采样控制系统多出现于一些大惯性、大滞后对象的控制系统中，它是对来自传感器的连续信息在特定时间点进行瞬时取值，并由此得到脉冲序列信号。采样控制系统在实际中的应用十分广泛，如图 7－1 为典型炉温控制系统。

由于炉温调节是一个大惯性过程，控制对象的相位滞后非常明显，如果采用连续控制方式，为保证系统具有足够的相位裕度，开环传递系数就要取很小值，对系统的稳态精度控制造成很大困难。当加大开环增益来提高系统的控制精度时，由于系统的灵敏度相应提

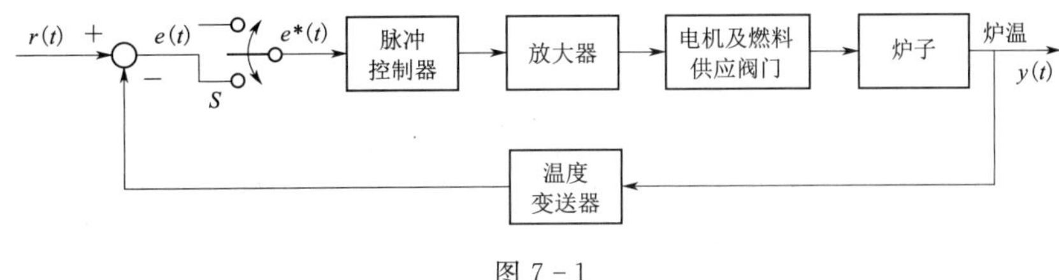

图 7-1

高，而炉温的变化相对缓慢很多，就容易造成过度调节，产生振荡。

如果采用采样控制方式，可在偏差信号和执行电机之间加装一个开关，使其每隔较长时间闭合一次，且闭合时间相对很短。当开关闭合时，系统根据偏差闭环控制电机转动，以此来调节炉温，而当开关断开时，电机停止转动。由于闭环时间很短，开环传递系数可以取较大值，使系统在保持动态性能的同时提高稳态控制精度。

由此可知，对连续对象进行采样控制时，必须将连续信号变为离散时间上的脉冲序列信号。这种将连续信号变为脉冲序列信号的过程称为采样过程，简称采样。

实际采样装置是多种多样的，但无论其具体实现形式如何，根据其基本功能均可以用一个开关表示，通常将这个开关称为采样开关。

7.1.2 数字控制系统

典型数字控制系统如图 7-2 所示，其中被控对象是在连续信号作用下工作的，其控制信号 $u_1(t)$、输出信号 $c(t)$、反馈信号 $f(t)$ 及参考输入信号 $r(t)$ 等均为连续信号，而计算机的输入、输出信号则是采样的数字信号。

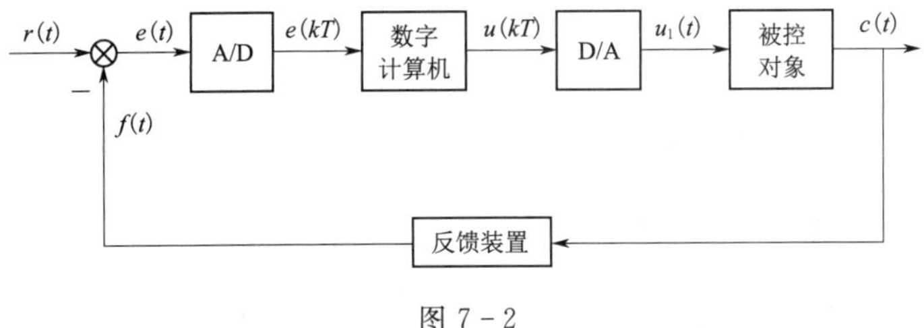

图 7-2

由于计算机处理的是二进制数据，其输入信号不能是连续信号，所以误差信号 $e(t)$ 要经过模数转换器（A/D）变成计算机能接受的数字信号 $e(kT)$。计算机根据由差分方程表述的预定算法得到数字形式的控制信号 $u(kT)$，并由数模转换器（D/A）将数字信号转换成脉冲序列信号 $u_1(t)$，以此来断续控制被控对象，也可经保持器连续控制被控对象。

7.2 信号的采样和保持

7.2.1 采样过程

采样过程如图 7-3 所示。连续信号 $f(t)$ 加在采样开关一端，采样开关以一定的规律开闭，在其另一端便得到采样信号 $f^*(t)$。

采样开关每次闭合时间极短，可以认为是瞬间完成。开关闭合一次就可认为得到连续

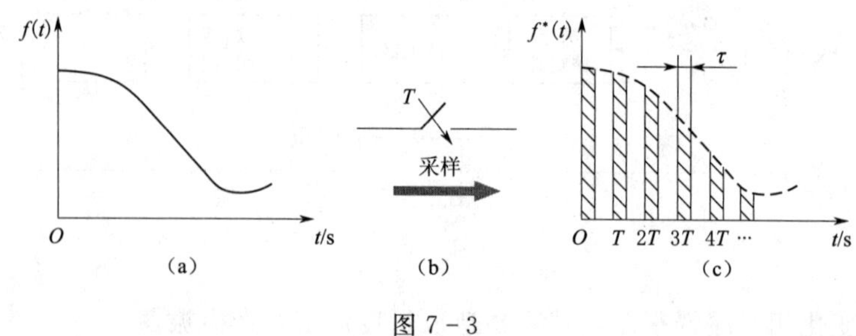

图 7-3

信号 $e(t)$ 某一时刻的值 $e(kT)$。这样的采样开关称为理想采样开关，以下采样开关都是指理想采样开关。

连续信号经过以周期 T 均匀采样的理想采样开关，可以得到采样序列

$$\{f(kT),k=0,1,2,\cdots,k\}$$

令 $f^*(t)$ 代表采样信号，可以表达为

$$f^*(t)=\sum_{k=0}^{+\infty}f(kT)\delta(t-kT) \tag{7-1}$$

其中，$\delta(t-kT)$ 为单位脉冲函数（狄拉克函数）。由于当 $t\neq kT$ 时，$\delta(t-kT)=0$，所以

$$f^*(t)=f(t)\sum_{k=0}^{+\infty}\delta(t-kT) \tag{7-2}$$

若定义

$$\delta_T(t)=\sum_{k=0}^{+\infty}\delta(t-kT) \tag{7-3}$$

则

$$f^*(t)=f(t)\delta_T(t) \tag{7-4}$$

式（7-1）和式（7-4）均为采样信号的数学表达式。

对 $f^*(t)=f(t)\sum_{k=0}^{+\infty}\delta(t-kT)$ 进行拉氏变换，得

$$F^*(s)=f(t)\mathrm{e}^{-kT} \tag{7-5}$$

对 $f^*(t)=f(t)\delta_T(t)$ 进行拉氏变换，可以得到另一形式的采样信号拉氏变换表达式。因为 $\delta(t)$ 是周期函数，所以可展开为复数形式的傅里叶级数，即

$$\delta_T(t)=\sum_{k=0}^{+\infty}C_k\mathrm{e}^{\mathrm{j}k\omega_s t} \tag{7-6}$$

其中，C_k 可由下式计算；ω_s 为采样角频率，且 $\omega_s=\dfrac{2\pi}{T}$。

$$C_k=\frac{1}{T}\int_{-\frac{T}{2}}^{\frac{T}{2}}\delta_T(t)\mathrm{e}^{-\mathrm{j}k\omega_s t}\mathrm{d}t=\frac{1}{T}\int_{-\frac{T}{2}}^{\frac{T}{2}}\delta(t)\mathrm{e}^{-\mathrm{j}k\omega_s t}\mathrm{d}t=\frac{1}{T} \tag{7-7}$$

将式（7-7）代入式（7-6），得

$$\delta_T(t)=\sum_{k=-\infty}^{+\infty}\frac{1}{T}\mathrm{e}^{\mathrm{j}k\omega_s t} \tag{7-8}$$

将式（7-8）代入式（7-4），得

$$f^*(t)=f(t)\sum_{k=-\infty}^{+\infty}\frac{1}{T}\mathrm{e}^{\mathrm{j}k\omega_s t}=\frac{1}{T}\sum_{k=-\infty}^{+\infty}f(t)\mathrm{e}^{\mathrm{j}k\omega_s t} \tag{7-9}$$

对式（7－9）进行拉氏变换，得 $F^*(s)=\frac{1}{T}\sum_{k=-\infty}^{+\infty}L[f(t)\mathrm{e}^{\mathrm{j}k\omega_s t}]$

设 $F(s)=L[f(t)]$，由拉氏变换位移定理得

$$F^*(s)=\frac{1}{T}\sum_{k=-\infty}^{+\infty}F(s+\mathrm{j}k\omega_s) \tag{7-10}$$

式（7－10）称为泊松（Poisson）求和公式。它把采样信号 $f^*(t)$ 的拉氏变换 $F^*(s)$ 与原连续信号 $f(t)$ 的拉氏变换 $F(s)$ 联系起来，可以直接从 $F(s)$ 中找出 $F^*(s)$ 的频率响应。将 $F^*(s)$ 表示成 s 的周期函数，可便于对 $f^*(t)$ 进行频谱分析，观察频谱混叠的影响。

7.2.2 采样定理

在数字控制系统中，数字计算机输出的是数字序列的采样信号，需要经过数-模转换器（D/A），将它变成连续的控制信号以驱动控制装置。将采样信号变为连续信号的过程称为复现或保持，用于复现信号的装置则称为保持器。

为了从采样信号复现出连续信号，需要解决两个问题：第一，理论上能否从采样信号恢复到原连续信号？或者，是否包含了全部信息？第二，实际应采用什么样的保持器？

显然，采样频率越高，越接近。但实际上采样频率不能任意提高，它总有一定的限制。采样频率越高，物理上越难实现。采样定理给出了采样信号复现原连续信号所必需的最低采样频率。这一定理是由奈奎斯特（Nyquist，1928）提出的，后来被香农（Shannon，1948）以信息理论的观点证明。

采样定理：若采样器的采样频率 ω_s 大于或等于其输入连续信号 $f(t)$ 的频谱中最高频率 $\omega_{\max}$ 的两倍，即 $\omega_s\geqslant 2\omega_{\max}$，则能够从采样信号 $f^*(t)$ 中完全复现 $f(t)$。

采样定理的结论可用频谱分析所得到的结论作直观的说明，它从理论上给出了信号复现的条件。

【例 7－1】 设连续信号 $f(t)=\mathrm{e}^{-2t}$，试选择采样频率，使信息损失不超过 5%。

【解】 取原式的拉氏变换得 $F(s)=\frac{1}{s+2}$

则其幅频特性为 $|F(\mathrm{j}\omega)|=\frac{1}{\sqrt{4+\omega^2}}$

其零频振幅为 $|F(0)|=\frac{1}{2}=0.5$

若信息损失不超过 5%，则 $\frac{1}{\sqrt{4+\omega_{\max}^2}}=0.05|F(0)|=0.05\times 0.5=0.025$

所以，$\omega_{\max}\approx 40$，根据采样定理 $\omega_s\geqslant 80$。

7.2.3 信号的复现与保持

连续信号经采样后变成脉冲序列信号，其频谱中除原信号的频谱外，还有无限多个在采样过程中产生的高频频谱。因此，为了从采样信号复现出原连续信号，而又不使上述高频分量进入系统，应在采样开关后面串联一个滤波器，它的功能是滤去高频分量，而无损失地保留原信号频谱。能使采样信号不失真地复现为原连续信号的滤波器应具有理想的矩形频率特性，如图 7－4 所示：

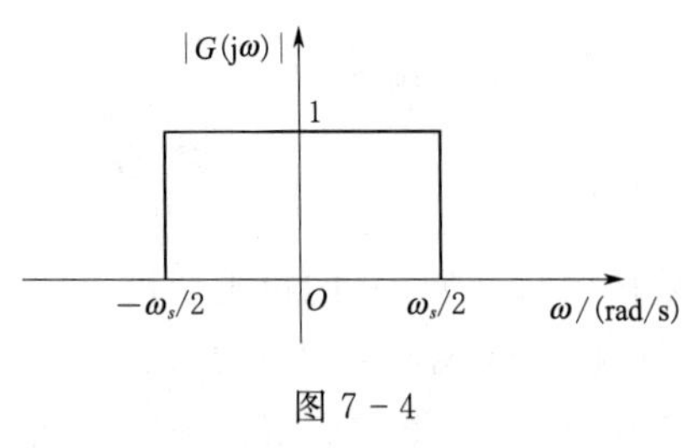

图 7－4

即 $|G(j\omega)|=\begin{cases}1,|\omega|<\dfrac{\omega_s}{2}\\0,|\omega|>\dfrac{\omega_s}{2}\end{cases}$

其中，ω_s 满足采样定理，即 $\omega_s>2\omega_{\max}$；$\omega_{\max}$ 为原连续信号频谱的最高频率。

经过滤波器滤波后，信号的频谱变为

$$|G(j\omega)|\times\frac{1}{T}|F^*(j\omega)|=\frac{1}{T}|F(j\omega)|$$

上式意味着，经过理想滤波以后，脉冲序列的频谱与原连续信号的频谱相同，只是幅值为原来的 $\frac{1}{T}$。实际上，具有上述理想频率特性的滤波器是不存在的，工程上只能采用具有低通滤波功能的保持器来代替。

保持器是将采样信号转换成连续信号的装置，其转换过程恰好是采样过程的逆过程。从数学上讲，保持器的任务是解决各采样时刻之间的插值问题。

在 kT 时刻，采样信号 $f^*(kT)$ 直接转换成连续信号 $f(t)|_{t=kT}$。同理，在 $(k+1)T$ 时刻，连续信号为 $f(t)|_{t=(k+1)T}=f^*[(k+1)T]$，但在 kT 和 $(k+1)T$ 之间，即当 $kT<t<(k+1)T$ 时，连续信号应取何值就是保持器要解决的问题。实际上，保持器具有外推作用，即保持器现时刻的输出信号取决于过去时刻采样信号值的外推。实现外推常用的方法是采用多项式外推公式

$$f(kT+\Delta t)=a_0+a_1\Delta t+a_2\Delta t^2+\cdots+a_m\Delta t^m \tag{7-11}$$

式中　　Δt——以 kT 为时间原点的时间坐标，$0<\Delta t<T$；

a_0，a_1，a_2，…，a_m——系数，由过去各采样时刻的采样信号值 $f(kT)$，$f[(k-1)T]$，$f[(k-2)T]$，… 确定。

工程上一般按外推公式（7－11）的第一项或前两项组成外推装置。只按第一项组成的外推装置，因其所用外推多项式是零阶的，故称为零阶保持器；同理，按前两项组成的外推装置称为一阶保持器。其中应用最广泛的是零阶保持器，其外推公式为

$$f[(kT+\Delta t)]=a_0 \tag{7-12}$$

由于 $\Delta T=0$ 时上式也成立，所以 $a_0=f(kT)$，从而得到

$$f[(kT+\Delta t)]=f(kT),0<\Delta t<T \tag{7-13}$$

上式表明，零阶保持器的作用是把 kT 时刻的采样值，保持到下一个采样时刻 $(k+1)T$ 前，或者是按常值外推，如图 7－5 所示。

为了对零阶保持器进行动态分析，需求出它的传递函数。零阶保持器的单位脉冲响应是一个幅值为 1、宽度为 T 的矩形波 $f_h(t)$，实际上就是一个采样周期应输出的信号，此矩形波可表示为两个单位阶跃函数的叠加，即 $g_h(t)=1(t)-1(t-T)$ 或

$$g_h(t)=1(t-kT)-1(t-kT-T) \tag{7-14}$$

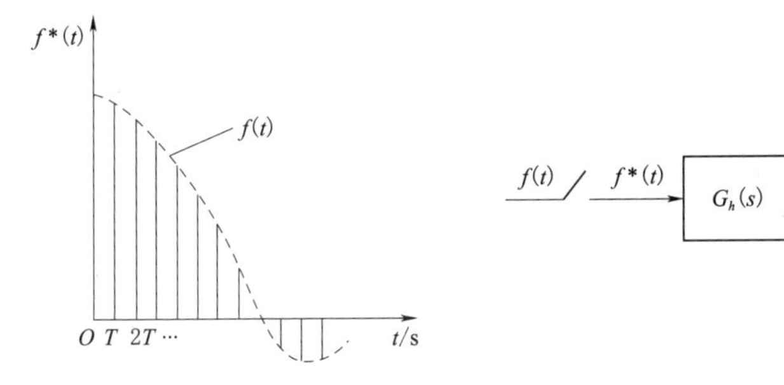

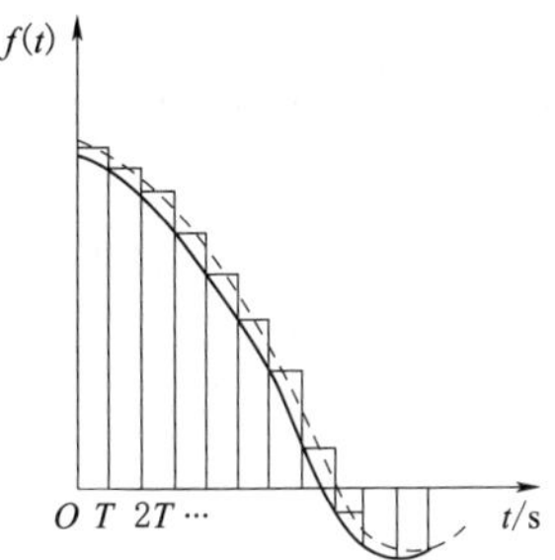

图 7-5

由于传递函数就是单位脉冲响应函数的拉氏变换，因此，可求得零阶保持器的传递函数为

$$G_h(s)=\frac{1}{s}-\frac{1}{s}\mathrm{e}^{-Ts}=\frac{1-\mathrm{e}^{-Ts}}{s} \tag{7-15}$$

则其频率特性为

$$G_h(\mathrm{j}\omega)=\frac{1-\mathrm{e}^{-\mathrm{j}\omega T}}{\mathrm{j}\omega}=\frac{\mathrm{e}^{-\frac{1}{2}\mathrm{j}\omega T}(\mathrm{e}^{\frac{1}{2}\mathrm{j}\omega T}+\mathrm{e}^{-\frac{1}{2}\mathrm{j}\omega T})}{\mathrm{j}\omega}=T\times\frac{\sin\left(\frac{\omega T}{2}\right)}{\frac{\omega T}{2}}\times\mathrm{e}^{-\frac{1}{2}\mathrm{j}\omega T} \tag{7-16}$$

因为 $T=\frac{2\pi}{\omega_s}$，代入上式，则有 $G_h(\mathrm{j}\omega)=\frac{2\pi}{\omega_s}\times\frac{\sin\left(\frac{\pi\omega}{\omega_s}\right)}{\frac{\pi\omega}{\omega_s}}\times\mathrm{e}^{-\mathrm{j}\frac{\pi\omega}{\omega_s}}$

据此可绘出零阶保持器的幅频特性曲线和相频特性曲线，如图 7-6 所示。

由此可见，零阶保持器的幅值随频率的增高而减小，所以它是一个低通滤波器，但不是理想低通滤波器。其高频分量仍有一部分可以通过；此外其存在滞后相角，且随频率的增高而加大。因此，由零阶保持器恢复的信号 $f(t)$ 与原信号 $f(t)$ 是有差别的。在恢复的信号中，一方面含有一定的高频分量；另一方面在时间上滞后 $\frac{T}{2}$。把阶梯状信号 $f_h(t)$ 每个区间的中点光滑连接起来，所得到曲线的形状与 $f(t)$ 相同，但滞后了 $\frac{T}{2}$。

零阶保持器比较简单，更易于物理实现，其相位滞后比一阶保持器小得多，因此被广泛采用。步进电机、数控系统中的寄存器，以及数模转换器等都是零阶保持器的应用实例。

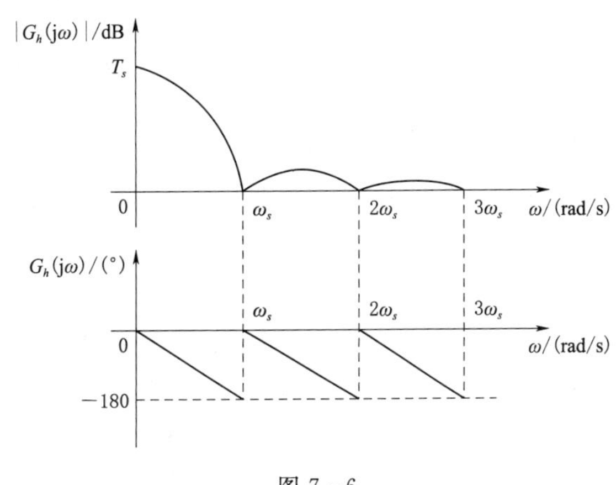

图 7-6

7.3　离散系统的数学模型

与连续系统中的数学模型（微分方程和传递函数）相对应，离散系统的数学模型有差分方程和脉冲传递函数。

7.3.1　z 变换的定义

拉氏变换和傅里叶（Fourier）变换等积分变换是研究线性连续系统数学模型的主要工具。而在研究离散系统的数学模型时，对于差分方程也存在类似的变换，即为 z 变换。

7.3.1.1　z 变换的定义

z 变换实质上是拉氏变换的一种扩展，也称作采样拉氏变换。在离散系统中，连续函数信号 $f(t)$ 经过采样开关，变成采样信号 $f^*(t)$，即

$$f^*(t)=\sum_{k=0}^{+\infty}f(kT)\delta(t-kT)$$

对上式进行拉氏变换，得

$$F^*(s)=L[f(kT)]=\sum_{k=0}^{+\infty}f(kT)\mathrm{e}^{-kTs} \tag{7-17}$$

从式（7－17）可以看出，任何采样信号的拉氏变换中都含有超越函数 e^{-kTs}。因此，若仍用拉氏变换处理离散系统的问题，就会给运算带来很多困难。为此，通过引入新变量 z，令

$$z=\mathrm{e}^{Ts} \tag{7-18}$$

则

$$s=\frac{1}{T}\ln z$$

将 $F^*(s)$ 记作 $F(z)$，则式（7－17）可改写成

$$F(z)=\sum_{k=0}^{\infty}f(kT)z^{-k} \tag{7-19}$$

这就变成了以复变量 z 为自变量的函数，故称此函数为 $f^*(t)$ 的 z 变换。记作 $F(z)=Z[f^*(t)]$。

因为 z 变换只对采样点上的信号起作用，所以上式也可以写为 $F(z)=Z[f(t)]$。

此时应注意，$F(z)$ 是 $f(t)$ 的 z 变换符号，其定义是式（7－19），不要认为它是 $f(t)$ 的拉氏变换式 $F(s)$ 中的 s 以 z 简单置换的结果。将式（7－19）展开得

$$F(z)=f(0)z^0+f(T)z^{-1}+f(2T)z^{-2}+\cdots+f(kT)z^{-k}+\cdots \tag{7-20}$$

由此可见，采样函数的 z 变换是变量 z 的幂级数。其一般项 $f(kT)z^{-k}$ 具有明确的物理意义：$f(kT)$ 表示采样脉冲的幅值；z 的幂次表示该采样脉冲出现的时刻。因此，它包含着量值与时间的概念。

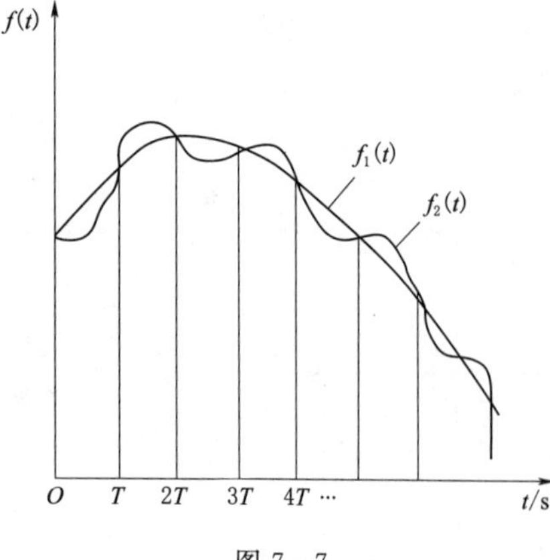

图 7－7

正因为 z 变换只对采样点上的信号起作用，因此，如果两个不同的时间函数 $f_1(t)$ 和 $f_2(t)$，

它们的采样值完全重复（图 7-7）则其 z 变换相同。也就是，$f_1(t)\neq f_2(t)$，但由于 $f_1^*(t)=f_2^*(t)$，则 $F_1(z)=F_2(z)$，即采样函数 $f^*(t)$ 与其 z 变换函数是一一对应的，但 $f^*(t)$ 所对应的连续函数却不是唯一的。

7.3.1.2 z 变换的性质

z 变换的性质主要包括叠加、线性、位移（时移、复数位移）、初值和终值等定理，见表 7-1。

表 7-1　　z 变换的性质

性质名称	数学表示
叠加定理	$Z[r_1(kT)\pm r_2(kT)]=R_1(z)\pm R_2(z)$
线性定理	$Z[ar(kT)]=aZ[r(kT)]=aR(z)$
时移定理	$Z[r(kT-nT)]=z^{-n}R(z)$ $Z[r(kT+nT)]=z^n\left[R(z)-\sum_{k=0}^{n-1}r(kT)z^{-k}\right]$
复数位移定理	$Z[e^{\mp akT}r(kT)]=R(ze^{\pm aT})$
初值定理	$\lim_{k\to 0}r(kT)=\lim_{z\to\infty}R(z)$
终值定理	$\lim_{k\to\infty}r(kT)=\lim_{z\to 1}(1-z^{-1})R(z)$

7.3.1.3 z 变换的求解方法

（1）通过定义求解。已知时间函数 $f(t)$，则

$$Z[f(t)]=\sum_{k=0}^{\infty}f(kT)z^{-k}$$

展开后，根据无穷级数求和公式

$$a+aq+aq^2+\cdots=\frac{a}{1-q},\quad |q|<1$$

即可求出函数的 z 变换。

（2）用查表法求解。若已知函数的拉氏变换（象函数），可用部分分式法将其展开，然后通过查表来求解。

常用的 z 变换表见表 7-2。

表 7-2　　常用的 z 变换表

序号	时间函数 $f(t)$	拉氏变换 $F(s)$	z 变换 $F(z)$
1	$\delta(1-kT)$	e^{-ksT}	z^{-k}
2	$\delta(t)$	1	1
3	$1(t)$	$\frac{1}{s}$	$\frac{z}{z-1}$
4	t	$\frac{1}{s^2}$	$\frac{Tz}{(z-1)^2}$
5	$\frac{t^2}{2}$	$\frac{1}{s^3}$	$\frac{T^2z(z+1)}{2(z-1)^3}$
6	e^{-at}	$\frac{1}{s+a}$	$\frac{z}{z-e^{-at}}$

续表

序号	时间函数 $f(t)$	拉氏变换 $F(s)$	z 变换 $F(z)$
7	$t\mathrm{e}^{-at}$	$\frac{1}{(s+a)^2}$	$\frac{(1-\mathrm{e}^{-at})z}{(z-\mathrm{e}^{-at})^2}$
8	$1-\mathrm{e}^{-at}$	$\frac{a}{s(s+a)}$	$\frac{(1-\mathrm{e}^{-at})z}{(z-1)(z-\mathrm{e}^{-at})}$
9	$t-\frac{1-\mathrm{e}^{-at}}{a}$	$\frac{a}{s^2(s+a)}$	$\frac{Tz}{(z-1)^2}-\frac{(1-\mathrm{e}^{-at})z}{(z-1)(z-\mathrm{e}^{-at})}$
10	$\sin(\omega t)$	$\frac{\omega}{s^2+\omega^2}$	$\frac{z\sin(\omega T)}{z^2-2z\cos(\omega T)+1}$
11	$\cos(\omega t)$	$\frac{s}{s^2+\omega^2}$	$\frac{z^2-z\cos(\omega T)}{z^2-2z\cos(\omega T)+1}$
12	$\mathrm{e}^{-at}\sin(\omega t)$	$\frac{\omega}{(s+a)^2+\omega^2}$	$\frac{z\mathrm{e}^{-aT}\sin(\omega T)}{z^2-2z\mathrm{e}^{-at}\cos(\omega T)+\mathrm{e}^{-2aT}}$
13	$\mathrm{e}^{-at}\cos(\omega t)$	$\frac{s+a}{(s+a)^2+\omega^2}$	$\frac{z[z-\mathrm{e}^{-aT}\cos(\omega T)]}{z^2-2z\mathrm{e}^{-at}\cos(\omega T)+\mathrm{e}^{-2aT}}$
14	$\mathrm{e}^{-at}-\mathrm{e}^{-bt}$	$\frac{b-a}{(s+a)(s+b)}$	$\frac{z}{z-\mathrm{e}^{-aT}}-\frac{z}{z-\mathrm{e}^{-bT}}$
15	$\frac{\mathrm{e}^{-at}}{(b-a)(c-a)}+\frac{\mathrm{e}^{-bt}}{(a-b)(c-b)}+\frac{\mathrm{e}^{-ct}}{(a-c)(b-c)}$	$\frac{1}{(s+a)(s+b)(s+c)}$	$\frac{z}{(b-a)(c-a)(z-\mathrm{e}^{-aT})}+\frac{z}{(a-b)(c-b)(z-\mathrm{e}^{-bT})}+\frac{z}{(a-c)(b-c)(z-\mathrm{e}^{-cT})}$

7.3.1.4　z 反变换

正如同在拉氏变换方法相，z 变换方法的一个主要目的是要先获得时间函数 $f(t)$ 在 z 域中的代数解，其最终的时域解可通过 z 反变换求出。当然，$F(z)$ 的 z 反变换只能求出 $f^*(t)$，即只能是 $f(kt)$。如果是理想采样器作用于连续信号 $f(t)$，则可由 $t=kT$ 瞬间的采样值 $f(kT)$ 获得。故 z 反变换可以记作：

$$Z^{-1}[F(z)]=f^*(t) \tag{7-21}$$

求 z 反变换的方法通常有三种，即部分分式展开法、级数展开法（综合除法）和留数法，其中最常用的为前两种方法。在求 z 反变换时，仍假定当 $k<0$ 时，$f(kT)=0$。

（1）部分分式展开法。此法是将 $F(z)$ 通过部分分式分解为低阶的分式之和，直接从 z 变换表中求出各项对应的 z 反变换，然后相加得到 $f(kT)$。

【例 7-2】 已知 $F(z)=\frac{z}{(z-1)(z-2)}$，求 $f(kT)$。

【解】 由于 $F(z)$ 中通常含有一个 z 因子，所以首先将式 $\frac{F(z)}{z}$ 展成部分分式，即

$$\frac{F(z)}{z}=\frac{1}{(z-1)(z-2)}=\frac{-1}{z-1}+\frac{-1}{z-2}$$

然后求 $F(z)$ 的分解因式得 $F(z)=\frac{-z}{z-1}+\frac{-z}{z-2}$

最后查 z 变换表得 $Z^{-1}\left[\frac{-z}{z-1}\right]=-1$，$Z^{-1}\left[\frac{-z}{z-2}\right]=2^k$

所以 $f(kT)=-1+2^k$

即 $f(0)=0$，$f(T)=1$，$f(2T)=3$，$f(3T)=7$，$f(4T)=15$，$f(5T)=31\cdots$

(2) 级数展开法，又称综合除法。它是把式 $F(z)$ 展开成按 z^{-1} 升幂排列的幂级数。因为 $F(z)$ 的形式通常是两个 z 的多项式之比，即。

$$F(z)=\frac{b_m z^m+b_{m-1}z^{m-1}+\cdots+b_0}{a_n z^n+a_{n-1}z^{n-1}+\cdots+a_0}(n\geqslant m)$$

所以，很容易用综合除法展成幂级数。对上式用分母去除分子，所得结果按 z^{-1} 的升幂排列有。

$$F(z)=c_0+c_1z^{-1}+c_23z^{-2}+\cdots+c_kz^{-k}+\cdots=\sum_{k=0}^{\infty}c_kz^{-k} \tag{7-22}$$

上式是 z 变换的定义式。其 z^{-k} 项的系数 c_k 为时间函数 $f(t)$ 在采样时刻 $t=kT$ 时的值。因此，只要求得上述形式的级数，就可得到时间函数在采样时刻的函数值序列，即 $f(kT)$。

【例 7-3】 试用幂级数展开法求 $F(z)=\frac{z}{(z-1)(z-2)}$ 的 z 反变换。

【解】 进行综合除法运算得到 $F(z)=0+z^{-1}+3z^{-2}+7z^{-3}+15z^{-4}+31z^{-5}+\cdots$

由上式的系数可知：

$f(0)=0$，$f(T)=1$，$f(2T)=3$，$f(3T)=7$，$f(4T)=15$，$f(5T)=31\cdots$

所得结果与例 7-2 相同。

7.3.2 差分方程

微分方程是描述连续系统动态过程的最基本的数学模型。但对于离散系统，由于系统中的信号已被采样化处理，因此，描述连续函数的微分、微商等概念就不适用了，而需用建立在差分、差商等概念基础上的差分方程，来描述离散系统的动态过程。

7.3.2.1 差分的概念

差分与连续函数的微分相对应。不同的是差分有前向差分和后向差分之别。如图 7-8 所示，连续函数 $f(t)$ 经采样后变为 $f^*(t)$，在 kT 时刻，其采样值为 $f(kT)$，为简便计，常写作 $f(k)$。

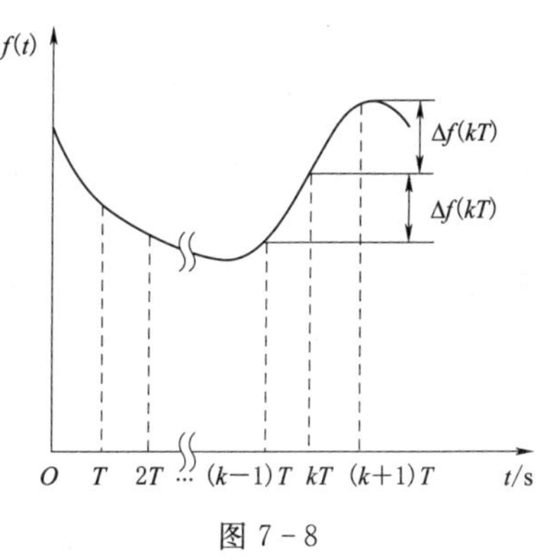

图 7-8

一阶前向差分的定义为

$$\Delta f(k)=f(k+1)-f(k) \tag{7-23}$$

二阶前向差分的定义为

$$\begin{aligned}\Delta^2 f(k)&=\Delta[\Delta f(k)]\\&=\Delta[f(k+1)-f(k)]\\&=f(k+2)-f(k+1)-[f(k+1)-f(k)]\\&=f(k+2)-2f(k+1)+f(k)\end{aligned} \tag{7-24}$$

n 阶前向差分的定义为

$$\Delta^n f(k)=\Delta^{n-1} f(k+1)-\Delta^{n-1} f(k) \tag{7-25}$$

同理，一阶后向差分的定义为

$$\nabla f(k)=f(k)-f(k-1) \tag{7-26}$$

二阶后向差分的定义为

$$\begin{aligned}\nabla^2 f(k) &=\nabla[\nabla f(k)]=\nabla[f(k)-f(k-1)]\\ &=f(k)-f(k-1)-[f(k-1)-f(k-2)]\\ &=f(k)-2f(k-1)+f(k-2)\end{aligned} \tag{7-27}$$

n 阶后向差分的定义为

$$\nabla^n f(k)=\nabla^{n-1} f(k)-\nabla^{n-1} f(k-1) \tag{7-28}$$

从上述定义可以看出，前向差分所采用的是 kT 时刻未来的采样值，而后向差分所采用的是 时刻过去的采样值。在实际中后向差分的应用更为广泛。

7.3.2.2 差分方程的概念

若方程的变量除了含有 $f(k)$ 本身外，还有 $f(k)$ 的各阶差分 $\Delta f(k)$，$\Delta f^2(k)$，…，$\Delta f^n(k)$，则此方程称为差分方程。

对于输入、输出为采样信号的线性离散系统，描述其动态过程的差分方程的一般形式为

$$\begin{aligned}&a_n c(k+n)+a_{n-1}c(k+n-1)+\cdots+a_1 c(k+1)+a_0 c(k)\\ &=b_m r(k+m)+b_{m-1}r(k+m-1)+\cdots+b_1 r(k+1)+b_0 r(k)\end{aligned} \tag{7-29}$$

式中　$r(k)$ ——系统的输入信号；

$c(k)$ ——系统的输出信号；

$a_0, a_1, a_2, \cdots, a_m$ ——常系数，且有 $n \geqslant m$。

差分方程的阶次是由最高阶差分的阶次决定的，其数值上等于方程中自变量的最大值和最小值之差。例如，式（7-29）中，最大自变量为（$k+n$），最小自变量为 k，因此方程的阶次为$(k+n)-k=n$。

7.3.2.3 用 z 变换法求解差分方程

应用 z 变换的线性定理和时移定理，可以求出各阶前向差分的 z 变换函数为

$$Z[\Delta f(k)]=Z[f(k+1)-f(k)]=(z-1)F(z)-zf(0) \tag{7-30}$$

$$Z[\Delta^2 f(k)]=(z-1)^2 F(z)-z(z-1)f(0)-z\Delta f(0) \tag{7-31}$$

$$Z[\Delta^n f(k)]=(z-1)^n F(z)-z\sum_{\tau=0}^{n-1}(z-1)^{n-\tau-1} f(0) \tag{7-32}$$

其中，$\Delta^0 f(0)=f(0)$。

同理，各阶后向差分的 z 变换函数为

$$Z[\nabla f(k)]=Z[f(k)-f(k-1)]=(1-z^{-1})F(z) \tag{7-33}$$

$$Z[\nabla^2 f(k)]=(1-z^{-1})^2 F(z) \tag{7-34}$$

$$Z[\nabla^n f(k)]=(1-z^{-1})^n F(z) \tag{7-35}$$

其中，当 $t<0$ 时，$f(t)=0$。

与微分方程的解法类似，差分方程也有三种解法：常规解法、z 变换法、数值递推

法。常规解法比较烦琐，数值递推法更适于用计算机求解，下面举例介绍 z 变换解法。

【例 7-4】 已知一阶差分方程为 $c[(k+1)T]-ac(kT)=br(kT)$，设输入阶跃信号 $r(kT)=A$，初始条件 $c(0)=0$，试求输出响应 $c(kT)$。

【解】 将差分方程两端取 z 变换，得

$$zC(z)-zc(0)-aC(z)=bA\frac{z}{z-1}$$

带入初始条件，求得输出的 z 变，得

$$C(z)=\frac{bAz}{(z-a)(z-1)}$$

为求得输出响应 $c(kT)$，需对 $C(z)$ 进行反变换，先将 $\frac{C(z)}{z}$ 展成部分分式，即

$$\frac{C(z)}{z}=\frac{bA}{(z-a)(z-1)}=\frac{bA}{1-a}\left(\frac{1}{z-1}-\frac{1}{z-a}\right)$$

于是有

$$C(z)=\frac{bA}{1-a}\left(\frac{z}{z-1}-\frac{z}{z-a}\right)$$

查 z 变换表得上式的反变换为

$$c(kT)=\frac{bA}{1-a}(1-a^k),k=0,1,2,\cdots$$

7.3.3 脉冲传递函数

7.3.3.1 脉冲传递函数的定义

定义 对于如图 7-9 所示的离散系统结构图，定义其脉冲传递函数为

$$G(z)=\sum_{k=0}^{\infty}g(kT)z^{-k}=\frac{C(z)}{R(z)}$$

式中 $g(kT)$ ——单位脉冲响应 $g(t)$ 的采样表示；

$R(z)$，$C(z)$ ——采样过程输入采样信号和输出采样信号的 z 变换，即

$$R(z)=Z[r^*(t)],C(z)=Z[c^*(t)]$$

如果一个系统如图 7-10 所示。

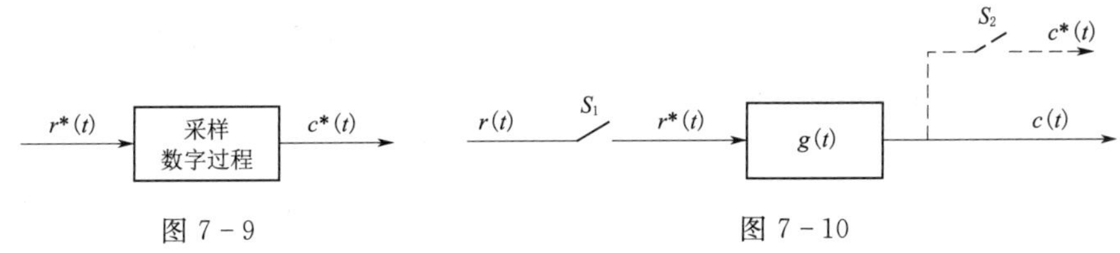

图 7-9　　图 7-10

则有 $$C(s)=G(s)R^*(s),C(s)=L[c(t)]$$

严格地讲，$G(s)$ 和 $R^*(s)$ 表示不同类型的函数，不能直接用拉氏变换求出其对应的时间函数。作为一种转换，可以假定在输出端存在一个采样开关 S_2，其采样周期与 S_1 相同，且与 S_1 同步动作，则在 S_2 后的输出采样信号可表示为 $c^*(t)$，上式可转换为

$$C^*(s)=G(s)R^*(s)$$

则有 $$C(z)=G(z)R(z)$$

即当一个环节的输出不是采样信号时，严格讲，其脉冲传递函数不能直接用拉氏变换求出。此时，可采用虚拟开关的办法转换为 z 变换后，再求出脉冲传递函数。

7.3.3.2 串联环节的脉冲传递函数

假定输出变量前有采样开关（或有一理想的虚拟采样开关），或者输入变量后有采样开关，则有以下两种情况。

（1）两串联环节间有采样开关，如图 7－11（a）所示。此时有

$$\begin{cases} R_1(z)=G_1(z)R(z) \\ C(z)=G_2(z)R_1(z) \end{cases} \tag{7-36}$$

其中，$G_1(z)$，$G_2(z)$ 分别为线性环节 $G_1(s)$，$G_2(s)$ 的脉冲传递函数，即 $G_1(z)=Z[G_1(s)]$，$G_2(z)=Z[G_2(s)]$。

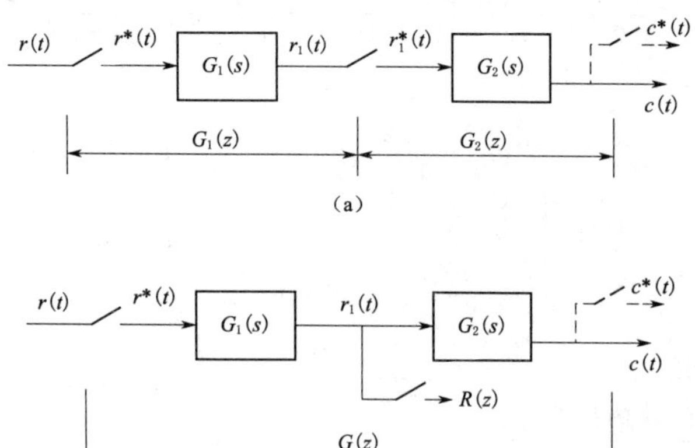

图 7－11

则由式（7－36）可得 $$C(z)=G_1(z)G_2(z)R(z)$$

所以，环节的脉冲传递函数为 $$G(z)=\frac{C(z)}{R(z)}=G_1(z)G_2(z)$$

可见，当两串联环节间有采样开关时，环节串联等效脉冲传递函数为两个环节的脉冲传递函数的乘积。同理，当 n 个环节串联且各环节之间均有采样开关时，等效脉冲传递函数为所有环节的脉冲传递函数的乘积，即

$$G(z)=G_1(z)G_2(z)\cdots G_n(z)$$

（2）串联环节间无采样开关，如图 7－11（b）所示。由于串联环节间无采样开关，因此 $G_2(s)$ 环节输入的信号不是脉冲序列，而是连续函数，所以应先把 $G_1(s)$，$G_2(s)$ 进行串联运算，求出等效环节 $G_1(s)G_2(s)$。因此，$G_1(s)G_2(s)$ 的变换才是 $R(z)$，$C(z)$ 之间的脉冲传递函数，即

$$G(z)=\frac{C(z)}{R(z)}=Z[G_1(s)G_2(s)]=G_1G_2(z) \tag{7-37}$$

式中 $G_1G_2(z)$——$G_1(s)$ 和 $G_2(s)$ 的乘积经采样后的 z 变换。

显然有

$$Z[G_1(s)G_2(s)]=G_1G_2(z)\neq G_1(z)G_2(z) \tag{7-38}$$

即各环节传递函数乘积的 z 变换，不等于各环节传递函数 z 变换的乘积。

由此可知，两个串联环节间无采样开关时，其等效脉冲传递函数等于两个环节传递函数乘积经采样后的 z 变换。同理，此结论也适用于多个环节串联而无采样开关的情况，即

$$Z[G_1(s)G_2(s)\cdots G_n(s)]=G_1G_2\cdots G_n(z) \tag{7-39}$$

如果串联的多个环节中存在上述两种情况，则分段按上述原则处理即可。

如果把采样后的传递函数或变量记为 $G^*(s)$，则可以把上述两种情况简单归纳为下面两个重要公式。

若 $C(s)=E^*(s)G(s)$，则 $C^*(s)=[E^*(s)G(s)]^*=E^*(s)G^*(s)$，即

$$C(z)=E(z)G(z) \tag{7-40}$$

若 $C(s)=E(s)G(s)$，则 $C^*(s)=[E(s)G(s)]^*=EG^*(s)=GE^*(s)$，即

$$C(z)=EG(z)=GE(z) \tag{7-41}$$

【例 7-5】　求零阶保持器与环节串联时开环系统的脉冲传递函数，其结构如图 7-12（a）所示。

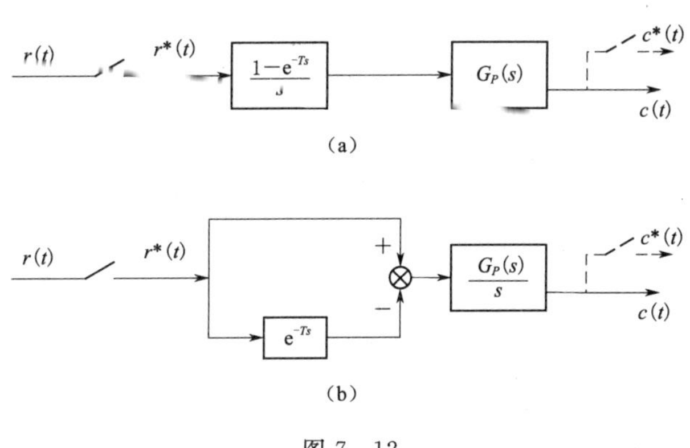

图 7-12

【解】　已知 $G_H(s)=\dfrac{1-\mathrm{e}^{-Ts}}{s}$，由于 $G_H(s)$ 与 $G_P(s)$ 之间无采样开关，因此串联环节的 z 变换不等于单个环节 z 变换后的乘积。

为分析方便，将图 7-12（a）等效为图 7-12（b）形式，由此可见，采样信号 $r^*(t)$ 分两条通道作用于开环系统，一条直接作用于 $G'_P(s)=\dfrac{1}{s}G_P(s)$；另一条通过纯滞后环节，滞后一个采样周期作用于 $G'_P(s)$。

其响应为 $\begin{cases} C_1(z)=G'_P(z)R(z)=Z\left[\dfrac{G_P(s)}{s}\right]R(z) \\ C_2(z)=z^{-1}G'_P(z)R(z)=z^{-1}Z\left[\dfrac{G_P(s)}{s}\right]R(z) \end{cases}$

所以 $C'_2(z)=C_1(z)-C_2(z)=(1-z^{-1})G'_P(z)R(z)$

最后求得开环脉冲传递函数为

$$G(z)=\frac{C(z)}{R(z)}=\frac{z-1}{z}Z\left[\frac{G_p(s)}{s}\right]$$

7.3.3.3 并联环节的脉冲传递函数

并联环节的等效图如图 7 - 13 所示。

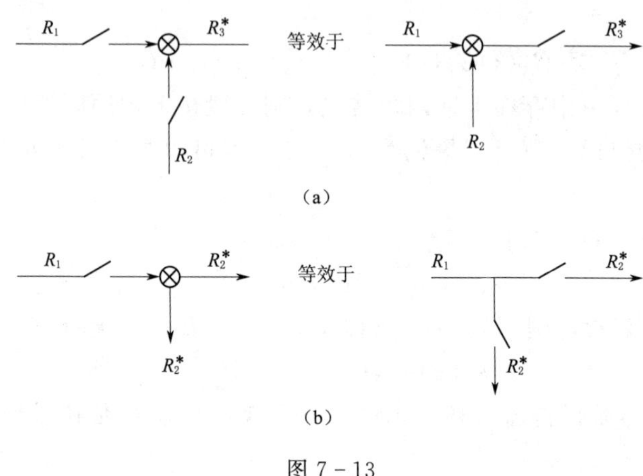

图 7 - 13

并联环节后的变量是相加减关系，此时应注意，只有同类型的变量才能相加减。若并联环节的结构如图 7 - 14 所示。

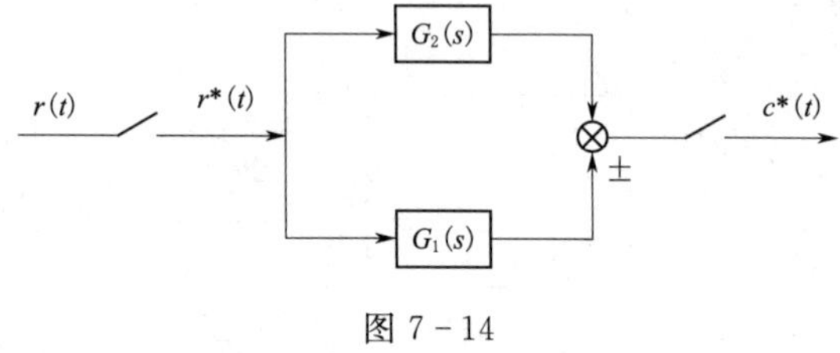

图 7 - 14

显然有 $\begin{cases}C(s)=R^*(s)[G_1(s)\pm G_2(s)]\\C^*(s)=R^*(s)[G_1(s)\pm G_2(s)]^*\\C(z)=R(z)G_1(z)\pm R(z)G_2(z)\end{cases}$

即

$$G(z)=\frac{C(z)}{R(z)}=G_1(z)\pm G_2(z) \tag{7-42}$$

7.3.4 闭环系统的脉冲传递函数

根据结构的不同可把离散系统分为以下两种情况：

（1）输入信号在进入反馈回路后，至回路输出节点前，至少有一个真实的采样开关，则此时可用简易法计算。

（2）不满足情况（1）的离散系统通常不能用简易法计算，而只能采用一般计算方法。

7.3.4.1 闭环系统脉冲传递函数的一般计算方法

求闭环系统脉冲传递函数时一般采用按定义计算的方法，即在已知系统的结构图中注

明各环节的输入、输出信号，用代数消元法求出系统的输入、输出关系式。对于比较复杂的离散系统，用这种方法计算将是十分复杂和困难的，此处仅指求取输出的 z 变换关系式。

如图 7-15 所示的系统中，连续的输入信号直接进入连续环节 $G_1(s)$，此时只能求输出信号的 z 变换表达式 $C(z)$，而无法求出系统的脉冲传递函数 $\frac{C(z)}{R(z)}$。

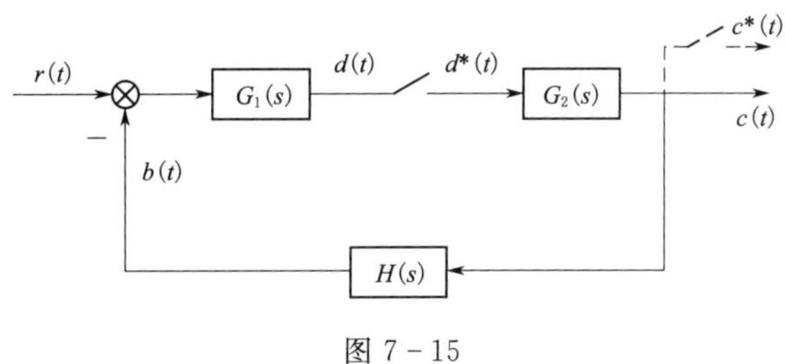

图 7-15

对于连续环节 $G_1(s)$，其输入为 $r(t)-b(t)$，输出为 $d(t)$，于是有

$$D(s)=G_1(s)[R(s)-B(s)]=G_1(s)R(s)-G_1(s)B(s) \tag{7-43}$$

对于连续环节 $G_2(s)H(s)$，其输入为 $d^*(t)$，输出为 $b(t)$，于是有

$$B(s)=G_2(s)H(s)D^*(s) \tag{7-44}$$

将式 (7-44) 代入式 (7-43)，有

$$D(s)=G_1(s)R(s)-G_1(s)G_2(s)H(s)D^*(s)$$

对上式采样得

$$D^*(s)=[G_1(s)R(s)]^*-[G_1(s)G_2(s)H(s)]^*D^*(s)$$

对上式 z 变换得

$$D(z)=G_1R(z)-G_1G_2H(z)D(z) \tag{7-45}$$

所以

$$D(z)=\frac{G_1R(z)}{1+G_1G_2H(z)}$$

因为 $C(s)=G_2(s)D^*(s)$，采样后为 $C^*(s)=G_2^*(s)D^*(s)$

取 z 变换得

$$C(z)=G_2(z)D(z) \tag{7-46}$$

代入得

$$C(z)=\frac{G_2(z)G_1R(z)}{1+G_1G_2H(z)} \tag{7-47}$$

由式 (7-47) 无法解出 $\frac{C(z)}{R(z)}$，但有 $C(z)$，仍可由 z 反变换求输出的采样信号 $c^*(t)$。

7.3.4.2 闭环系统脉冲传递函数的简易计算方法

脉冲传递函数简易计算方法的一般步骤如下。

(1) 去掉离散系统中的采样开关，求出对应连续系统的输出表达式。

(2) 需逐个决定表达式中各环节乘积项的“*”号。方法是：乘积项中某项与其余相乘项两两比较，当且仅当该项与其中任一相乘项均被采样开关分隔时，该项才能加“*”号；否则需与其余项相乘后方可加“*”号。

(3) 取 z 变换。把有“*”号的单项中的 s 变换为 z；多项相乘后仅有一个“*”号，其 z 变换等于各项传递函数乘积的 z 变换。

【例 7-6】 系统如图 7-16 所示，求该系统的脉冲传递函数。

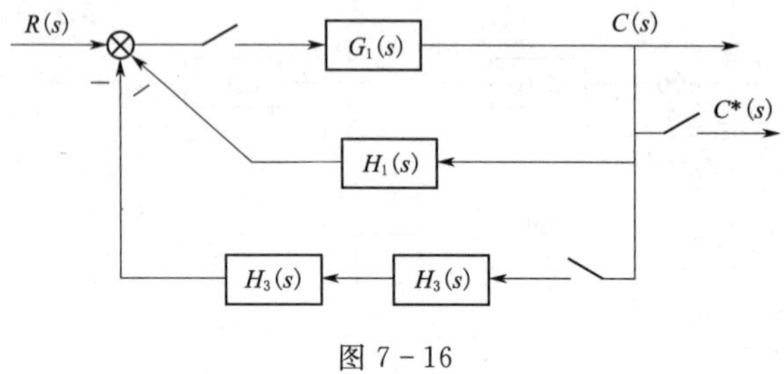

图 7-16

【解】 显然该系统可用简易法计算，去掉采样开关后，连续系统的输出表达式为

$$C(s)=\frac{G_1(s)R(s)}{1+G_1(s)[H_1(s)+H_2(s)H_3(s)]}=\frac{G_1(s)R(s)}{1+G_1(s)H_1(s)+G_1(s)H_2(s)H_3(s)}$$

对上式进行脉冲变换（加“*”）得

$$C^*(s)=\frac{G_1^*(s)R^*(s)}{1+[G_1(s)H_1(s)]^*+G_1^*(s)[H_2(s)H_3(s)]^*}$$

变量置换后得

$$C(z)=\frac{G_1(z)R(z)}{1+G_1H_1(z)+G_1(z)H_2H_3(z)}$$

7.4　离散系统的稳定性分析

离散系统是用闭环脉冲传递函数作为数学模型来描述的，那么系统的稳定性分析也可以在变换域（即 z 域）上进行。

7.4.1　s 平面与 z 平面映射关系

在 s 平面上可以确定连续系统的稳定性：如果系统闭环特征方程的根 s_i（$i=1,2,\cdots,n$）全部位于 s 左半平面，则系统是稳定的；否则，系统是不稳定的。

在定义 z 变换时有

$$z=e^{Ts} \tag{7-48}$$

该式确定了 s 平面与 z 平面的映射关系。由于

$$s=\sigma+j\omega \tag{7-49}$$

为复自变量，将其代入 z 表达式有

$$z=e^{(\sigma+j\omega)T}=e^{\sigma T}e^{j\omega T}$$

则其模与幅角分别为 $|z|=e^{\sigma T}$，$\arg z=e^{j\omega T}$。

s 平面与 z 平面的映射关系如下：

(1) s 平面的虚轴在 z 平面上的映射。将 s 平面虚轴的表达式 $s=\mathrm{j}\omega$ 代入 $z=\mathrm{e}^{Ts}$，得 $z=\mathrm{e}^{\mathrm{j}\omega T}$，表示 z 平面上模始终为 1（与 ω 无关）、幅角为 ωT 的复变数。由于其幅角是 ω 的函数，当 ω 从 $-\dfrac{\omega_s}{2}$（$\omega_s=\dfrac{2\pi}{T}$）经零变化到$\dfrac{\omega_s}{2}$，即变化范围为 ω_s 时，幅角由 $-\pi$ 经零变化到 π，相应的点在 z 平面上逆时针画出一个以原点为圆心、半径为 1 的单位圆，如图 7-17(a) 所示。

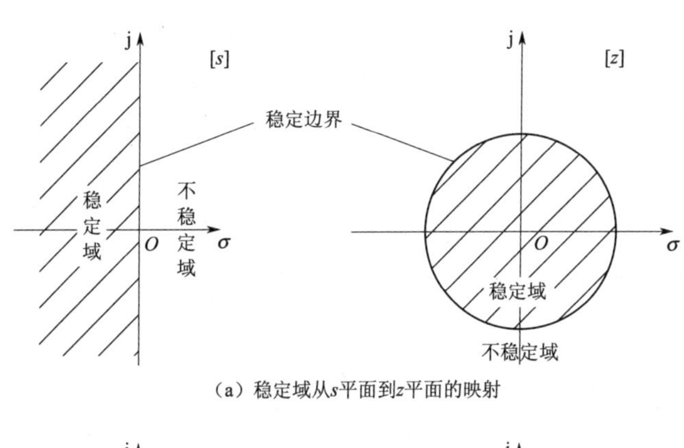

(a) 稳定域从s平面到z平面的映射

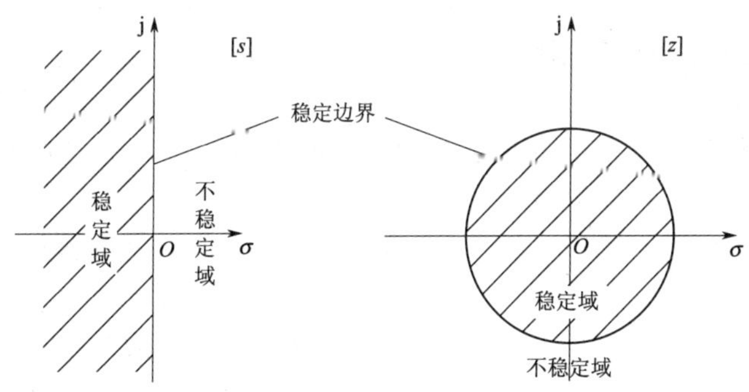

(b) s平面的虚轴在z平面的映射

图 7-17

当 ω 继续由$\dfrac{\omega_s}{2}$变化到 $\dfrac{3\omega_s}{2}$，或由$-\dfrac{3\omega_s}{2}$变化到$-\dfrac{\omega_s}{2}$，即当 s 平面上的点沿虚轴移动 ω_s 的距离时，相应的点便在 z 平面上逆时针重复画出一个单位圆，重叠在上述第一个单位圆上。由此可见，当 ω_s 由 $-\infty$ 变化到 $+\infty$ 时，相应的点就沿单位圆逆时针转无穷多圈。

由此得出结论：s 平面的虚轴映射到 z 平面上，是以原点为圆心、半径为 1 的单位圆；s 平面的原点映射到 z 平面上则是 $(1,\mathrm{j}0)$ 点。

(2) s 左半平面在 z 平面上的映射。对于 s 左半平面，由于所有复变数 $s=\sigma+\mathrm{j}\omega$ 均具有 $\sigma<0$ 的性质，所以映射到 z 平面上 $z=\mathrm{e}^{\sigma T}\mathrm{e}^{\mathrm{j}\omega T}$ 的模 $\mathrm{e}^{\sigma T}$ 均小于 1，无论 ω 取何值，相应的点 z 均处在上述单位圆内。因此得出结论：整个 s 左半平面在 z 平面上的映象是以原点为圆心的单位圆内部区域。

由此可以看出，s 左半平面每一条宽度为 ω_s 的带状区域，映射到 z 平面上，都是单位圆内区域。由于实际离散系统的截止频率很低，远低于采样频率 ω_s，所以一般把 ω 从

$-\frac{\omega_s}{2}$到$\frac{\omega_s}{2}$的带状区域称为主频区，如图 7－17（b）所示，其他区域则称为次频区。

（3）s 右半平面在 z 平面上的映射。对于 s 右半平面，由于所有复变数 $s=\sigma+j\omega$ 均具有 $\sigma>0$，所以映射到 z 平面上，$z=e^{\sigma T}e^{j\omega T}$ 的模 $e^{\sigma T}$ 均大于 1，不论 ω 取何值，相应的点 z 均处在上述单位圆外。因此，整个 s 右半平面在 z 平面上的映象是以原点为圆心的单位圆外部区域。

则根据上述讨论，可得出 s 平面与 z 平面的影射关系见表 7－3。

表 7－3　　s 平面与 z 平面的影射关系

s 平面	z 平面	稳定性讨论
$\sigma=0$，虚轴	$r=1$，单位圆	临界稳定
$\sigma<0$，左半平面	$r<1$，单位圆内	稳定
σ 为负常数，虚轴的平行线	r 为常数，同心圆	稳定
$\sigma>0$，右半平面	$r>1$，单位圆外	不稳定
$\omega=0$，实轴	正实轴	不稳定
ω 为常数，实虚轴的平行线	端点为原点的射线	不稳定

7.4.2　离散系统稳定的充要条件

由于在 s 平面系统稳定的条件是极点 $\sigma<0$，故离散系统稳定的条件是 $r<1$，即所有的闭环极点均应分布在 z 平面的单位圆内。只要有一个闭环极点在单位圆外，系统不稳定；若有一个闭环极点在单位圆上，此时系统处于临界稳定状态。

判断系统稳定性时，对于一阶、二阶系统，可以直接解出系统的闭环特征根，再通过闭环特征根加以鉴别。对于高于二阶的系统，直接求解闭环特征根的方法不可取，目前已有一些间接判定的方法可采用，此处不予讨论。

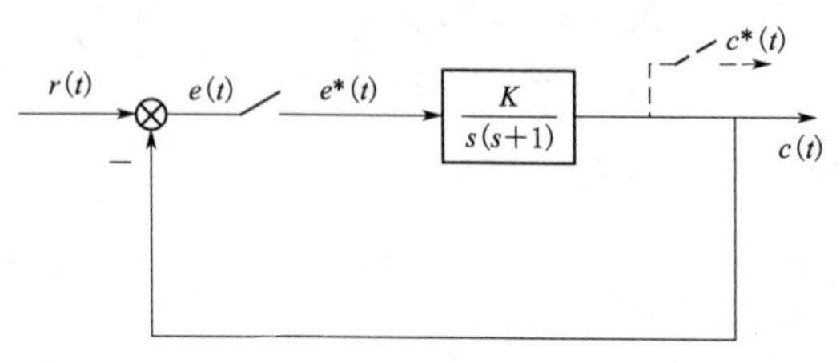

图 7－18

【例 7－7】　如图 7－18 所示系统中，设采样周期 $T=1s$，试分析当 $K=4$ 和 $K=5$ 时系统的稳定性。

【解】　系统连续部分的传递函数为

$$G(s)=\frac{K}{s(s+1)}$$

则

$$G(z)=Z\left[\frac{K}{s(s+1)}\right]=\frac{Kz(1-e^{-T})}{(z-1)(z-e^{-T})}$$

所以，系统的闭环脉冲传递函数为

$$\Phi_{cr}(z)=\frac{C(z)}{R(z)}=\frac{G(z)}{1+G(z)}=\frac{Kz(1-e^{-T})}{(z-1)(z-e^{-T})+Kz(1-e^{-T})}$$

系统的闭环特征方程为　$(z-1)(z-e^{-T})+Kz(1-e^{-T})=0$

(1) 将 $K=4$，$T=1$ 代入系统的闭环特征方程，得：

$$z^2+1.16z+0.368=0$$

解得

$$z_1=-0.580+\mathrm{j}0.178,\quad z_2=-0.580-\mathrm{j}0.178$$

因为 z_1，z_2 均在单位圆内，所以系统是稳定的。

(2) 将 $K=5$，$T=1$ 代入系统的闭环特征方程，得：

$$z^2+1.792z+0.368=0$$

解得 $z_1=-0.273$，$z_2=-1.555$

因为 z_2 均在单位圆内，所以系统是稳定的。

7.4.3 劳斯判据在 z 域中的应用

连续系统中的劳斯判据是判别闭环特征根是否全在 s 左半平面，从而确定系统的稳定性。而在 z 平面内，系统的稳定性取决于闭环特征根是否全在单位圆内。因此，劳斯判据是不能直接应用的，如果将 z 平面再复原到 s 平面，则系统的方程中又将出现超越函数。所以可再寻找一种新的变换，使 z 平面的单位圆内区域映射到一个新的平面的虚轴左侧。此新的平面称为 w 平面，在此平面上可直接应用劳斯判据判定离散系统的稳定性。

作双线变换

$$z=\frac{w+1}{w-1} \tag{7-50}$$

同时有

$$w=\frac{z+1}{z-1} \tag{7-51}$$

其中 z，w 均为复变量，写作

$$\begin{cases}z=x+\mathrm{j}y\\ w=u+\mathrm{j}v\end{cases} \tag{7-52}$$

将式 (7-52) 代入式 (7-51)，并将分母有理化，整理后得

$$w=u+\mathrm{j}v=\frac{x+\mathrm{j}y+1}{x+\mathrm{j}y-1}=\frac{[(x+1)+\mathrm{j}y][(x+1)-\mathrm{j}y]}{(x-1)^2+y^2}$$

$$=\frac{x^2+y^2-1-2\mathrm{j}y}{(x-1)^2+y^2}=\frac{x^2+y^2-1}{(x-1)^2+y^2}-\mathrm{j}\frac{2y}{(x-1)^2+y^2} \tag{7-53}$$

w 平面的实部为 $u=\dfrac{x^2+y^2-1}{(x-1)^2+y^2}$

w 平面的虚轴对应于 $u=0$，则有 $x^2+y^2-1=0$

即

$$x^2+y^2=1 \tag{7-54}$$

式 (7-54) 为 z 平面中的单位圆方程，若极点在 z 平面的单位圆内，则有 $x^2+y^2<1$，对应于 w 平面中的 $u<0$，即虚轴以左区域；若 $x^2+y^2>1$，则为极点在 z 平面的单位圆外，对应于 w 平面中的 $u>0$，即虚轴以右区域，如图 7-19 所示。

用上述变换，可将特征方程 $D(z)=0$，转换成 $D(w)=0$，然后直接应用连续系统中的劳斯判据来判别离散系统的稳定性。

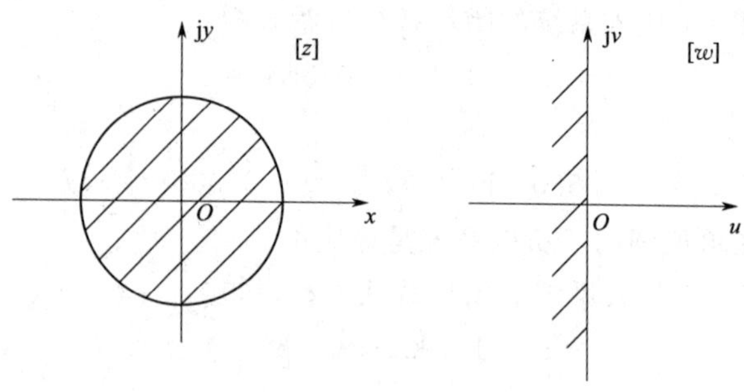

图 7－19

【例 7－8】　设系统的特征方程为 $D(z)=45z^3-117z^2+119z-39=0$，试用 w 平面的劳斯判据判别系统的稳定性。

【解】　将 $z=\dfrac{w+1}{w-1}$ 代入特征方程得

$$45\left(\frac{w+1}{w-1}\right)^3-117\left(\frac{w+1}{w-1}\right)^2+119\,\frac{w+1}{w-1}-39=0$$

两边乘 $(w-1)^3$，化简后得 $D(w)=w^3-2w^2+2w+40=0$，由劳斯表

w^3	1	2
w^2	2	40
w^1	-18	
w^0	40	

因为第一列元素有两次符号改变，所以系统不稳定。正如连续系统中介绍，劳斯判据还可以判断出有多少个根在右半平面。本例有两次符号改变，即有两个根在 w 右半平面，也即有两个根在 z 平面的单位圆外。

7.5　离散系统的稳态误差

一般来讲，离散系统的稳态误差分为采样时刻的稳态误差与采样时刻之间纹波引起的误差两部分。仅就采样时刻的稳态误差来说，其分析方法与连续系统类似，同样可用终值定理来求取，其值与系统的型别、参数及外作用的形式有关。下面仅讨论单位反馈离散系统在典型输入信号作用下的采样时刻的稳态误差。

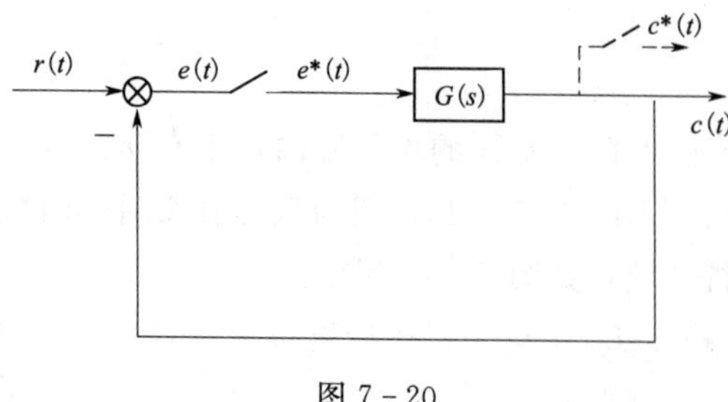

图 7－20

单位反馈离散系统的结构图如图 7－20 所示。其中，$G(s)$ 是系统连续部分的传递函数，$e(t)$ 为连续误差信号，$e^*(t)$ 为采样误差信号。

系统的误差脉冲传递函数为

$$\Phi_{cr}(z)=\frac{E(z)}{R(z)}=\frac{1}{1+G(z)}$$

由此可得误差信号的 z 变换为

$$E(z)=\Phi_{cr}(z)R(z)=\frac{R(z)}{1+G(z)}$$

假设系统是稳定的，即 $\Phi_{cr}(z)$ 的全部极点均在 z 平面的单位圆内，则可用终值定理求出采样时刻的稳态误差为

$$e_{ss}=e(\infty)=\lim_{z\to 1}(z-1)E(z)=\lim_{z\to 1}(z-1)\frac{R(z)}{1+G(z)} \tag{7-55}$$

7.5.1 单位阶跃输入信号作用下的稳态误差

由 $r(t)=1(t)$ 可得

$$R(z)=\frac{z}{z-1}$$

将此式代入式（7-55），得稳态误差为

$$e_{ss}=\lim_{z\to 1}(z-1)\frac{1}{1+G(z)}\frac{z}{z-1}=\lim_{z\to 1}\frac{z}{1+G(z)} \tag{7-56}$$

与连续系统类似，定义为

$$K_p=\lim_{z\to 1}G(z) \tag{7-57}$$

为静态位置误差系数。则稳态误差为

$$e_{ss}=\frac{1}{1+K_p} \tag{7-58}$$

由此可以看出，当 $G(z)$ 中有一个以上 $z=1$ 的极点时，$K_p=\infty$，则稳态误差为零。也就是，系统在阶跃输入信号作用下无误差的条件是 $G(z)$ 中至少要有一个 $z=1$ 的极点。

7.5.2 单位斜坡输入信号作用下的稳态误差

由 $r(t)=t$ 可得

$$R(z)=\frac{Tz}{(z-1)^2} \tag{7-59}$$

将此式代入式（7-55），得稳态误差为

$$e_{ss}=\lim_{z\to 1}(z-1)\frac{1}{1+G(z)}\frac{Tz}{(z-1)^2}=\lim_{z\to 1}\frac{T}{(z-1)G(z)} \tag{7-60}$$

定义

$$K_v=\lim_{z\to 1}(z-1)G(z) \tag{7-61}$$

为静态速度误差系数，则稳态误差为

$$e_{ss}=\frac{T}{K_v} \tag{7-62}$$

由此可以看出，当 $G(z)$ 中有两个以上 $z=1$ 的极点时，$K_v=\infty$，则稳态误差为零。也就是，系统在斜坡输入信号作用下无误差的条件是 $G(z)$ 中至少要有两个 $z=1$ 的极点。

7.5.3　单位抛物线输入信号作用下的稳态误差

由 $r(t)=\frac{1}{2}t^2$ 可得 $R(z)=\frac{T^2z(z+1)}{2(z-1)^3}$

将此式代入式（7-55），得稳态误差为

$$e_{ss}=\lim_{z\to 1}(z-1)\frac{1}{1+G(z)}\frac{T^2z(z+1)}{2(z-1)^2}=\lim_{z\to 1}\frac{T^2}{(z-1)^2G(z)} \tag{7-63}$$

定义

$$K_a=\lim_{z\to 1}(z-1)^2G(z) \tag{7-64}$$

为静态速度误差系数，则稳态误差为

$$e_{ss}=\frac{T^2}{K_a} \tag{7-65}$$

由此可以看出，当 $G(z)$ 中有三个以上 $z=1$ 的极点时，$K_a=\infty$，则稳态误差为零，表明系统在抛物线函数输入信号作用下无误差的条件是 $G(z)$ 中至少要有三个 $z=1$ 的极点。

从上面分析中可以看出，离散系统采样时刻的稳态误差与输入信号的形式及开环脉冲传递函数 $G(z)$ 中 $z=1$ 的极点数目有关。在连续系统的误差分析中，曾以开环传递函数 $G(s)$ 中 $s=0$ 的极点数目（即积分环节数目）ν 来命名系统的型别。由于在 z 平面上 $z=1$ 中的极点数与 s 平面上 $G(s)$ 中 $s=0$ 的极点数相等。所以，$G(z)$ 中 $z=1$ 的极点数就是离散系统的型别号 ν，对于 $G(z)$ 中 $z=1$ 的极点数为 0，1，2，…，ν 的离散系统，分别称为 0，Ⅰ，Ⅱ，…，ν 型系统。

综上所述，采样时刻的稳态误差见表 7-4。

表 7-4　　采样时刻的稳态误差

系统型别	$r(t)=1(t)$时	$r(t)=t$ 时	$r(t)=\frac{1}{2}t^2$ 时
0	$\frac{1}{1+K_p}$	∞	∞
Ⅰ	0	$\frac{T}{K_v}$	∞
Ⅱ	0	0	$\frac{T^2}{K_a}$

【例 7-9】　离散系统的结构如图 7-21 所示。设采样周期 $T=0.1$s，试确定系统分别在单位阶跃、单位斜坡和单位抛物线函数输入信号作用下的稳态误差。

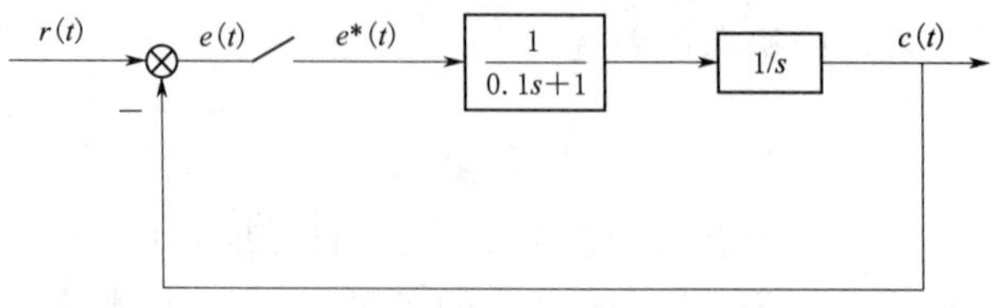

图 7-21

【解】 系统的开环传递函数为

$$G(s)=\frac{1}{s(0.1s+1)}$$

系统的开环脉冲传递函数为

$$G(z)=Z[G(s)]=\frac{z(1-\mathrm{e}^{-1})}{(z-1)(z-\mathrm{e}^{-1})}=\frac{0.632z}{(z-1)(z-0.368)}$$

为应用终值定理，必须判别系统是否稳定，否则求稳态误差没有意义。系统的闭环特征方程为 $D(z)=1+G(z)=0$，则

$$(z-1)(z-0.368)+0.632z=0$$

即

$$z^2-0.736z+0.368=0$$

令 $z=\frac{w+1}{w-1}$代入上式，求得

$$D(w)=0.632w^2+1.264w+2.104=0$$

由于系数均大于零，所以系统是稳定的，先求出静态误差系数。

静态位置误差系数为

$$K_p=\lim_{z\to 1}G(z)=\lim_{z\to 1}\frac{0.632z}{(z-1)(z-0.368)}=\infty$$

静态速度误差系数为

$$K_v=\lim_{z\to 1}(z-1)G(z)=\lim_{z\to 1}\frac{0.632z}{(z-0.368)}=1$$

静态加速度误差系数为

$$K_a=\lim_{z\to 1}(z-1)^2G(z)=\lim_{z\to 1}(z-1)\frac{0.632z}{(z-0.368)}=0$$

所以，不同输入信号作用下的稳态误差如下。

(1) 单位阶跃输入信号作用下为 $e_{ss}=\frac{1}{1+K_p}=0$。

(2) 单位斜坡输入信号作用下为 $e_{ss}=\frac{T}{K_v}=\frac{0.1}{1}=0.1$。

(3) 单位抛物线输入信号作用下为 $e_{ss}=\frac{T^2}{K_a}=\infty$。

实际上，若从结构图中鉴别出系统属于Ⅰ型系统，则可根据采样时刻稳态误差表中的结论，直接得出上述结果，而无须逐步计算。

7.6 离散系统的动态性能

7.6.1 单位阶跃输入信号作用下的稳态误差

如果已知离散系统的闭环脉冲传递函数 $\Phi(z)=\frac{C(z)}{R(z)}$，则不难求出在一定的输入信号

$r(t)$（或 $r^*(t)$）作用下，系统输出的 z 变换 $C(z)$；然后经过 z 反变换，即可求得系统输出的时间序列 $c(kT)$（或 $c^*(t)$），即离散系统的过渡过程。有了过渡过程，便可确定系统的各项稳态和动态性能指标，如超调量、衰减比、调节时间以及稳态误差等。

离散系统的结构图如图 7-22 所示。图中 $G_p(s)$ 和 $G_h(s)$ 分别为被控对象与零阶保持器的传递函数。假定控制器的传递函数 $G_c(s)=K_p=1$，采样周期 $T=1\text{s}$。

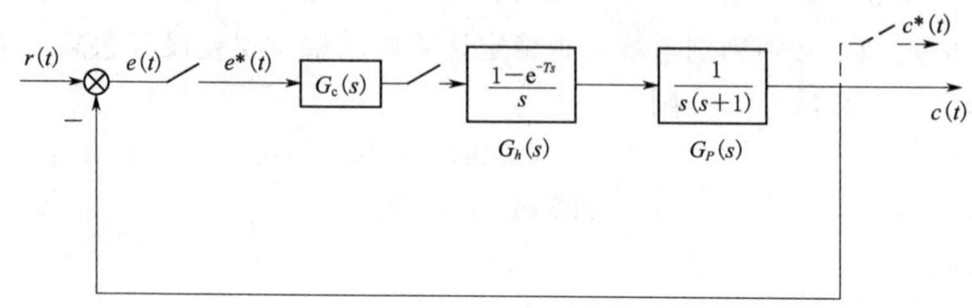

图 7-22

下面分析该离散系统在单位阶跃输入信号作用下的过渡过程。

因为保持器与被控对象之间没有采样器，所以系统的闭环脉冲传递函数为

$$\Phi(z)=\frac{C(z)}{R(z)}=\frac{G_hG_p(z)}{1+G_hG_p(z)}$$

因为

$$G_h(s)G_p(z)=(1-\mathrm{e}^{-Ts})\frac{1}{s^2(s+1)}$$

进行 z 变换，并将 $T=1$ 代入，得

$$G_hG_p(z)=Z\left[(1-\mathrm{e}^{-Ts})\frac{1}{s^2(s+1)}\right]=\frac{\mathrm{e}^{-1}z+1-2\mathrm{e}^{-1}}{z^2-(1+\mathrm{e}^{-1})z+\mathrm{e}^{-1}}=\frac{0.368z+0.264}{z^2-1.368z+0.368}$$

因此得

$$\Phi(z)=\frac{G_hG_p(z)}{1+G_hG_p(z)}=\frac{0.368z+0.264}{z^2-z+0.632}$$

系统输出的 z 变换为

$$C(z)=\Phi(z)R(z)=\frac{0.368z+0.264}{z^2-z+0.632}R(z)$$

因为 $r(t)=1(t)$，所以 $R(z)=\dfrac{z}{z-1}$，代入上式，得系统输出的 z 变换为

$$C(z)=\frac{0.368z+0.264}{z^2-z+0.632}\times\frac{z}{z-1}=\frac{0.368z^2+0.264z}{z^3-2z^2+1.632z-0.632}$$

用综合法进行幂级数展开，得

$$C(z)=0.368z^{-1}+z^{-2}+1.4z^{-3}+1.4z^{-4}+1.147z^{-5}+0.895z^{-6}+0.863z^{-7}+0.871z^{-8}+0.998z^{-9}+1.082z^{-10}+1.085z^{-11}+1.035z^{-12}+\cdots$$

取 $C(z)$ 的 z 反变换，求得系统的单位阶跃响应序列值为

$c(0)=0$，	$c(1)=0.368$，	$c(2)=1$，
$c(3)=1.4$	$c(4)=1.4$	$c(5)=1.147$
$c(6)=0.895$	$c(7)=0.863$	$c(8)=0.871$
$c(9)=0.998$	$c(10)=1.082$	$c(11)=1.085$
$c(12)=1.035$	…	…

根据以上系统输出在采样时刻的值，可粗略描绘出系统单位响应的近似曲线（不能确定采样时刻之间的输出值），如图 7－23 所示。

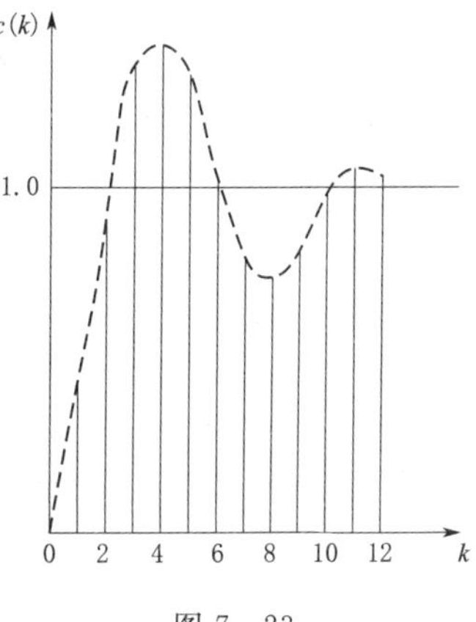

图 7－23

从图中可以看出，系统的过渡过程具有衰减振荡的特点。输出信号的峰值发生在阶跃输入后的第 3，4 拍之间，最大值 $c_{\max}\approx c(3)=c(4)=1.4$，第二个峰值发生在第 11，12 拍之间，其值为 $c_{\max 2}\approx c(11)=1.085$。由此可得出响应的最大超调量为

$$\sigma\%=\frac{c_{\max}-c(\infty)}{c(\infty)}\times 100\%=\frac{1.4-1.0}{1.0}\times 100\%=40\%$$

递减比为

$$n=\frac{\sigma\%}{\sigma_2\%}=\frac{0.4}{0.085}=4.7$$

稳定时间为

$$t_s(5\%)\approx 12T$$

因为该系统为单位反馈系统，所以有

$$\Phi_{er}(z)=\frac{E(z)}{R(z)}=\frac{R(z)-C(z)}{R(z)}=1-\Phi(z)$$

$$=1-\frac{0.368z+0.264}{z^2-z+0.632}=\frac{z^2-1.368z+0.368}{z^2-z+0.632}$$

由此求得误差信号的 z 变换为

$$E(z)=\Phi_{er}(z)R(z)=\frac{z^2-1.368z+0.368}{z^2-z+0.632}\times\frac{z}{z-1}$$

应用 z 变换的终值定理，可以求得系统在阶跃输入信号作用下的稳态误差为

$$e_{ss}=\lim_{z\to 1}[(z-1)E(z)]=\lim_{z\to 1}\left[(z-1)\frac{z^2-1.368z+0.368}{z^2-z+0.632}\cdot\frac{z}{z-1}\right]=0$$

由此可见，用 z 变换法分析离散系统的过渡过程、求取一些性能指标是很方便的。但是，如果所得性能指标不满足要求，欲寻求改进措施，或者要探讨系统参数对性能的影响，此时就难以从响应曲线获得应有的信息。

7.6.2 根轨迹法分析系统的动态性能

根轨迹法是当系统中某参数变化时，利用系统闭环特征根的变化轨迹，研究该参数对系统性能影响的方法。而当该参数为确定值时，就可得到闭环特征根的分布情况，并据此分析系统的动态性能。

典型离散系统的结构如图 7－24 所示。则其闭环特征方程为

$$1+GH(z)=0 \tag{7-66}$$

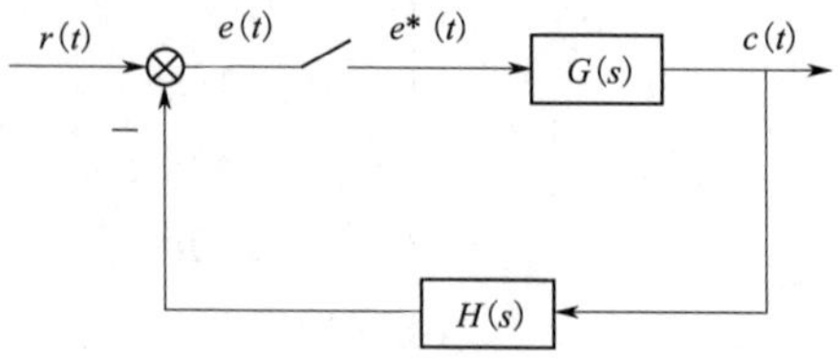

图 7－24

系统的开环脉冲传递函数 $GH(z)$ 一般是 z 的有理分式，即

$$GH(z)=K_L\frac{(z-z_1)(z-z_2)\cdots(z-z_m)}{(z-p_1)(z-p_1)\cdots(z-p_n)}$$

式中　p_1，p_2，…，p_m——离散系统的开环极点；

z_1，z_2，…，z_n——离散系统的开环零点；

K_L——根轨迹增益，是和开环放大系数成比例的一个数。

求解系统的特征方程式，可得出在 z 平面上绘制离散系统根轨迹的条件，其中幅值条件为

$$|GH(z)|=1$$

相角条件

$$\angle GH(z)=(2k+1)\pi(k=0,1,2,\cdots) \tag{7-67}$$

则系统的闭环脉冲传递函数为

$$\Phi(z)=\frac{C(z)}{R(z)}=\frac{G(z)}{1+GH(z)}$$

一般情况下，闭环脉冲传递函数 $\Phi(z)$ 可以表示为两个多项式之比的形式，即

$$\begin{aligned}\Phi(z)=\frac{C(z)}{R(z)}&=\frac{b_nz^m+b_{n-1}z^{m-1}+\cdots+b_1z+b_0}{a_nz^n+a_{n-1}z^{n-1}+\cdots+a_1z+a_0}\\&=K\frac{(z-z_1)(z-z_2)\cdots(z-z_m)}{(z-p_1)(z-p_1)\cdots(z-p_n)}\\&=K\frac{\prod_{i=1}^{m}(z-z_i)}{\prod_{j=1}^{n}(z-p_j)}=K\frac{P(z)}{D(z)}\end{aligned} \tag{7-68}$$

式中　z_i（$i=1,2,\cdots,m$）——系统的闭环零点；

p_j（$j=1,2,\cdots,n$）——系统的闭环极点；

K——常系数，即系统的稳态放大系数。

对于实际的系统来讲，有 $n\geqslant m$，z_i 和 p_j 可以是实数或复数。为了简化讨论，假定 $\Phi(z)$ 无相重极点。则系统在单位阶跃输入信号作用下，输出的 z 变换为

$$C(z)=\Phi(z)R(z)=K\frac{P(z)}{D(z)}\times\frac{z}{z-1}$$

进行部分分式展开得

$$C(z)=K\frac{P(z)}{D(z)}\times\frac{z}{z-1}+\sum_{j=1}^{n}\frac{c_jz}{z-p_j}$$

取 $C(z)$ 的 z 反变换，即可求得系统输出信号在采样时刻的采样值为

$$c(kT)=K\frac{P(1)}{D(1)}+\sum_{j=1}^{n}c_jp_j^k\quad(k=0,1,2,\cdots)$$

其中，第一项为 $C(kT)$ 的稳态分量；第二项为 $C(kT)$ 的动态分量，各子分量的形式决定于闭环极点的性质及其在 z 平面上的位置。

闭环极点的位置与系统输出的动态分量之间的关系如图 7－25 及图 7－26 所示。

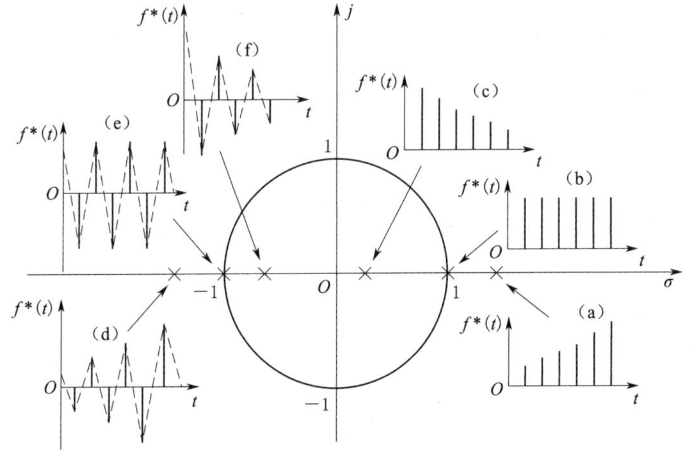

图 7－25

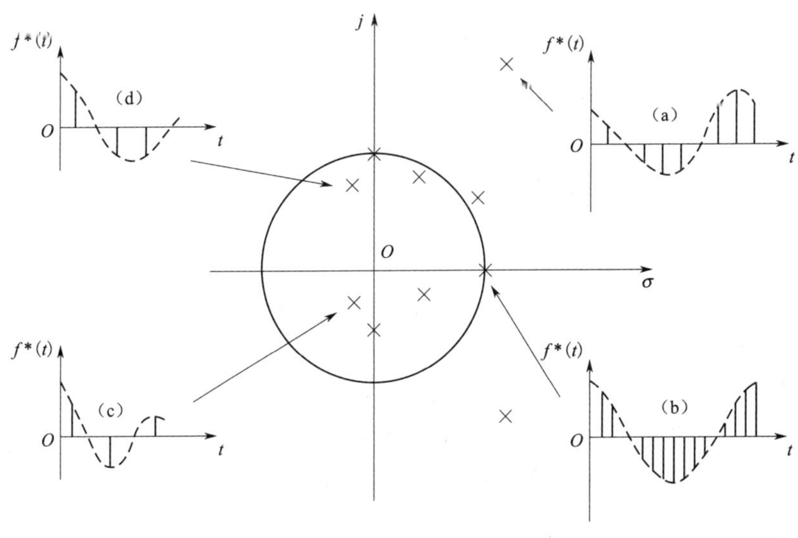

图 7－26

综上所述，可以得出以下结论：

【结论 1】 设 p_j 为正实数，则对应的动态分量按指数规律变化。

(1) 当 $p_j>1$ 时，系统将是不稳定的。

(2) 当 $p_j=1$ 时，极点为单位圆与正实轴的交点，则对应的响应分量为等幅序列，系统处于稳定边界。

(3) 当 $p_j<1$ 时，极点在单位圆内的正实轴上，则对应的响应分量按指数规律衰减，且极点越靠近原点，其值越小，衰减越快。

【结论 2】 设 p_j 为负实数，则对应的动态分量按正负交替方式振荡。因为当 k 为偶数时，$c_j p_j^k$ 为正值，而当 k 为奇数时，$c_j p_j^k$ 为负值。振荡角频率为采样频率的一半，即 $\omega=\frac{1}{2}\omega_s=\frac{\pi}{T}$。这种情况下，过渡过程特性最差。

(1) 当 $p_j<-1$ 时，极点在单位圆外的负实轴上，对应的响应分量为正负交替发散振荡形式。

(2) 当 $p_j=-1$ 时，极点为单位圆与负实轴的交点，对应的响应分量为正负交替等幅振荡形式。

(3) 当 $-1<p_j<0$ 时，极点在单位圆内的负实轴上，对应的响应分量为正负交替收敛振荡形式。

【结论 3】 若 p_j 为复数，则必为共轭复数，p_j 和 p_{j+1} 成对出现，即 p_j，$p_{j+1}=|p_j|e^{\pm j\theta_j}$。则对应的动态响应分量为余弦振荡形式，振荡角频率与共轭复数极点的幅角 θ_j 有关，$\omega=\frac{\theta_j}{T}$，$\theta_j$ 越大，振荡角频率越高。

(1) $|p_j|>1$ 时，极点在单位圆外的 z 平面上，则对应的响应分量为增幅振荡形式，系统将是不稳定的。

(2) $|p_j|=1$ 时，极点在单位圆上，则对应的响应分量为等幅振荡形式，系统处于稳定边界。

(3) $|p_j|<1$ 时，极点在单位圆内，则对应的响应分量为衰减振荡形式。

7.7　基于 MATLAB 的离散系统分析与校正

7.7.1　离散系统的性能分析

在 MATLAB 中，可利用 c2d 函数将连续信号离散化处理，其调用格式为

sysd=c2d(sys,Ts,method)

其中，为采样周期。通过 method 来指定离散化形式，可实现对连续系统 sys 进行不同形式的离散化，如零阶保持器 zoh、三角形近似 foh、双线性近似 tustin 等形式。

利用 feedback 函数可根据离散系统的开环脉冲传递函数建立闭环离散系统的数学模型，调用格式为

sysCLz=feedback(Dz,1)

其中，通过 Dz 来指定开环脉冲传递函数，“1”表示单位反馈作用。

【例 7-10】 某单位反馈离散系统的结构图如图 7-27 所示，设采样周期 $T_s=1s$，试通过 MATLAB 求取：

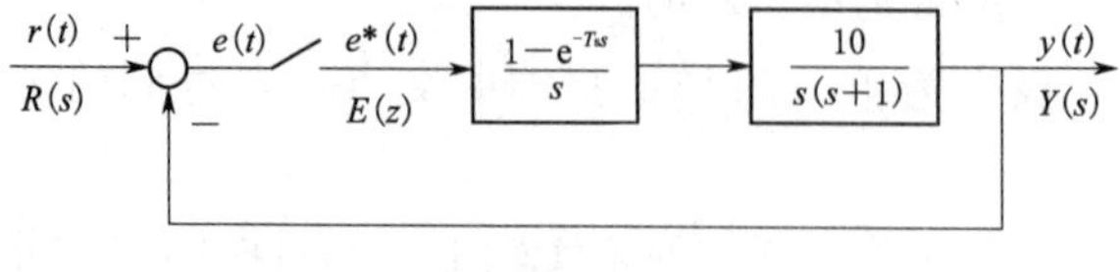

图 7-27

（1）系统的开环脉冲传递函数和闭环脉冲传递函数。

（2）系统位于单位圆外的闭环极点数。

（3）采样周期取 $T_s=1\text{s}$ 时，系统位于单位圆外的闭环极点数。

【解】 （1）输入以下 MATLAB 程序。

```
clear all
Ts=1;
Gs=tf([10],[1 1 0]);
Dz=c2d(Gs,Ts,'zoh');
sysCLz=feedback(Dz,1)
```

运行结果为

```
Transfer function:                 Transfer function:
     3.679 z+2.642                      3.679 z+2.642
  --------------------              --------------------
  z^2-1.368 z+0.3679                z^2+2.311 z+3.010
Sampling time:1                    Sampling time:1
```

则系统的开环脉冲传递函数为

$$G(z)=\frac{3.679z+2.642}{z^2-1.368z+0.3679}$$

系统的闭环脉冲传递函数为

$$\Phi(z)=\frac{3.679z+2.642}{z^2+2.311z+3.010}$$

（2）在 MATLAB 命令窗口继续输入以下程序。

```
[num,den]=tfdata(sysCLz);
denCLz=den{1,1};
pCLz=roots(denCLz)
n_unstable=find(abs(pCLz)>1)
```

运行结果为

```
pCLz=
  -1.1555+1.2943i
  -1.1555-1.2943i

n_unstable=[1 2]
```

则系统有两个位于单位圆外的闭环极点，即 1.1555±j1.2943，故此时系统是不稳定的。

（3）修改步骤（1）中的程序，令“$T_s=0.1$”，重复步骤（1），运行结果为

```
Transfer function:
     0.04873 z+0.04679
  --------------------
  z^2 -1.905 z+0.9048
```

```
Sampling time:0.1

Transfer function:
     0.04837 z+0.04679
   ---------------------
   z^2-1.856 z+0.9516
Sampling time:0.1
```

系统的开环脉冲传递函数为

$$G(z)=\frac{0.04837z+0.04679}{z^2-1.905z+0.9048}$$

系统的闭环脉冲传递函数为

$$\Phi(z)=\frac{0.04837z+0.04679}{z^2-1.856z+0.9516}$$

重复步骤（2），运行结果为

```
pCLz=
   0.9282+0.3000i
   0.9282-0.3000i


n_unstable=
Empty matrix:0-by-1
```

其中，n_unstable为空集，表明系统没有位于单位圆外的闭环极点，即采样周期变小后，闭环系统的稳定性得到改善。

7.7.2　离散系统的校正设计

离散系统的校正设计方法有仿真设计法和离散设计法两种，其中仿真设计法多用于采样周期足够小，采样、量化和保持环节对控制系统性能的影响可以忽略不计的场合；离散设计法则适用于采样和保持环节对系统性能的影响不能忽略，或者系统各环节本身就是以离散模型来描述的场合。

7.7.2.1　仿真设计法

仿真设计法的基本思路是：首先设计连续控制器；然后根据设计要求确定合适的采样周期，将所设计的连续控制器离散化处理；最后用离散系统的分析方法，通过仿真或实验来验证所设计的离散系统的基本性能。

为确定合适的采样周期 T_s，应根据系统要求的超调量 $\sigma\%$ 确定系统的阻尼系数 ξ，根据期望的调节时间 t_s 和阻尼系数 ξ 计算出闭环系统的带宽 ω_b，并按照工程习惯取 $\omega_s\geqslant\omega_b$，通过 $T_s=\dfrac{1}{\omega_s}$ 计算出采样周期的取值范围，从中选取合适的值。

对于零、极点数较多的连续控制器，离散化的计算量很大，此时可借助MATLAB中的c2d函数快速确定离散控制器的脉冲传递函数。通过在MATLAB的Simulink工具箱中搭建仿真系统，并填写相应的控制器和过程对象参数，可对离散化处理后的离散系统进行仿真，根据仿真结果确定离散系统的动态性能和稳态误差，并以此来检验设计结果是否

满足期望的性能要求。

7.7.2.2 离散设计法

离散设计法的本质是通过合理设置离散控制器开环脉冲传递函数 $G(z)$ 的零、极点，将其闭环脉冲传递函数 $\Phi(z)$ 的零、极点位置调整到期望的区域，从而使系统的性能满足设计要求。离散设计法的一般步骤如下。

(1) 根据期望性能指标要求，在 z 平面中确定校正后闭环系统 $\Phi(z)$ 的零、极点期望区域。

(2) 在 z 平面中绘出原系统的开环零、极点分布图，根据其与期望区域的相对位置选择合适的校正环节。

(3) 通过 MATLAB 反复试探，确定合适的校正参数，将 $\Phi(z)$ 的零、极点调整至期望区域内。

(4) 用离散系统的分析方法，通过仿真或实验来验证所设计的离散系统的基本性能。

本 章 小 结

(1) 线性离散控制系统理论是设计数字控制器和计算机控制系统的基础。离散系统与连续系统在结构上的区别是增加了采样器和保持器。

(2) 为了保证信号的恢复，离散系统的采样频率信号必须大于或等于原连续信号所含最高频率的两倍。工程上常用的信号恢复装置是零阶保持器，但应注意的是零阶保持器并不是理想的低通滤波器。

(3) z 变换理论是离散控制系统理论的数学基础。可以说，z 变换在线性离散控制系统中所起的作用与拉普拉斯变换在线性连续控制系统中所起的作用是同等重要的。

(4) 差分方程和脉冲传递函数是线性离散控制系统的数学模型。利用系统连续部分的传递函数，可以方便地得出系统的脉冲传递函数。z 变换的若干定理对于求解线性差分方程、脉冲传递函数和分析线性离散控制系统的性能是十分重要的。

(5) 线性离散控制系统的分析综合是利用脉冲传递函数，研究系统的稳定性、给定输入作用下稳态误差、动态性能以及在给定指标下系统的校正。

(6) 利用 z 平面到 w 平面的双线性变换和劳斯判据可以判别离散系统的稳定性。对于高阶系统，直接利用朱利判据也不失为一种较为简便的方法。值得注意的是，离散控制系统的稳定性除与系统固有的结构和参数有关外，还与系统的采样周期有关，这是与连续控制系统相区别的重要一点。

(7) 离散控制系统的动态性能分析，可以通过求解单位阶跃响应，获得系统的性能指标来进行；也可以直接通过分析系统闭环零、极点在 z 平面上的分布与动态性能之间的关系而获得。

(8) 离散控制系统稳态误差的计算通常采用 z 变换的终值定理进行。对于典型输入信号，也可根据系统的型别和静态误差系数直接求得稳态误差。

(9) 在典型输入信号作用下，可采用直接数字校正的方法，设计无稳态误差的最少拍系统。但这种系统对于不同输入信号的适应性较差，对参数的变化也比较敏感。

拓　展　阅　读

代表人物及事件简介

克劳德·艾尔伍德·香农（Claude Elwood Shannon，1916—2001），是美国数学家、信息论的创始人，出生于美国密歇根州的 Pelokey，1936 年获得密歇根大学学士学位，1940 年在麻省理工学院获得硕士和博士学位，1941 年进入贝尔实验室数学部工作，直到 1972 年。1956 年成为麻省理工学院（MIT）客座教授，并于 1958 年成为终身教授，1978 年成为名誉教授。

香农提出了信息熵的概念，为信息论和数字通信奠定了基础。主要论文有 1938 年的硕士论文“继电器与开关电路的符号分析”、1948 年的“通信的数学原理”和 1949 年的“噪声下的通信”。可见，香农在读硕士期间已经注意到电话交换电路与布尔代数之间的类似性，即把布尔代数的“真”与“假”和电路系统的“开”与“关”对应起来，并用 1 和 0 表示，这奠定了数字电路的理论基础。在后两篇论文中，香农阐明了通信的基本问题，给出了通信系统的模型，提出了信息量的数学表达式，并解决了信道容量、信源统计特性、信源编码、信道编码等系列基本技术问题；两篇论文成为信息论的奠基性著作。为纪念他而设置的香农奖是通信理论领域最高奖，也被称为“信息领域的诺贝尔奖”。2001 年他逝世时，贝尔实验室和 MIT 发表的讣告都尊崇香农为信息论及数字通信时代的奠基人。

计算机数控技术

数控（numerical control，NC）技术是指用数字、文字和符号组成的数字指令来实现一台或多台机械设备动作控制的技术。数控——一般是采用通用或专用计算机实现数字程序控制，因此数控也称为计算机数控（computerized numerical control，CNC）。它所控制的通常是位置、角度、速度等机械量和与机械能量流向有关的开关量。数控的产生依赖于数据载体和二进制形式数据运算的出现。1908 年，穿孔的金属薄片互换式数据载体问世；19 世纪末，以纸为数据载体并具有辅助功能的控制系统被发明；1938 年，香农在国麻省理工学院进行了数据快速运算和传输，奠定了现代计算机，包括计算机数字控制系统更精础。数控技术是与机床控制密切结合发展起来的。1952 年，第一台数控机床问世，成为世界机械工业史上一件划时代的事件，推动了自动化的发展。

招数控技术用计算机按事先存储的控制程序来执行对设备的运动轨迹和外设的操作时序逻辑控制功能。由于采用计算机替代原先用硬件逻辑电路组成的数控装置，使输入操作指令的存储、处理、运算、逻辑判断等各种控制机能的实现，均可通过计算机软件来完成，处理生成的微观指令传送给伺服驱动装置驱动电机或液压执行元件带动设备运行。传统的机械加工都是用手工操作普通机床作业的，加工时用手摇动机械刀具切削金属，靠眼

睛用卡尺等工具测量产品的精度。现代工业早已使用计算机数字化控制的机床进行作业了，称作数控机床。数控机床可以按照技术人员事先编好的程序自动对任何产品和零部件直接进行加工，称作数控加工。

数控加工中心是一种功能较全的数控加工机床，是由机械设备与数控系统组成的适用于加工复杂零件的高效率自动化机床。它把铣削、镗削、钻削、攻螺纹和切削螺纹等功能集中在一台设备上，使其具有多种工艺手段。加工中心设置有刀库，刀库中存放着不同数量的各种刀具或检具，在加工过程中由程序自动选用和更换，它与单数控机床的主要区别。加工中心能实现三轴或三轴以上的联动控制，以保证刀具进行复杂表面的加工。加工中心除具有直线插补和圆弧插补功能外，还具有各种加工固定循环、刀具半径自动补偿、刀具长度自动补偿、加工过程图形显示、人机对话、故障自动诊断、离线编程等功能。数控加工中心是世界上产量最高、应用最广泛的数控机床之一。它的综合加工能力较强，加工精度较高，其效率是普通设备的 5～10 倍，特别是它能完成许多普通设备不能完成的加工，对形状较复杂、精度要求高的单件加工或中小批量多品种生产更为适用。特别是对于必须采用工装和专机设备来保证产品质量和效率的工件，会节省大量的时间和费用，从而使企业具有较强的竞争能力。

习　题

7-1　试求 a^K 的变换。

7-2　已知 $X(s)=\dfrac{(s+3)}{(s+1)(s+2)}$，试求 $X(z)$。

7-3　已知 $X(z)=\dfrac{z}{(z-1)^2(z-2)}$。试求 $X(KT)$。

7-4　已知 $X(z)=\dfrac{z(1-\mathrm{e}^{-T})}{(z-1)(z-\mathrm{e}^{-T})}$。试求 $X(KT)$。

7-5　根据下列 $G(s)$ 求取相应的脉冲传递函数 $G(z)$。

(1) $G(s)=\dfrac{K}{s(s+a)}$；　(2) $G(s)=\dfrac{1-\mathrm{e}^{-Ts}}{s}\dfrac{K}{s(s+a)}$；　(3) $G(s)=\dfrac{\omega}{s^2+\omega^2}$

7-6　离散系统如题 7-6 图所示，其中传递函数为 $G(s)=\dfrac{10}{s(s+1)}$，$H(s)=1$，采样周期 $T=1\mathrm{s}$。试分析系统的稳定性。

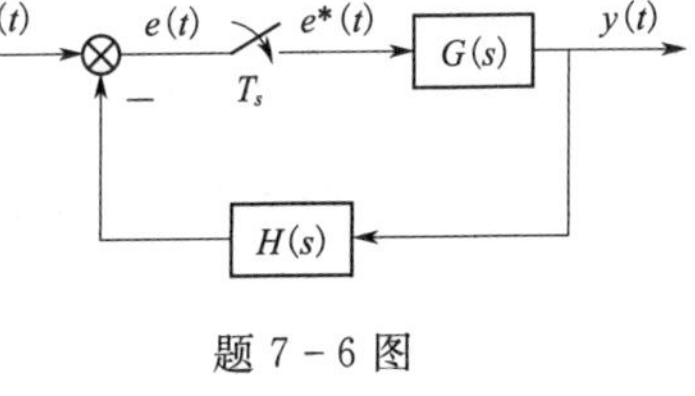

题 7-6 图

7-7　应用劳斯稳定判据分析习题 7-6 中，当系统 $G(s)=\dfrac{K}{s(s+1)}$，$H(s)=\tau s+1$，$T=1\mathrm{s}$，且系统稳定时 K、τ 的取值。

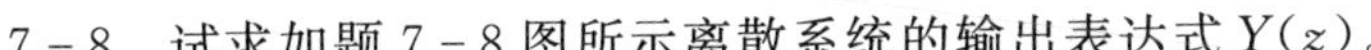

7-8　试求如题 7-8 图所示离散系统的输出表达式 $Y(z)$。

7-9　离散系统如题 7-9 图所示（$T=1\mathrm{s}$）。求：

(1) 当 $K=8$ 时分析系统的稳定性。

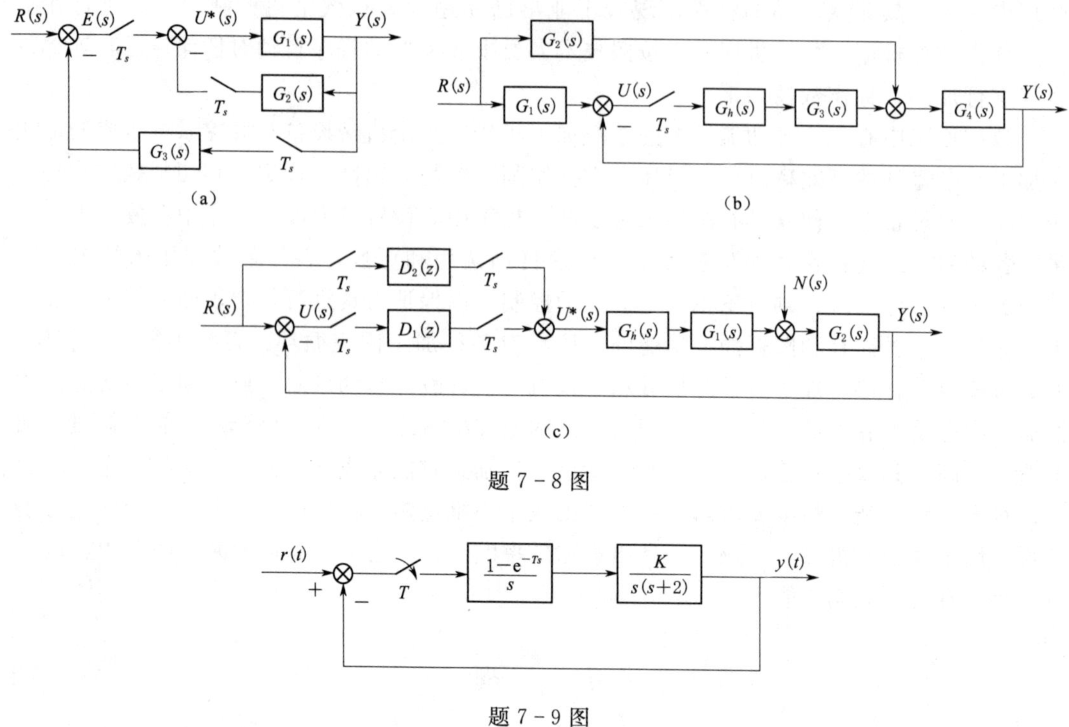

题 7－8 图

题 7－9 图

（2）系统临界稳定时 K 的取值。

7－10　系统结构如题 7－10 图所示，其中 $K=10$，$T=0.2\text{s}$，输入函数 $r(t)=1(t)+t+\frac{1}{2}t^2$，求系统的稳态误差。

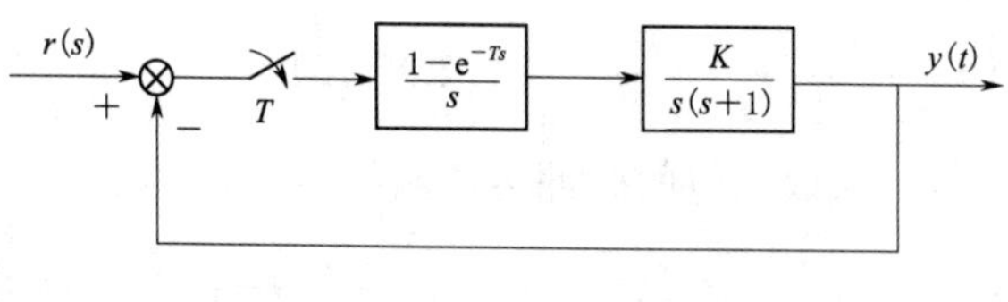

题 7－10 图

7－11　离散系统如题 7－11 图，图中 $G(s)=\dfrac{K}{Ts+1}$ 试确定使系统稳定时，K 的取值范围，并确定采样周期 T 对系统稳定性的影响（$T>0$）。

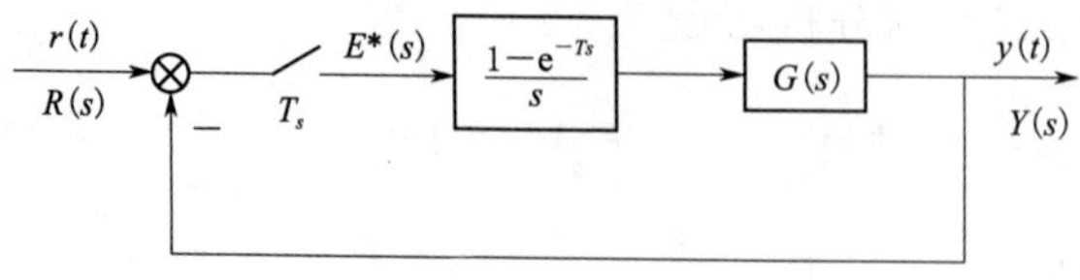

题 7－11 图

7－12　系统结构如题 7－12 图所示，其中 $G(s)$ 为连续部分的传递函数。试根据下

列给出的 $G(s)$ 及数据，确定满足最小拍性能指标的脉冲传递函数 $D(z)$。

(1) $G(s)=\dfrac{10}{s(0.1s+1)(0.5s+1)}$　$T=0.2\text{s}$，$r(t)=1(t)$；

(2) $G(s)=\dfrac{1}{(s+1)^2}$　$T=1\text{s}$，$r(t)=1(t)$；

(3) $G(s)=\dfrac{4(s+1)}{s(s+2)}$　$T=1\text{s}$，$r(t)=1(t)$。

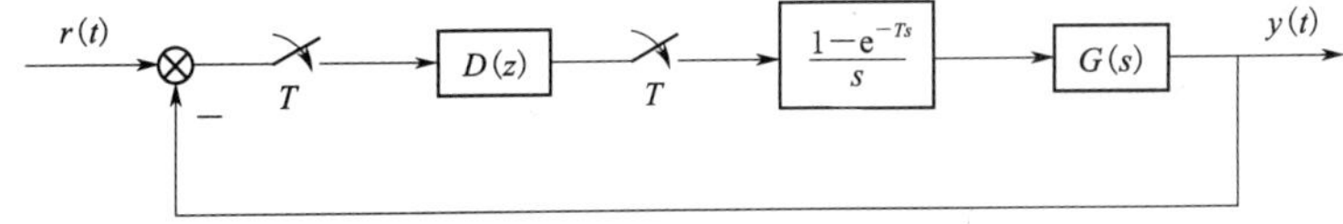

题 7-12 图

7-13　系统结构图如题 7-13 图所示，其中 $G(s)=\dfrac{1}{s(s+1)}$，采样周期 $T=1\text{s}$，试求 $r(t)=1(t)$ 系统无稳态误差时，过渡过程在最小拍结束的 $D(z)$。

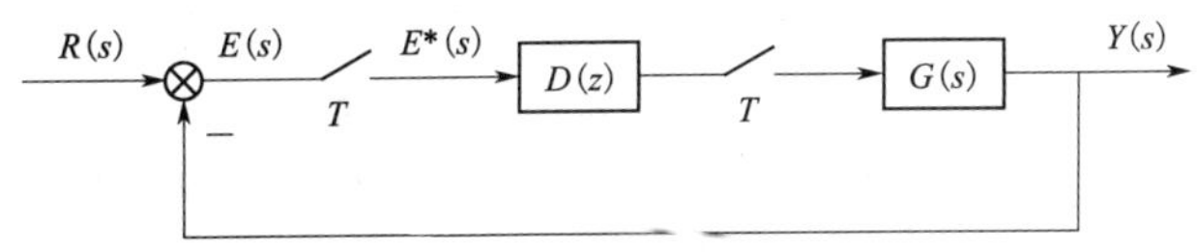

题 7-13 图

7-14　系统结构图如题 7-14 图所示。其中 $G(s)=\dfrac{1}{s(s+1)}$，$T=1\text{s}$，试求 $r(t)=1(t)$输入，系统无稳态误差、过渡过程在最小拍结束时的 $D(z)$。

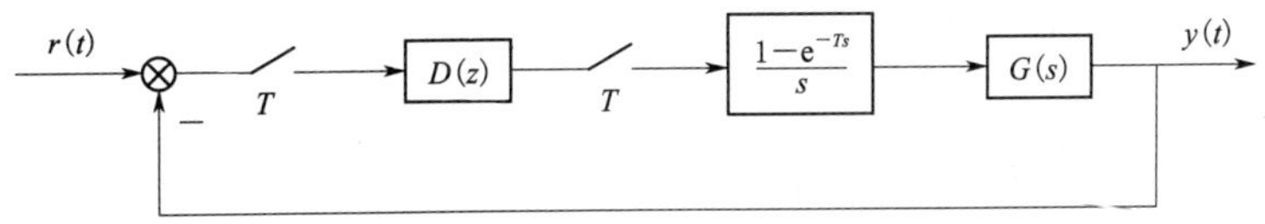

题 7-14 图

第 8 章　非线性控制系统的分析

引言

组成非线性控制系统的各元件，在动态和静态特性方面都存在不同程度的非线性特征。对于线性控制系统或者可线性化的非线性控制系统，都可以采用线性描述方法来分析；而对于本质非线性控制系统，通过线性描述方法已不能获取精确的分析结果，无法使其完全满足实际生产的要求。本章讨论的非线性控制系统均是指本质非线性控制系统，目的是研究它们的一些基本特性和常用的分析方法。

非线性控制系统常用的分析方法有相平面法和描述函数法两种，其中相平面法通过图解法将一阶和二阶系统的运动过程转化为位置和速度平面上的相轨迹，从而可以比较直观、准确地反映系统的稳定性、稳态精度、平衡状态以及初始条件和参数对系统特性的影响。描述函数法是在谐波线性化的基础上，通过分析周期信号基本频率分量的传递关系，进而讨论系统在频域中的一些特性，如系统的稳定性、自持振荡的振荡频率和幅值等。

学习目标

- 掌握控制系统的非线性特性。
- 熟悉相平面图的绘制与分析方法。
- 掌握描述函数的定义。
- 熟悉非线性控制系统的描述函数分析方法。

8.1　控制系统的非线性特性

在控制系统中，许多控制装置或元件的输入与输出呈现出特有的非线性特性。这些非线性特性不能采用线性描述方法来处理，也不符合叠加原理，称为本质非线性特性。具有本质非线性特性的控制系统称为本质非线性控制系统。与线性控制系统相比，本质非线性控制系统主要具有以下特点。

（1）不同的初始条件与输入量对非线性控制系统具有不同的影响。非线性控制系统的响应过程可能会出现在某一初始条件下为单调衰减，而在另一初始条件下则为衰减振荡的情况；线性控制系统如果在某初始条件下的响应过程为衰减振荡，则其在任何输入信号及初始条件下的动态响应均为衰减振荡形式。

（2）非线性控制系统的稳定性不仅与系统的结构和参数有关，还与输入信号及初始条件有关。非线性控制系统可能在某一初始条件下稳定，而在另一初始条件下不稳定；线性控制系统的稳定性只取决于系统的结构和参数，与输入信号及初始条件无关。

(3) 非线性控制系统可能存在自激振荡现象。非线性控制系统在没有外界周期变化的信号作用时，可能会在系统内产生具有固定振幅和频率的稳定周期运动；线性控制系统只有在临界稳定的情况下才能产生周期运动。

典型的本质非线性特性有继电特性、饱和特性、死区特性、滞环特性和摩擦特性等。

8.1.1 继电特性

继电特性的名称来源于继电器，其输入输出关系如图 8-1 所示。继电特性的数学描述为

$$f(e)=\begin{cases}+M, e>0\\-M, e<0\end{cases} \tag{8-1}$$

继电特性是最常见的非线性特性之一，从图 8-1 (a) 中可以看出：当输入信号大于零时，输出为正常数值 M；当输入信号小于零时，输出为负常数值 $-M$；当输入信号等于零时，曲线不连续，导数也不存在，因此信号的输入输出关系不满足叠加原理。开关特性是继电特性只有单边输出时的特例，如图 8-1 (b) 所示。

8.1.2 饱和特性

饱和特性的输入输出关系如图 8-2 所示，其数字描述为

$$f(e)=\begin{cases}+M, e>+e_0\\ke, -e_0\leqslant e\leqslant+e_0\\-M, e<-e_0\end{cases} \tag{8-2}$$

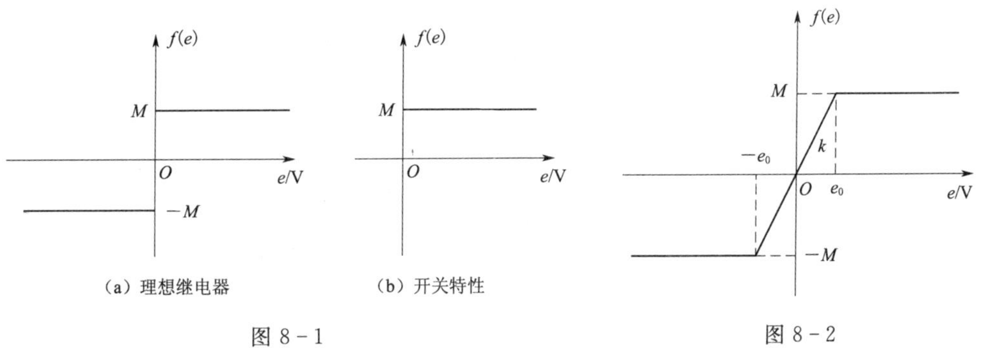

(a) 理想继电器　(b) 开关特性

图 8-1　图 8-2

饱和特性可以由放大器失去放大能力时的饱和现象来说明，当放大器工作在线性工作区时，其输入输出关系所呈现的放大倍数为比例系数 k；当输入信号的幅值超过 $+e_0$ 时，放大器的输出保持正的常数值 M，不再具有放大功能；当输入信号的幅值小于 $-e_0$ 时，放大器的输出保持负常数值 $-M$，也不再具有放大功能。

在放大器的线性工作区内，其输入输出关系满足叠加原理。但当输入信号正、反向幅值过大时，放大器进入饱和工作区，其输入输出关系不满足叠加原理。在饱和点 $\pm e_0$ 处，信号虽然是连续的，但是其导数不存在。

饱和特性在控制系统中普遍地存在，含有饱和特性的控制系统如图 8-3 所示。控制系统的调节器一般都是由电子器件组成的，当系统的输出信号不可能再大时，就形成饱和输出。有时饱和特性是在执行单元形成的，如阀门开度不能再大、电磁关系中的磁路饱和

等。另外还可以看到，当线性关系的斜率 k 趋于无穷大时，饱和特性就演变成继电特性了。

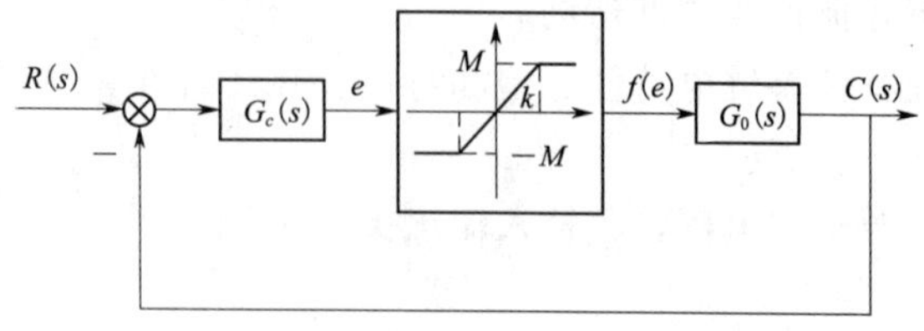

图 8－3

8.1.3　死区特性

死区又称不灵敏区。在死区内，控制单元的输入端虽然有输入信号，但其输出为零。死区特性通常作为叠加在其他传输关系上的附加特性出现，其输入输出关系如图 8－4 所示。

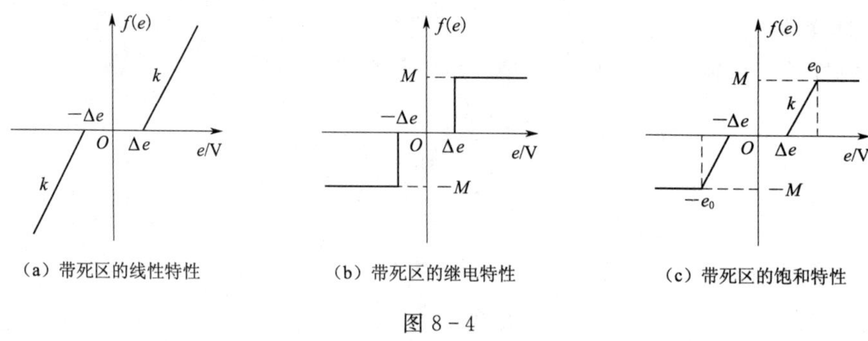

(a) 带死区的线性特性　(b) 带死区的继电特性　(c) 带死区的饱和特性

图 8－4

其中，带死区的线性特性，其数学描述为

$$f(e)=\begin{cases}0,|e|<\Delta e\\ke,|e|\geqslant\Delta e\end{cases}\tag{8-3}$$

带死区的继电特性，其数学描述为

$$f(e)=\begin{cases}+M,e\geqslant+\Delta e\\0,|e|<+\Delta e\\-M,e\leqslant-\Delta e\end{cases}\tag{8-4}$$

带死区的饱和特性，其数学描述为

$$f(e)=\begin{cases}+M,e>+e_0\\0,|e|<+\Delta e\\ke,+\Delta e\leqslant|e|\leqslant+e_0\\-M,e<-e_0\end{cases}\tag{8-5}$$

死区特性常见于许多控制设备与控制装置中。当死区很小或者对于系统的运行不会产生不良影响时，死区特性对系统的影响可忽略不计。但是如伺服电动机，其死区电压将会对系统精度产生较大影响，此时就要考虑伺服电动机的死区特性，进而在此基础上研究提高与改善伺服电动机转角控制精度的问题。

8.1.4 滞环特性

滞环特性也称换向不灵敏特性，其表现为正向行程与反向行程不是重叠在一起，而是在输入输出曲线上出现闭合环路。滞环特性与死区特性相同，通常也作为叠加在其他传输关系上的附加特性出现，其输入输出关系如图 8-5 所示。

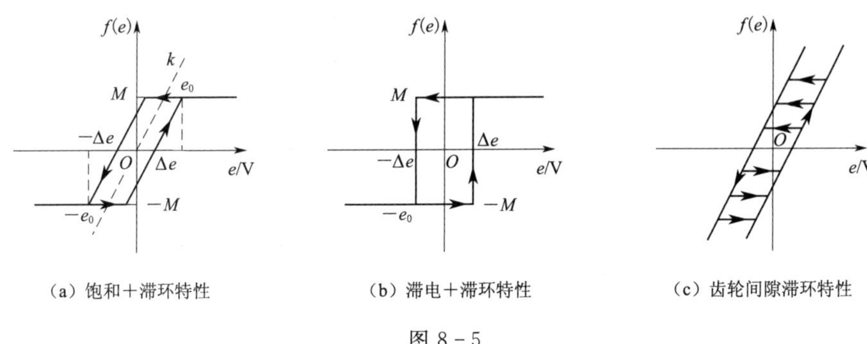

(a) 饱和+滞环特性　(b) 滞电+滞环特性　(c) 齿轮间隙滞环特性

图 8-5

滞环特性可由齿轮间隙特性来说明，如图 8-5（c）所示。齿轮的主动轮与被动轮啮合时，存在有啮合间隙。当主动轮改变方向时，主动轮的齿要转过间隙后才能带动被动轮，也就是主动轮换向滑过间隙时，被动轮保持常值。

8.1.5 摩擦特性

机械运动的摩擦特性分为静摩擦特性与动摩擦特性两种。静摩擦特性作用于启动瞬间，如图 8-6 中的 M_1 所示；动摩擦特性以常值始终对系统的运动产生作用，如图 8-6 所示中的 M_2。一般情况下，M_1 大于 M_2。摩擦特性的作用是阻止系统的运动，所以摩擦特性貌似继电特性，但是方向与继电特性相反，因此两者的物理意义是不同的。

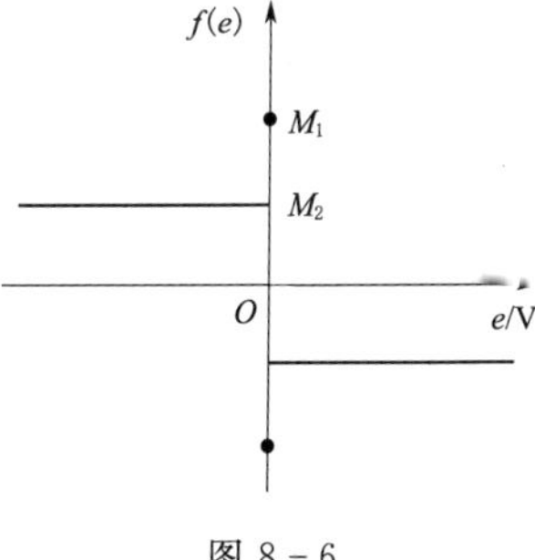

图 8-6

8.2 相平面法

相平面法是一种常用的系统分析工具，它既可应用于线性控制系统分析，又可应用于非线性控制系统分析。尤其是在非线性控制系统分析中，它可以将某些非线性控制系统的运动规律清楚地展现在相平面图上。

8.2.1 相平面与相轨迹

二阶系统的微分方程为

$$\ddot{x} + f(x, \dot{x}) = 0 \tag{8-6}$$

以系统的两个独立变量（通常是位置变量 x 和速度变量 $\dot{x}$）作为平面坐标构成的平面称为系统的相平面。相应地，这两个独立变量称为相变量。若给定初始条件为

$$\begin{cases} x(0) = x_0 \\ \dot{x}(0) = \dot{x}_0 \end{cases}$$

则以相变量 x 和 $\dot{x}$ 描述的二阶系统运动在相平面上的移动轨迹称为系统的相轨迹，

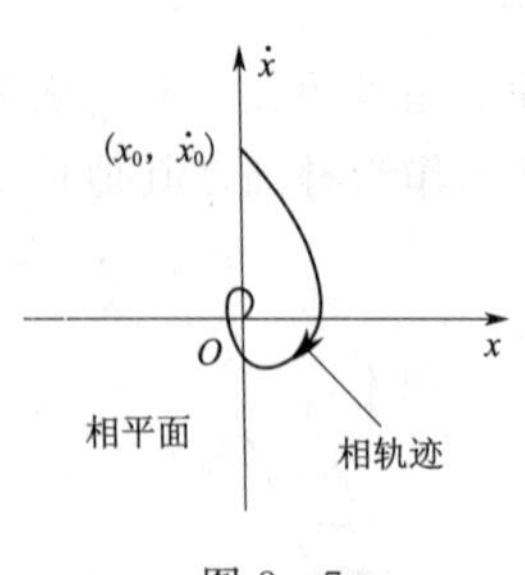

图 8-7

绘制在相平面上的相轨迹图称为系统的相平面图，如图 8-7 所示。在相平面图中，原时间变量 t 成为隐自变量，并不表现在图上。

8.2.2 绘制相平面图

绘制相平面图时，可用计算机进行精确绘制，也可通过解析法或等倾线作图法等方法徒手绘制相平面草图。

8.2.2.1 典型系统的相平面图

（1）典型一阶线性控制系统的相平面图。设一阶线性控制系统的微分方程为

$$\dot{x}+ax=0,\ x_0=b$$

则

$$\dot{x}=-ax$$

故系统的相轨迹在过原点、斜率为 $-a$ 的直线上，如图 8-8 所示。显然，当 $a>0$ 时，相轨迹沿直线收敛于原点；当 $a<0$ 时，相轨迹由原点沿直线发散至无穷远处。

（2）典型一阶非线性控制系统的相平面图。设一阶非线性控制系统的微分方程为

$$\dot{x}+x-x^3=0,\ x(0)=x_0$$

系统的相平面图如图 8-9 所示。由此可知，如果 x 的初值 x_0 满足 $|x_0|<1$，则相轨迹收敛于原点；否则系统的相轨迹将发散至无穷远处。

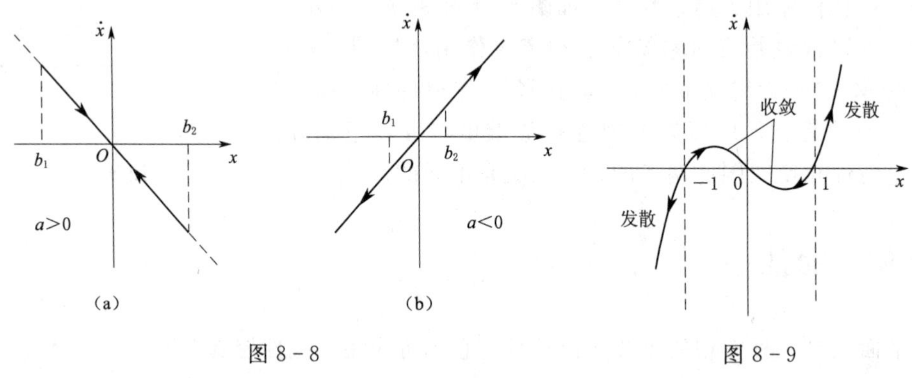

图 8-8　　　　图 8-9

（3）典型二阶线性控制系统的相平面图。设二阶线性控制系统的微分方程为

$$\ddot{x}+\dot{x}+x=0,\quad \begin{cases} x(0)=x_0 \\ \dot{x}(0)=\dot{x}_0 \end{cases}$$

因为

$$\ddot{x}=\frac{\mathrm{d}^2 x}{\mathrm{d}t^2}=\dot{x}\ \frac{\mathrm{d}\dot{x}}{\mathrm{d}x}$$

所以系统相轨迹的斜率方程为：

$$\frac{\mathrm{d}\dot{x}}{\mathrm{d}x}=-\frac{x+\dot{x}}{\dot{x}}$$

经计算，系统在初值为（0,10）和（0,−10）的相平面图如图 8-10 所示。由此可

知，系统的相轨迹由（0,10）和（0,−10）两点收敛于原点。

由以上相平面图可以看出，系统的相轨迹在相平面上的运动具有一定的规律，遵循这些规律，就可以利用计算机作图，或者徒手作草图。

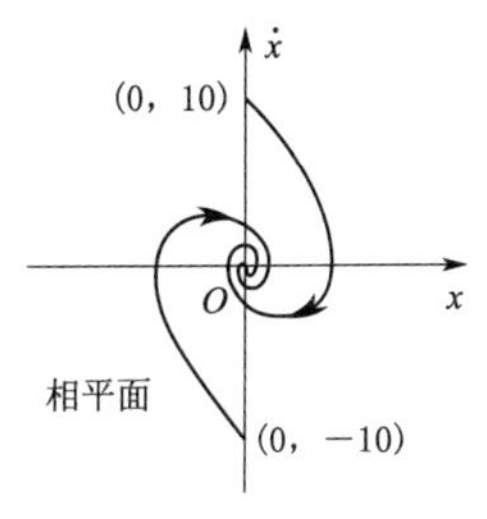

图 8-10

8.2.2.2 解析法

解析法是最直接的相平面图绘制方法，它通过求解系统相轨迹的微分方程来获得积分曲线簇，并以此来绘制出系统的相平面图。

当二阶系统的微分方程不显含 $\dot{x}$ 时，可采用一次积分法求得相轨迹方程为

$$\ddot{x}+f(x)=0 \tag{8-7}$$

由于

$$\ddot{x}=\dot{x}\frac{\mathrm{d}\dot{x}}{\mathrm{d}x} \tag{8-8}$$

将式（8-8）代入方程（8-7）得

$$\dot{x}\mathrm{d}\dot{x}=-f(x)\mathrm{d}x$$

方程两边作一次积分，得到系统的相轨迹方程为

$$\int x\mathrm{d}\dot{x}=\int \quad f(x)\mathrm{d}x$$

当二阶系统的微分方程显含 $\dot{x}$ 时，可求解运动方程得到其运动解 $x(t)$ 和 $\dot{x}(t)$，再从两解式中化简消去时间变量 t，即可得到系统的相轨迹方程，并由此绘制系统的相平面图。

【例 8-1】 二阶系统的微分方程为

$$\ddot{x}+\omega_0^2x=0$$

试作出该系统的相平面图。

【解】 由解析法有

$$\dot{x}\frac{\mathrm{d}\dot{x}}{\mathrm{d}x}+\omega_0^2x=0$$

即

$$\dot{x}\mathrm{d}\dot{x}=-\omega_0^2x\mathrm{d}x$$

两边做一次积分有

$$\int\dot{x}\mathrm{d}\dot{x}=\int-\omega_0^2x\mathrm{d}x$$

则

$$\frac{1}{2}\dot{x}^2=-\frac{1}{2}\omega_0^2x^2+c$$

即

由此可见，系统的相轨迹是一个椭圆，如果以$\dfrac{\dot{x}}{\omega_0}$为纵坐标，则在不同初始条件下的

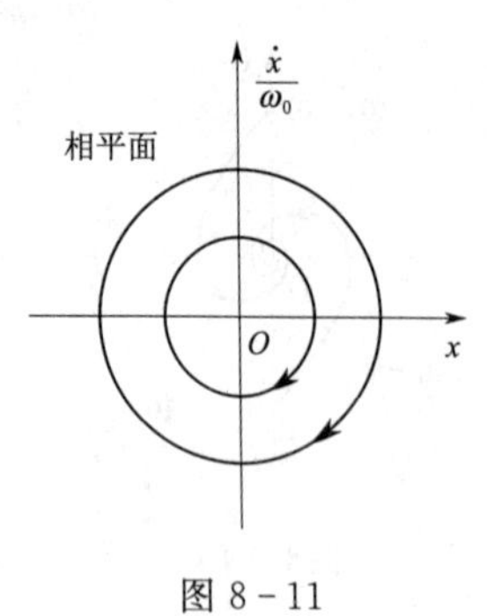

图 8-11

相轨迹为以原点为圆心的同心圆，如图 8-11 所示。

8.2.3 等倾线作图法

等倾线作图法是采用足够短的直线段来近似相轨迹，一般分为以下两个步骤。

(1) 作等倾线。由于 $\ddot{x}=\dot{x}\frac{\mathrm{d}\dot{x}}{\mathrm{d}x}$，将其代入二阶非线性控制系统方程 (8-6)，得到相轨迹的斜率方程为

$$\frac{\mathrm{d}\dot{x}}{\mathrm{d}x}=-\frac{f(x,\dot{x})}{\dot{x}} \tag{8-9}$$

在相平面上，除了系统的奇点之外，在所有的解析点上，令斜率为给定值 a，即

$$a=\frac{\mathrm{d}\dot{x}}{\mathrm{d}x}=-\frac{f(x,\dot{x})}{\dot{x}}\bigg|_{\dot{x}_t}^{x_t} \tag{8-10}$$

则得到相平面上相轨迹的等倾线方程为

$$\dot{x}=-\frac{f(x,\dot{x})}{a} \tag{8-11}$$

(2) 给定一个斜率值 a，根据等倾线方程，便可以在相平面上作出一条等倾线。改变 a 的值，便可以作出若干条等倾线充满整个相平面。

对于线性定常系统，设系统的微分方程为

$$\ddot{x}+a_1\dot{x}+a_0x=0 \tag{8-12}$$

将 $\ddot{x}=\dot{x}a$ 代入上面方程有

$$\dot{x}a+a_1\dot{x}+a_0x=0$$

所以有

$$\dot{x}=-\frac{a_0}{a+a_1}x \tag{8-13}$$

给定不同的 a 值时，等倾线为若干条过原点的直线。

当线性控制系统的运动方程不显含 x 时，例如，系统的微分方程为

$$\ddot{x}+a_1\dot{x}=K$$

其中，a_1，K 均为常数，则等倾线方程为

$$\dot{x}=\frac{K}{a+a_1}$$

给定不同的 a 值时，等倾线均为水平线，充满整个相平面。

【例 8-2】 系统的微分方程为

$$\ddot{x}=K$$

试在相平面上作出该系统的等倾线。

【解】 由于系统的微分方程不显含 x，故系统的等倾线方程为

$$\dot{x}=\frac{K}{a}$$

给定不同的 a 值，系统相轨迹的等倾线均为水平线，如图 8－12 所示中的虚线，相轨迹簇如图 8－12 所示中的实线。

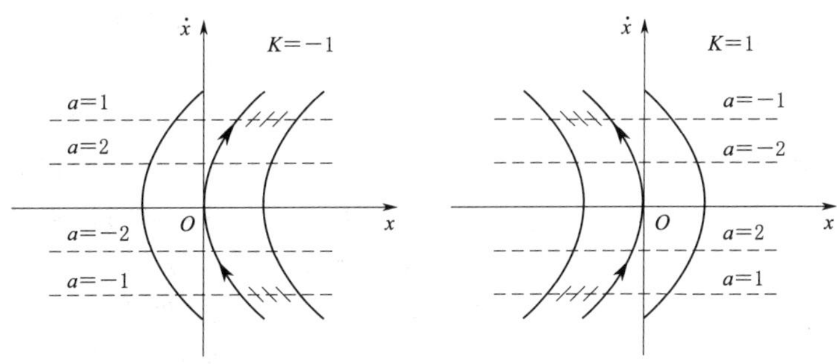

图 8－12

【例 8－3】 系统的微分方程为

$$\ddot{x}+\dot{x}+\sin x=0$$

试在相平面上作出该系统的等倾线。

【解】 将 $\ddot{x}=\dot{x}a$ 代入系统的微分方程，得到等倾线方程为

$$\dot{x}=\frac{1}{1+a}\sin x$$

给定不同的 a 值，系统相轨迹的等倾线为一系列幅值不等的正弦曲线簇，在相平面上作出等倾线，如图 8－13 所示。

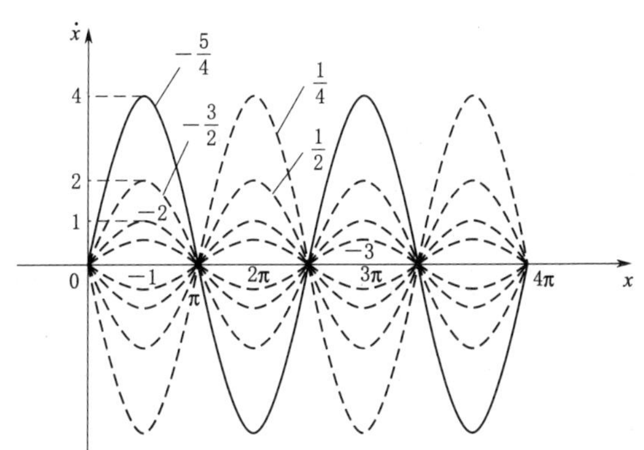

图 8－13 不同 a 值的正弦函数型等倾线

根据等倾线作系统的相轨迹。作出等倾线后，系统的相轨迹与等倾线相交时，或者说相轨迹在穿过某条等倾线时，是以该条等倾线所对应的斜率 a 穿过的。因此，系统的相轨迹就可以依据布满相平面的等倾线来作出。先由初始条件确定相轨迹的起点，然后从相轨迹起点出发，依照等倾线的斜率，逐段折线近似将相轨迹作出。

【例 8－4】 二阶系统的微分方程为

$$\ddot{x}+\dot{x}+x=0$$

试用等倾线法作出该系统的相平面图。

【解】 将 $\ddot{x}=\dot{x}\dfrac{\mathrm{d}\dot{x}}{\mathrm{d}x}=\dot{x}a$ 代入系统的微分方程，得等倾线方程为

$$\dot{x}=-\frac{1}{1+a}x$$

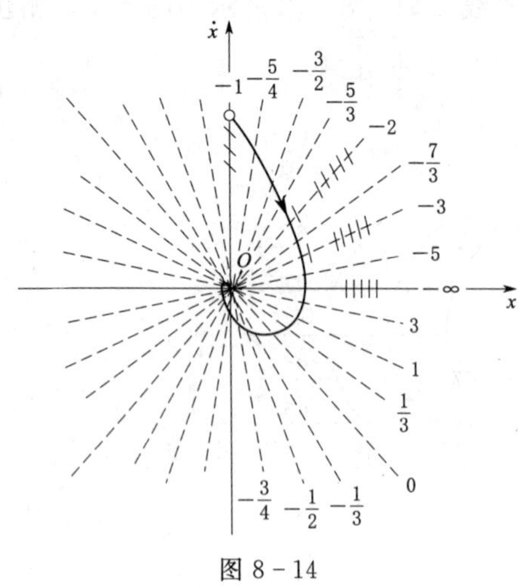

图 8 - 14

该方程为过原点的直线方程，等倾线的斜率为 $k=-\dfrac{1}{1+a}$，此为等倾线斜率与相轨迹斜率的关系式，给定一系列相轨迹斜率 a 的值，便得到一系列等倾线斜率的 k 值，可以作出等倾线如图 8 - 14 所示的虚线。

等倾线作出后，从给定的初值出发，依照相轨迹斜率作分段折线，就可以画出系统的相轨迹了，如图 8 - 14 所示的实线。

8.2.3　相轨迹的运动特性

系统的相轨迹在相平面上具有一定的运动规律，了解相轨迹的运动特性有助于简化相平面图的作图过程。

8.2.3.1　相轨迹的运动方向

(1) 上半平面的相轨迹右行。在上半平面上，由于有速度变量 $\dot{x}>0$ 表示位置变量 x 增加，所以上半平面的相轨迹右行。

(2) 同理，下半平面的相轨迹左行。

(3) 穿过实轴的相轨迹斜率为 $\pm\infty$。在实轴上，由于有速度变量 $\dot{x}=0$，由相轨迹斜率方程：

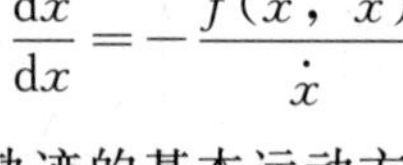

$$\frac{\mathrm{d}\dot{x}}{\mathrm{d}x}=-\frac{f(x,\ \dot{x})}{\dot{x}}$$

可得相轨迹的斜率为 $\pm\infty$。相轨迹的基本运动方向如图 8 - 15 所示。

8.2.3.2　相轨迹的对称

某些系统的相轨迹在相平面上满足某种对称条件。依据这种对称条件，可以对称地画出相轨迹曲线。

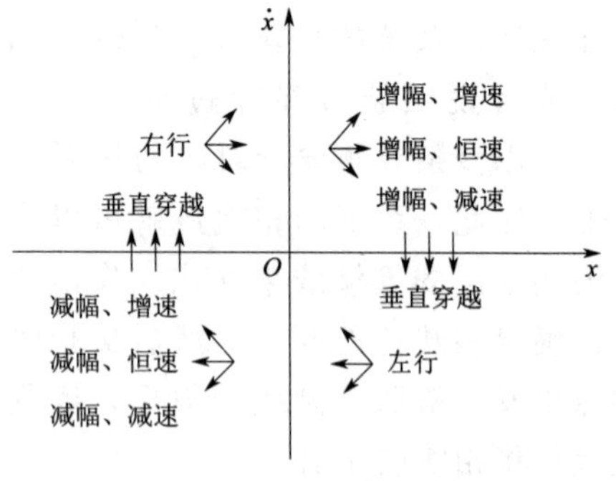

图 8 - 15

(1) 关于 x 轴对称的条件。因为相轨迹斜率方程为

$$\frac{\mathrm{d}\dot{x}}{\mathrm{d}x}=-\frac{f(x,\ \dot{x})}{\dot{x}}$$

所以当系统满足：

$$f(x,\dot{x})=f(x,-\dot{x}) \qquad (8-14)$$

时，在 x 轴的上下两侧，相轨迹的斜率大小相等，符号相反，因此相轨迹关于 x 轴对称。

(2) 关于 $\dot{x}$ 轴对称的条件。同理，当系统满足：

$$f(x,\dot{x})=f(-x,\dot{x}) \qquad (8-15)$$

时，在 $\dot{x}$ 轴的左右两侧，相轨迹的斜率大小相等，符号相反，因此相轨迹关于 $\dot{x}$ 轴对称。

(3) 关于原点对称的条件。同理，当系统满足时，在对称于原点的两侧，相轨迹的斜

率大小相等，方向相同，相轨迹是关于原点对称的。即

$$f(x,\ \dot{x})=f(-x,\ -\dot{x})$$

相轨迹的对称如图 8-16 所示。

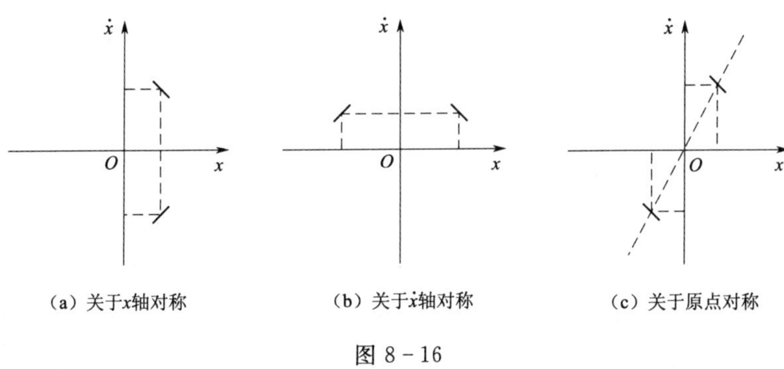

图 8-16

8.2.3.3 相轨迹的时间信息

在相平面图上，时间变量 t 为隐变量。因此，不能直接从相平面图上得到相变量 x，$\dot{x}$ 与时间变量 t 的直接关系。当需要从相平面图上得到相变量与时间的函数关系曲线 $x(t)$，$\dot{x}(t)$ 时，可以采用增量法逐步求解得到，具体方法如下。

由于 $\dot{x}=\dfrac{\mathrm{d}x}{\mathrm{d}t}$，当 $\mathrm{d}x$，$\mathrm{d}t$ 分别取增量 Δx，Δt 时，$\dot{x}$ 就是增量段的平均速度。由增量式可得

$$\Delta t=\frac{\Delta x}{\dot{x}} \tag{8-16}$$

增量 Δx 与平均速度 $\dot{x}$ 可以从相平面图上得到，因此也就得到了对应增量段上的时间信息。将增量信息 Δx，Δt，$\dot{x}$ 表示在（$x-t$）平面或者（$\dot{x}-t$）平面上，便可得到相变量与时间的函数关系曲线 $x(t)$，$\dot{x}(t)$。

如图 8-17（a）所示为相平面图上增量信息的几何说明，如图 8-17（b）所示为根据增量信息得到的时间关系曲线。

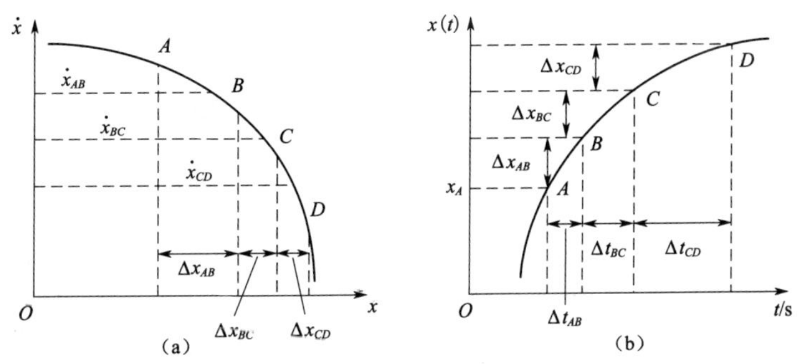

图 8-17

8.2.3.4　相轨迹的奇点

设二阶系统的微分方程为

$$\ddot{x}+f(x,\dot{x})=0 \tag{8-17}$$

则其相轨迹的斜率方程为

$$\frac{\mathrm{d}\dot{x}}{\mathrm{d}x}=-\frac{f(x,\dot{x})}{\dot{x}} \tag{8-18}$$

相平面上满足以下条件的点称为相轨迹的奇点，或者称为系统的奇点。

$$\begin{cases}\dot{x}=0\\ f(x,\dot{x})=0\end{cases} \tag{8-19}$$

在奇点上，相轨迹的斜率不定，即$\dfrac{\mathrm{d}\dot{x}}{\mathrm{d}x}=\dfrac{0}{0}$。也就是，从奇点上可以引出不止一条相轨迹。对于二阶线性控制系统，它的奇点是唯一的，位于相平面的原点上，即

$$\begin{cases}x=0\\ \dot{x}=0\end{cases} \tag{8-20}$$

而对于二阶非线性控制系统，它的奇点可能不止一个，有时也许有无穷多个，可构成奇线。

8.2.3.5　奇点邻域的运动性质

因为从奇点上可以引出无穷条相轨迹，所以相轨迹在奇点邻域的运动可以分为趋向于奇点、远离奇点以及包围奇点成为闭合区域等几种情况。

以二阶线性定常系统为例，由于系统参数不同，相轨迹在奇点邻域的运动会出现下述的几种情况。二阶线性定常系统的微分方程为

$$\ddot{x}+2\xi\omega_n\dot{x}-\omega_n^2x=0 \tag{8-21}$$

当阻尼比 ξ 为不同的取值范围时，奇点的性质见表 8-1。

表 8-1

阻尼比取值	特征根分布	时间响应	相轨迹及奇点的性质
$\xi>1$	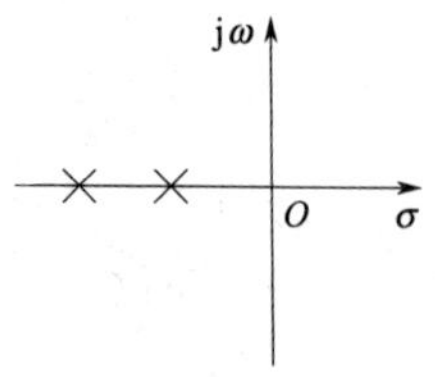 $\mathrm{j}\omega$, O, σ	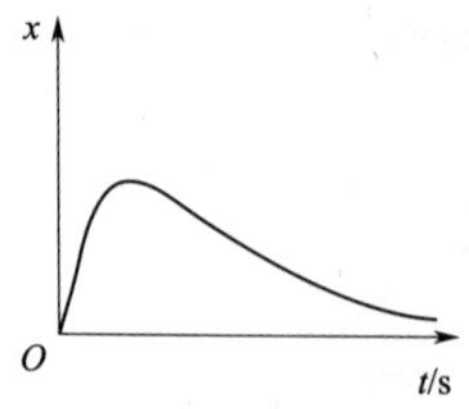 x, O, t/s	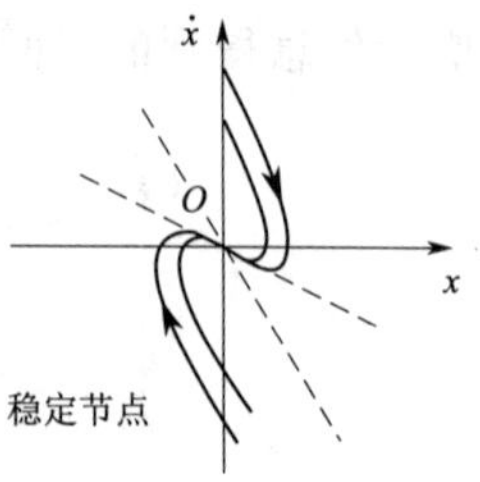 $\dot{x}$, O, x, 稳定节点
$0<\xi<1$	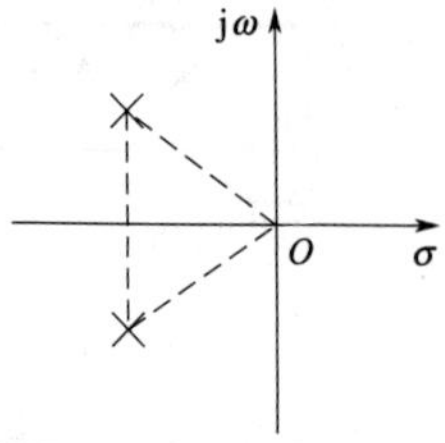 $\mathrm{j}\omega$, O, σ	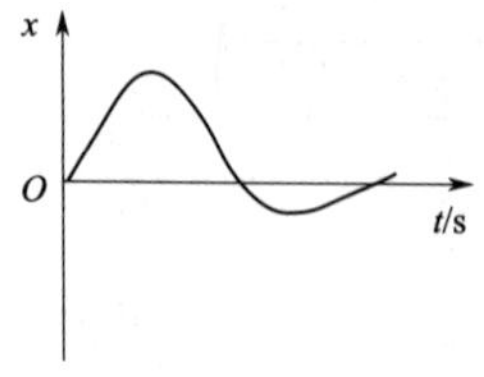 x, O, t/s	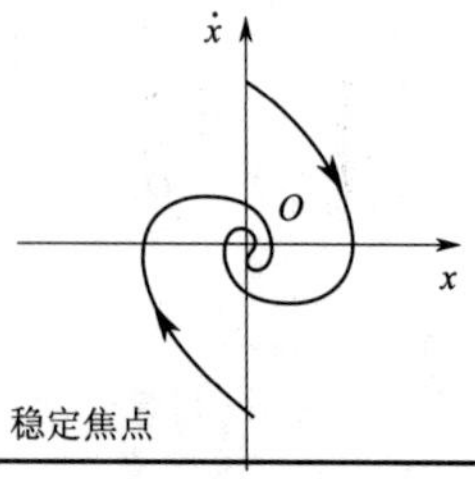 $\dot{x}$, O, x, 稳定焦点

续表

阻尼比取值	特征根分布	时间响应	相轨迹及奇点的性质
$\xi=0$	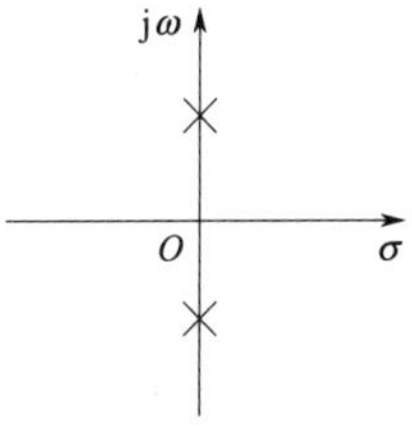 jω, O, σ	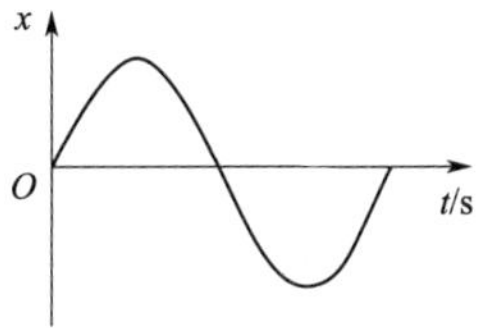 x, O, t/s	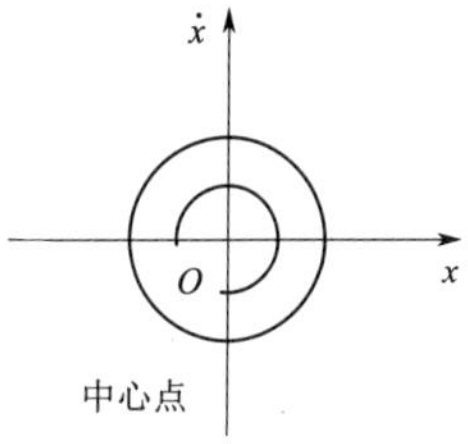 $\dot{x}$, O, x, 中心点
$-1<\xi<0$	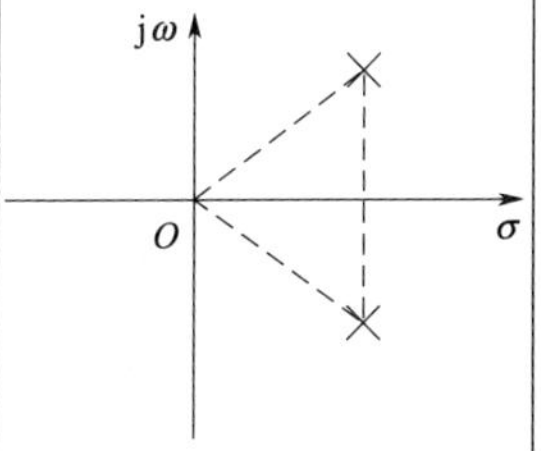 jω, O, σ	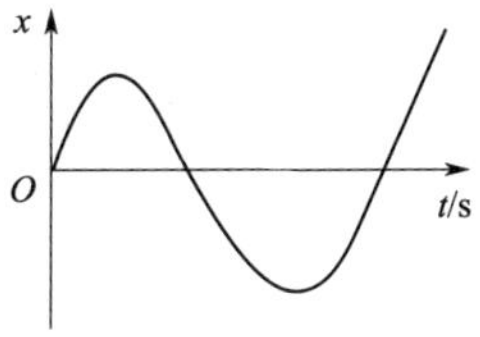 x, O, t/s	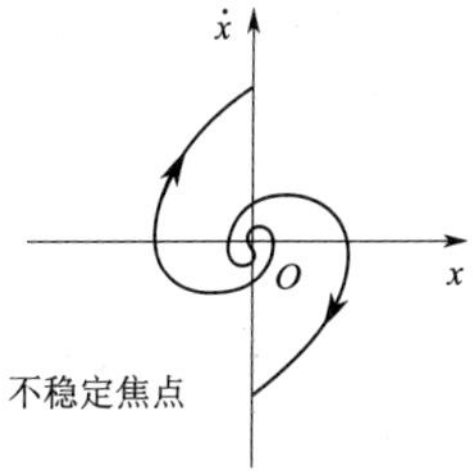 $\dot{x}$, O, x, 不稳定焦点
$\xi<-1$	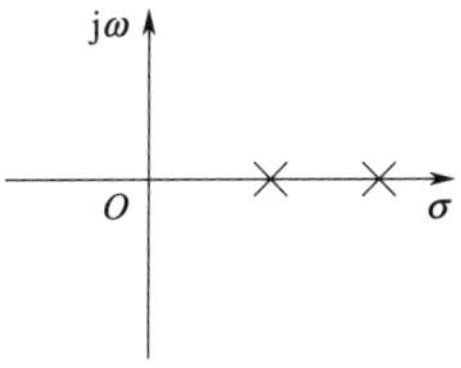 jω, O, σ	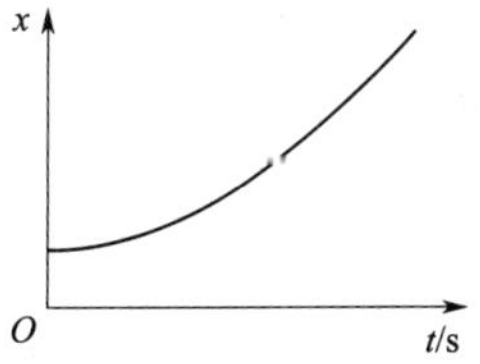 x, O, t/s	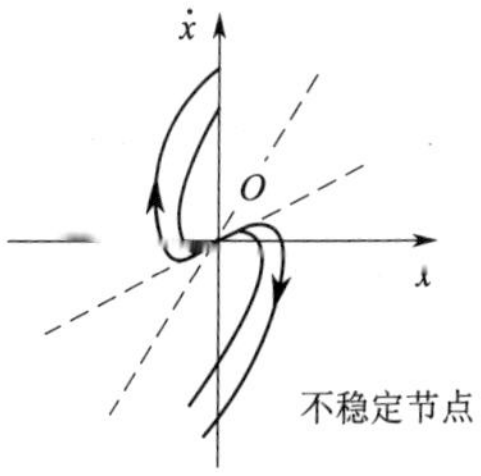 $\dot{x}$, O, x, 不稳定节点
$\ddot{x}+2\xi\omega_n\dot{x}-\omega_n^2x=0$	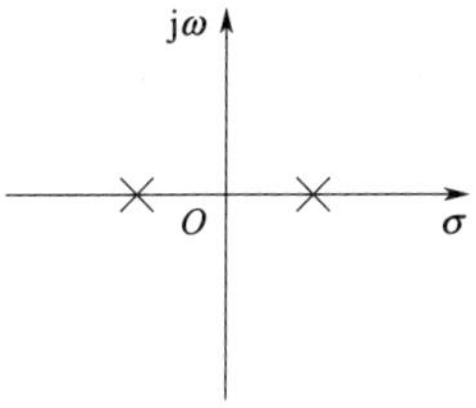 jω, O, σ	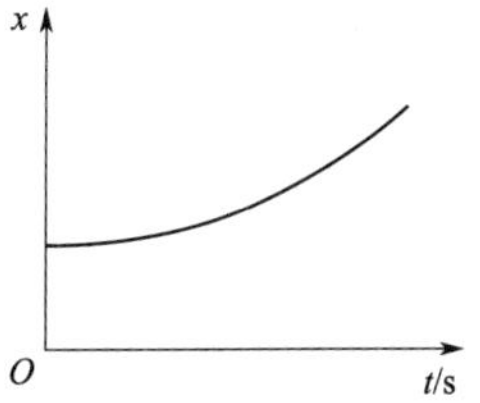 x, O, t/s	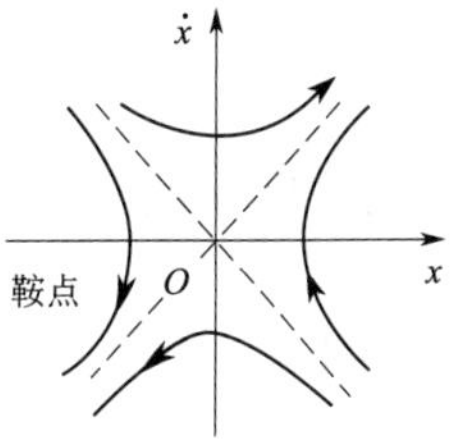 $\dot{x}$, 鞍点, O, x

对于可线性化的二阶非线性控制系统，可以计算其在奇点邻域的线性化方程。由于一般二阶系统的微分方程为

$$\ddot{x}+f(x,\ \dot{x})=0$$

其在奇点邻域的线性化方程可表示为

$$\ddot{x}+\left.\frac{\partial f(x,\dot{x})}{\partial \dot{x}}\right|_{\dot{x}_0}^{x_0}\dot{x}+\left.\frac{\partial f(x,\dot{x})}{\partial x}\right|_{\dot{x}_0}^{x_0}x=0 \tag{8-22}$$

即

$$\ddot{x}+a_1\dot{x}+a_0x=0$$

其中

$$a_1=\frac{\partial f(x,\dot{x})}{\partial \dot{x}}\bigg|_{\dot{x}_0}^{x_0} \tag{8-23}$$

为非线性函数 $f(x,\dot{x})$ 对 $\dot{x}$ 的偏导数在奇点 $(x_0,\dot{x}_0)$ 上的数值。同理：

$$a_0=\frac{\partial f(x,\dot{x})}{\partial x}\bigg|_{\dot{x}_0}^{x_0} \tag{8-24}$$

为非线性函数 $f(x,\dot{x})$ 对 x 的偏导数在奇点 $(x_0,\dot{x}_0)$ 上的数值。

得到线性化方程之后，可以根据奇点的性质来确定系统在奇点邻域运动的相轨迹。

【例 8-5】 已知二阶非线性控制系统的微分方程为 $\ddot{x}+\dot{x}+\sin x=0$，试计算系统的奇点，并确定奇点的性质。

【解】 由奇点定义式：

$$\begin{cases}\dot{x}=0\\ f(x,\ \dot{x})=0\end{cases}$$

解出相轨迹的奇点为 $\dot{x}=0$，$x=k\pi$，$(k=0,1,2,\cdots)$，该系统的奇点个数为无穷多个。

在奇点邻域作线性化，可以得到线性化方程。由微分方程有

$$f(x,\ \dot{x})=x+\sin x$$

由偏导数在奇点上的数值得

$$\begin{cases}a_1=\dfrac{\partial f(x,\dot{x})}{\partial \dot{x}}\bigg|_{\dot{x}_0}^{x_0}=1\\[2ex] a_0=\dfrac{\partial f(x,\dot{x})}{\partial x}\bigg|_{\dot{x}_0}^{x_0}=\cos\bigg|_{\dot{x}=0}^{x=0}\end{cases}$$

当 k 为偶数时，有

$$a_0=\frac{\partial f(x,\dot{x})}{\partial x}\bigg|_{\dot{x}_0}^{x_0}=\cos\bigg|_{\dot{x}=0}^{x=0,2\pi,4\pi,\cdots}=1$$

线性化方程为

$$\ddot{x}+\dot{x}+x=0$$

特征根为

$$s=-\frac{1}{2}\pm \mathrm{j}\frac{\sqrt{3}}{2}$$

为带负实部的共轭复数根，因此奇点的性质为稳定焦点。

当 k 为奇数时，有

$$a_0=\frac{\partial f(x,\dot{x})}{\partial x}\bigg|_{\dot{x}_0}^{x_0}=\cos\bigg|_{\dot{x}=0}^{x=\pi,3\pi,5\pi\cdots}=-1$$

线性化方程为

$$\ddot{x}+\dot{x}-x=0$$

特征根为

$$s=-\frac{1}{2}\pm \mathrm{j}\frac{\sqrt{5}}{2}，\ s_1=0.618，\ s_2=-0.618$$

为一正一负两个特征根位于 s 平面的实轴上，因此奇点的性质为鞍点。

8.2.3.6 极限环

极限环是非线性控制系统的运动在相平面上的一种特殊的运动情况。在时间响应上表现为非线性的自持振荡，在相平面上为闭合的相轨迹，如图 8-18 所示。

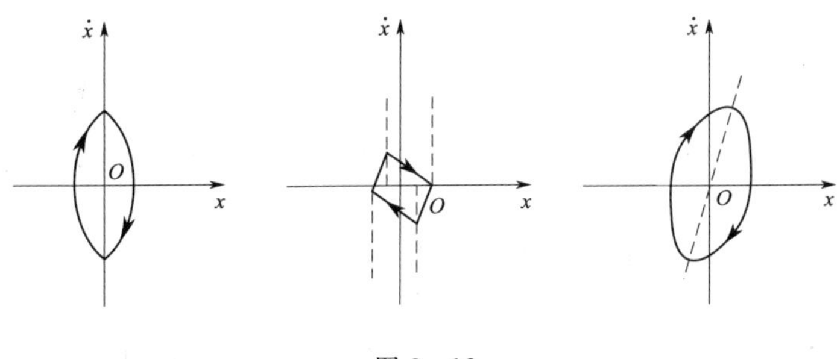

图 8-18

在极限环邻域，相轨迹的运动如果趋向于极限环而形成自持振荡，则称为稳定极限环，否则称为不稳定极限环，如图 8-19 所示。

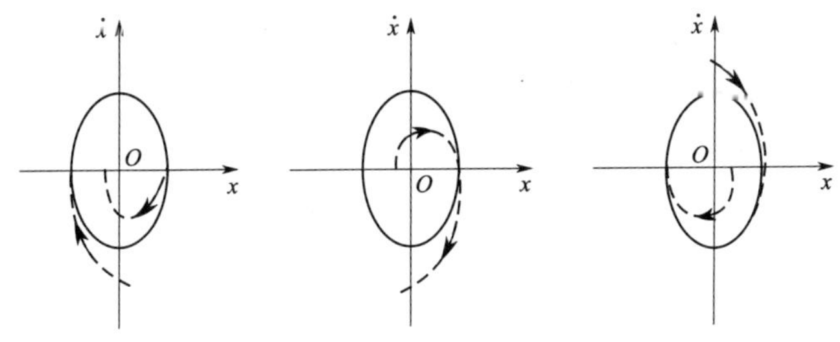

图 8-19

非线性控制系统的极限环情况比较复杂，不同的系统会有不同形式的极限环。因此，系统所表现的振荡能否保持是非线性控制系统极限环是否稳定的重要因素。

8.2.4 相平面图分析

作出系统的相平面图，就可利用相平面图进行系统分析。尤其是对于那些具有间断特性（如继电特性、死区特性等）的非线性控制系统，利用相平面图进行分析更为方便。相平面图分析的一般方法如下。

（1）首先需要作出系统在相平面上运动的相轨迹。

（2）分析系统的稳定性。

（3）分析系统是否具有极限环。

（4）可参考线性控制系统的性能指标来考虑非线性控制系统的调节时间与超调量等。

在相平面分析时，通常将在输入作用下系统的运动化为系统的自由运动来考虑。$x-\dot{x}$ 相平面就化为 $e-\dot{e}$ 相平面。在一般情况下，参考平衡点在坐标变换下转移到原点。

系统误差的各阶导数为

$$\begin{cases} e(t) = r(t) - c(t) \\ \dot{e}(t) = \dot{r}(t) - \dot{c}(t) \\ \ddot{e}(t) = \ddot{r}(t) - \ddot{c}(t) \end{cases} \tag{8-25}$$

因此有

$$\begin{cases} c(t) = r(t) - e(t) \\ \dot{c}(t) = \dot{r}(t) - \dot{e}(t) \\ \ddot{c}(t) = \ddot{r}(t) - \ddot{e}(t) \end{cases} \tag{8-26}$$

将上述各式代入原微分方程，即可得到以误差 $e(t)$ 为运动变量的微分方程了，而对应的平面则为 $e-\dot{e}$ 平面。

【例 8－6】 继电型非线性控制系统如图 8－20 所示，试用相平面法分析该系统在阶跃信号作用下的运动情况。

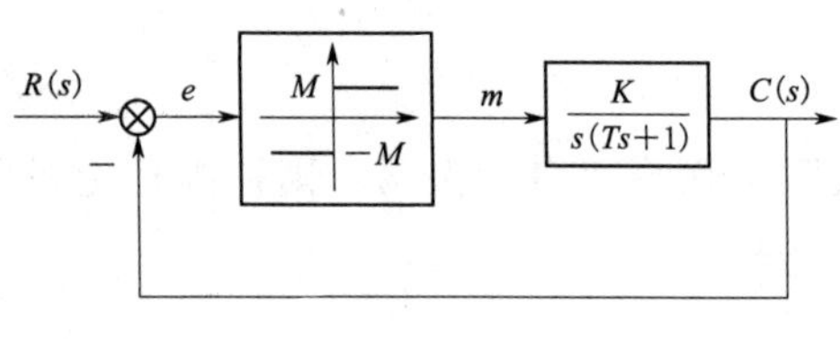

图 8－20

【解】 系统的线性部分为

$$T\ddot{c} + \dot{c} = Km \tag{8-27}$$

非线性部分为

$$m = \begin{cases} +M, e > 0 \\ -M, e < 0 \end{cases} \tag{8-28}$$

误差方程为

$$e(t) = r(t) - c(t)$$

对于阶跃信号有 $r(t)=1(t)$，$\dot{r}(t)=0, \ddot{r}(t)=0$，所以有

$$\begin{cases} c(t) = 1(t) - e(t) \\ \dot{c}(t) = -\dot{e}(t) \\ \ddot{c}(t) = -\ddot{e}(t) \end{cases}$$

代入线性方程（8－27），得到以误差 $e(t)$ 为运动变量的方程为

$$T\ddot{e} + \dot{e} = -Km \tag{8-29}$$

由于 m 为继电型非线性特性的输出，代入上式可以得到两个运动方程。

当 $e>0$ 时，运动方程为

$$T\ddot{e} + \dot{e} = -KM \tag{8-30}$$

等倾线方程为

$$\dot{e} = -\frac{KM}{\alpha + 1} \tag{8-31}$$

这是水平线方程，因此，等倾线为布满右半平面的水平线，且 $\alpha=0$ 时等倾线斜率等于相轨迹斜率。在 $e-\dot{e}$ 平面上作出右半平面的相轨迹如图中Ⅰ区所示。

同理，当 $e<0$ 时，运动方程为

$$T\ddot{e} + \dot{e} = KM \tag{8-32}$$

等倾线方程为

$$\dot{e} = \frac{KM}{\alpha + 1} \tag{8-33}$$

等倾线为布满左半平面的水平线。且 $\alpha=0$ 时等倾线斜率等于相轨迹斜率。在 $e-\dot{e}$ 平面上作出左半平面的相轨迹如图 8-21 所示中Ⅱ区。

当给定初始条件后，系统的相轨迹从 $(0,e_0)$ 开始在Ⅰ区运动，依照Ⅰ区的运动方程式（8-30），相轨迹进入第Ⅳ象限，如图 8-21 所示中实线。到达误差 $e=0$ 的界面（图中的 A 点）后，相轨迹进入Ⅱ区。在Ⅱ区，相轨迹的运动服从Ⅱ区的运动方程式（8-32），沿实线运动到 B 点，之后又进入到Ⅰ区。

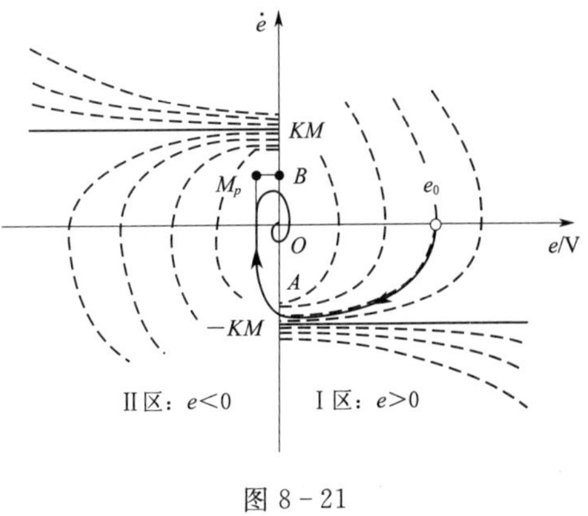

图 8-21

从相平面图中可以看出，相轨迹的整体运动是由分区的运动组合而成的。分区的边界就是继电特性的翻转条件 $e=0$。该系统的组合运动是衰减振荡型的，且没有极限环出现。当时间趋于无穷大时，误差趋于零。另外，系统超调量的大小为 M_p。

【例 8-7】 带有饱和特性的非线性控制系统如图 8-22 所示，试用相平面法作系统分析。

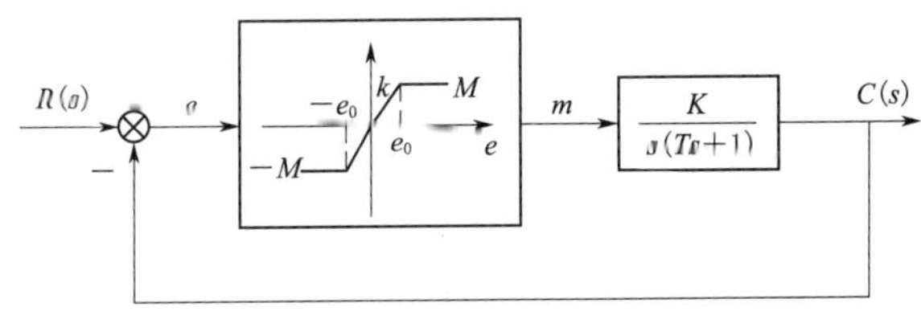

图 8-22

【解】 系统的线性部分为

$$T\ddot{e}+\dot{e}=Km$$

非线性部分为

$$f(e)=\begin{cases}+M, & e>+e_0\\ ke, & -e_0\leqslant e\leqslant +e_0\\ -M, & e<-e_0\end{cases}$$

此处，m 为饱和特性的输出，代入误差运动方程即得到三个运动方程为

(1) $T\ddot{e}+\dot{e}=-KM$，$e>+e_0$

(2) $T\ddot{e}+\dot{e}=-Kke$，$-e_0\leqslant e\leqslant +e_0$

(3) $T\ddot{e}+\dot{e}=KM$，$e<-e_0$

这三个运动方程分别表达了系统在三个分区中的运动特性。

方程（1）、方程（3）的相轨迹与继电特性的相轨迹相同，但是由饱和点所决定，切换位置提前，方程（2）的相轨迹为线性控制系统的运动。由于方程（2）的奇点性质为稳定焦点，所以最后一次进入Ⅱ区后，相轨迹不再进入其他工作区，在Ⅱ区内经有限次振荡后，最终收敛于原点，如图 8-23 所示。

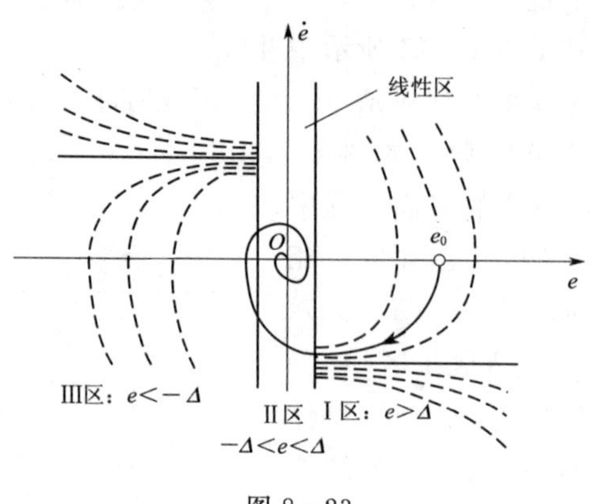

图 8-23

8.3　描述函数法

8.3.1　描述函数的定义

含有本质非线性环节的控制系统的结构图一般如图 8-24 所示。

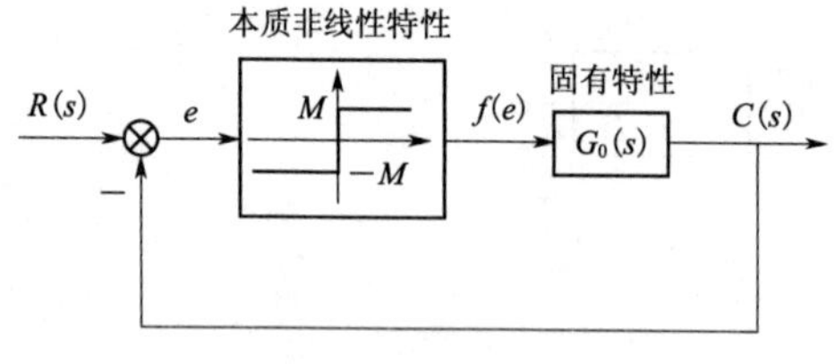

图 8-24

在图中，$G_0(s)$ 为控制系统的固有特性，其频率特性为 $G_0(\mathrm{j}\omega)$。一般情况下，$G_0(\mathrm{j}\omega)$ 具有低通特性，也就是，信号中的高频分量受到不同程度的衰减，可以近似认为高频分量不能传递到输出端。那么，通过非线性环节对输入信号基本频率分量的传递能力，就可以确定系统关于自持振荡的基本信息。

设非线性环节的输入输出关系为

$$y=f(x) \tag{8-34}$$

如果输入信号为

$$x(t)=X\sin\omega t \tag{8-35}$$

式中　X——正弦信号的幅值；

ω——正弦信号的频率。

则输出信号 $y(t)$ 为周期非正弦信号，可展开为傅氏级数，即

$$y(t)=A_0+\sum_{n=1}^{\infty}(A_n\cos\omega t+B_n\sin\omega t) \tag{8-36}$$

式中　A_0——水平分量。

如果 $y(t)$ 为奇函数，则有

$$A_0=0 \tag{8-37}$$

正弦、余弦谐波分量的幅值分别为

$$A_n=\frac{1}{\pi}\int_0^{2\pi}y(t)\cos n\omega t\,\mathrm{d}(\omega t) \tag{8-38}$$

$$B_n = \frac{1}{\pi}\int_0^{2\pi} y(t)\sin n\omega t\,\mathrm{d}(\omega t) \tag{8-39}$$

各次谐波分量以幅值与幅角来表示为

$$y_n = Y_n \angle \varphi_n \tag{8-40}$$

其中，各次分量的幅值为

$$Y_n = \sqrt{A_n^2 + B_n^2}$$

各次分量的相位为

$$\varphi_n = \tan^{-1}\frac{A_n}{B_n}$$

基波分量为

$$y_1 = Y_1 \angle \varphi_1$$

基波分量的幅值为

$$Y_1 = \sqrt{A_1^2 + B_1^2}$$

基波分量的相位为

$$\varphi_1 = \tan^{-1}\frac{A_1}{B_1}$$

定义非线性环节的描述函数为输出信号的基波分量与输入正弦信号之比，表示为

$$N(\Delta) = \frac{y_1(t)}{x(t)} = \frac{Y_1\angle\varphi_1}{X\angle 0} = \frac{Y_1}{X}\angle\varphi = \sqrt{A_1^2 + B_1^2}\angle\tan^{-1}\frac{A_1}{B_1}$$

$N(\Delta)$ 表示与变量 Δ 的函数关系。如果 $N(\Delta)$ 是输入信号幅值 X 的函数，则可表示为 $N(X)$。如果 $N(\Delta)$ 是输入信号频率 ω 的函数，则可表示为 $N(\mathrm{j}\omega)$。

从非线性环节描述函数 $N(\Delta)$ 的定义可以看出：

(1) 它以幅值的变化与相位的变化来描述，类似于线性控制系统分析中频率特性的定义。

(2) 在 $N(\Delta)$ 中，由于略去了所有高频信号的传递，而只考虑基频信号的传递关系，因此它不同于线性控制系统的频率特性。

8.3.2 非线性环节的描述函数

8.3.2.1 继电特性

继电特性的数学表达式为

$$y(x) = \begin{cases} +M, & x > 0 \\ -M, & x < 0 \end{cases}$$

当输入信号为正弦信号 $x(t) = X\sin\omega t$ 时，继电特性为过零切换，则输出信号为周期方波信号，如图 8-25 所示。

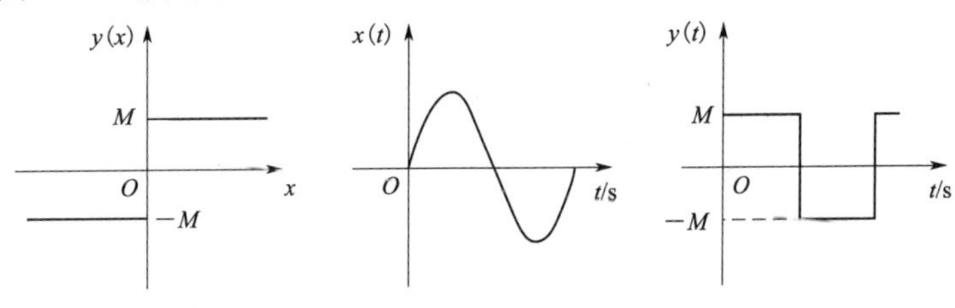

图 8-25

由于正弦信号为奇函数，所以周期方波信号也是奇函数，则傅氏级数的水平分量系数与基波偶函数分量系数为零，即 $A_0=0$，$A_1=0$。而基波奇函数分量系数为

$$B_1=\frac{1}{\pi}\int_0^{2\pi}y(t)\sin\omega t\,\mathrm{d}(\omega t)=\frac{2}{\pi}\int_0^{\pi}y(t)\sin\omega t\,\mathrm{d}(\omega t)=\frac{2}{\pi}\int_0^{\pi}M\sin\omega t\,\mathrm{d}(\omega t)=\frac{4M}{\pi} \tag{8-41}$$

所以基波分量为

$$y_1(t)=\frac{4M}{\pi}\sin\omega t \tag{8-42}$$

得到继电特性的描述函数为

$$N(x)=\frac{Y_1}{X}\angle\varphi_1=\frac{4M}{\pi X} \tag{8-43}$$

其相位角为零度，幅值是 X。

8.3.2.2　饱和特性

饱和特性的数学表达式为

$$y(x)=\begin{cases}+M, e>a\\ kx, -a\leqslant e\leqslant a\\ -M, e<-a\end{cases} \tag{8-44}$$

输入信号为正弦信号时，输出信号为

$$y(t)=\begin{cases}kX\sin\omega t, 0<\omega t<\alpha_1\\ ka, \alpha_1<\omega t<\pi-\alpha_1\\ -kX\sin\omega t, \pi-\alpha_1<\omega t<\pi\end{cases} \tag{8-45}$$

输入、输出波形如图 8-26 所示。

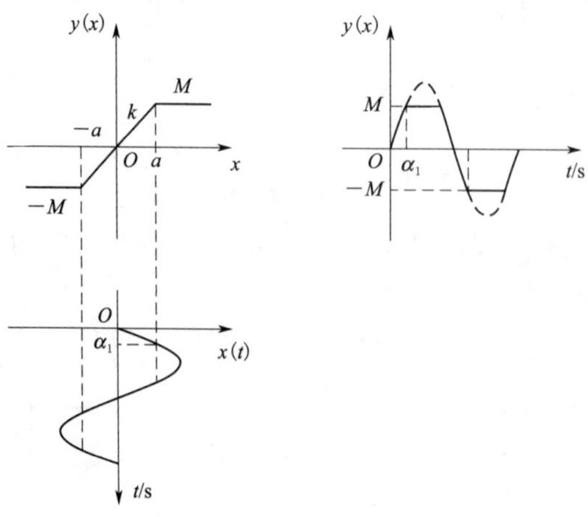

图 8-26

由于 $A_0=0$，$A_1=0$，则

$$
\begin{aligned}
B_1 &= \frac{1}{\pi}\int_0^{2\pi} y(t)\sin\omega t\,\mathrm{d}(\omega t) = \frac{4}{\pi}\int_0^{\frac{\pi}{2}} y(t)\sin\omega t\,\mathrm{d}(\omega t) \\
&= \frac{4}{\pi}\left[\int_0^{\alpha_1} kX\sin\omega t\sin\omega t\,\mathrm{d}(\omega t) + \int_{\alpha_1}^{\frac{\pi}{2}} ka\sin\omega t\,\mathrm{d}(\omega t)\right] \\
&= \frac{4kX}{\pi}\left[\left(\frac{1}{2}\omega t - \frac{1}{4}\sin 2\omega t\right)\Bigg|_0^{\alpha_1} - \frac{a}{X}\cos\omega t\Bigg|_{\alpha_1}^{\frac{\pi}{2}}\right] \\
&= \frac{4kX}{\pi}\left(\frac{1}{2}\alpha_1 - \frac{1}{4}\sin 2\alpha_1 + \frac{a}{X}\cos\alpha_1\right) \\
&= \frac{2kX}{\pi}\left[\tan^{-1}\frac{a}{X} + \frac{a}{X}\sqrt{1-\left(\frac{a}{X}\right)^2}\right]
\end{aligned}
$$

其中，$X \geqslant a$，$\alpha_1 = \sin^{-1}\dfrac{a}{X}$。求得饱和特性的描述函数为

$$
N(X) = \frac{2k}{\pi}\left[\sin^{-1}\frac{a}{X} + \frac{a}{X}\sqrt{1-\left(\frac{a}{X}\right)^2}\right], \quad X \geqslant a
$$

它也是正弦输入信号幅值 X 的函数。

典型非线性环节的输入输出波形及描述函数见表 8-2。

表 8-2　非线性环节的输入输出波形及描述函数

非线性类型	图示	描述函数
继电非线性	$y(x)$, M, O, x, $-M$; $y(t)$, M, O, t/s, $-M$	$N(x) = \dfrac{4M}{\pi X}$
饱和非线性	$y(x)$, M, $-a$, k, O, a, x, $-M$; $y(t)$, M, O, α_1, t/s, $-M$	$N(X) = \dfrac{2k}{\pi}\left[\sin^{-1}\dfrac{a}{X} + \dfrac{a}{X}\sqrt{1-\left(\dfrac{a}{X}\right)^2}\right]$ $X \geqslant a$
线性＋死区非线性	$y(x)$, $-\Delta$, k, O, Δ, x; $y(t)$, O, t/s	$N(X) = k - \dfrac{2k}{\pi}\left[\sin^{-1}\dfrac{\Delta}{X} + \dfrac{\Delta}{X}\sqrt{1-\left(\dfrac{\Delta}{X}\right)^2}\right]$

续表

非线性类型	图　示	描　述　函　数
继电＋死区非线性	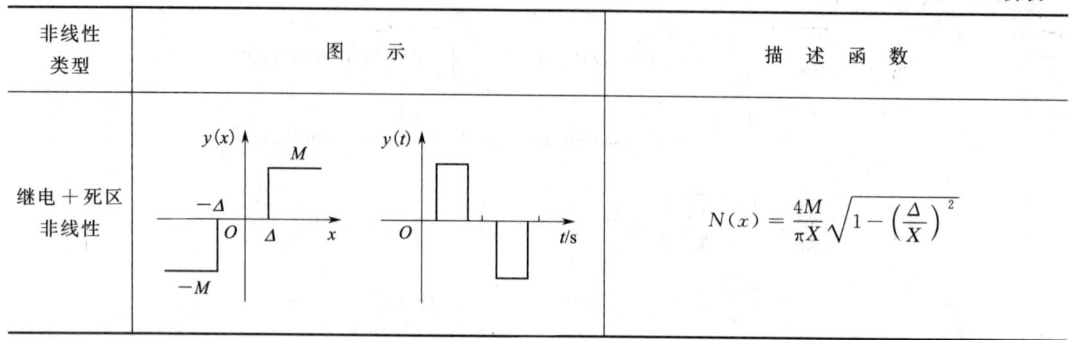	$N(x)=\frac{4M}{\pi X}\sqrt{1-\left(\frac{\Delta}{X}\right)^2}$

8.3.3　非线性环节的描述函数分析

利用描述函数法来分析一个非线性控制系统，可以确定该非线性控制系统的稳定性。如果非线性控制系统是稳定的，还可以进一步得到关于极限环稳定的运动参数，也就是系统自持振荡时的振荡频率和振荡幅值。

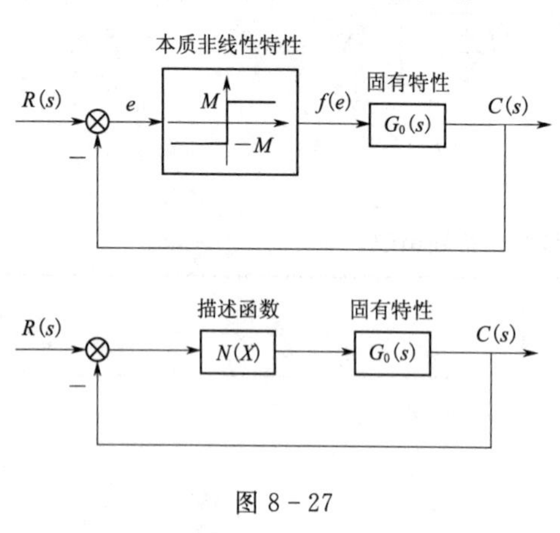

图 8－27

当控制系统的非线性部分以描述函数 $N(X)$ 来表示时，系统的结构图如图 8－27 所示。

在图 8－27 中，$G_0(s)$ 为前向通路中的线性部分，$N(X)$ 是用描述函数来表示的本质非线性部分。

由结构图可以得到谐波线性化后的闭环频率特性为

$$\frac{C(\mathrm{j}\omega)}{R(\mathrm{j}\omega)}=\frac{N(X)G_0(\mathrm{j}\omega)}{1+N(X)G_0(\mathrm{j}\omega)} \tag{8-46}$$

闭环特征方程为

$$1+N(X)G_0(\mathrm{j}\omega)=0 \tag{8-47}$$

即

$$G_0(\mathrm{j}\omega)=-\frac{1}{N(X)} \tag{8-48}$$

在线性控制系统分析中，应用奈氏判据，当满足 $G_0(\mathrm{j}\omega)=-1$ 时，系统是临界稳定的，即系统是等幅振荡的。

对于非线性控制系统，输入为正弦信号 $X\sin\omega t$ 时，如果系统的线性部分与非线性部分满足式（8－48），则系统是自持振荡的。

因此，可以得到非线性控制系统的稳定性描述如下。

首先求得非线性控制系统的描述函数 $N(X)$，然后由式（8－48）在极坐标图上作描述函数 $N(X)$ 的负倒数曲线 $-\frac{1}{N(X)}$，同时将固有特性 $G_0(\mathrm{j}\omega)$ 也作在极坐标图上。

由奈氏判据可知，当 $G_0(\mathrm{j}\omega)$ 曲线不包围 $-\frac{1}{N(X)}$ 曲线时，该非线性控制系统是稳定

的；当 $G_0(j\omega)$ 曲线包围 $-\dfrac{1}{N(X)}$ 曲线时，该非线性控制系统不稳定。以上两种情况分别如图 8－28 所示。

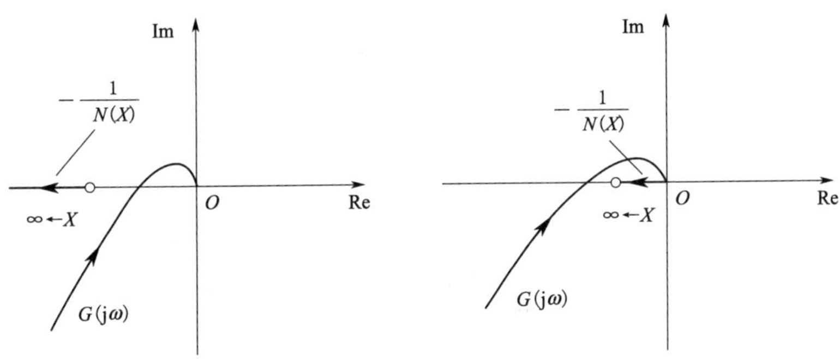

图 8－28

当 $G_0(j\omega)$ 曲线与 $-\dfrac{1}{N(X)}$ 曲线相交时，该非线性控制系统的稳定性由临界点邻域的运动性质来决定，即系统可能是稳定的、发散的，或者是自持振荡的，如图 8－29 所示。

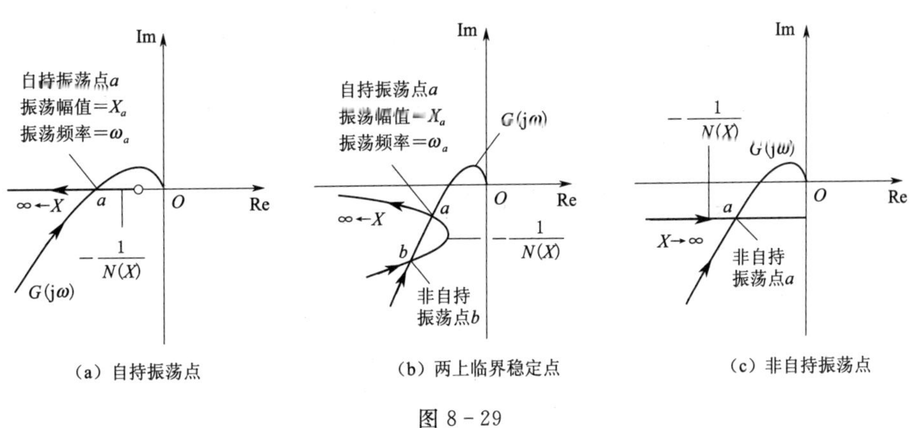

图 8－29

在图 8－29（a）中，临界点 a 邻域向右方的扰动，使得被 $G_0(j\omega)$ 曲线包围的 $-\dfrac{1}{N(X)}$ 曲线部分因幅值增大而趋于 a 点运动；而临界点 a 邻域向左方的扰动，使得不被 $G_0(j\omega)$ 曲线包围的 $-\dfrac{1}{N(X)}$ 曲线部分因幅值减小而趋于 a 点运动。因此临界点 a 为自持振荡点。

在图 8－29（c）中，临界点 a 邻域两边的扰动都要使得运动脱离 a 点，因此不能形成自持振荡点。在图 8－29（b）中，由于有两个临界点 a 点与 b 点，通过扰动分析，只有图中的 a 点可以形成自持振荡。

在形成自持振荡的情况下，自持振荡的振幅由 $-\dfrac{1}{N(X)}$ 曲线的自变量 X 的大小确定为 X_a，自持振荡的频率由 $G_0(j\omega)$ 曲线的自变量 ω 确定为 ω_a。

【例 8-8】 已知死区＋继电型非线性控制系统如图 8-30 所示，其中继电特性参数为 $M=1.7$，死区特性参数为 $\Delta=0.7$，试应用描述函数法进行系统分析。

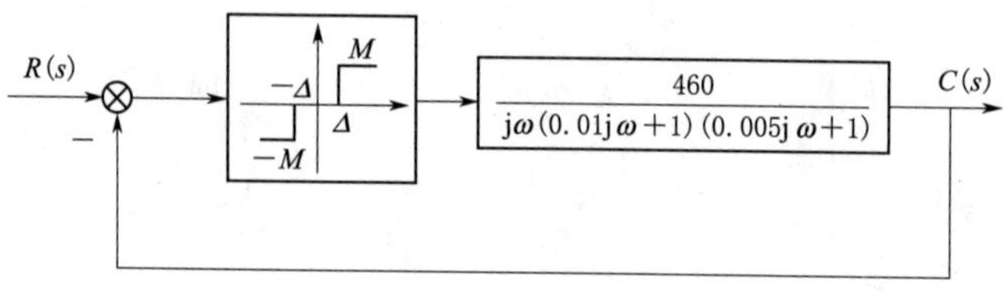

图 8-30

【解】 带死区的继电型非线性环节的描述函数为

$$N(X)=\frac{4M}{\pi X}\sqrt{1-\left(\frac{\Delta}{X}\right)^2}$$

其负倒数函数为

$$-\frac{1}{N(X)}=-\frac{\pi x}{4M\sqrt{1-\left(\frac{\Delta}{X}\right)^2}}$$

当 X 为变量，且由 Δ 开始增加时，$-\dfrac{1}{N(X)}$曲线从负无穷处出发沿负实轴增加，相角始终为$-\pi$，所以$-\dfrac{1}{N(X)}$曲线位于 $G(\mathrm{j}\omega)$ 平面的负实轴上，幅值大小$\left|-\dfrac{1}{N(X)}\right|$随着 X 的增加先减后增，当 X 增加到 $X=\sqrt{2}\Delta$ 时，有极大值$-\dfrac{1}{N(X)}=-\dfrac{\pi\Delta}{2M}$。作$-\dfrac{1}{N(X)}$曲线如图 8-31 所示。进而在图上作 $G(\mathrm{j}\omega)$ 曲线，当 $\omega=140$ 时，$G(\mathrm{j}\omega)$ 曲线穿过虚轴，即

$$|G(\mathrm{j}\omega)|_{\omega=140}=1.56$$

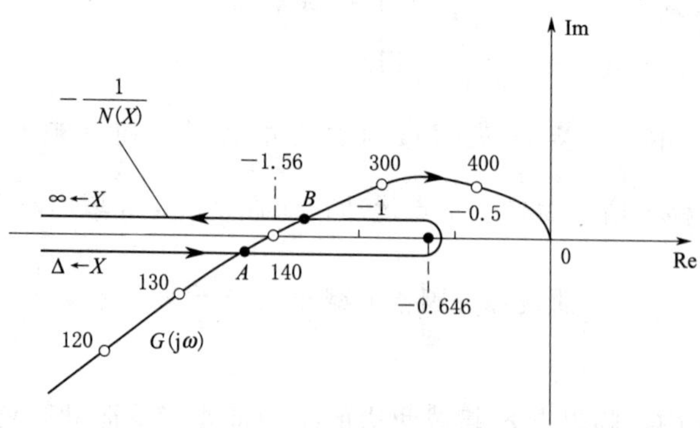

图 8-31

当 $M=1.7$，$\Delta=0.7$ 时，$-\dfrac{1}{N(X)}$曲线的端点值为$-\dfrac{1}{N(X)}\bigg|_{M=1.7}^{\Delta=0.7}=-0.646$。因此，$G(\mathrm{j}\omega)$ 曲线与$-\dfrac{1}{N(X)}$曲线在 $1.56\angle-180^\circ$处有两次相交，两次相交的 X 值分别为

$$\begin{cases} X_A = 0.716 \\ X_B = 3.3 \end{cases}$$

对于 A 点邻域，被 $G(j\omega)$ 曲线包围的段上，X 是增幅的；不被 $G(j\omega)$ 曲线包围的段上，X 是减幅的。因此在 A 点邻域，扰动作用使得系统的运动脱离 A 点。而在 B 点邻域，两边的运动基于奈氏稳定判据形成自持振荡。振荡频率与振荡幅值分别为

$$\begin{cases} \omega_B = 140 \\ X_B = 3.3 \end{cases}$$

减小该非线性控制系统的开环增益，会使得奈氏轨迹 $G(j\omega)$ 向右移动，而增大死区特性参数 Δ 和减小继电特性的幅值 M 都可以使得两曲线脱离相交，但系统也会不敏感于控制信号。通过上述参数的调整可减小自持振荡幅值的大小，但不可能消除自持振荡。

本 章 小 结

(1) 非线性系统在稳定性、运动形式、自激振荡和频率响应等方面与线性系统都有着本质的区别。

(2) 经典控制理论中研究非线性系统的两种常用的方法是描述函数法和相平面法。

(3) 描述函数法是线性系统频率分析法在非线性系统中的推广，是非线性系统稳定性的近似判别法，它要求系统具有良好的低通特性并且非线性较弱。在上述前提条件不能很好满足时，描述函数法可能得出错误的结论，尤其是系统的稳定裕度较小时。与相平面法相比，描述函数法的最大优点是能够用于高阶系统。

(4) 描述函数法的关键是求出非线性环节的描述函数，而求描述函数的工作量和技巧主要在非正弦周期函数的积分。描述函数也可以由实验近似获得。

(5) 相平面法是研究二阶非线性系统的一种图解方法，它能形象地展示非线性系统的稳定性、稳定域、时间响应等基本属性，解释极限环等特殊现象。但是，相平面法只能用于一阶和二阶非线性系统。

(6) 相平面法的实质是用有限段直线（等倾线法）逼近描述系统运动的相轨迹。这样作出的相平面图，根据需要可以有相当高的准确度。相平面图清楚地表示了系统在不同初始条件下的自由运动。利用相平面图还可以研究系统的阶跃响应和斜坡响应。

(7) 相平面法对于一类分段线性的非线性系统特别有意义，这类系统的相轨迹可以由几段线性系统相轨迹连接而成。正因为如此，熟悉二阶线性系统的相轨迹是十分必要的。

拓 展 阅 读

代表人物及事件简介

亨利·庞加莱（Jules Henri Poincare，1854—1912），是法国数学家、天体力学家、数学物理学家、科学哲学家。他被公认是 19 世纪后四分之一和 20 世纪初对于数学及其应用具有全面知识的领袖数学家。

庞加莱的研究涉及数论、代数学、几何学、拓扑学、天体力学、数学物理、多复变函数论、科学哲学等许多领域，最重要的工作是在函数论方面。他早期的主要工作是创立自守函数理论（1878 年），他引进了富克斯群和克莱因群，构造了更一般的基本域，利用后来以他的名字命名的级数构造了自守函数，并发现这种函数作为代数函数的单值化函数的效用。

1883 年，庞加莱提出了一般的单值化定理（1907 年，他和克贝相互独立地给出完全的证明）。同年，他进而研究一般解析函数论，研究了整函数的亏格及其与秦勒展开的系数或函数绝对值的增长率之间的关系，它同皮卡定理构成后来的整函数及亚纯函数理论发展的基础。他又是多复变函数论的先驱者之一。

庞加莱为了研究行星轨道和卫星轨道的稳定性问题，在 1881—1886 年发表的四篇关于微分方程所确定的积分曲线的论文中，创立了微分方程的定性理论。他研究了微分方程的解在四种类型的奇点（焦点、鞍点、节点、中心点）附近的形态。他提出根据解对极限环（他求出的一种特殊的封闭曲线）的关系，可以判定解的稳定性。

1885 年，瑞典国王奥斯卡二世设立“n 体问题”奖，引起庞加莱研究天体力学问题的兴趣。他以关于当三体中的两个质量比另一个小得多时的三体问题周期解论文获奖。1905 年，匈牙利科学院颁发鲍尔约奖，奖励过去 25 年为数学发展做出过最大贡献的数学家。由于庞加莱从 1879 年就开始从事数学研究，并在数学的几乎整个领域都做出了杰出贡献，因而此项奖非他莫属。庞加莱在数学方面的杰出工作对 20 世纪和当今的数学造成极其深远的影响，他在天体力学方面的研究是牛顿之后的一座里程碑，他因为对电子理论的研究被公认为相对论的理论先驱。

太空对接技术

太空对接是指两个或两个以上的航天器在太空飞行时连接起来，形成更大的航天器复合体，去完成特定任务。它主要由航天器控制系统和对接机构完成。两个航天器在太空对接对载人航天活动来讲有重要意义，可在太空进行国际合作，联合起来进行载人航天活动。

当代大型空间站的建造很复杂，不是靠一次发射就能建成的，必须多次发射其结构件，然后在太空对接组装。即使发射小型空间站，也需要发射飞船与其对接，把人或货物送上去。两个航天器要实现对接不是一件易事，它要求精确地控制航天器运行

轨道和对航天器定向操纵，并涉及制导、跟踪和修正航线等复杂技术。

我国从 2011 年开始进行航空对接，目前已顺利进行了 6 次。

太空对接 1：2011 年 11 月 1 日神舟八号飞船发射升空，进入预定轨道；于 2011 年 11 月 3 日与天宫一号完成刚性连接，形成了组合体；于 2011 年 11 月 17 日返回舱降落于内蒙古中部地区的主着陆场区，完成对接任务。

太空对接 2：神舟九号于 2012 年 6 月 16 日发射升空，进入预定轨道；于 2012 年 6 月 18 日与天宫一号完成自动交会对接工作，建立刚性连接，形成组合体；于 2012 年 6 月 29 日返回舱在内蒙古主着陆场安全着陆，完成与天宫一号载人交会对接任务。

太空对接 3：神舟十号于 2013 年 6 月 11 日发射升空，并进入预定轨道；2013 年 6 月 13 日，神舟十号与天宫一号完成自动交会对接任务，航天员入驻天宫一号。并于 2013 年 6 月 23 日与天宫号目标飞行器实现手控交会对接，两飞行器建立刚性连接，形成组合体；于 2013 年 6 月 26 日在内蒙古主着陆场安全着陆，完成飞行任务。

太空对接 4：神舟十一号于 2016 年 10 月 17 日发射升空，进入预定轨道；于 2016 年 10 月 19 日与天宫二号实现自动交会对接工作，形成组合体；于 2016 年 11 月 18 日进入返回程序，返回舱降落主着陆场，完成载人任务。

太空对接 5：2021 年 6 月 17 日，航天员聂海胜、刘伯明、汤洪波乘神舟十二号载人飞船成功飞天，这是我国载人航天工程空间站阶段的首次载人飞行任务。飞船入轨后，按照预定程序与天和核心舱进行自主快速交会对接。

太空对接 6：2022 年 1 月 8 日 7 时 55 分，经过约 2 小时，神舟十三号航天员乘组在地面科技人员的密切协同下，在空间站核心舱内采取手遥控操作方式，圆满完成了天舟二号货运飞船与空间站组合体交会对接试验。试验开始后，天舟二号货运飞船从核心舱节点舱前向端口分离，航天员通过手遥控操作方式，控制货运飞船撤离至预定停泊点。短暂停泊后，转入平移靠拢段，控制货运飞船与空间站组合体精准完成前向交会对接。

习　　题

8-1　非线性元件的输入输出特性如题 8-1 图所示。其中 x 为输入，y 为输出。试求各元件的描述函数。

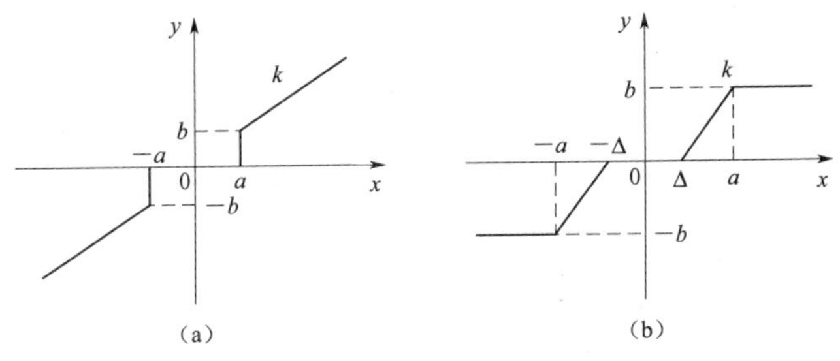

题 8-1 图

8-2　非线性系统如题 8-2 (a)、(b) 图所示。试确定其稳定性。若产生自振荡，试确定自振荡的振幅和频率。[图（b）的描述函数为 $N=\frac{3}{4}x^2$]。

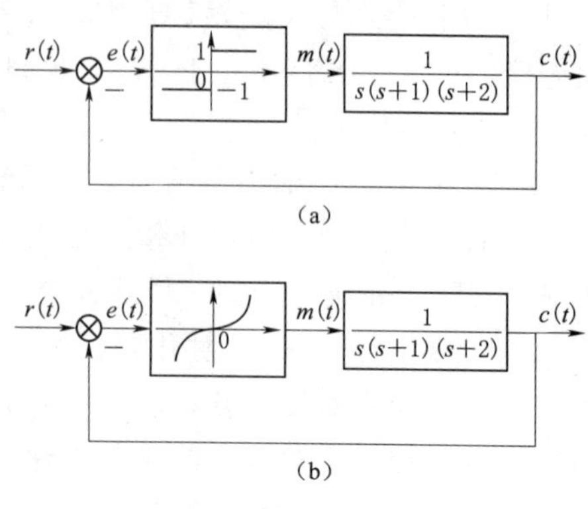

题 8 - 2 图

8 - 3　非线性系统如题 8 - 3 图所示。试求：

（1）K 在何范围取值使系统稳定。　（2）$K=10$ 时系统产生自振荡的振幅和频率。

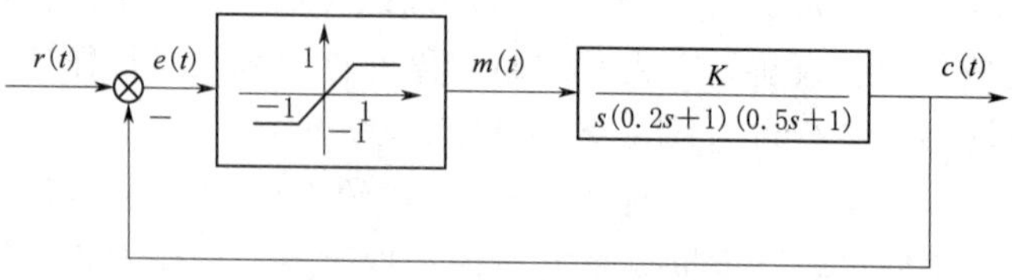

题 8 - 3 图

8 - 4　试用相平面分析法，分析题 8 - 4 图所示非线性系统分别在 $\beta=0$，$\beta<0$，$\beta>0$ 情况下，相轨迹的特点。

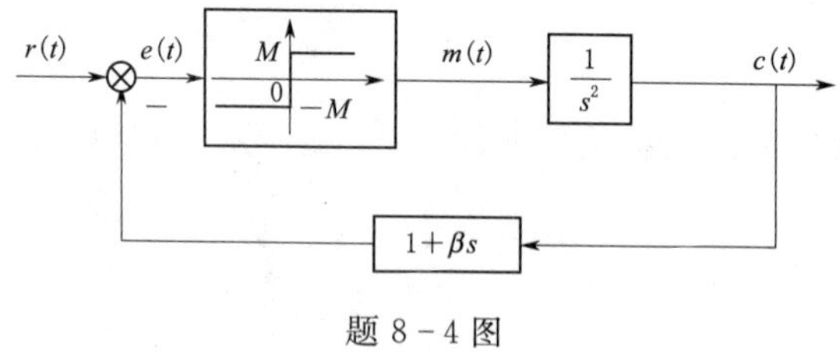

题 8 - 4 图

8 - 5　非线性系统如题 8 - 5 图所示。试概略绘制 $\dot{e}-e$ 平面的相轨迹族，并分析系统的特性，假定系统输出为零初始条件，输入 $r(t)=a1(t)$　$(a>0)$。

8 - 6　系统方框图如题 8 - 6 图所示，试绘制 $c-\frac{\dot{c}}{\omega_n}$ 标幺化相平面。

8 - 7　线性系统如题 8 - 7 图所示。若已知 $A/J=0.1$，$r(t)=30\times1(t)$，$c(0)=0$，$\dot{c}(0)=0$，试在 $\dot{e}-e$ 平面绘制相轨迹图，求系统到达稳态所需要的时间，分析系统的稳态性能，系统阶跃响应过程是否出现振荡？

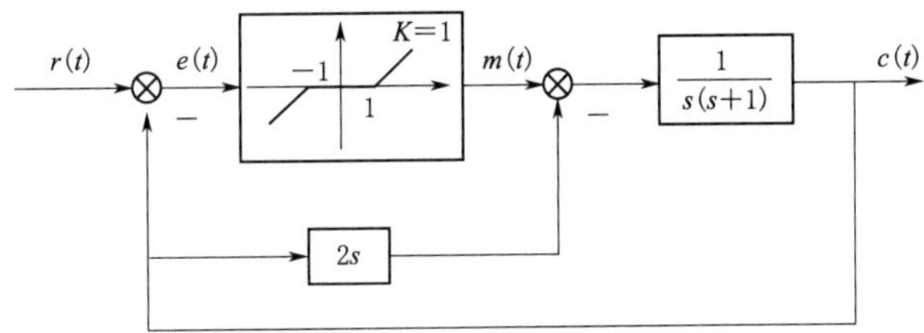

题 8-5 图

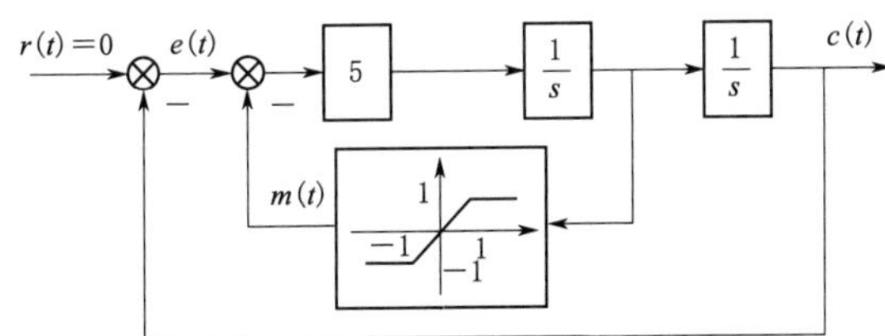

题 8-6 图

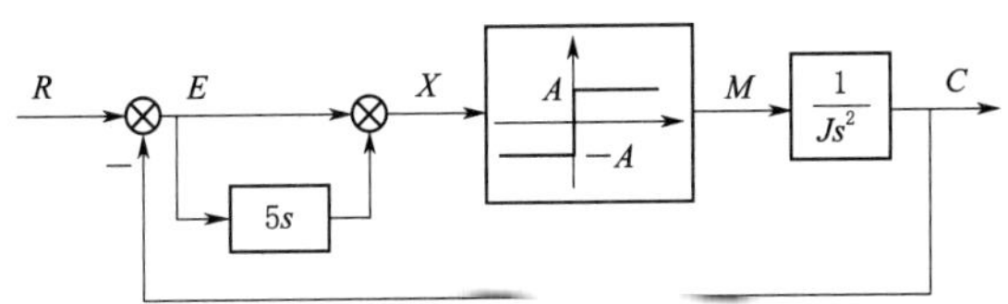

题 8-7 图